Grandes Pasos de la Humanidad

Segunda edición.

Julio de 2.020

A todos mis familiares y amistades.

*"Este es un pequeño paso para un hombre,
un gran salto para la humanidad."*

Neil Alden Armstrong (1.930- 2.012)

La Luna, 21 de Julio de 1.969

El 21 de Julio de 1.969 el astronauta estadounidense Neil A. Armstrong se dispone a dar el primer paso de un hombre en otro cuerpo celeste: en la Luna.

Fuente y créditos de la imagen: NASA.

https://www.nasa.gov/mission_pages/apollo/apollo11.html

Grandes Pasos de la Humanidad

Apasionante historia de la Astronomía lunar y de los Cincuenta años de la llegada del Hombre a la Luna

Dubán H. García S.

Julio de 2.020

Agradecimientos

Deseo manifestar un profundo agradecimiento a todas aquellas personas e instituciones que han puesto sus textos e imágenes en el campo del Dominio público; los cuales han sido de un gran valor para ilustrar los respectivos contenidos en este texto.

Agradecimientos especiales a la Administración Nacional de la Aeronáutica y del Espacio de los Estados Unidos, NASA, por tener sus imágenes dentro del Dominio público; y en particular aquellas contenidas en su sitio web **NASA's Scientific Visualization Studio: https://svs.gsfc.nasa.gov/4604**

También deseo agradecer ampliamente a todos mis familiares y amigos que tanto me apoyaron y animaron durante el tiempo de escritura del presente libro.

Contenido

x

Prefacio

Seguramente el propósito fundamental del estudio y la divulgación de la historia sea el descubrir los significados más profundos y relevantes de aquellas acciones humanas que precisamente se están considerando.

Durante los tiempos muy inmediatos o cercanos al desarrollo mismo de los hechos, nuestra disposición y capacidad para comprenderlos cabalmente están seriamente influenciadas por elementos altamente subjetivos: fuertes emociones y animosidad generadas por los mismos acontecimientos, grandes sentimientos de euforia y alegría o, al contrario, de tristeza y desesperación según sean las circunstancias históricas y según sean nuestras propias expectativas y filosofías de vida.

Aunque vívidas y válidas, la alta carga de subjetividad contenida en tales emociones normalmente oculta y eclipsa los significados subyacentes más profundos de dichos acontecimientos.

En el presente texto hago referencia al Siglo XX como que hubiera sido agridulce. Y así lo considero yo, pues sus tres primeros lustros nos trajeron el automóvil, el avión y las más modernas y avanzadas teorías físicas y cosmológicas. Pero a continuación se presentaron dos fatídicas guerras mundiales que empañaron para siempre la historia humana.

Las circunstancias bajo las cuales culminó la Segunda guerra mundial condujeron al desarrollo de una Guerra fría, y dentro de esta se desató una Carrera armamentista, y dentro de esta una Carrera espacial. Esta última tuvo su momento cúspide en Julio 21 de 1.969 cuando los humanos pusieron por primera vez en la historia sus pies en otro cuerpo celeste: en la Luna.

Según lo anterior, está perfectamente claro que este máximo logro de la humanidad debió haber sido interpretado y asimilado por las gentes y las sociedades de aquella época dentro de un contexto exclusivamente geopolítico: el triunfo de una nación y la derrota de otra. Y por inercia propia esta visión general sobre aquel acontecimiento ha persistido hasta el presente.

Pero ya han pasado cincuenta años de aquel histórico evento. El tiempo ha pasado, muchas cosas han cambiado; el ajetreo, la calentura, la efervescencia y los desesperos de la Guerra fría ahora ya no existen; y las antiguas naciones rivales se dedican mejor a disputar amenos y populares campeonatos mundiales de futbol.

Por eso, después de medio siglo, la pregunta pertinente ahora es si se debe seguir tratando la llegada del hombre a nuestro satélite dentro de un contexto exclusivamente geopolítico. Mi respuesta es que no. Esa es mi apuesta y esa es la idea de fondo que subyace en todo este texto: Dentro del ámbito científico y tecnológico, la llegada del Hombre a la Luna es el logro histórico más grande de la Humanidad y debe ser considerado con perspectivas mucho más amplias. Aquí lo hago desde el punto de vista de la Historia universal del conocimiento, de la ciencia y la tecnología; y de ahí su nombre: *Grandes pasos de la humanidad.*

Es así que este libro está escrito en clave histórica: Considerando la evolución temporal del conocimiento en general, de la astronomía en particular y muy especialmente de la *Astronomía lunar.* Explicar el nivel de comprensión que las mentes más brillantes de todos los tiempos han tenido sobre nuestro querido satélite, y que han posibilitado el viaje hasta el, es el propósito fundamental del texto. Después de este, el objetivo siguiente es repasar rápidamente la historia de aquellas misiones espaciales tripuladas Apolo que llevaron los primeros hombres al globo lunar.

Para lograr dichos objetivos es necesario dividir la historia, como es la práctica normal, en diferentes épocas o períodos claramente diferenciados y que son muy obvios. Así, en el primer capítulo, titulado *La Luna en la cosmología de las antiguas civilizaciones,* se aborda el campo de la prehistoria y se analiza como las gentes de aquellas primeras civilizaciones comprendieron e interpretaron desde el punto de vista mitológico no solamente a la Luna sino también los demás astros.

Un texto sobre historia universal no debería excluir la antigua sociedad griega, entonces la *Astronomía lunar en la cosmología griega* constituye el tema del segundo capítulo. Aquí se aprecia como en esta antigua civilización se dio el trascendental paso de la mitología hacia la filosofía; y dentro de este contexto filosófico surgieron los primeros grandes astrónomos de la humanidad, muy interesados en hallar explicaciones racionales para todos los fenómenos celestes. El gran Aristarco de Samos es el más destacado de ellos, muy famoso por ser la primera persona de quien se conserven obras que prueben que fue el promotor original de una teoría heliocéntrica del universo, y que adicionalmente desarrolló una metodología científica para medir la distancia de la Luna a la Tierra, dando así inicio a la Astronomía lunar.

Pero esta civilización griega fue invadida y casi destruida por la sociedad romana de la época; y aunque algunos de sus elementos materiales desaparecieron, la cultura griega subsistió y se fusionó con la de sus invasores, dando así origen a una nueva sociedad. El título del tercer capítulo es *Astronomía lunar en la sociedad grecorromana*; y en él se estudia como la herencia cultural, filosófica y astronómica griega continuó y floreció dentro del contexto general de la sociedad romana. De este período cabe destacar a Hiparco de Nicea, un gran continuador del pensamiento lunar de Aristarco, y de quien podríamos decir que es el primer astrónomo observacional realmente grande. Seguidamente se tiene a Claudio Tolomeo, quien recopiló, escribió y transfirió, mediante su obra el *Almagesto*, el conocimiento astronómico griego a las sociedades venideras. También es muy digno de recordar el gran historiador Plutarco de Queronea por sus emocionantes párrafos acerca del satélite en su texto *Sobre la cara que aparece en el orbe de la Luna.*

Y como todo perece, el colosal Imperio romano occidental colapsó definitivamente en el año 476 d.C., y a partir de este momento se inició lo que en historia se conoce como Edad Media. Y entonces la magnífica herencia cultural griega superó una nueva crisis, porque por la vía del Almagesto el conocimiento astronómico griego fue transferido a las sociedades bizantina y árabe de este período. En *Una mirada medieval a nuestro satélite*, nombre del cuarto capítulo, se estudia la manera como los astrónomos árabes medievales también le prestaron especial atención a la Luna y sus fenómenos dentro del marco general de la teoría astronómica expuesta en el Almagesto.

Avanzando ya el tiempo, llegamos al quinto capítulo denominado *La Luna en la astronomía del Renacimiento*, y nos encontramos con los primeros astrónomos auténticamente modernos. Nicolás Copérnico capta toda nuestra atención por haber establecido definitivamente los fundamentos de una moderna Teoría heliocéntrica del Universo; y también por haber sido el primero en colocar la Luna en su lugar correcto dentro del Sistema solar: un satélite terrestre, nuestro único satélite natural. Otro gran personaje de esta época es Tycho Brahe, el mejor astrónomo observacional en su momento, cuyos datos astronómicos fueron de incalculable valor para la próxima generación de astrónomos.

Una mirada telescópica a nuestro satélite es el nombre del sexto capítulo, y Johannes Kepler es el primer personaje estudiado. Sus Tres leyes de los movimientos planetarios describen perfectamente los movimientos de los planetas en torno al Sol, así como también el movimiento de la Luna en torno a la Tierra. El otro gran astrónomo considerado es Galileo Galilei, quien se consagró en la ciencia celeste por haber re diseñado e introducido el telescopio como instrumento de investigación astronómica, por haberlo dirigido hacia la Luna y por haber escrito muy detalladamente lo que él pudo contemplar y descubrir en la superficie satelital.

El séptimo capítulo lleva por nombre *Astronomía moderna y el verdadero movimiento lunar*. Hasta ahora todos los astrónomos habían logrado describir muy bien tanto la posición como el movimiento de la Luna en el cielo, pero no habían logrado explicarlos en términos de relaciones causa-efecto. Lo cual solo pudo ser posible después de que el célebre físico inglés Isaac Newton estableciera la moderna Física clásica, con sus Tres leyes del movimiento de los cuerpos y con su Ley de la gravitación universal. Es esta física newtoniana la que posibilita el desarrollo de la Mecánica celeste, una rama de la astronomía que explica los movimientos de los cuerpos celestes en general, y el de la Luna en particular, dentro de la lógica de las relaciones causa-efecto, esto es, en función de fuerzas gravitacionales.

Finalizando ya el texto, tenemos el capítulo octavo, *Siglo XX: Guerras, Carrera espacial y misiones tripuladas a la Luna*. Aquí se realiza una muy rápida síntesis histórica de los comienzos de este siglo, hasta llegar al punto que nos interesa: la Carrera espacial con sus misiones tripuladas al satélite. De manera más detallada se describen los primeros programas espaciales con sus respectivos logros para ambas potencias de la época, la Unión de Repúblicas Socialistas Soviéticas y los Estados Unidos. El capítulo finaliza con una descripción general de los vuelos tripulados a la Luna, las Misiones Apolo, y su momento cúspide con los primeros hombres caminando sobre la superficie satelital, que constituye el evento de carácter universal que se conmemoró el pasado 20 de Julio de 2.019.

Dubán H. García S.

Junio 25 de 2.020

Capítulo 1

La Luna en la cosmología de las antiguas civilizaciones

En el momento exacto de Luna Nueva, o Novilunio, el satélite es prácticamente invisible desde la Tierra, esto se debe a que todo su hemisferio iluminado está justamente de frente al Sol, y ninguna luz es reflejada hacia nosotros. La gráfica muestra la Luna como se veía desde la Tierra el Jueves 18 de Enero de 2.018 a las 04:00 Tiempo Universal Coordinado, TUC, unas 25 horas 43 minutos después del Novilunio, solamente se puede ver el 1,0 % de su hemisferio iluminado: una tenuísima curva de luz en el lado derecho. En las sociedades que se rigen por un calendario lunar, este primer avistamiento de la Luna Creciente marca el inicio de un nuevo Mes lunar.

Cortesía de NASA's Scientific Visualization Studio: https://svs.gsfc.nasa.gov/4604

"Y fue mordido el rostro del Sol. Y se obscureció y se apagó su rostro. Y entonces se espantaron arriba. «¡Se ha quemado! ¡Ha muerto nuestro dios!», decían sus sacerdotes. Y empezaban a pensar en hacer una pintura de la figura del Sol, cuando tembló la Tierra y vieron la Luna."

Chilam Balam de Chumayel.

Texto Maya del siglo XVI.[1]

"A los hombres les parece que a sus lados está ese medio círculo en que se retrata cómo es mordido el Sol. He aquí que es el que está en medio. Lo que lo muerde, es que se empareja con la Luna, que camina atraída por él, antes de morderlo. Llega por su camino al norte, grande, y entonces se hacen uno y se muerden el Sol y la Luna, antes de llegar al «Tronco del Sol». Se explica para que sepan los hombres mayas qué es lo que sucede al Sol y a la Luna.

Eclipse de Luna. No es que sea mordida. Se interpone con el Sol, a un lado de la Tierra. Eclipse de Sol. No es que sea mordido. Se interpone con la Luna, a un lado de la Tierra. Esto es señal que da Dios de que se igualan; pero no se muerden."

Chilam Balam de Chumayel.

Texto Maya del siglo XVI

4

Prehistoria y Arqueoastronomía

El estudio de la historia de la astronomía nos muestra que los hombres de todas las latitudes y épocas han sido asiduos observadores del firmamento, y que dentro de los cuerpos celestes que más han cautivado su atención, por su gran tamaño y resplandor en el cielo, están la Luna y el Sol; los cuales fueron ampliamente estudiados mediante el atractivo fenómeno de los eclipses. Igualmente, de dicha historia podemos señalar dos elementos comunes a casi todas las civilizaciones primitivas, muy importantes tanto por su recurrencia, como por su significado. En primer término tenemos que aquellas antiguas civilizaciones adicionalmente a su costumbre de observar el firmamento y los fenómenos celestes, también desarrollaron la admirable práctica de elaborar registros escritos de sus observaciones, en múltiples y duraderos formatos. Felizmente buena cantidad de dichos registros ha llegado hasta el presente, y ellos ahora nos permiten entender que dichas prácticas fueron sistemáticas en sumo grado.

El segundo elemento concierne al hecho de que básicamente todas las civilizaciones primitivas tuvieron épocas bien definidas en las que predominó la forma mitológica de pensamiento para la interpretación o concepción de los respetivos cuerpos celestes y de sus fenómenos, así también como del universo como un todo. Las civilizaciones en sus estadios más primitivos recurrieron siempre a la mitología, o equivalentemente al sobrenaturalismo, con el propósito de elaborar explicaciones para todo tipo de fenómenos naturales. La Luna, el Sol, y sus eclipses poseen una notoriedad y un atractivo tan grandes, que ocuparon siempre un lugar central en las concepciones mitológicas primitivas del universo; los ejemplos son tan abundantes que podríamos decir que hay tantas interpretaciones sobrenaturalistas para estos astros, como civilizaciones primitivas existieron. De una forma natural tales astros llegaron a ser deidades supremas, y fueron simbólicamente representados como un brillo o resplandor simétrico que todo lo iluminaba. Siendo así, aquí vamos a recordar solo algunos de los casos más llamativos.

Imagen 1.1
Arqueoastronomía
Puesta del Sol en Stonehenge.
Muchos arqueólogos y astrónomos sostienen que Stonehenge tuvo aplicaciones astronómicas en la determinación de los movimientos del Sol y la Luna, y en la predicción de sus eclipses.

La arqueoastronomía es una disciplina científica relativamente nueva que empezó a consolidarse en la segunda mitad del siglo XX. Tiene como objetos de estudio el pensamiento y las prácticas astronómicas de las sociedades prehistóricas; mientras que su metodología recurre al uso de evidencias proporcionadas por la arqueología, y al empleo de fuentes etnológicas como leyendas y tradiciones tribales. Se sabe que muchos pueblos antiguos fueron plenamente conscientes de los fenómenos celestes, como lo indican las alineaciones de sus monumentos megalíticos; entre los que figuran Stonehenge y Avebury en Inglaterra, que fueron declarados Patrimonio de la Humanidad por la Unesco en 1.986[2]; adicionalmente, Newgrange en Irlanda y los alineamientos megalíticos de Carnac en Francia; todos ellos del período Neolítico medio, hace unos 5.500 a 4.500 años.

Stonehenge es considerado el monumento prehistórico más famoso del mundo. La última etapa de la construcción se terminó a finales del período Neolítico alrededor de 2.500 a.C. En la actualidad la interpretación de Stonehenge más aceptada es la de un templo prehistórico alineado con los movimientos del Sol, pues el eje principal de las piedras se corresponde con la línea solsticial: A mediados de verano, el Sol se eleva sobre el horizonte hacia el noreste, cerca de la Piedra del Talón; mientras que a mediados de invierno, el astro Rey se pone en el sudoeste, en la brecha entre los dos trilitos más altos.[3] Estas posiciones del Sol en el ciclo estacional obviamente fueron importantes para las sociedades prehistóricas que construyeron y usaron Stonehenge.

Debido a que los constructores de Stonehenge habían descubierto y registrado con exactitud las posiciones del Sol y la Luna, y habían levantado un monumento que marcaba sus movimientos y posiciones con precisión, pudieron haber reconocido cuándo la Luna estaba en curso de interceptar la posición del Sol, para causar un eclipse solar. Adicionalmente, podrían prever cuándo la Luna se dirigía a una posición directamente opuesta al astro Rey, lo que la llevaría adentro de la sombra de la Tierra para provocar un eclipse lunar. Es casi seguro que no podían predecir qué tipo de eclipse ocurriría, total o parcial, o dónde se vería, pero podrían haber sido capaces de advertir que en un día o una noche en particular era posible la ocurrencia de un eclipse de Sol o de Luna.

Aunque hay evidencias convincentes de alineaciones de importancia astronómica en una variedad de sitios arqueológicos, las tesis sobre astronomía primitiva de alta precisión, como la capacidad de predecir eclipses mediante el uso de los agujeros de Aubrey en Stonehenge, no han sido aceptadas por la totalidad de los arqueólogos y astrónomos. Por otra parte, las tesis de que los pueblos neolíticos estaban registrando los solsticios con propósitos mitológicos y ceremoniales, y observando los ciclos solares para determinar los cambios estacionales, son mucho más consistentes con la reconstrucción arqueológica y antropológica general de las culturas de aquellas primeras sociedades sedentarias productoras de alimentos de los tiempos neolíticos. Así, los debates sobre las presuntas intenciones y prácticas de los pueblos prehistóricos que construyeron estos intrigantes sitios continuarán durante largo tiempo.

Quizá la característica más determinante del período Neolítico es que en él se da la transición de la forma de vida nómada a la sedentaria, apareciendo la agricultura y con ella los primeros asentamientos humanos permanentes, y por ende los primeros indicios de civilización. Tras siglos de evolución, surgen la escritura y las primeras manifestaciones de conocimiento sistemático: geometría, matemáticas y cosmología. El período Neolítico medio fue el momento en que se formuló la idea geométrica del espacio, y cuando el cosmos llegó a ser concebido como con un patrón descifrable, entendible. Las cosmologías antiguas revelan dos visiones básicas del universo: las cosmologías ancestrales de Tierra circular plana, como en las civilizaciones babilónica, egipcia y griega primitivas, que más tarde serían reemplazadas por cosmologías esféricas, característica de la civilización griega clásica.

Mesopotamia y Babilonia

Gran parte del conocimiento sobre astronomía, la Luna, el Sol, los eclipses y los calendarios que se extendió desde Medio Oriente hacia Grecia y Roma, y desde allí al resto de Europa, surgió de aprendizajes desarrollados entre los años 3.000 y 500 a. C en Mesopotamia, la zona geográfica del Oriente Próximo ubicada entre los ríos Tigris y Éufrates. La civilización babilónica de Mesopotamia reemplazó a la sumeria y acadia hacia el 2.000 a. C., y tuvo como sede principal a la ciudad de Babilonia, la de los míticos *Jardines colgantes*. Sumerios, acadios, caldeos, y elamitas fueron sociedades pertenecientes al Imperio babilónico, cuyo esplendor se alcanzó hacia el año 1.700 a. C.

Los babilonios desarrollaron una escritura *cuneiforme:* caracteres grabados con una cuña de madera sobre una tableta de arcilla. En matemáticas desarrollaron un sistema numérico avanzado de base 60, en lugar de base 10 del sistema moderno. Con respecto a la geometría, conocían el círculo al que dividían en 360 unidades, y disponían de fórmulas matemáticas para el cálculo de su área y de su circunferencia, perímetro o tamaño.

La cosmología de los babilonios era un compuesto de las ideas que originalmente prevalecían en los territorios alrededor de los dos antiguos santuarios, Eridu en la costa del Golfo Pérsico y Nippur en el norte de Babilonia. Según la cosmología de Eridu, el agua era el origen de todas las cosas; el mundo habitado había surgido de las profundidades y todavía está rodeado por *Khubur*, la corriente del océano; más allá de la cual el dios Sol apacienta su ganado. Ellos suponían que la bóveda del cielo no se movía, pero el Sol, la Luna y las estrellas eran seres vivientes o deidades que se movían por sus respectivas sendas. En la mitología babilónica Sin, o también Nanna, era el Dios lunar, mientras que Utu o Shamash era el Dios solar y de la justicia. En cuanto a su morada, los babilonios concebían la Tierra en forma de disco plano o círculo flotando en el océano, con la bóveda del cielo arqueada sobre ella.

Hay buenos motivos para estudiar la historia de la astronomía mesopotámica; en primer lugar, ofrece un punto de partida para comprender su desarrollo cultural. Seguidamente tenemos el tema de los registros astronómicos, que no solo fueron utilizados posteriormente por los antiguos griegos, sino que también han llegado hasta el presente y ahora son relevantes para la ciencia moderna. Lo que normalmente se denomina astronomía histórica aplicada hace uso de registros antiguos para derivar datos de valor científico para la investigación astronómica moderna. El uso reciente de registros babilónicos relativos a eclipses para determinar si la Luna efectivamente se está alejando de la Tierra debido a un proceso conocido como *Aceleración secular*, y también para determinar si la desaceleración del movimiento de rotación terrestre

es mucho mayor de lo que se pensaba anteriormente, es una buena demostración del valor científico de tales antiguos registros.

Durante siglos se establecieron las posiciones de las estrellas brillantes; y los movimientos del Sol, la Luna y los planetas se trazaron en el fondo de esas estrellas fijas. Poco a poco, los babilonios adquirieron un conocimiento notablemente preciso de los movimientos del Sol, la Luna y los planetas; de modo que fueron capaces de predecir las posiciones de estos cuerpos celestes entre las demás estrellas y la recurrencia de los eclipses; sin haber formulado, hasta donde se sabe, algún tipo de teoría geométrica de los movimientos celestes. Todos estos datos fueron grabados en escritura cuneiforme sobre tabletas de arcilla, muchas de las cuales todavía están disponibles en la actualidad.

Imagen 1.2
Tableta cuneiforme:
Texto alusivo a la Luna.

Es una tableta de arcilla proveniente de Mesopotamia, muy probablemente de Babilonia, fechada hacia el cuarto siglo a.C. Conservada en el Metropolitan Museum of Art. New York City.

Los astrónomos babilonios efectuaron registros sistemáticos de eclipses durante largos periodos de tiempo, y hay evidencia directa de que descubrieron la periodicidad, y por lo tanto la predictibilidad, de dichos sucesos celestes. Ellos comprendieron bien que una lunación, el período entre dos lunas nuevas sucesivas, también conocido como mes lunar, o también mes sinódico, es un poco más de 29,53 días, y fueron muy precisos en sus predicciones de lunas nuevas. Adicionalmente, notaron que cada eclipse lunar era parte de un conjunto de eclipses que tenían lugar a intervalos de tiempo iguales; cada conjunto generalmente incluía cinco o seis eclipses; y los conjuntos estaban separados por intervalos de tiempo largos de 17 lunaciones, durante los cuales no había eclipses. Dado que el calendario babilónico se basó en los meses lunares, una vez que una serie de eclipses había comenzado, era posible predecir eclipses lunares en intervalos de seis meses, cuando la Luna llena era visible. Luego, y dentro de un marco supersticioso primitivo, los astrónomos babilónicos predijeron buenos o malos sucesos según la concordancia entre observación y predicción; en tales asuntos, los eclipses solares fueron los más importantes para propósitos astrológicos. Y aunque no tenían una representación exacta de los complicados movimientos lunares, habían ideado algunos medios de predicción suficientemente fiables, basados en largos conjuntos de datos para eclipses lunares. En los informes de la corte de astrónomos-astrólogos de Nínive podemos leer tales predicciones: *"Al rey mi señor lo he escrito: se producirá un eclipse. Este eclipse ha tenido lugar; no falló. Este es un signo de paz para el rey mi señor."* [4]

Desde los tiempos de Nabonassar, monarca babilonio que reinó entre 747 a 734 a. C., tales fenómenos se observaron sistemáticamente; y el primer eclipse lunar que observaron con gran cuidado desde el instante del comienzo hasta su final, fue el del 19 de marzo de 721 a.C. Un fragmento de una lista de eclipses entre 373 y 277 a. C. ha sobrevivido; y se divide en columnas que cubren un período de 223 meses sinódicos, que es equivalente a 18 años solares o 6.585,33 días. Dicho período se conoce en la actualidad con el nombre de *Saros*; en él nuestro satélite vuelve a la misma posición con respecto a sus nodos, a su perigeo y al Sol; y los eclipses del ciclo anterior se repiten en el mismo orden. El descubrimiento de la periodicidad

de los movimiento de los cuerpos celestes constituye un gran avance en el conocimiento, y lo podríamos calificar como el gran primer paso de la humanidad en la dirección de comprender el universo y descifrar sus fenómenos: conocer con precisión los movimientos de los astros, muy especialmente la Luna y el Sol, y poder predecir, prever, sus posiciones en el futuro, continuará siendo siempre el motor que impulse el desarrollo del conocimiento astronómico.

Los registros antiguos prueban que los babilonios y los asirios sabían que los eclipses lunares pueden ocurrir solo en Luna llena, y los eclipses solares solo en Luna nueva. La predicción de eclipses solares en aquellos tiempos fue más difícil; aunque ellos ocurren en conjuntos análogos a los de la Luna, existe una dificultad mayor en relación con estos últimos, aparte del clima nublado y la ubicación de la Luna debajo del horizonte. Esta dificultad se refiere a la estrechez del cono de sombra lunar sobre la superficie de la Tierra, que hace que un eclipse solar sea visible solo en regiones muy particulares y estrechas: un observador en un lugar determinado puede perderse hasta cinco de seis eclipses solares.

Los babilonios también iniciaron el concepto del zodíaco, la banda en la esfera celeste a través de la cual el Sol aparentemente se mueve y realiza una revolución completa en un año; trayectoria conocida como *Eclíptica*, precisamente porque es en el plano que la contiene donde debe estar la Luna para que haya un eclipse. Banda que ellos dividieron en 12 zonas iguales de 30° correspondientes a los 12 meses lunares de su calendario, y luego asignaron cada una a la constelación más cercana; zonas que hoy conocemos como *Signos zodiacales*. La Luna y los planetas también se mueven en la misma banda, pero de formas totalmente diferentes, y ahora sabemos que representa el plano de la eclíptica en el que los planetas giran alrededor del Sol, y la Luna alrededor de la Tierra.

Egipto antiguo

La cosmología egipcia primitiva estaba profundamente entrelazada con su mitología: el cielo estaba representado por *Nut*, una diosa con forma de mujer que arqueaba su cuerpo extendiendo sus extremidades para abarcar todo el firmamento; el dios *Geb*, la Tierra, le servía de soporte, correspondiendo los puntos en donde se apoyaba a los cuatro puntos cardinales. El cuerpo arqueado de *Nut* daba origen a la bóveda celeste, identificada con Shu, una deidad cósmica que personifica el aire atmosférico y la luz celeste. *Nut* paría diariamente al Sol, el dios *Ra*, que por lo general se representaba en forma humana con una cabeza de halcón, coronada con el disco solar rodeado por el uraeus, una representación estilizada de la cobra sagrada, asociada a los míticos viajes del Sol por el cielo y el inframundo. *Ra* disponía de dos barcas para completar su viaje diario, una para el día y otra para la noche; durante el día la barca era ocasionalmente atacada por una enorme serpiente, *Apofis*, personificación del caos y gran enemiga de *Ra*, por lo cual el Sol se eclipsaba por un corto tiempo. En los inicios del Imperio Antiguo, *Ra* era solamente una de tantas deidades solares existentes, pero hacia 2.400 a. C., durante la dinastía V, fue elevado a deidad nacional, convirtiéndose en el dios oficial de los faraones egipcios.

Iah era la diosa de la Luna, una personificación de dicho cuerpo celeste; podía representarse como una Luna creciente, un ibis o un halcón. Al igual que el Sol, la Luna tenía sus enemigos: una cerda la ataca el día 15 de cada mes, y después de una agonía de quince días y palidez creciente, la Luna muere y nace de nuevo; a veces, la cerda logra tragarla por un corto tiempo, causando un eclipse lunar.

Que los egipcios fueron observadores y topógrafos consumados resulta evidente por la construcción de pirámides y templos normalmente alineados de norte a sur con una precisión de unos pocos minutos de arco. Entre los años 3.000 y 2.500 a. C. los egipcios ya observaban sistemáticamente el cielo, y se percataron de que las estrellas realizaban un giro completo en poco más de 365 días; igualmente comprobaron que el ciclo del Sol concordaba con el de las estaciones y con el crecimiento anual del río Nilo, lo que les sirvió para elaborar un calendario solar: el año solar de 365 días parece haber sido adoptado por los egipcios en este período.

Imagen 1.3
Papiro egipcio: Catálogo astronómico de planetas, en escritura demótica.

Los antiguos egipcios tuvieron tres tipos de escritura: hierática, jeroglífica y demótica. Algunos de sus registros han llegado hasta el presente en el formato de rollos de papiro, material de soporte para la escritura inventado por los egipcios hacia el año 3.000 a. C.

La literatura sugiere que los egipcios tenían menos probabilidades que otros pueblos antiguos de percibir malos augurios en los eventos celestes; aunque en algunos textos parece haber indicios sobre la interpretación de eclipses como evidencia de la lucha titánica entre el bien y el mal; también hay descripciones que sugieren que son interpretados solamente como una "reunión del Sol y la Luna". Una posible referencia egipcia a un eclipse solar se encuentra en el papiro demótico Berlín 13588, en el que un sacerdote llamado *Amasis* menciona haber escuchado en la ciudad egipcia *Tjeben* lo siguiente: "*El cielo se tragó el disco solar cuando él fue llevado a la sala de embalsamamiento, en la que el cuerpo del rey Psamético debía ser preparado para el enterramiento.*"[5] Aquí se hace alusión al rey Psamético I, fundador de la dinastía XXVI, y el eclipse referido es el parcial de Sol del 30 de Septiembre de 610 a.C.

Grecia antigua

La civilización griega se remonta hasta el año 2.800 a. C., y aunque tomó mucho de las culturas circundantes, como la egipcia y babilonia, los griegos construyeron una sociedad y una cultura propias que es la más impresionante de todas las civilizaciones. La influencia de los egipcios y los babilonios se sintió especialmente en Mileto, una ciudad de Jonia en Asia Menor y lugar de nacimiento de la filosofía, las matemáticas y la ciencia occidentales.

Muy al principio, como en las sociedades orientales, el pensamiento cosmológico primitivo griego siguió líneas puramente mitológicas; es a partir de la primera mitad del siglo VI a.C. que la filosofía griega tiene sus raíces. Las más tempranas creaciones literarias griegas están materializadas en los poemas de Homero (700-610 a. C.), el autor de *La Ilíada* y *La Odisea*; muy afortunadamente en tales poemas se dispone de una valiosa fuente de información sobre las ideas cosmológicas que prevalecían antes del advenimiento de la filosofía griega, ya que ellos nos presentan una imagen sorprendente de los cielos y de la Tierra tal como fueron concebidos por los griegos de tal época.

El firmamento era imaginado como una gran bóveda o campana que lo todo cubría, y bajo la cual se mueven el Sol, la Luna, los planetas y la totalidad de las estrellas; cuerpos celestes que se elevan desde el poderoso rio Océanos en el este y se hunden nuevamente en él por el oeste. La Tierra era representada como un disco circular plano rodeado por el río Océanos, donde nuestro planeta flota como si fuera una pieza de madera o algo así. En la mitología griega *Urania* era la musa de la astronomía, la astrología, la poesía y el conocimiento; mientras que el Dios solar era *Helios* y *Selene* era la Diosa lunar: justo antes del amanecer, por el este y precedida por la Estrella de la mañana o planeta Venus, la *Aurora* se eleva desde el Océanos, después de lo cual *Helios* hace su aparición desde el Lago del sol, también en el este.

La palabra *selene* proviene del griego antiguo y se traduce al español como luz, o brillo. Constituye la raíz de selenología, o geología lunar: el estudio científico de la formación y composición de la Luna, así como de sus movimientos en los cielos; de selenografía o geografía lunar, que comprende el estudio de las características geográficas de nuestro satélite. También es el nombre de un asteroide descubierto en 1.905: *580 Selene*; y el elemento químico Selenio fue bautizado en honor esta diosa lunar griega. Los *Diálogos platónicos* son un conjunto de obras escritas por el filósofo griego Platón (427 - 347 a. C.), que se han conservado en su totalidad y que constituyen su gran legado literario y filosófico. En el diálogo titulado *Cratilo*, Platón hace referencia a los orígenes de esta palabra, así como a los pensamientos de los griegos sobre la Luna y su diosa *Selene*:

"*Hermógenes: Y la Luna σελήνη? (seleenee).*
Sócrates: Esa es una palabra que mortifica a Anaxágoras.
Hermógenes: ¿Por qué?
Sócrates: Porque parece atestiguar la antigüedad de la doctrina, recientemente enseñada por este filósofo, de que la Luna recibe la luz del Sol.
Hermógenes: ¿Cómo?
Sócrates: Las palabras σελας y φως (selas y foos) tienen el mismo sentido (luz).
Hermógenes: Sin duda.
Sócrates: Pues bien; la luz que recibe la Luna es siempre nueva y vieja, si los discípulos de Anaxágoras dicen verdad; porque girando el Sol alrededor de la Luna, le envía una luz siempre nueva; mientras que la que ha recibido el mes precedente es ya vieja.

Hermógenes: Conforme.
Sócrates: Muchos llaman a la Luna σελαναία (selanaia).
Hermógenes: Conforme.
Sócrates: Y puesto que la luz es siempre nueva y vieja, ningún nombre puede convenirla mejor que σελαενονεοαεια (selaenoneaeia), de donde por abreviación se dice: σελαναία (selanaia, selene)."[6]

En la mayoría de los textos sobre mitología griega, *Selene* era la personificación de la Luna, y era hija de los titanes *Hiperión* y *Tea*; y hermana de *Helios*, el dios del Sol, y de *Eos*, la diosa de la aurora. Después de que *Helios* termina su viaje diario a través del cielo, cuando la noche cae sobre la Tierra, *Selene* comienza el suyo. En Atenas *Selene* estaba asociada con la fecundidad de las mujeres y demás animales, así como con el crecimiento de las plantas. Además era invocada por los enamorados y muy solicitada a la hora de practicar las artes mágicas. En el arte *Selene* era representada como una mujer hermosa de rostro pálido, que recorría los cielos conduciendo un carruaje de plata tirado por un yugo de bueyes blancos, o también por un par de caballos. Igualmente, fue dibujada vistiendo túnicas y montando un caballo o un toro, llevando una media luna sobre su cabeza y portando una antorcha.

Según la mitología, *Selene* tuvo amores con *Endimión*, un hermoso pastor que solía llevar su rebaño al monte de *Latmos*. Una noche el joven se quedó dormido en la entrada de una caverna, la noche era clara y en el cielo *Selene* paseaba en su carruaje; la luz de la Luna entró entonces en la cueva y así *Selene* pudo ver al joven dormido, quedándose perdidamente enamorada de él. Descendió entonces del Cielo, quedando la caverna completamente iluminada por la luz plateada de la Luna; *Endimión* fue despertado por el roce de los labios de *Selene* sobre los suyos; cuando él vio a la brillante diosa entre los dos nació una gran pasión. Con el transcurso del tiempo, y deseando poder disfrutar para siempre de la belleza del mortal, las visitas a *Endimión* fueron más frecuentes y extensas; lo que provocaba repetidas noches muy oscuras en las que solamente brillaban las tímidas estrellas. Tales ausencias llamaron la atención de *Zeus*, quien desde entonces prohibió a *Selene* abandonar los cielos para visitar al pastor; a cambio de esto ella rogó a *Zeus* que le concediera a su enamorado el don que éste quisiera. El pastor pidió para sí dos cosas: juventud y sueño eternos; entonces *Zeus* provocó que el joven se quedara profundamente dormido para siempre, pero con los ojos eternamente abiertos. Desde entonces todas las noches *Selene* se detiene en las alturas a contemplar en silencio a su amado y a acariciarlo con sus luminosos rayos; porque éste aun estando dormido, siempre estaba contemplándola.

Imagen 1.4.
Selene y Endimión.

Pintura realizada en 1.713 por el artista italiano *Sebastiano Ricci* (1.659 - 1.734)

11

Las sociedades del lejano oriente

En la astrología de la antigua China se consideraba que los eventos celestes tenían una influencia mutua en los asuntos humanos, especialmente en cuestiones de estado y la política. Esto se basa en el pensamiento correlativo de la cosmología china: Los cielos y el estado se influencian entre sí en un sistema total de cosmología; por lo que la astronomía estaba íntimamente conectada con la administración gubernamental. Los fenómenos celestes anormales, como los asteroides y cometas, los eclipses, las supernovas, etc., se interpretaban como el resultado de una mala administración del estado, o como una indicación oportuna de calamidades para el monarca o la nación. Para los astrólogos chinos el Dios solar *Xihe* representaba el aspecto Yang de la naturaleza, el poder supremo de dar vida y la autoridad para gobernar; y por lo tanto también al Emperador, el mismo Hijo del Cielo. Por el contrario, la Diosa lunar *Changxi* solía asociarse con el aspecto *Yin* de la naturaleza, la persona y las acciones de la Emperatriz o de las concubinas del Emperador.

El calendario chino no tuvo tanto éxito con la predicción precisa de los eclipses solares, por lo que su ocurrencia siempre significó augurios excepcionalmente desastrosos y aterradores; comúnmente se pensaba que estaban relacionados con grandes asuntos de estado o del propio Emperador. La primera palabra china para eclipse, *shih*, significa *"comer"* y se refería a la desaparición gradual del Sol o la Luna; hecho que los chinos interpretaban como si fueran comidos por un enorme y hambriento dragón celestial, lo que atemorizaba al emperador y a todos los súbitos; así que para espantar al dicho dragón deberían lanzar muchas flechas al aire y tocar los tambores y los gongs más grandes haciendo el mayor ruido posible. Los chinos fueron tempranos en registrar los eclipses pero tardíos para reconocer sus causas; pues no fue hasta el tercer o cuarto siglo d.C. cuando entendieron los eclipses solares y lunares lo suficientemente bien como para poder predecirlos con exactitud. Con el tiempo el calendario chino evolucionó y proporcionó mejores métodos de predicción de eclipses y de las posiciones de los cinco planetas. A medida que los eclipses llegaron a ser fácilmente pronosticables gradualmente perdieron su significado astrológico.

La astronomía china es muy apreciada por los astrónomos modernos, especialmente por proporcionar registros precisos de fenómenos celestes como eclipses, novas, cometas, meteoros, etc., para períodos continuos de tiempo más largos que los de cualquier otra civilización, los cuales han encontrado muchas aplicaciones en la astronomía moderna.

En India la astronomía se desarrolló un poco más tarde que en China, pero de manera similar. Se desarrolló un calendario solar; los principales objetos celestes recibieron el nombre de dioses y diosas; la astrología fue la fuerza impulsora en estos desarrollos. En la Mitología india *Raju* es uno de los *Asuras*, o demonios hermanos de los dioses, que combatieron contra estos por la posesión del alimento de los dioses, o *ambrosía*, y por la conquista de *Laksmí*, la diosa de la riqueza y de la belleza. Los *Asuras* habían capturado la ambrosía y *Raju* la estaba comiendo cuando el dios *Narayana* lo alcanzó y le lanzó su disco decapitándolo. Sin embargo *Raju* había logrado comer algo del manjar de la inmortalidad por lo que no murió: su cabeza y su cuerpo, separados, flotan para siempre en el espacio como dos astros invisibles a los ojos humanos. Su cabeza, también llamada *Raju*, por venganza periódicamente ataca y devora temporalmente a la Luna y al Sol, provocando los eclipses; y *Ketu*, el resto del cuerpo, se ha convertido en las constelaciones.

América precolombina

Los pueblos nativos de América Central, aunque no reconocían la forma ni los movimientos de la Tierra, conocían las causas de los eclipses, el uso del gnomon y el cálculo de los solsticios y equinoccios. Además del año solar, estos pueblos usaron el año de Venus, determinado por la revolución sinódica de dicho planeta. El pueblo Maya de América Central fue el único que dejó inscripciones y registros sobre su cultura en complicados jeroglíficos, tanto en piedra como en papel amate; los cuales son difíciles de descifrar aunque se puede interpretar aquellas partes que se relacionan con el calendario. Parece que actualmente sólo sobreviven cinco libros manuscritos mayas, que afortunadamente contienen calendarios lunares y solares, así como un calendario de Venus de gran interés; el mejor de ellos es el Códice de Dresde, que data del siglo XI o XII. A partir de estos documentos queda claro que los Mayas poseían un cálculo de tiempo muy elaborado, así como tablas para la evaluación de los períodos lunares, los meses sinódico y sideral, y la predicción de eclipses lunares y solares. Su año abarcó 365 días, divididos en 18 meses de 20 días cada uno y un breve mes adicional de 5 días.

En su mitología los Mayas creyeron que el Sol y la Luna eran los tronos de los benditos, y así los deificaron, lo cual era parte de su creencia religiosa y superstición. Durante el período Clásico, *Itzamná* fue el dios del Sol y de la sabiduría, señor del cielo y del día, el que habita en el mundo celestial desde donde rige el cosmos. Se le representó de múltiples formas, principalmente como un anciano; pero dada su facultad omnipresente se le representaba en el arte maya en formas animales de acuerdo al ámbito donde actuaba: como ave si estaba en un nivel celestial, o como un cocodrilo si era en un plano terrestre. En el periodo Postclásico, *Kinich Ahau* era el dios del Sol y patrono de la música y la poesía; quien estaba casado con *Ixchel*, la diosa de la Luna. Esta última era asociada con diversos elementos como el agua, la fertilidad y ciertos oficios característicos del género femenino y la maternidad; solían representarla como una mujer joven, simbolizando la Luna creciente, o como una mujer de edad avanzada a imagen de la Luna menguante.

En sus inscripciones se aprecia que los mayas rastrearon las fases de la Luna y también contaron las lunaciones como meses de 29 o 30 días, ya que no emplearon numeración fraccional. De sus cálculos se sabe que ellos emplearon diferentes formulaciones: La Tabla de Eclipses del Códice Dresde se basa en 46 múltiplos del calendario de 260 días, es decir, 46 x 260 = 11.960 días, lo que se corresponde en promedio con 405 lunaciones. De hecho, la relación es muy precisa ya que 405 lunaciones de 29,53 días equivalen a 11.959,65 días; esto demuestra cómo los mayas podían ser muy precisos en su aritmética basada solamente en enteros, sin la necesidad de números fraccionarios. [7]

Las poblaciones nativas de América del norte tuvieron por costumbre denominar a la Luna llena con un nombre diferente pero significativo para cada mes. Al ser tan arraigada dicha tradición, estos nombres han llegado hasta el presente, así: en Enero la Luna del lobo, en Febrero de la nieve, Marzo del gusano, Abril Luna rosada; en Mayo de las flores, Junio de la fresa, Julio del ciervo, Agosto del esturión, en Septiembre Luna de la cosecha; Octubre del cazador, Noviembre del castor, y finalmente en Diciembre Luna fría, o también Luna de las largas noches.

Imagen 1.5 Dragones y eclipses:
Según las mitologías china e india, los eclipses eran causados por un furioso dragón que atacaba y temporalmente devoraba tanto a la Luna como al Sol.

13

El nombre de Luna del lobo en Enero hace referencia a la frecuente presencia de manadas de lobos aullando durante los fríos inviernos de este mes. Mientras que el nombre de Luna de la cosecha proviene del hecho de que en hemisferio norte en el mes de Septiembre la Luna llena se presenta muy cercana al equinoccio de otoño, y bajo estas condiciones la luz del satélite es más constante al anochecer, lo que permite a los agricultores extender un poco más su jornada laboral durante algunas horas de la noche, y así poder prestar mayor atención a la recolección de sus respectivas cosechas.

Los ciclos celestes y el desarrollo de los calendarios

El descubrimiento de la precisión en los movimientos cíclicos de los astros, y de sus fenómenos asociados, prontamente facilitó a las sociedades primitivas desarrollar sistemas de medición del tiempo: los calendarios, esquemas sistematizados de medición y registro del transcurso del tiempo, sumamente útiles para la organización cronológica de las actividades sociales. Un primer paso parece haber sido observar en qué posiciones se encontraba la Luna en diferentes momentos del ciclo agrícola, la siembra o la cosecha, para entonces dividir el tiempo en Estaciones de la Luna; y de esta manera poder marcar y seguir astronómicamente sus festivales mensuales y anuales.

En su desarrollo histórico las civilizaciones primitivas comprendieron inicialmente dos ciclos lunares, normalmente conocidos como *meses lunares*. Uno de ellos fue el período entre dos sucesivas lunas llenas, o en términos más generales, el tiempo transcurrido entre dos mismas fases consecutivas de la Luna, actualmente conocido como el *mes sinódico*, que es aproximadamente igual a 29,53 días; con lo que 12 meses lunares darían un año lunar de solamente 354,36 días, unos once días menos que el año solar típico de 365,25 días. Debido a que no hay un número entero de lunas llenas en un año solar, los dos elementos simplemente no pueden conciliarse en un calendario común: mientras el calendario civil moderno se basa en el año solar, las fechas de las festividades religiosas, como la Navidad, la Pascua y Pentecostés, todavía están establecidas con referencia al mes lunar, como en los tiempos bíblicos. El segundo ciclo lunar conocido en la antigüedad fue el período real de la órbita lunar referido a las estrellas fijas; actualmente se conoce como *mes sideral*, y es el tiempo que toma la Luna para volver a la misma posición entre las estrellas fijas en el fondo de la esfera celeste; este tiene una duración media de aproximadamente 27,33 días.

Imagen 1.6.

Ixchel, la Diosa lunar maya.

Detalle tomado de un pintura original maya del año 550 d. C., conservada en el Museum of Fine Arts of Boston.

Más adelante en el tiempo se detectaron y comprendieron otros ciclos lunares. El *mes anomalístico* se calcula de perigeo a perigeo, el cual es el punto más cercano de la órbita de la Luna a la Tierra, tiene una duración media de 27,554 días. Por otra parte, el *mes draconítico* se mide con referencia a los nodos de la Luna, los puntos en el cielo donde la trayectoria lunar traspasa la eclíptica, ya que la órbita lunar está en un plano inclinado aproximadamente cinco grados con respecto al plano de la eclíptica. La línea de intersección de estos planos define dos puntos en la esfera celeste, conocidos como los nodos lunares ascendente y descendente; los cuales no son estáticos sino que giran retrogradando con un período de unos 18,6 años. El tiempo que tarda la Luna para volver al mismo nodo es el mes draconítico, y tiene una duración media de aproximadamente 27,2 días. Es muy importante en astronomía para predecir los eclipses: ya que estos tienen lugar cuando el Sol, la Tierra y la Luna están en una línea recta, lo cual ocurre solo cuando la Luna está cerca de la eclíptica, es decir, cuando está cerca de alguno de los nodos. Teniendo en mente la naturaleza de cualquier clase de eclipse, es obvio que el Sol y la Luna deben coincidir en la línea de un nodo para que aquel pueda ocurrir. El término draconítico hace referencia al mitológico dragón que habitaba en los nodos lunares y regularmente, durante los eclipses, se comía bien sea a la Luna, o también al Sol. (Hablando de calendarios, la semana no se basa en ningún fenómeno astronómico, sino que se deriva de las tradiciones judía y cristiana de que cada séptimo día debería ser un día de descanso.)

Los babilonios se fundamentaron siempre en los ciclos lunares para el desarrollo de sus calendarios. En un principio tuvieron el año lunar que comprendía doce meses de 30 días, es decir, que tenía casi 5,25 días menos que un año solar; discrepancia que prontamente se manifestaría. Al cabo de algunos años, por ejemplo, el mes de arar no se ajustaba a tal faena agrícola. Con el fin de evitar que las estaciones se desfasaran se insertaba un decimotercer mes de vez en cuando; aunque no existió un sistema regular para intercalar este mes adicional hasta el siglo V a.C., cuando empezaron a utilizar el *Ciclo metónico*, un intervalo de tiempo de 235 meses lunares; lo que les permitió establecer un calendario lunisolar mucho más preciso. El inicio de los meses se estableció en el día de la Luna nueva, o Novilunio, cuando el satélite se interpone entre el Sol y la Tierra; en esta posición la Luna tiene su hemisferio oscuro de frente a la Tierra, por lo que es prácticamente invisible, apareciendo al occidente inmediatamente después de la puesta del Sol, en forma de una finísima y apenas perceptible hoz con la convexidad dirigida al Oeste. El nombre de Ciclo metónico se debe a su descubridor, el astrónomo griego Metón hacia el año 432 a. C.; y tiene la particularidad de que es muy cercano a 19 años solares, lapso de tiempo en el que la Luna vuelve a pasar por las mismas fases en los mismos días y en las mismas horas. En un calendario lunisolar típico, la mayoría de los años son lunares de 12 meses, pero 7 de los 19 años poseen un mes suplementario, conocido con el nombre de mes intercalar.

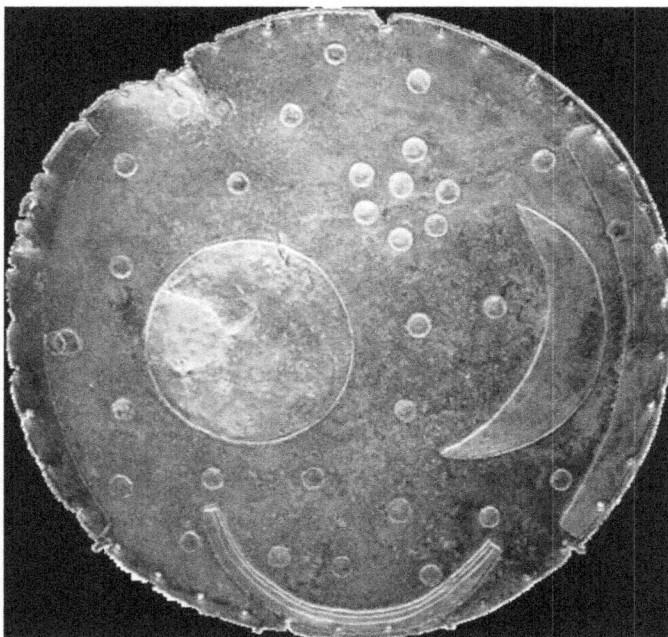

Imagen 1.7
Arqueoastronomía.
El Disco Celeste de Nebra.

Considerado como el diagrama de los cielos más antiguo aun conservado. Fue descubierto en 1.999 en la ciudad alemana de Nebra y se le asigna una antigüedad de 3.600 años.

En Egipto, como en la mayoría de culturas antiguas, la razón principal para hacer observaciones astronómicas fue realizar un seguimiento del curso de los ciclos de larga duración, como las estaciones climáticas, y de lapsos de corta duración como las horas del día y de la noche. La agricultura egipcia estaba estrechamente relacionada con la inundación anual del rio Nilo, la cual depositaba una capa de limo que fertilizaba la tierra, un evento anual de vital importancia para la sociedad egipcia que tenía que ser predicho. Pero su calendario original se fundamentaba en un número fijo de meses lunares, y pronto se desfasó con el año solar, se hicieron evidentes las discrepancias en las predicciones de la crecida anual del rio y del transcurso de las estaciones y las faenas agrícolas. Mediante posteriores observaciones del ascenso heliaco de la estrella Sirio, entonces llamada *Sothis*, la cual anunciaba la inundación del Nilo, el calendario egipcio finalmente se reconcilió con el verdadero año solar por primera vez en la historia hacia el tercer milenio antes de Cristo: Los sacerdotes astrónomos egipcios prefirieron entonces utilizar el calendario solar para usos civiles, en vez del problemático calendario lunar.

Una fuente histórica egipcia en la que se menciona los 365 días del año solar es el papiro matemático de *Rhind*, actualmente conservado en el Museo Británico. El año estaba dividido en 12 meses de 30 días cada uno, organizados en tres periodos de 10 días; al final del último mes de cada año se añadían los cinco días faltantes, denominados epagómenos, para completar el año solar.

En 1.999 un grupo de arqueólogos alemanes que trabajaban en una zona boscosa cerca de la ciudad alemana de Nebra, al suroeste de Berlín, descubrieron un disco de bronce de 3.600 años y fue aclamado como el diagrama de los cielos más antiguo aun conservado, y uno de los descubrimientos arqueológicos más importantes del siglo veinte.

El *Disco Celeste de Nebra* [8] fue hecho en bronce, mide 32 centímetros de diámetro, y tiene una pátina azul-verde e incluye apliques de oro que representan el Sol, la Luna, y 32 estrellas. De estas últimas un grupo de siete puntos ha sido interpretado como la constelación de las Pléyades tal como se vería hace 3.600 años. Dicho disco se constituye en la representación visual más antigua del cosmos conocida hasta la fecha. La explicación del propósito del disco arroja nueva luz sobre el conocimiento astronómico y las habilidades de la gente de la Edad del Bronce, quienes usaron una combinación de calendarios solares y lunares como indicadores importantes para las temporadas agrícolas y el paso del tiempo.

Imagen 1.8.
Arqueoastronomía.
El Mecanismo de Anticitera.

Encontrado en 1.901, probablemente fue usado por como un Simulador mecánico de los movimientos celestes por expertos griegos entre los años 150 y 100 a.C.

Imagen 1.9 Los diferentes Ciclos de la Luna

Mes Sideral: Es el tiempo que tarda la Luna, vista desde un mismo punto en la Tierra, para regresar a la misma posición con respecto a una estrella fija específica; su valor aproximado es de 27,33 días.

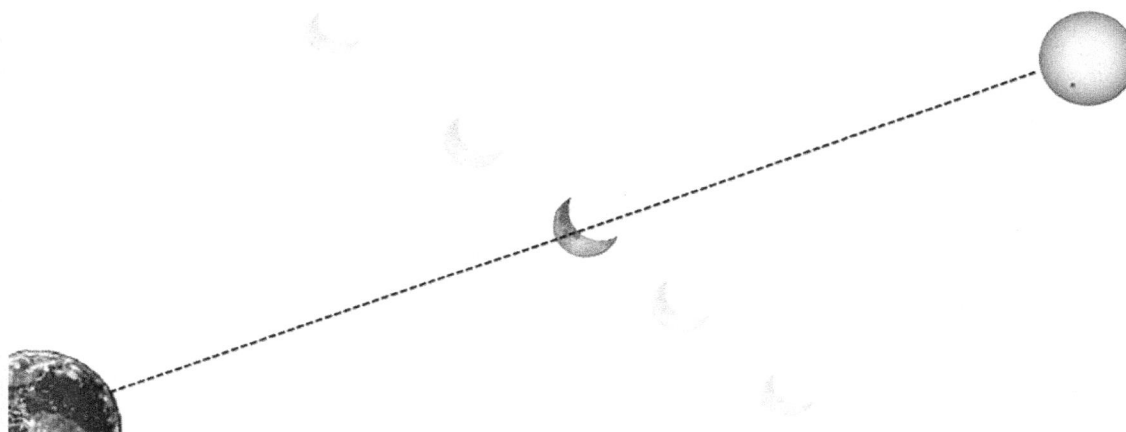

Mes Sinódico: Es el tiempo que toma nuestro satélite para regresar a la misma posición entre el Sol y un mismo lugar de la Tierra; su valor medio es de 29,53 días.

Mes Anomalístico

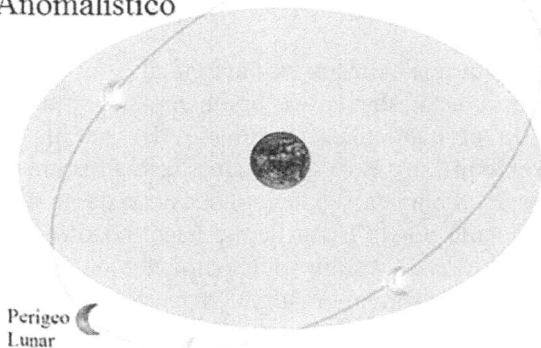

Mes Draconítico

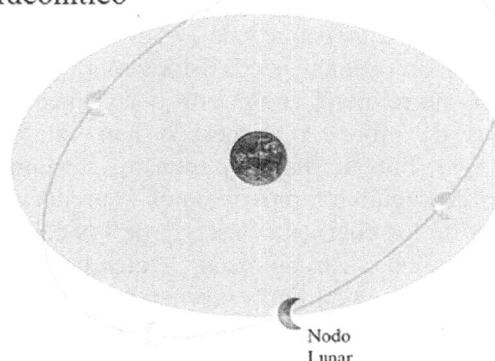

Perigeo Lunar

Nodo Lunar

Mes anomalístico: Es el lapso de tiempo que tarda la Luna en pasar de un perigeo al siguiente; tiene una duración media de 27,55 días.
Mes Draconítico: El tiempo que tarda la Luna para volver a un mismo nodo en la eclíptica, tiene una duración aproximada de 27,20 días.

Un grupo de científicos alemanes ha descifrado el significado de este gran descubrimiento arqueológico: han encontrado evidencias que indican que el disco fue utilizado como un marcador astronómico complejo para la sincronización de calendarios solares y lunares. Un año lunar es once días más corto que el año solar porque 12 meses sinódicos, o 12 regresos de la Luna a la fase nueva, toman solo 354 días. El disco celeste de Nebra se usó para determinar si un mes decimotercero, el llamado mes intercalado, debería agregarse a un año lunar para mantener el calendario lunar sincronizado con las estaciones, las cuales están ligadas al ciclo solar.

De acuerdo con la antigua regla babilónica, un mes decimotercero solo debería agregarse al calendario lunar cuando se viera la figura de la Luna y de las Pléyades exactamente como aparecen en el disco celeste de Nebra. Los astrónomos de la Edad de Bronce sostenían tal objeto en sus manos y comparaban su figura con la posición de los astros en el firmamento. El mes intercalado se insertaba cuando lo que veían en el cielo correspondía al mapa en el disco que tenían en manos. Esto sucedería cada dos o tres años.

Otro hallazgo arqueológico de gran importancia para la historia de la astronomía y del conocimiento es el *Mecanismo de Anticitera*, el cual consiste en una especie de *Simulador mecánico de los movimientos celestes*. Fue extraído en 1.901 de un antiguo naufragio cercano a la isla griega de Anticitera, y muy probablemente fue construido por expertos griegos entre los años 150 y 100 a. C. El instrumento debió tener unas dimensiones de 34 cm x 18 cm x 90 cm en su estado original, y consistía de un complejo mecanismo de relojería compuesto por al menos 30 engranajes de bronce. Quienes lo han estudiado afirman que fue diseñado y construido con el propósito de seguir los movimientos y predecir las posiciones de los cuerpos celestes y de los eclipses, para propósitos astronómicos, calendáricos y astrológicos. También pudo servir para predecir la fecha exacta de certámenes griegos antiguos: los Juegos Píticos, los Juegos Ístmicos, los de Olimpia, los de la isla de Rodas; etc. Todos los fragmentos recuperados y conservados del mecanismo de Anticitera se custodian actualmente en el Museo Arqueológico Nacional de Atenas.

El Mes sinódico y las Fases lunares

Este primer capítulo es el más indicado para introducir algunos conceptos fundamentales de la astronomía lunar que serán ampliamente utilizados a lo largo de todo el texto. Como se ha visto, las sociedades de las antiguas civilizaciones fueron muy asiduas en la contemplación del globo lunar y el seguimiento de sus ciclos naturales; de los cuales el más notable es el mes sinódico, o lunación, que ocurre en un lapso de 29,53 días terrestres.

Durante el curso del mes sinódico, y contemplada desde un determinado punto de nuestro planeta, la Luna manifiesta una serie de apariencias debidas a los continuos cambios en las posiciones relativas entre la Tierra, el satélite y el astro Rey; dichas apariencias se conocen normal y ampliamente como las *Fases lunares*.

La exposición que ahora sigue está fundamentada en las imágenes 1.10a y 1.10b, y la numeración y sus respectivas definiciones se aplican por igual a ambas imágenes. Para empezar debemos dejar claro que en todo momento tanto la Tierra como su satélite tienen siempre uno de sus hemisferios de frente al Sol, a los rayos solares, y por lo tanto luce completamente iluminado; mientras que el otro hemisferio esta opuesto al Sol y no recibe ninguna luz solar, permaneciendo a oscuras; y que adicionalmente la Luna no alumbra con su propia luz, sino que siempre lo hace con luz prestada: luz solar reflejada.

Fase 1: Luna nueva o Novilunio

En esta posición los tres astros, el Sol, la Luna y la Tierra, están dispuestos prácticamente en línea recta; todo el hemisferio iluminado del satélite esta de frente al astro Rey, y su hemisferio a oscuras está de frente al planeta. Todo esto ocasiona que ninguna luz reflejada por la Luna llegue hasta nosotros, y así el satélite nos resulta prácticamente invisible. Este arreglo astronómico también es conocido desde la antigüedad cono *Sizigia*, y modernamente como Conjunción: La Luna está en el mismo lado del Sol, en conjunción con él; y cuando el alineamiento es bien ajustado, perfecto, entonces tienen lugar los eclipses de Sol.

Fase 2: Luna creciente

Después de Luna nueva, y con el transcurrir del tiempo, una pequeña porción del hemisferio iluminado del satélite empieza a ser visible desde nuestro planeta. Dependiendo de la posición y de las condiciones meteorológicas, la primera visibilidad ocurre unas 24 horas después de Luna nueva. Paulatinamente, la porción visible del hemisferio iluminado de nuestro satélite va aumentando, creciendo, y de ahí el nombre de Luna creciente. El satélite puede ser dibujado con dos curvas: una exterior convexa, y una interior cóncava, y parece que la Luna estuviera como hueca, o con forma de hoz; también es normal expresar que en esta fase la Luna exhibe sus *cuernos*.

Fase 3: Cuarto creciente o Semilunio creciente

En este momento el satélite ha recorrido prácticamente el primer cuarto de su trayectoria en torno al planeta, y de ahí el nombre para esta fase lunar: Cuarto creciente, la cual ocurre muy aproximadamente unas 177 horas o 7,4 días después de la Luna nueva. Esta fase tiene la notable particularidad de que precisamente la mitad del hemisferio lunar iluminado por el Sol es visible desde la Tierra, y de ahí su otro nombre de Semilunio: la Luna luce como justamente iluminada a la mitad. Este arreglo celeste se produce cuando el satélite se ubica a 90° al Este del astro Rey, punto que también se conoce como Cuadratura del Este.

Fase 4: Luna gibosa creciente

Después del primer cuarto creciente la sección visible del hemisferio satelital iluminado continua creciendo, ahora la Luna puede dibujarse con dos curvas convexas, el satélite luce como con una joroba o giba, y de ahí el nombre de Luna gibosa creciente. Esta fase dura hasta aproximadamente el fin de la segunda semana del mes sinódico.

Fase 5: Luna llena o Plenilunio

Esta fase lunar ocurre cuando el satélite ha recorrido justamente la mitad de su órbita en torno a nuestro planeta, unas 354,4 horas, o algo más de 14 días terrestres después de haberse iniciado el mes con la Luna nueva. El satélite ahora está ubicado al otro extremo, en el lado opuesto al astro Rey, y por eso este arreglo de los astros se conoce como Oposición.

En este punto todo el hemisferio iluminado de la Luna es ahora visible desde la Tierra, por lo cual luce como completamente iluminada, y de ahí su nombre de Luna llena o Plenilunio. Adicionalmente, dado que los tres cuerpos están prácticamente alineados, dicho arreglo astronómico también recibe el nombre de Sizigia; y cuando la alineación es perfecta, ocurren aquí los eclipses de Luna.

Fase 6: Luna gibosa menguante

Transcurriendo el tiempo después del plenilunio, el porcentaje o la porción iluminada del satélite que se puede contemplar desde la Tierra, empieza ahora a decrecer, disminuir o menguar; de donde proviene el término menguante. El ciclo anterior de apariencias de la Luna empieza a regresarse, pero ahora en su modalidad menguante y cambiando de dirección Este-Oeste. La primera en verse es la fase de Luna gibosa menguante.

Fase 7: Cuarto menguante o Semilunio menguante

Después de haber recorrido los tres primeros cuartos de su trayectoria, la Luna ahora está en su fase conocida como Cuarto menguante, que viene siendo la contraparte del primer cuarto creciente. El satélite se encuentra ahora a unos 270° del Sol desde que se inició el ciclo y ha alcanzado el punto conocido como Cuadratura del Oeste, y de nuevo luce como justamente iluminado a la mitad.

Fase 8: Luna menguante

Finalmente, en su último cuarto del recorrido y la última semana del mes sinódico, la fase lunar se denomina Luna menguante. La porción visible del satélite se hace cada día menor hasta desaparecer por completo, la Luna se hace nuevamente invisible marcando el inicio de un nuevo ciclo, una nueva lunación y un nuevo mes sinódico de 29,53 días terrestres.

Rayos solares

7

8

6

1

Órbita lunar

5

2

4

3

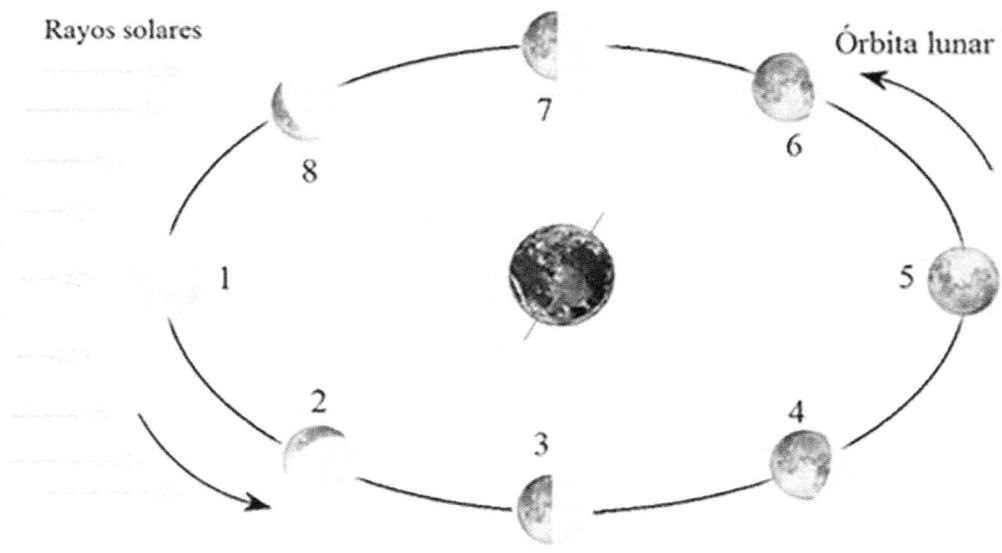

Imagen 1.10a: El mes sinódico y las fases lunares

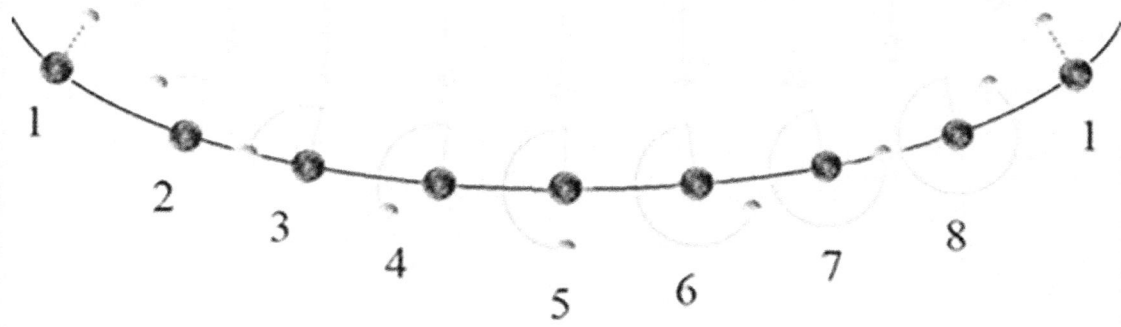

1

2

3

4

5

6

7

8

1

Imagen 1.10b: El mes sinódico y las fases lunares

20

Citas Bibliográficas

[1] Pueblosindigenaspcn. Literatura Indígena: http://www.pueblosindigenaspcn.net/biblioteca/literatura-indigena/doc_view/135-los-libros-de-chilam-balam-de-chumayel.html

[2] UNESCO: World Heritage List. http://whc.unesco.org/en/list/373

[3] English Heritage: Stonehenge. http://www.english-heritage.org.uk/visit/places/stonehenge/history/

[4] Abetti, Giorgio. *The History of Astronomy*. London: Sidgwick and Jackson, 1954.

[5] Lull, José. *Sobre el eclipse solar del papiro demótico Berlín 13588 y el "eclipse lunar" de la crónica del Príncipe Osorkón*. Boletín de la Asociación Española de Orientalistas No. 43 (2007):255-266. https://repositorio.uam.es/handle/10486/6572

[6] Obras completas de Platón. http://www.filosofia.org/cla/pla/azcarate.htm
Cratilo. Pág 412: http://www.filosofia.org/cla/pla/azf04347.htm

[7] Selin, Helaine. Mathematics across cultures. Massachusetts: Springer, 2000

[8] UNESCO: Memoria del Mundo. Disco celeste de Nebra. http://www.unesco.org/new/es/communication-and-information/memory-of-the-world/register/full-list-of-registered-heritage/registered-heritage-page-6/nebra-sky-disc/

Capítulo 2

Astronomía lunar en la cosmología griega

La Luna creciente como se veía desde nuestro planeta el Lunes 22 de Enero de 2.018 a las 10:00 TUC, 5 días 7 horas y 30 minutos después de Luna nueva, se logra contemplar un 24,8 % de su hemisferio iluminado. Para este momento los "cuernos" del satélite lucen ya muy grandes y bien delineados. Esta porción iluminada de la Luna que vemos ha ido continua y paulatinamente aumentando, creciendo, y de ahí su nombre Luna creciente.

Cortesía de NASA's Scientific Visualization Studio: https://svs.gsfc.nasa.gov/4604

"Cuando estábamos dispuestas para emprender viaje hacia aquí, la Luna se encontró con nosotras y nos encargó, en primer lugar, saludar a los Atenienses y a sus aliados; nos dijo después que estaba enfadada, pues ha sufrido malos tratos, siendo así que ella os beneficia a todos vosotros, no con palabras sino de manera patente. En primer lugar os ahorra no menos de una dracma al mes en antorchas; tanto es así que todos, cuando salís por la noche, decís: «Chico, no compres antorchas que Selene ilumina lo suficiente»."

Las Nubes (Comedia)
Aristófanes (444 - 385 a. C.),
Comediógrafo griego.[1]

Grecia clásica: De la Mitología a la Filosofía

Tales de Mileto

Tales de Mileto (624 - 546 a. C.) fue un filósofo, matemático, geómetra, y astrónomo griego; nació y murió en Mileto, una ciudad griega en la costa jónica. En su época aún predominaban en Grecia las cosmologías míticas sobre el mundo, y todavía no se habían emancipado de la concepción homérica de la Tierra como un disco plano; pero Tales buscó una explicación puramente racional de todo fenómeno físico, lo que se conoce como el paso del mito al *logos*, o razón; por lo que se le considera el primer filósofo de la historia. Fue igualmente uno de los más grandes astrónomos y matemáticos de su época, y el fundador de la *Escuela jónica de filosofía*, en cuyo sistema las cuestiones sobre la constitución física del mundo ocupaban una posición prominente. Su enfoque inquisidor para la comprensión de los fenómenos celestiales marca el comienzo de la astronomía griega; sus hipótesis fueron nuevas y audaces, y al liberar los fenómenos naturales de la intervención divina, allanó el camino hacia el pensamiento científico. Se le atribuyen importantes aportaciones en el terreno de la filosofía, la matemática, la astronomía, la física, etc., se sabe que planteó respuestas a una serie de preguntas sobre la tierra: su forma, su tamaño, la cuestión de su apoyo o sustento, y la causa de los terremotos. En cuanto a la astronomía, reflexionó sobre las fechas de los solsticios, así como también a cerca del tamaño de la Luna y del Sol. No se conserva ningún escrito suyo, por lo cual todo lo que se sabe sobre él es por referencias de otros autores.

Dadas las tradicionales relaciones comerciales entre los jonios, egipcios y babilonios, es muy probable que Tales visitara dichas regiones durante el transcurso de su vida, y allí podría haber recibido enseñanzas cosmológicas por parte de los astrónomos, y haber adquirido conocimientos en matemáticas, ciencia que los egipcios habían desarrollado a un nivel práctico con el fin de medir y delimitar las parcelas de tierra, cuyos límites solían borrarse debido a las periódicas crecidas del río Nilo. Muchos historiadores sostienen que Tales adquirió información de fuentes del Cercano Oriente y obtuvo acceso a los extensos registros que databan de la época de Nabonassar, hacia el año 747 a.C.; igualmente afirman que él predijo el eclipse solar de 585 a.C. mediante el conocimiento del período Saros, un ciclo de 223 meses lunares después del cual los eclipses tanto de Luna como de Sol se repiten con muy pocos cambios.

Una corriente de historiadores argumenta que él consideraba la Tierra como un disco plano que flotaba en el agua, similar a un bote de madera; y que el Sol y la Luna eran, como nuestro planeta, otros discos planos que se movían en el firmamento por encima de ella y, a veces, se alineaban; pero no hay ningún testimonio antiguo que respalde esa opinión. Por el contrario, Aristóteles, el filósofo Aecio y después el historiador Plutarco, le atribuyen el conocimiento de la esfericidad de la Tierra. Aristóteles escribió que algunos pensaban que era esférica, otros la consideraban circular plana, y un tercer grupo le asignaba forma de tambor; siguiendo el orden cronológico, los escritos de Aristóteles parecen indicar que Tales consideraba la Tierra como esférica. Al no haber concordancia entre los historiadores de la filosofía y del conocimiento se puede pensar que Tales, así como sus discípulos en la Escuela jónica de filosofía, durante el trascurso de sus vidas pudieron haber cambiado de opinión en este tema.

El gran pronunciamiento filosófico de Tales de que el agua es el principio, causa y substancia primitiva de todo lo existente muestra que él abandonó, dio la espalda al reconocimiento de los dioses como provocadores y determinantes de todo lo que ocurre. Sus hipótesis muestran que él concibió los fenómenos físicos como eventos naturales que tienen causas naturales y, por lo tanto, también tienen explicaciones racionales. Con su nuevo paradigma de observación y razonamiento él se dedicó a estudiar los cielos y a buscar explicaciones lógicas para los fenómenos celestes; lo que constituye un evidente paso hacia afuera de la mitología de su época: con Tales de Mileto se inicia el largo y complejo combate de la razón contra su propio pasado mítico.

En el campo de la historia de la astronomía Tales es muy famoso por ser citado como el primer griego en predecir un eclipse solar. Heródoto de Halicarnaso (484 - 425 a. C.), el padre o fundador de la historia, fue un historiador griego que escribió la mayoría de los relatos supervivientes, tanto de su tiempo como de épocas anteriores. Él afirmó que Tales de Mileto predijo el eclipse solar del año 585 a.C., que ocurrió durante una batalla entre los medos y los lidios. Parece que Tales asimiló los rudimentos teóricos de los eclipses solares, y era lo suficientemente entendido como para emplear la idea de la periodicidad de los eclipses originaria de los babilonios: el ciclo Saros. Sin duda, el eclipse parece haber causado que los medos y los lidios reconsiderasen su intención hostil y acordaran un tratado de paz después de cinco años de guerra, cada uno viéndolo como un mal presagio:

> *"Como, sin embargo, la balanza no se había inclinado a favor de ninguna nación, se produjo otro combate en el sexto año, en el transcurso del cual, justo cuando la batalla se estaba calentando, el día se transformó repentinamente en noche....Los medos y los lidios, cuando observaron el cambio, dejaron de pelear y estaban igualmente ansiosos de que se llegara a un acuerdo sobre los términos de la paz."*[2]

Sin embargo, no está claro que el milesio haya predicho la fecha y circunstancias exactas de tal eclipse, y muchos historiadores de la ciencia ahora dudan si él hizo algo más que sugerir que un eclipse de Sol ocurriría en un cierto año. Mileto tuvo relaciones culturales con Babilonia, cuyos astrónomos habían descubierto que los eclipses se repiten en un ciclo de aproximadamente diecinueve años; y podían predecir los eclipses de Luna con muy buen éxito, pero respecto a los eclipses solares

se vieron obstaculizados por el hecho de que tales fenómenos, a diferencia de los de Luna, no siempre son visibles en todos los lugares del mismo hemisferio. Por lo tanto, solo podían saber que en una fecha específica valdría la pena esperar un eclipse de Sol, y esto es seguramente todo lo que Tales sabía. Ni él ni ellos sabían por qué existe tal ciclo Saros. Fue un evento muy inusual, pero Heródoto escribió solamente que Tales acertó el año, por lo que uno podría preguntarse si fue una predicción verdadera o solo una adivinación afortunada. Hoy en día no existe duda sobre la ocurrencia del eclipse, y se puede volver a calcular dicho evento para mostrar que en la tarde del 28 de Mayo de 585 a.C. el camino de la totalidad se extendió por el Mediterráneo y bien centralizado de oeste a este a través de Asia Menor, donde la contienda armada estaba teniendo lugar, y el Sol quedó ocultado por la Luna por algo más de seis minutos.

De cualquier manera, si Tales realmente predijo dicho eclipse solar, o si la historia fuera realmente un mito, el hecho de que los astrónomos y escritores de la época consideraran que era posible predecir un eclipse lleva implícito el mensaje de que estos asombrosos espectáculos ya no se consideraban como una obra del capricho de los dioses o, peor aún, de los demonios; sino que habían sido llevados firmemente al ámbito de los fenómenos naturales predecibles.

El registro diligente de los eclipses podría haber facultado a las sociedades antiguas para predecir eventos futuros, lo cual es mucho más sencillo para los eclipses lunares. Analizando dichos datos, mantenidos cuidadosamente durante generaciones, los eruditos antiguos notarían que los eclipses de las mismas características básicas se repiten hacia el pasado y siguiendo determinados patrones, lo que les habría permitido invertir la dirección del tiempo y, en un hecho sin precedentes, proyectar los ciclos hacia el futuro. En aquellas épocas estos fenómenos naturales podrían predecirse, o más exactamente pronosticarse, con buen nivel de precisión, sin el uso de complejos modelos matemáticos o elaborados cálculos en una computadora electrónica; y sin la necesidad de una cabal comprensión de la compleja mecánica celeste involucrada. El entendimiento de las características de los ciclos celestes permitió a los astrónomos antiguos prever sus repeticiones sin comprender que la Tierra gira alrededor del Sol y que la Luna orbita alrededor de la Tierra. Dicha comprensión del patrón de los eclipses constituyó un "arma" poderosa para los astrónomos y demás eruditos que los entendían, y para los reyes y emperadores que los empleaban a su favor.

La predicción y observación exacta de los eventos celestes eran necesarias para la coordinación de las diferentes actividades sociales. Si un eclipse ocurría en los términos en que se había predicho, significaba que se comprendían bien los ciclos la Luna y del Sol; y que por lo tanto el calendario era correcto y determinaba con precisión las estaciones, así como el curso del tiempo en general.

Otro gran mérito de Tales en la astronomía consiste en su determinación de las fechas de los solsticios; los cuales consisten en los días del año en que el Sol alcanza su mayor o menor altura aparente en el cielo, con lo que la duración del día o de la noche son las máximas del año, respectivamente para cada hemisferio, sur o norte. Equivalemente, son los momentos en los que el Sol alcanza la máxima declinación norte (+23° 27') o sur (−23° 27') con respecto al ecuador terrestre; lo que ocurre dos veces al año: el 21 o 22 de Junio, y el 21 o 22 de Diciembre.

Por último, Tales se interesó por la relación entre el tamaño del Sol y la longitud de su trayectoria en el firmamento. Para lo cual se valió de los datos obtenidos durante su trabajo de fijación de los solsticios; con lo que obtuvo que el diámetro del Sol es al diámetro de su órbita según la proporción de 1/720. Aplicando la misma metodología a la Luna, consiguió una relación idéntica. Resultados que son altamente discrepantes con los valores modernos; lo cual se debería a la precariedad del reloj de agua

que utilizó para sus mediciones. De todas formas, le queda el mérito de ser el primer astrónomo documentado que haya pensado en cuantificar y relacionar los tamaños de los astros y de sus respectivas órbitas.[3]

Anaximandro

El segundo filósofo en importancia de la Escuela jónica fue Anaximandro (611-545 a. C.), filósofo, astrónomo y geógrafo, también de Mileto, discípulo y continuador de Tales. Para él los cielos eran de naturaleza ardiente y de forma esférica, formando una serie de capas y encerrando la atmósfera, al estilo de corteza de un árbol; en su modelo cosmológico ubicó el Sol a mayor distancia y las estrellas fijas más cercanas a nuestro planeta. Él creía que la Tierra estaba en equilibrio en el centro del mundo, y que su forma era cilíndrica, como un tambor; su diámetro sería tres veces su altura; la parte superior del mismo, circular y plana, correspondía a la parte habitada del mundo. También afirmaba audazmente que nuestro planeta flotaba libremente en el centro del universo, sin el apoyo de agua, pilares, o alguna cosa; ideas que significaron, en su momento, una gran revolución en la comprensión del universo.

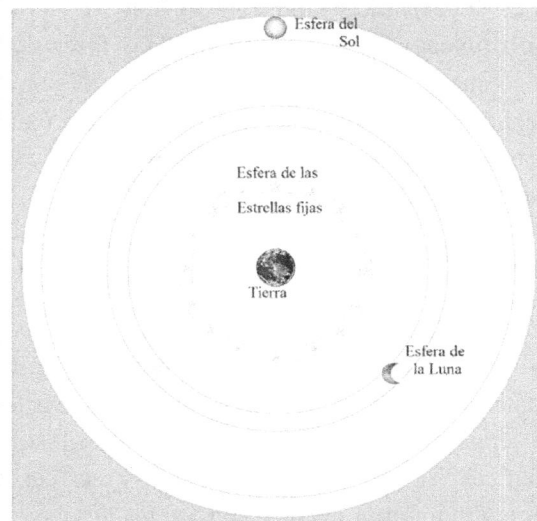

Imagen 2.1
Cosmología de Anaximandro.
Diagrama esquemático.

Las especulaciones astronómicas de Anaximandro se pueden sintetizar así: (1) la Tierra flota libre en el espacio y sin algún soporte, (2) los cuerpos celestes yacen uno después de otro, y (3) las trayectorias de tales cuerpos describen círculos completos y pasan también por debajo de nuestro planeta. Estas tres proposiciones, no obstante su naturaleza bastante primitiva, constituyen el núcleo de la astronomía de Anaximandro; significaron un tremendo salto hacia adelante en la descripción del cosmos, y representan las raíces de nuestro concepto occidental del universo. Para él los cuerpos celestes no tienen ninguna razón para moverse de otra manera que en círculos alrededor de la Tierra, ya que cada punto en dicha trayectoria está siempre tan lejos de nuestro planeta como cualquier otro; pero en su concepción del mundo colocó los cuerpos celestes en un orden incorrecto: Ubicó las estrellas más próximas a la Tierra, luego colocó a la Luna y finalmente al Sol.

Una característica peculiar de la astronomía de Anaximandro es que afirma que los cuerpos celestes son como anillos hechos de vapor opaco, pero internamente huecos y llenos de fuego. Dichos anillos tendrían aberturas circulares superficiales por entre las cuales se escapa la luz y el calor, y esto es lo que vemos como el Sol, la Luna o las estrellas. Según él, la apertura del anillo de la Luna se cierra y se abre rítmicamente, lo que explica las fases de la Luna; esporádicamente se cierra del todo provocando los eclipses lunares. Igualmente, cuando la apertura del anillo solar se cierra durante un corto lapso de tiempo, tendría lugar un eclipse de Sol.

Cosmología pitagórica

Pitágoras de Samos (569 - 475 a. C.) fue un filósofo griego y normalmente es considerado el primer matemático puro. Fue el fundador de la *Escuela pitagórica*, muy dedicada al estudio de la filosofía, matemáticas, cosmología, política, y la ética. Pitágoras fue un gran matemático, un hecho que está en la raíz misma de su sistema filosófico; los pitagóricos fundamentaron su estilo de vida y su filosofía en el culto a los números, llevándolo casi

hasta el frenesí: para ellos todo era una encarnación del número, y todo estaba regido por ellos.

A esta escuela pitagórica pertenece la teoría normalmente conocida como *Armonía de las esferas*, o también *Música de las esferas*, según la cual el Universo está fundamentado en *proporciones numéricas armoniosas*. La teoría establece que, dentro de un Universo geocéntrico, tanto los movimientos como las respectivas distancias entre los cuerpos celestes se rigen por proporciones musicales armónicas.

La admiración del número diez tuvo para los pitagóricos una implicación cosmológica transcendental en su concepción del universo, pues fue la promotora del primer sistema astronómico no geocéntrico, especialmente promovido por el matemático y filósofo griego Filolao de Tarento (470 – 380 a. C.). Nueve cuerpos celestes en este respectivo orden: la Tierra, la Luna, el Sol, Venus, Mercurio, Marte, Júpiter, Saturno, y al final de los cielos la Esfera de las estrellas fijas, orbitan concéntricamente en torno al Fuego central universal o *Trono de Zeus*. Faltando un cuerpo para alcanzar el valor diez de la Tetraktys pitagórica, Filolao añadió al sistema la *Antitierra*, también llamada *Antichton*, situada justamente entre nuestro planeta y el Fuego central, alineada, en equilibrio y con el mismo período de revolución diaria que la Tierra. Además de la justificación matemática, existía un argumento astronómico para aceptar la existencia de la Antichton, y este era que daba razón de la mayor frecuencia con la que ocurrían los eclipses de Luna: unas veces este astro era eclipsado por la sombra de nuestro planeta y otras por la sombra de la Antitierra.

En este modelo la Tierra tenía siempre el mismo hemisferio deshabitado de frente tanto al Fuego centra como a la Antichton, por lo que estos cuerpos eran permanentemente invisibles desde el hemisferio en que habitamos, que mira siempre hacia las estrellas. Adicionalmente, el Sol no ocupaba la posición central del cosmos ni tampoco era el creador de sus propios calor y luz, sino que era algo así como un cristal reflector que recogía dichas propiedades del *Trono de Zeus*, en torno al cual giraba con un período de un año; luz y calor que el Sol dispersa por todos lados después de haberlos tamizado a través de su propio cuerpo, y que sería la única fuente de luz reflejada por la Luna.

El universo que proponen los pitagóricos es dinámico y en el giran planetas y astros en órbitas circulares, incluyendo la Tierra, por lo que ésta aparece dotada de movimiento muy a diferencia del modelo jónico. El concepto pitagórico de movimiento circular uniforme, que hace referencia a los movimientos de los cuerpos celestes, permaneció inmutable durante casi 2.000 años, y logró llegar hasta la época del Renacimiento europeo. Al desplazar a la Tierra del centro del universo, la cosmología pitagórica supone un grandioso salto del pensamiento filosófico. De hecho el sistema proporcionaba una explicación plausible de los eclipses, pues suponía que los de la Luna no solo eran causados por el paso de este astro a través de la sombra de nuestro planeta, sino también ocasionalmente por la sombra de la Antitierra, y esta sería la razón por la que se veían más eclipses lunares que solares. Lenta pero seguramente comenzaba a desarrollarse el estilo de pensamiento racional griego, el cual también prontamente comenzó a producir importantes resultados.

Para los filósofos de la Escuela pitagórica de filosofía se encuentran evidencias más confiables de que sostuvieron la doctrina de la forma esférica de la Tierra, siendo atribuida tanto a Pitágoras de Samos como a Parménides de Elea (530-470 a. C.); y sería propuesta por primera vez como una simple hipótesis, no verificada científicamente pero justificada con argumentos filosóficos. Ya sea en primera instancia a Pitágoras o a Parménides, la doctrina de la figura esférica de nuestro planeta debe haber progresado durante la primera mitad del siglo V a. C.; y si esta doctrina tardó en hacerse aceptable, no es de extrañar que el Sol y la Luna no fueran por

algún tiempo, incluso entre los pitagóricos, reconocidos como esferas.

Anaxágoras de Clazomene

Igualmente de Jonia, el filósofo Anaxágoras (500 - 428 a.C.) nació en el puerto de Clazomene, pero pasó gran parte de su vida en Atenas; fue un jónico que continuó con la tradición racionalista jónica y tiene una considerable importancia en la historia de la astronomía. Él afirmaba que el Sol y las estrellas eran piedras ardientes, pero que no sentíamos el calor de estas últimas debido a que estaban demasiado distantes; igualmente exponía que la Luna era de naturaleza terrestre, tenía montañas e, incluso, habitantes. Anaxágoras pensaba que según la disposición cosmológica de los cuerpos celestes nuestro satélite estaría ubicado debajo del Sol; y partiendo de ahí elaboró una teoría correcta para la luminosidad de la Luna y para los eclipses. Fue él quien primero explicó que este astro no brilla con luz propia, sino que es debido a la luz que le llega del Sol y que seguidamente la refleja; aunque otras referencias sugieren que Parménides también lo afirmaba.

Observando la Luna, el Sol y sus respectivos movimientos, Anaxágoras fue el primero, hasta donde se sabe, en comprender que los eclipses ocurren cuando un cuerpo celeste bloquea la luz de otro. Tal rechazo de los dioses y dragones como causantes de los eclipses fue un pensamiento considerablemente revolucionario en su época, pero él lo llevó aún más lejos: Si los eclipses solares ocurrían debido a que la Tierra está por debajo de la sombra generada por la Luna al pasar ésta por debajo del Sol, entonces, pensó Anaxágoras, el tamaño de la sombra lunar que cubre la Tierra debería decirnos algo sobre el tamaño mismo del satélite. Aquí se encuentra el gran poder del raciocinio filosófico: midiendo la extensión de la sombra lunar sobre la Tierra durante un eclipse solar, se tendrá un indicativo para el tamaño de nuestro satélite. Adicionalmente, dado que la Luna prácticamente cubría todo el Sol al pasar por debajo de él, dando la impresión de que fueran del mismo tamaño, el astro Rey debería ser en realidad mucho más grande que la Luna mientras más lejos estuviera.

La literatura histórica sugiere que Anaxágoras efectivamente realizó tal medición valiéndose de la ocurrencia de un clipse anular de Sol el 17 de Febrero del año 478 a.C.; el cual fue visible durante casi seis minutos en amplios territorios griegos: en sus islas, en la península del Peloponeso y en Atenas, su lugar de residencia. Entonces, él se dedicó a recopilar información de buena cantidad de marineros y comerciantes viajeros quienes le manifestaban haber visto, o no, dicho eclipse. Con tales testimonios el filósofo pudo elaborarse una idea del tamaño de la sombra lunar sobre nuerstro planeta y, así mismo, un indicativo del tamaño de nuestro satélite: A partir de estas experiencias el concluyó que la Luna era mas grande que la península del Peloponeso.[4] (Ver Imagen 3.1)

Anaxágoras fue el primero en introducir la filosofía a los atenienses, quienes, como otras sociedades en otras épocas y lugares, mantuvieron cierta hostilidad hacia aquellos que intentaron introducir un nivel de cultura mucho más alto al que estaban acostumbrados. Bajo este esquema, lo acusaron y procesaron por impiedad, al predicar que la Luna y el Sol no eran deidades vivientes, por enseñar que el Sol era una piedra al rojo vivo, y que la Luna tenía características terrestres y no brillaba con luz propia. Desilusionado, se marchó a Lámpsaco en Jonia donde se exilió y estableció; y, probablemente, se dejaría morir de hambre.

El historiador, filósofo moralista, biógrafo y ensayista griego Plutarco de Queronea (50 - 120 d.C.) en su obra *Vidas de los nobles griegos y romanos*, comúnmente llamada *Vidas paralelas*, escribe sobre los conocimientos astronómicos de Anaxágoras, y también sobre su triste final:

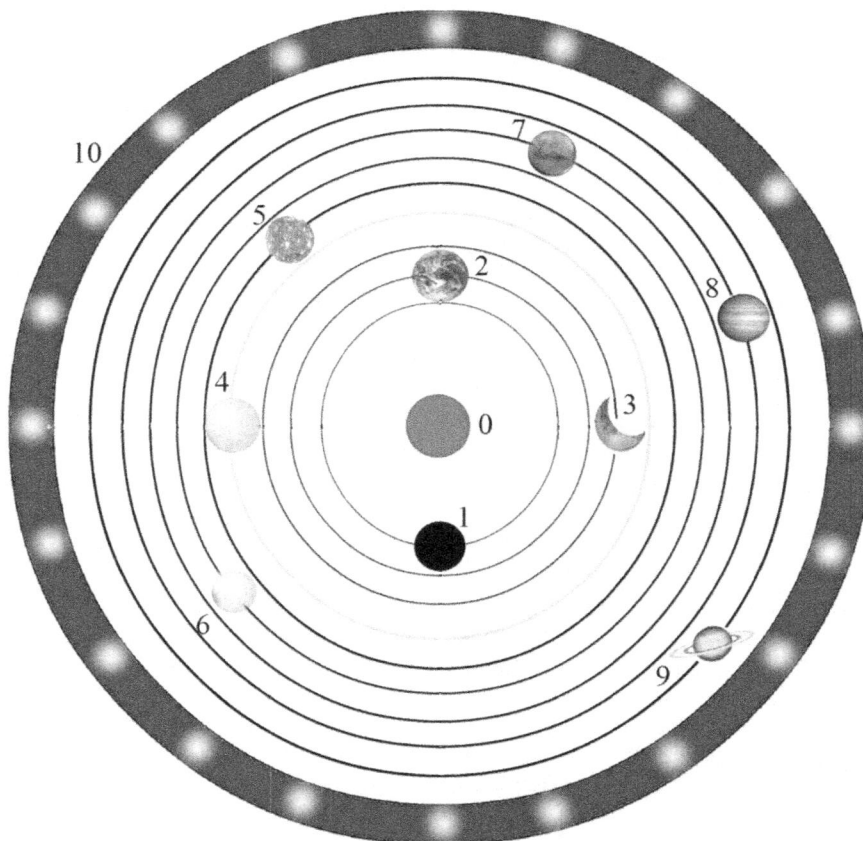

Imagen 2.2. Cosmología pitagórica: Diagrama esquemático

0 El Fuego Central,
1 La Antitierra,
2 La Tierra,
3 La Luna,
4 El Sol,
5 Planeta Mercurio,
6 Venus,
7 Marte,
8 Júpiter,
9 Planeta Saturno,
10 Esfera de las estrellas fijas.

"Pues el primero que con más seguridad y confianza había puesto por escrito sus ideas sobre la iluminación y el eclipsamiento de la Luna había sido Anaxágoras; y éste no era antiguo ni su escrito fue muy conocido; pero fue mejor mantenido en secreto, y solo corría entre pocos con reserva y cautela. Porque todavía no eran bien recibidos los físicos y los llamados especuladores de los meteoros, achacándoseles que las cosas divinas las atribuyen a causas destituidas de razón, a potencias incomprensibles, y a fuerzas que no pueden resistirse; así es que Protágoras fue desterrado; Anaxágoras fue puesto en prisión, de la que le costó mucho a Pericles sacarle salvo; y Sócrates, que no se metió en ninguna de estas cosas, sin embargo pereció por la filosofía."[5]

El griego Diógenes Laercio del siglo III d. C. fue un gran historiador y doxógrafo de la filosofía clásica; en su obra *Vidas, opiniones y sentencias de los filósofos más ilustres*, que se conserva prácticamente completa, escribió sobre el importante aporte que Anaxágoras hizo a los estudiantes: *"Finalmente, habiendo pasado a Lámpsaco murió allí, y preguntado por los magistrados si quería se ejecutase alguna cosa, dicen que respondió que «cada año en el mes de mi muerte fuese permitido a los muchachos el jugar», y que hoy día se observa."*[6] Hecho con el que se establecen las vacaciones escolares en la sociedad griega de la época.

Como el eclipse solar de Tales, hubo un eclipse lunar en la antigua Grecia que también tiene su gran importancia histórica dado que igualmente sucedió en el campo de batalla; el cual conocido como el eclipse de Nicias. La Guerra del Peloponeso consistió en una serie de conflictos militares en los que se enfrentaron las ciudades griegas de Atenas, al frente de la Liga de Delos, y Esparta comandando la Liga del Peloponeso.

Dentro de este contexto, la expedición a Sicilia fue una campaña militar de Atenas hacia dicha isla al mando de Nicias (470 - 413 a. C.), un general y estadista ateniense a quien se atribuyó notables victorias en dichas guerras; pero igualmente fue el responsable de su propia derrota final debido a su carácter altamente supersticioso. La campaña se extendió desde el año 415 al 413 a. C., y su episodio más importante fue el sitio de Siracusa. Después de un cierto éxito inicial esta expedición se convirtió en un desastre absoluto para las fuerzas atenienses. Tras múltiples reveses Nicias estuvo de acuerdo en la retirada la cual se retrazó casi un mes, pero cuando las naves estuvieron listas para zarpar el 27 de agosto del 413 a. C., ocurrió un eclipse de Luna que los ateniense consideraron como un signo de desgracia enviado por los dioses; de manera que tanto las tropas como los marineros rehusaron a embarcarse, negativa que fue aprobada y respaldada por el supersticioso Nicias. Tantos retrasos finalmente forzaron a los atenienses a una batalla en el puerto de Siracusa para la cual no estaban preparados, y donde ellos fueron completamente derrotados. La caballería siracusana los atacó sin piedad matando o esclavizando a quienes quedaban de la poderosa flota ateniense. Nicias sería una de sus muchas víctimas, su vida perdida por el ciego acato a las señales calamitosas de la Diosa de la Luna.

Aquí también Plutarco nos relata sobre la ocurencia de este eclipse, así como la manera en que algunas gentes griegas, y en especial el comandante Nicias, pensaban sobre los eclipses de Luna:

"Cuando todo estaba a punto, sin que ninguno de los enemigos lo observase, como que tampoco lo esperaban, en aquella misma noche se eclipsó la Luna; cosa de gran terror para Nicias y para todos aquellos que, por ignorancia y superstición, se asustaban con tales acontecimientos: porque en cuanto a oscurecerse el Sol hacia el día trigésimo, ya casi todos sabían que aquel oscurecimiento lo causaba la Luna. Pero en cuanto a ésta, qué es lo que se le oponía, y cómo hallándose toda llena de repente pierdía su luz y cambiaba a diferentes colores; esto no era fácil de comprender, sino que lo tenían por cosa muy extraordinaria y por anuncio que hacía la Diosa de grandes calamidades."[7]

Eudoxo de Cnido y su cosmología

Eudoxo de Cnido (390 - 337 a. C.) fue un filósofo, matemático y astrónomo griego. Después de una estancia de unos diez y seis meses estudiando astronomía en Heliopolis, Egipto, se marchó a Atenas para ingresar a estudiar en la academia de Platón, Eudoxo tenía entonces 23 años. Nada de su obra ha llegado hasta nuestros días; todas las referencias con las que contamos provienen de fuentes secundarias, de las cuales se puede concluir que él inició un gran progreso en la cartografía del cielo y de la Tierra, y que fue el primero en plantear un modelo planetario geométrica y matemáticamente bien fundamentado, por lo que se le considera el introductor de la geometría en la astronomía.

Su gran fama en esta rama de la astronomía se debe a su invención de la esfera celeste dividida en grados de latitud y longitud, en la que se representan las posiciones de las estrellas, el Sol, la Luna y los cinco planetas conocidos al momento. Igualmente, a sus valiosas aportaciones para comprender el movimiento de los cuerpos celestes que explicó mediante su *Sistema cosmológico geocéntrico;* el cual sustentó construyendo un *Modelo de esferas homocéntricas* que representaba los movimientos de la Luna, el Sol, los cinco planetas, y el conjunto de las estrellas fijas; todos ellos girando en torno a nuestro planeta. En tal modelo él exponía, con argumentos geométricos y matemáticos, que la Tierra era el centro del universo y el resto de cuerpos celestes giraban en torno a ella; modelo que daría a los griegos su gusto por una concepción mecánica del universo y en el que se basaría Aristóteles para desarrollar su propia visión cosmológica.

En su época, el desafío para explicar correctamente el movimiento aparentemente desordenado de los planetas era acuciante: pues vistos desde la Tierra parecen retroceder en su trayectoria, lo que se conoce como retrogradación; muestran momentos que parecen estar estacionarios, presentan desviaciones con respecto a la eclíptica y, finalmente, también manifiestan cambios de velocidad. De este carácter errático de los movimientos de estos cuerpos celestes proviene el término planeta, que en griego se escribe πλανήτη y significa precisamente *errante, vagabundo.* El entendimiento de este complejo comportamiento llevaría a Eudoxo a introducir su famoso sistema de esferas homocéntricas.

El problema consistía en encontrar la cantidad necesaria de movimientos circulares uniformes que, por su combinación, reproducirían los movimientos de los planetas tal como se observaban realmente; en particular las variaciones en sus velocidades aparentes, sus estacionamientos y retrogradaciones, y finalmente sus movimientos en latitud. Eudoxo se dedicó a encontrar una combinación de movimientos de varias esferas anidadas o concéntricas, girando cada una independientemente alrededor de su propio eje, el cual también era transportado físicamente por la revolución de la próxima esfera que lo contenía.

Eudoxo explicó su sistema en un libro titulado *Sobre las velocidades,* que se perdió junto con todos sus otros escritos; por lo que dependemos de los pasajes en las obras de Aristóteles y de Simplicio de Cilicia (490 – 560 d.C.) para nuestro conocimiento de su sistema. No parece que Eudoxo especuló sobre la causa de todas estos movimientos de los astros; ni sobre el material, el grosor o las distancias mutuas entre las esferas. Si simplemente las adoptó como medios matemáticos de representar los movimientos de los astros y de ese modo someterlos a cálculos, o si realmente creía en la existencia física de todas estas esferas, es algo que permanece en la incertidumbre. Pero como Eudoxo no intentó conectar los movimientos de los diversos grupos de esferas entre sí, parece probable que solo los considerara construcciones geométricas adecuadas para calcular los caminos aparentes de los cuerpos celestes. A pesar de todas sus complejidades, el sistema de esferas homocéntricas propuesto por Eudoxo exige nuestra admiración como el primer intento serio de tratar, matemática y geométricamente, los movimientos aparentemente sin ley natural de dichos astros. Su modelo ontiene el núcleo de todas las teorías planetarias de los siguientes dos mil años, es decir, la suposición de que las irregularidades aparentes en las órbitas celestes pueden explicarse como el resultado de múltiples movimientos circulares uniformes y superpuestos.

De la misma manera como Platón y los pitagóricos habían sostenido, Eudoxo argumentó el siguiente orden de los astros empezando con el más distante a la Tierra y adicionando para cada uno el número de esferas móviles indicadas:

(1) Saturno, 4 esferas   (2) Júpiter, 4   (3) Marte, 4
(4) Mercurio, 4   (5) Venus, 4
(6) Sol, 3   (7) Luna, 3 esferas.

Para las estrellas fijas fue suficiente solamente una esfera para representar la revolución diaria de los cielos. El número total de esferas era por lo tanto veintisiete.

Para el caso de la Luna y del Sol él descubrió que era posible, mediante una elección adecuada de los polos y las velocidades de rotación, representar sus respectivos movimientos asumiendo tres esferas para cada uno de ellos: se suponía que cada astro estaba ubicado en el ecuador de una primera esfera que giraba con velocidad uniforme alrededor de sus dos polos. Para explicar las variaciones observadas en sus movimientos, Eudoxo asumió que los polos de dicha esfera no eran estáticos sino que eran transportados por una esfera más grande, concéntrica con la primera, y que giraba con una velocidad diferente alrededor de sus dos polos que no coinicidian con los de la primera. Como esto no era suficiente para representar las trayectorias observadas, él colocó los polos de la segunda esfera en una tercera, concéntrica y más grande que las dos primeras y moviéndose con su propia velocidad en torno a otros dos polos difenrentes. Pero para los movimientos más intrincados de los cinco planetas se hizo necesario un conjunto de cuatro esferas para cada uno de ellos.

Eudoxo de Cnido parece haber sido el primero en intentar representar con la ayuda de la geometría cada uno de los movimientos celestes observados: la rotación diaria, la revolución mensual, la anual u otra revolución periódica. Por medio de esferas concéntricas, bien fuera con la Tierra o entre ellas mismas, Eudoxo, llamado también *el divino*, logró sustentar los movimientos de a Luna, del Sol, de los planetas y de las estrellas recurriendo exclusivamente a movimientos circulares uniformes y salvando el presupuesto fundamental del geocentrismo. De este modo llegó a una explicación general muy satisfactoria de los movimientos celestes y así inauguró un nuevo período en la historia de la astronomía que estuvo marcado por los intentos de explicar los movimientos del sistema planetario mediante modelos mecánicos.

La Luna en la cosmología aristotélica

Seguramente los dos filósofos más universalmente conocidos, de quienes todas las personas han escuchado en sus vidas algún comentario, sean Platón y Aristóteles. Platón (427 - 347 a. C.) muy probablemente nació en Atenas, donde hacia el año 387 a. C. fundaría su escuela de filosofía conocida como la *Academia de Atenas*, en la que además de filosofía se enseñaba retórica, matemática, astronomía y medicina. Dentro de sus más notables alumnos o discípulos se tienen al genial matemático y astrónomo Eudoxo de Cnido, de quien ya tratamos, y al famoso filósofo Aristóteles, quien ingresó a estudiar en el año 367 a. C. a la edad de 17 años y permaneció allí hasta la muerte de su maestro en el 346. Fue en la Academia donde Aristóteles conoció al astrónomo Eudoxo, quien lo influenció e introdujo en el campo de la astronomía.

Aristóteles (384 - 322 a. C.), nacido en la ciudad de Estagira del reino de Macedonia, fue un auténtico polímata que trabajó sobre una enorme variedad de temas: filosofía política y filosofía de la ciencia, física y metafísica, astronomía, ética, estética, retórica, lógica, y biología; sus ideas han ejercido una profunda influencia sobre el desarrollo intelectual del mundo occidental por mucho más de dos milenios. El último gran filósofo especulativo que figura en la historia de la astronomía antigua, escribiría algo así como 200 tratados, de los cuales solamente han sobrevivido 31.

En el año 343 a.C. el rey Filipo II de Macedonia convocó a Aristóteles para que fuera tutor de su hijo de 13 años, quien más tarde sería conocido como Alejandro Magno, el futuro *Conquistador del mundo*. Aristóteles viajó entonces a Pella, la capital del Imperio macedonio, y educó a Alejandro durante unos cinco años. Finalmente, tras la muerte de Filipo II, el joven ocupó el trono y se dedicó a sus conquistas territoriales. Terminadas entonces sus funciones, el filósofo regresó a Atenas en 335 a. C., la cual no había visitado desde la muerte de su maestro Platón; y fundó allí su propia escuela de filosofía, denominada el *Liceo* por tener como sede un edificio llamado Lyceum, el cual al mismo tiempo era un gimnasio y un templo dedicado al dios Apolo Licio. Dicha escuela también fue conocida como *Escuela peripatética* por el hábito de sus integrantes de caminar y discutir al mismo tiempo.

Las ideas centrales de la cosmología aristotélica están contenidas en su obra *Sobre el cielo*, o *De Caelo* en latín, que está compuesta por cuatro libros. Los dos primeros llevan por título *De los cuerpos celestiales*, y en ellos el autor desarrolla los temas referidos a los cuerpos simples que forman el universo en general, la naturaleza del cielo, de los astros y de la Tierra.

La forma del universo como un todo y de los cuerpos celestes que lo componen, son temas centrales en la astronomía de Aristóteles; y los aborda con elementos derivados de la observación directa del movimiento circular de los astros en el cielo, y reforzados con argumentos filosóficos. El sistema de esferas homocéntricas y de movimientos circulares de Eudoxo fue completamente aceptado por Aristóteles. De esta manera él concluye que la forma del universo en general es esférica: "*Por lo tanto, si el cielo se mueve en un círculo y se mueve*

más rápido que cualquier otra cosa, necesariamente debe ser esférico."[8] Y más aún, continuando con su esquema argumentativo, él extiende esta forma esférica a todos los cuerpos celestes: "*Esta es la razón por la que parece correcto que todo el cielo y cada estrella deberían ser esféricos.*"[9] Esta generalización de la esfericidad de los astros resulta de suma importancia para el desarrollo subsiguiente de la astronomía, porque sienta las bases para la concepción geométrica no solamente de la Tierra, sino también de la Luna y todos los demás astros.

En astronomía él rechazó los planteamientos pitagóricos de un universo fundamentado en un Fuego central y una Antitierra; y en su lugar propuso la existencia de un Cosmos esférico y finito que tendría a la Tierra inmóvil, estática, como su centro; mientras que la Luna, el Sol, los cinco planetas conocidos y todos los demás cuerpos celestes girarían en torno a ella siguiendo órbitas circulares; lo que tradicionalmente se conoce como *Teoría geocéntrica*. Aristóteles descarta la idea de que la Tierra tenga cualquier movimiento, de rotación sobre sí misma o de traslación alrededor del centro del universo. Al igual que su maestro Platón, él nunca abandonó la idea de que es la rotación diaria de los cielos de Este a Oeste la que explica el movimiento de las estrellas.

Las evidencias que fueron aducidas para probar la esfericidad de la Tierra variaron en diferentes períodos históricos, pero la doctrina por sí misma fue aceptada sin preguntas desde los tiempos de Aristóteles, así como también la posición central de la Tierra en el universo. Él es el primer escritor en cuyas obras se encuentran planteamientos claros y definitivos sobre la redondez de nuestro planeta; de los cuales aquí mencionaremos solo algunos: Primero, la deduce de la tendencia de todas las cosas hacia el centro, por la cual, cuando el planeta estaba en proceso de formación y los elementos componentes se reunían igualmente desde todas direcciones, la masa así formada por acreción estaba constituida de modo que toda circunferencia debía estar equidistante de su centro. Aristóteles resume bien el tema afirmando: "*Si la tierra se generó, entonces debe haber sido orquestada de esta manera, y así claramente su generación fue esférica; y si no se ha generado y se ha mantenido así siempre, su carácter debe ser el que la generación inicial, si hubiera ocurrido, le hubiera dado.*"[10] Aquí podríamos afirmar que el filósofo efectúa una aproximación a las teorías cosmológicas modernas, porque fue así como precisamente se formó nuestro planeta: mediante un proceso de acreción de los materiales de un disco protoplanetario.

También infiere la redondez del planeta según el conocido hecho por medio del cual, cundo una persona se desplaza en distancias apreciables de norte al sur, el paisaje en el firmamento cambia: las estrellas que se veían desde una ciudad ya no son visibles desde otra. Entonces, Aristóteles afirma que esto solo puede suceder sobre una superficie curva y lo utiliza como un argumento a favor de la esfericidad de nuestro plantea: "*Todo lo cual demuestra no solo que la Tierra tiene forma circular, sino que también es una esfera sin gran tamaño: de lo contrario el efecto de un cambio de lugar tan leve no sería tan evidente.*"[11] El hecho de que él afirmara que nuestro planeta sea *una esfera de no gran tamaño*, probablemente haya servido de motivación para los astrónomos y geógrafos venideros que se aventuraron a determinar su tamaño.

Por último, Aristóteles emplea la evidencia observacional que muestran los eclipses lunares para deducir la esfericidad de la Tierra, porque cuando ella está interpuesta entre el Sol y la Luna la forma siempre circular de la parte oscurecida de esta última muestra que el cuerpo que causa el oscurecimiento es esférico; pues si fuera un disco plano habría algunas sircunstancias en las que la sombra sería un círculo muy deformado, similar a una elipse; o, en un caso extremo, una línea recta. Como escribió el filósofo: "*La evidencia de los sentidos corrobora más allá esto. ¿De qué otro modo los eclipses de Luna mostrarán segmentos tal como los vemos? Así, las formas que muestra la*

Luna cada mes son de todo tipo, rectas, gibosas y cóncavas, pero en eclipses el contorno siempre es curvo: y, dado que es la interposición de la Tierra lo que crea el eclipse, la forma de esta línea será causada por la forma de la superficie de la Tierra, que es por lo tanto esférica."[12]

En la astronomía aristotélica la Luna jugó un papel fundamental, pues en ella el universo es concebido como dividido, justamente por la esfera de la Luna, en dos regiones o mundos: el *Sublunar* o terrestre que constituye el tema de los libros tercero y cuarto de su texto *Sobre el cielo*; y el *Supralunar o celeste*. Cada uno de dichos mundos posee características bien definidas y opuestas. El mundo o esfera sublunar es la región del cosmos situada por debajo de la Luna y se compone de los cuatro elementos de Empédocles: tierra, agua, aire y fuego; pero a diferencia de aquel, Aristóteles consideró que tales elementos podían transformarse unos en otros, explicando de esta forma la generación y la corrupción; y por tal motivo este mundo sublunar era imperfecto y estaba sometido a las continuas alteraciones y a los movimientos lineal y aleatorio.

Por el contrario, el mundo Supralunar, que contiene a la Luna y al resto de cuerpos superiores, está formado por la *quintaesencia o éter*, una materia especial, incorruptible. Este éter únicamente admite un tipo de cambio, el movimiento circular uniforme que, al no tener principio ni fin, él lo considera como la forma perfecta, ideal, de movimiento. Con lo cual, en esta región domina la perfección y la inmutabilidad. Así, en la visión aristotélica la Luna, al estar ubicada en una región del cosmos constituida por el perfecto éter, también exhibe estas mismas características ideales.

Después de haber generalizado la esfericidad de los cuerpos celestes y haber argumentado la redondez de nuestro planeta, Aristóteles presenta entonces sus razonamientos en cuanto a la forma de la Luna: "*Una vez más, lo que se sostiene para uno se sostiene para todo, y la evidencia de nuestros ojos nos muestra que la Luna es esférica. ¿De qué otra manera debería la Luna, mientras crece y mengua, mostrar en su mayor parte una figura en forma de creciente o jorobada, y solo en un momento una media luna? Y los argumentos astronómicos dan una mayor confirmación; porque ninguna otra hipótesis da cuenta de la forma gibosa de los eclipses del Sol. Uno, entonces, de los cuerpos celestes siendo esférico, claramente el resto también será esférico."*[13]

En cuanto a los movimientos y a la posición de la Luna, el filósofo nuevamente apela a las evidencia de la observación del firmamento y a los argumentos filosóficos: *"Los movimientos del Sol y la Luna son menores que los de algunos de los planetas. Sin embargo, estos planetas están más lejos del centro y, por lo tanto, más cerca del cuerpo primario que ellos, como la observación misma ha revelado. Porque hemos visto la Luna, medio llena, pasar debajo del planeta Marte, el cual desaparece en su lado oscuro y sale por la parte luminosa y brillante."*[14] Aquí Aristóteles se refiere al hecho de que cuando el planeta Marte se cruza con la Luna estando ésta en su fase medio llena, es ocultado por la parte oscura de la Luna; lo que demuestra que ella se encuentra ubicada en una órbita circular más interior, más cercana a la Tierra; y que Marte se encuentra más próximo a la esfera de las estrellas fijas, igual que los demás planetas.

De la lectura de *Sobre el cielo* se concluye que Aristóteles acepta la parte de la cosmovisión pitagórica concerniente a las posiciones relativas de los cuerpos celestes más allá de la Tierra: la Luna, el Sol, los cinco planetas: Venus, Mercurio, Marte, Júpiter y Saturno; y finalmente la esfera de las estrellas fijas; en ese respectivo orden.

Pero en ese mundo geocéntrico, en el que todos los cuerpos celestes comparten una misma característica como es el girar en orbitas circulares en torno a la Tierra, la Luna, a parte de su gran tamaño aparente en el cielo y de ser la primera en cercanía a nuestro planeta, no posee ninguna otra característica especial que permita diferenciarla de los demás cuerpos celestes. Esto significa que aún no se ha comprendido que sea un satélite, nuestro único satélite natural. Pues dentro de un sistema geocéntrico esto resulta no solamente inimaginable sino también inaceptable.

Grecia helenística

El periodo clásico griego terminó con el rápido ascenso del reino de Macedonia y las conquistas de Alejandro Magno (356 - 323 a. C.), quien, como ya se mencionó, fue el hijo del rey griego Filipo II de Macedonia, y tras la muerte de este quedó a cargo del gobierno de dicho reino. Es ampliamente conocido por haber formado el Imperio alejandrino, el cual extendería el dominio griego por el Este cubriendo desde Turquía hasta territorios de la India, y por el Sur hasta Egipto, donde Magno fundó la famosa ciudad de Alejandría, justamente donde el rio Nilo embiste al mar Mediterráneo. Tras su tempranísima muerte a sus 33 años, en Babilonia en 323 a.C., se inició el período de la historia griega conocido como *alejandrino o helenístico*, el cual continuó hasta el año 146 a. C.

Durante este periodo helenístico las diferentes áreas del conocimiento se independizaron de la filosofía, concepto éste que anteriormente las abarcaba a todas; y de esta manera se constituyeron en materias autónomas, las respectivas ciencias tal y como las entendemos en la actualidad. Las cuales fueron disciplinas estudiadas y enseñadas por grandes sabios como Euclides, Apolonio, Aristarco, Eratóstenes, Arquímedes, etc. Muchas ciudades, especialmente Alejandría, se convirtieron en centros del saber y de difusión de las ciencias y del arte.

Con el advenimiento de un selecto grupo de matemáticos, astrónomos, geógrafos, y demás especialistas con un marcado interés por la experimentación, el conocimiento en este período helenístico muestra avances y logros muy significativos. Más específicamente, el área de la astronomía fundamentada en anteriores desarrollos en los planos filosófico y teórico, empieza a proporcionar resultados más tangibles y prácticos de importancia incuestionable. La determinación de los tamaños y distancias relativas de los cuerpos celestes, empezando por la Luna, sería el ejemplo más representativo de tales avances.

El conocimiento geométrico griego en su conjunto nos lo presenta el gran geómetra y matemático Euclides (325-265 a. C.), el padre de la Geometría, en su obra *Elementos*; donde recopila, ordena y sistematiza todos los desarrollos geométricos y matemáticos hasta su época, siendo esta una de las producciones académicas más conocidas del mundo. Como lo resumiera Bertrand Russell: *"Elementos de Euclides es sin duda uno de los mejores libros jamás escritos, y uno de los monumentos más perfectos del intelecto griego"*[15]. La obra se compone de trece libros, y en ella se presenta de manera formal y axiomática el estudio de las propiedades de las formas regulares: líneas y planos, triángulos, círculos y esferas, etc., que hoy conocemos como *Geometría euclidiana*; obra fundamental para la formación de los astrónomos de la época, y para el desarrollo general del conocimiento.

En el libro I Euclides realiza una definición precisa del círculo así como de su diámetro, y en los libros VI y XII trata sobre los tamaños o dimensiones de los círculos en general. Mientras que la esfera es introducida y definida en el libro XI y en el XII se explica el cálculo de sus dimensiones.[16] Con lo que el geómetra sienta unas bases teóricas más consistentes y desarrolla unas herramientas mucho más precisas para el trabajo cuantitativo con las esferas, despejando así el camino a los astrónomos interesados en medir el tamaño de los cuerpos celestes.

Aristarco de Samos

Aristarco (310 - 230 a. C.) nació en la isla griega de Samos, fue estudiante de la escuela peripatética fundada por Aristóteles, y llegó a ser un destacado matemático, geómetra y astrónomo. Dado que solo ha sobrevivido uno de sus escritos, sus

pensamientos cosmológicos se han conocido sobre todo a partir de las referencias hechas por autores posteriores. Tolomeo en el *Almagesto* lo nombra como un concienzudo observador de los solsticios y equinoccios; y parece que Aristarco interpretó sus observaciones correctamente, pues atribuyó estos fenómenos al movimiento de la Tierra alrededor del Sol, y planteó que era necesario que la órbita terrestre estuviera inclinada para así poder explicar los cambios climáticos cíclicos, o *Estaciones*. Refiriéndose a él, Berttand Russell afirma que: *"....es el más interesante de todos los astrónomos antiguos, porque él avanzó la Hipótesis copernicana completa,...."*[17]

Muy probablemente debido a la obra de Euclides, a partir del siglo III a.C. la astronomía griega, que había sido fundamentalmente cualitativa, entró en una fase cuantitativa que se materializó en las obras de Aristarco, Eratóstenes, Hiparco y, finalmente, el egipcio Tolomeo. Si Tales introdujo la forma racional de pensamiento, o filosofía, en la antigua Grecia, Aristarco de Samos le anexionó, durante el periodo helenístico, los soportes matemáticos y geométricos euclidianos. Él promovió una de las ideas más brillantes y audaces de la historia del conocimiento, como fue la de extender la utilidad y la validez de la geometría y de las matemáticas al estudio de la totalidad del universo; aplicando sus metodologías al análisis y descripción tanto de los astros como de los fenómenos cosmológicos involucrados, y señalando así el derrotero para las futuras generaciones de astrónomos. Una idea aparentemente sencilla pero de valor incalculable para el desarrollo de la ciencia y el conocimiento en general, y es por esta razón que lo podemos denominar como el fundador de la astronomía matemática.

Para los antiguos griegos era obvio que los cielos deberían ejemplificar la natural belleza geométrica; lo cual solo sería el caso si todos los astros se movieran en círculos en el firmamento; pero los movimientos aparentes de los planetas, que han sido muy profundamente analizados, parecen ser irregulares, complicados e incomprensibles, nada parecido a un verdadero orden geométrico universal. El problema, entonces, lo plantearon así: ¿Existe alguna hipótesis que elimine el aparente caos en los movimientos planetarios e instaure el orden, la simplicidad y la belleza geométrica en su lugar? Aristarco de Samos, contradiciendo a su generación, se atrevió a formular tal hipótesis: que todos los astros y planetas, incluido el nuestro, giran en círculos en torno al Sol como su centro; lo que equivale al primer planteamiento registrado de una *Teoría heliocéntrica*. Pero esta cosmovisión fue rechazada durante más de dos mil años, en gran parte debido al gran peso filosófico de Aristóteles; y muy a pesar de que la teoría geocéntrica no satisfacía a algunos astrónomos de esta época, quienes lamentaban que no explicase tal movimiento anómalo, de retroceso, de los planetas. Entre ellos figuraba Heráclides Póntico, discípulo de Platón quien, estudiando los movimientos de Mercurio y Venus, comprendió claramente que su centro de revolución debería ser, mejor, el Sol. Aquel sistema geocéntrico aristotélico, basado en dos supuestos erróneos: que los planetas orbitan alrededor de una Tierra estática y que sus órbitas son circulares en lugar de elípticas, era ya por entonces muy cuestionable.

El más osado astrónomo de esta época fue Aristarco de Samos, quien propuso la primera formulación de una auténtica teoría heliocéntrica; en la que él sostuvo que el conjunto de las estrellas fijas, la *Bóveda celeste*, se encontraba a una distancia del Sol prácticamente infinita; lo que le sirvió para plantear las hipótesis de que en el centro del universo no se encontraba la Tierra sino el Sol, y de que nuestro planeta no sólo giraba alrededor del astro Rey con una órbita anual inclinada, sino también sobre su propio eje en un período de veinticuatro horas. Adicionalmente, él situó nuestro planeta en su lugar correcto, entre los planetas Venus y Marte. En sus obras, Arquímedes, Plutarco y Simplicio relatan que Aristarco formuló una teoría según la cual la Tierra gira anualmente alrededor del Sol y al mismo tiempo rota diariamente sobre un eje inclinado con respecto al plano de su propia órbita solar. Desde el punto de vista astronómico era sin duda una sugerencia valiosa que podía explicar tanto el movimiento regular diario las estrellas fijas, así como aquel movimiento irregular tan característico de los planetas. No hay razón para dudar de que, en su sistema heliocéntrico, este gran astrónomo ubicara la Luna como un satélite de la Tierra y orbitando alrededor de ella.

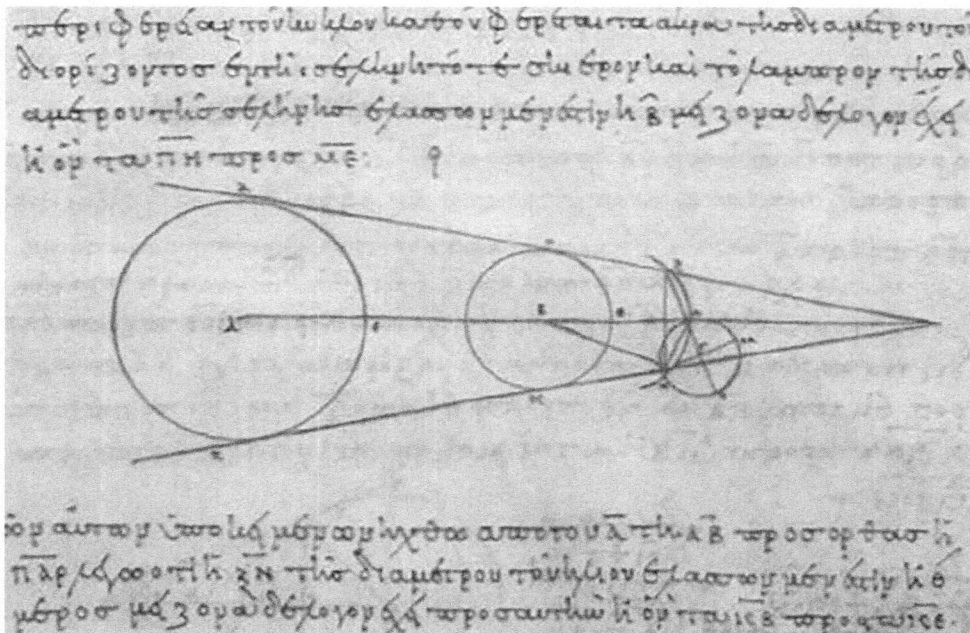

Imagen 2.3

Geometría del sistema Sol-Tierra-Luna según Aristarco. Detalle de una copia en griego del siglo X d.C. del texto "*Sobre los Tamaños y Distancias del Sol y la Luna*", escrito por Aristarco de Samos en el siglo II a.C.

Arquímedes de Siracusa (287- 212 a. C.), un contemporáneo 23 años más joven que Aristarco, en su obra el *Arenario* explica que este último publicó un libro basado en ciertas hipótesis en las que parece que el universo era mucho mayor de lo que se cría. Dichas hipótesis eran que la esfera de las estrellas fijas y la del Sol permanecen inmóviles y tienen a un mismo punto como centro, mientras que la Tierra gira alrededor del astro Rey en una trayectoria circular, estando el Sol en el centro de su órbita.[18] El historiador Plutarco también hizo referencia a Aristarco resumiendo su idea heliocéntrica en la que el cielo es inmóvil y la Tierra se mueve sobre una órbita inclinada en torno al Sol, y adicionalmente rotando al mismo tiempo sobre su propio eje. Así mismo, él informa que en este último aspecto Aristarco siguió a Heráclides de Póntico (390 - 310 a. C.) al creer que la aparente rotación diaria de las estrellas fijas se debía, en realidad, a la rotación de la Tierra. Finalmente, Plutarco relata que el filósofo estoico Cleantes de Aso planteó que era deber de los griegos acusar a Aristarco por impío, por haber desplazado la Tierra del centro del universo.[19]

Efectivamente, dado que lo observado es lo mismo en ambos casos, en teoría parece mucho más sencillo que un solo cuerpo, la Tierra, gire sobre sí misma en 24 horas, a que todos los cuerpos celestes giren en tal período alrededor de ella. Pero el doble movimiento terrestre, de traslación y de rotación, implicaba consecuencias prácticamente inaceptables en aquella época, tanto desde el punto de vista astronómico como, lo más importante, desde el punto de vista filosófico. En definitiva, fue el respeto por los fenómenos aparentes y la argumentación racional lo que llevó a los griegos a rechazar la hipótesis heliocéntrica y del movimiento terrestre de Aristarco. Por lo cual, dicha teoría no convenció a los sabios de su tiempo y fue duramente combatida y finalmente abandonada; sólo muchos siglos después fue retomada y revalorizada por el cura astrónomo Nicolás Copérnico en el siglo XVI.

Es muy decepcionante descubrir que la única obra existente de Aristarco, "*Sobre los Tamaños y Distancias del Sol y la Luna*"[20], se fundamenta en la cosmovisión geocéntrica; pero las evidencias de que él planteó el punto de vista heliocéntrico son, en cualquier caso, bastante concluyentes; y muchos historiadores se inclinan por la opinión de que él adoptó la cosmovisión heliocéntrica mucho después de escribir dicha obra. En ella el autor expone la forma de determinar tales magnitudes mediante la geometría contenida en los *Elementos* de Euclides; acogiéndose a las teorías aristotélicas de los cuerpos celestes esféricos y del universo geocéntrico, en el que la Tierra se encuentra en reposo y la Luna gira en torno a ella con un periodo de 29,5 días, mientras que el Sol lo hace en un periodo de un año de 365,25 días; y adicionalmente empleando un método que permite hallar los tamaños relativos de la Luna y el Sol respecto al diámetro de nuestro planeta. *Sobre los Tamaños* está estructurado como otros textos matemáticos aplicados del período helenístico temprano, y es un trabajo de matemáticas computacionales deductivas. Por lo tanto, el objetivo del texto es desarrollar esquemas geométricos para el sistema Tierra-Luna-Sol, y luego introducir parámetros numéricos en ellos para derivar los límites inferior y superior de los tamaños y las distancias del Sol y la Luna.

Significativas, aunque aproximadas y erróneas, fueron las primeras investigaciones de este extraordinario científico de la antigüedad sobre las distancias entre los cuerpos celestes. Aristarco alcanzó tal proeza realizando detalladas observaciones de los movimientos de la Luna y del Sol, y también de sus eclipses; entendiendo que los de Luna se producen porque la Tierra se interpone entre el Sol y dicho astro, con lo que la sombra de nuestro planeta proyectada sobre la superficie de la Luna va avanzando hasta que la cubre completamente. En *Sobre los Tamaños y Distancias del Sol y la Luna* él proporciona los detalles de su notable argumento geométrico basado en la observación, donde determinó que el Sol estaba unas 20 veces más distante de la Tierra que la Luna, y que era también 20 veces el tamaño de nuestro satélite. Su método fue matemática y geométricamente correcto, pero la precisión requerida era extremadamente alta debido a la gran distancia del Sol en comparación con la Luna.

Sir Thomas Little Heath (1.861 - 1.940) fue un erudito clásico británico, matemático, historiador de las matemáticas y traductor de obras griegas antiguas. Heath tradujo las obras de Euclides de Alejandría, de Apolonio de Perga, Aristarco de Samos y de Arquímedes de Siracusa al inglés. Para la exposición que sigue nos vamos a circunscribir a su texto *"Aristarchus of Samos: the ancient Copernicus"*[21]; en el cual presenta tanto la versión original en griego de *Sobre los Tamaños y Distancias del Sol y la Luna*, como su traducción al inglés.

Para la determinación de tales magnitudes evidentemente la Luna desempeñó un papel de capital importancia en la teoría astronómica de Aristarco; su trabajo está fundamentado en un conjunto de seis presupuestos, que el mismo denomina como *hipótesis*, todas ellas referidas a nuestro satélite. Las tres primeras son geométricas y algo obvias, y se refieren a que 1) la Luna recibe su luz del Sol, 2) que ella se mueve en una esfera que tiene la Tierra como centro, y que ésta última se puede asumir geométricamente como que fuera un punto, y 3) que cuando la Luna está en sus fases *Cuarto creciente* o *Cuarto menguante*, apareciendo como medio iluminada, el círculo máximo que divide las regiones oscura y brillante del satélite está justo en dirección a nuestros ojos, de tal forma que lo vemos como una línea recta. Las otras tres hipótesis son cuantitativas, computacionales, no son tan obvias y demandan una mayor atención sobre la manera como Aristarco las elaboró: 4) que la amplitud de la sombra de la Tierra es dos veces la de la Luna; 5) que el tamaño angular aparente de nuestro satélite es 2°, y finalmente, 6) que en el momento cuando el satélite está medio iluminado, el ángulo Sol-Luna-Tierra es de 90°, o sea es recto; mientras que el ángulo Sol-Tierra-Luna es de 87°. Estas últimas son suposiciones sobre el mundo físico

que permiten la aplicación de parámetros numéricos al modelo geométrico, y sirven para derivar soluciones numéricas a los problemas en cuestión.

Para determinar la distancia y el tamaño de la Luna relativos al diámetro de la Tierra, Aristarco debió realizar observaciones tendientes a evaluar la velocidad angular de la Luna contra el fondo de las estrellas fijas, el tamaño angular aparente de la misma y la velocidad angular con que ella atraviesa la sombra de nuestro planeta durante un eclipse lunar total. Mientras que para calcular la distancia y el tamaño del Sol relativos al diámetro de la Tierra, él debió emplear la teoría de las fases lunares y el hecho de que los tamaños angulares aparentes del Sol y la Luna son prácticamente iguales, como lo demuestran los eclipses totales de Sol.

Aristarco emplea correctamente la evidencia física de los eclipses para argumentar que el Sol y la Luna subtienden el mismo ángulo en el firmamento, equivalente a sus tamaños aparentes, pero extrañamente él usa valores para que dicho ángulo sea de 2°, el cual es bastante inexacto ya que en realidad es cuatro veces más pequeño. Mas adelante, Arquímedes cita un valor más exacto de 1/2° para el ángulo subtendido por el Sol y atribuye esta cifra a Aristarco; por lo cual se debe suponer que el astrónomo escribió su texto al principio de su carrera, y que mucho más adelante él fue capaz de desarrollar mejores instrumentos con los cuales realizar mediciones astronómicas más precisas y poder calcular valores más exactos para los tamaños angulares de la Luna y del Sol; y seguidamente adoptaría su hipótesis de un universo heliocéntrico.

Tomando las mencionadas seis hipótesis como fundamento y soporte para su trabajo, Aristarco procede a enunciar y demostrar, siempre dentro de un contexto geométrico y matemático, un conjunto de dieciocho *proposiciones* relativas a la geometría del sistema Luna-Tierra-Sol, y dentro de las cuales los casos especiales de eclipse de Luna, eclipse de Sol, y la situación del Primer cuarto en que la Luna esta justamente medio iluminada, juegan un papel crucial.

De dichas proposiciones consideraremos aquí solamente seis, que son las que hacen referencia específica a los tamaños y distancias de la Luna y del Sol. Como se mencionó, las proposiciones ya están demostradas en la obra de Aristarco por lo que aquí las tomaremos como verdaderas, y solamente daremos algunas indicaciones generales sobre la forma en que él lo hizo. También las presentaremos en el mismo orden en que Aristarco las consideró.

En la proposición seis él establece que la Luna se mueve en una órbita más baja que la del Sol, y demuestra que cuando se encuentra iluminada justamente a la mitad su distancia angular al astro Rey, medida a partir de la línea Tierra-Sol, es menor a un cuadrante, o sea inferior a 90°. Este resultado adquiere mayor significación cuando se combina con la hipótesis número seis, según la cual en el momento cuando el satélite está medio iluminado su distancia angular al Sol, que se corresponde con el ángulo Sol-Tierra-Luna, es de 87°, mientras que el ángulo Sol-Luna-Tierra es de 90°, o sea es recto; factores todos estos que justifican que la Luna esté, precisamente, iluminada a la mitad. En su texto Aristarco no hace referencia a la forma mediante la cual él obtuvo dicho valor de 87°, por lo que aquí vamos a plantear una posible manera de haberlo hecho.

En primer lugar el astrónomo debió considerar algunos elementos centrales de la concepción geocéntrica del universo, según los cuales nuestro satélite describe una órbita circular completa de 360° en torno a la Tierra, en dirección Oeste-Este con respecto a las estrellas fijas y en un período conocido como mes sideral equivalente a 27,33 días, o también igual a 655,73 horas; lo que da una velocidad angular de la Luna de 13,18° por día, o también 0,55° por hora. Por otro lado, el Sol describe también una órbita geocéntrica en la misma dirección con respecto a las estrellas fijas, en un período conocido como año sideral y equivalente a 365,25 días; con lo que la velocidad angular del astro Rey es de 0,986° por día. Adicionalmente Aristarco debió utilizar registros o datos astronómicos antiguos, así como también los obtenidos por el mismo mediante la observación directa. Finalmente, él pudo haber utilizado un *Simulador mecánico de los movimientos celestes*, algo similar al mecanismo de *Anticitera* ya mencionado en el capítulo anterior, y que muy probablemente ya eran conocidos y utilizados en su época para derivar y obtener datos astronómicos, como también para poner a prueba los resultados de sus teorías.

Ahora consideremos como punto inicial el momento exacto de un eclipse total de Sol, en el que los tres astros están perfectamente alineados y nuestro satélite está en su fase Luna nueva y se interpone entre el Sol y la Tierra, como se aprecia en la Imagen 2.4. Esta situación permitiría seleccionar un sistema inicial de coordenadas rectangulares X_iY_i con centro en nuestro planeta, y en el cual el eje X_i corresponde a la recta que pasa por los centros de los tres cuerpos, mientras que el eje Y_i es una perpendicular al mismo y pasa por el centro de la Tierra. Tomando este como el instante inicial, Aristarco pudo haber medido el tiempo, probablemente empleando relojes de agua o *clepsidras*, que le toma a la Luna para llagar a su fase de Primer cuarto en la que luce como exactamente iluminada a la mitad.

De haber procedido así, el astrónomo debió obtener un valor muy cercano a 171,3 horas, o 7,137 días para visualizar nuestro satélite justamente en su Primer cuarto. Seguidamente, y considerando las velocidades angulares de los astros, él pudo determinar que en tal período de tiempo la Luna debió haber recorrido un ángulo de 94,07° con respecto al sistema inicial de coordenadas, mientras que el Sol debió recorrer solamente un ángulo de 7,07°; con lo que la diferencia en el desplazamiento angular de estos dos astros debería ser de 87°.

Ahora debemos elaborar un sistema final de coordenadas $X_f Y_f$ también con centro en la Tierra, y en el que el eje X_f se corresponde con la línea Tierra-Sol, y el eje Y_f es una perpendicular a aquel. Según lo que se ha expuesto, este sistema final de coordenadas estaría desplazado angularmente con respecto al sistema inicial en un ángulo de 7,07°, que es el mismo valor del desplazamiento del Sol. En esta situación final, esquematizada en la Imagen 2.5, se puede apreciar como la separación, o distancia angular medida a partir del eje X_f, entre la Luna y el Sol es de 87°, que se corresponde con el dato aportado por Aristarco en su hipótesis número seis.

Este dato resulta de suprema importancia para los cálculos y las demostraciones siguientes del astrónomo. Tal como en la proposición siete, en la cual Aristarco recurre a una elegante argumentación geométrica para establecer que la distancia del Sol a la Tierra es dieciocho veces mayor, pero veinte veces menor que la distancia de la Luna a nuestro planeta. Aunque según la Imagen 2.5 este es un caso de trigonometría básica y en la actualidad expresaríamos la relación entre la distancia de la Luna y la del Sol como igual a *coseno* (87°). Pero se debe tener en cuenta que en aquella época aún no se había inventado esta rama de la matemáticas; lo que hoy denominamos funciones trigonométricas *seno, coseno, tangente*, etc., eran desconocidas, por lo que tuvo que utilizar el "Método de cuerdas"; así que el filósofo debió abordar un método de cálculo diferente y obtener entonces los límites inferior y superior para dichas distancias.

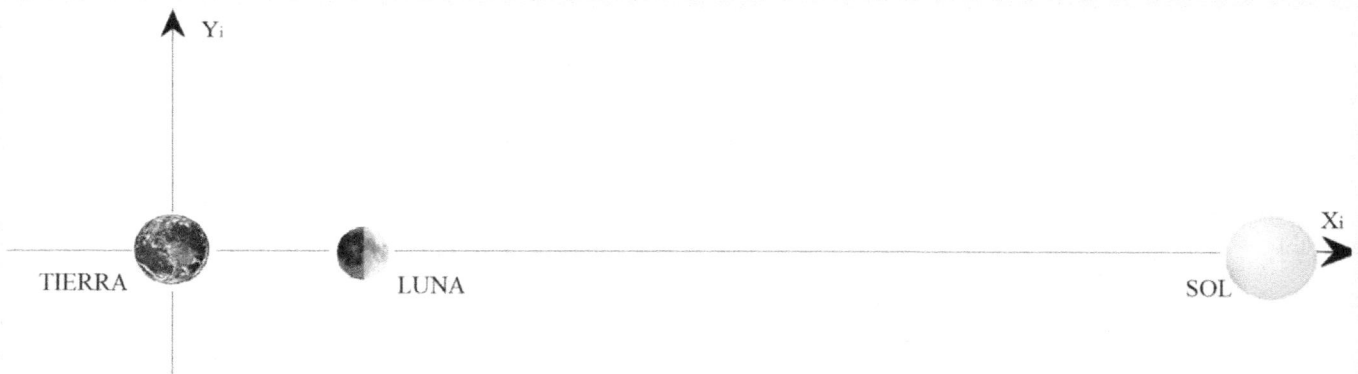

Imagen 2.4
Geometría general de un Eclipse de Sol.

Disposición geométrica del sistema Tierra-Luna-Sol, en el plano de coordenadas $X_i Y_i$, para el momento inicial de un Eclipse total de Sol.
No está a escala.

44

En la proposición nueve Aristarco igualmente recurre a la geometría básica de un eclipse de Sol para demostrar que el tamaño de este astro también es mayor que dieciocho veces, pero menor que veinte veces, el tamaño del satélite. Los resultados anteriores significan que el tamaño y distancia de la Luna tienen la misma proporción respecto del tamaño y la distancia del Sol: Considerando los valores medios se tiene que, según el texto de Aristarco, la Luna está diecinueve veces más cerca de la Tierra que el Sol, y también es diecinueve veces más pequeña que el astro Rey.

La distancia de nuestro satélite hasta la Tierra la aborda Aristarco en su proposición número once, donde demuestra que la distancia de la Luna al planeta es mayor que 22,5 pero menor que 30 veces el diámetro lunar; o tomando el valor promedio se tiene que el satélite está retirado de la Tierra unas 26,25 veces su propio diámetro.

Más adelante, en la proposición quince, el astrónomo se dedica a encontrar una relación entre el tamaño del Sol y el de nuestro planeta.

Pero esta vez recurre a la disposición general o geometría de un eclipse total de Luna para demostrar que el diámetro del astro Rey tiene una relación respecto al diámetro de la Tierra que es mayor que 19/3, pero menor que 43/6. Lo que expresado en término del valor promedio, significa que diámetro del Sol es 6,75 veces más grande que el de nuestro planeta. Este último valor haría que el volumen del astro Rey fuera como 300 veces mayor que el de nuestro planeta; y pudo haber sido este gran tamaño el que conllevó a que Aristarco colocara al Sol en el centro del universo en lugar de la Tierra, ya que incluso en su época podría parecer absurdo hacer que el cuerpo mucho más grande girase en torno al más pequeño.

Finalmente, en su proposición diecisiete Aristarco utiliza los resultados anteriores para deducir una relación entre el diámetro de la Luna y el de nuestro planeta: él establece que el tamaño o diámetro de la Tierra es 2,5 veces mayor que el de la Luna, pero inferior a 3,16 veces el mismo. Entonces, en promedio el planeta tiene un diámetro 2,83 veces mayor que el del satélite; o la relación inversa expresa que el diámetro de la Luna es solamente 0,35 veces el de la Tierra.

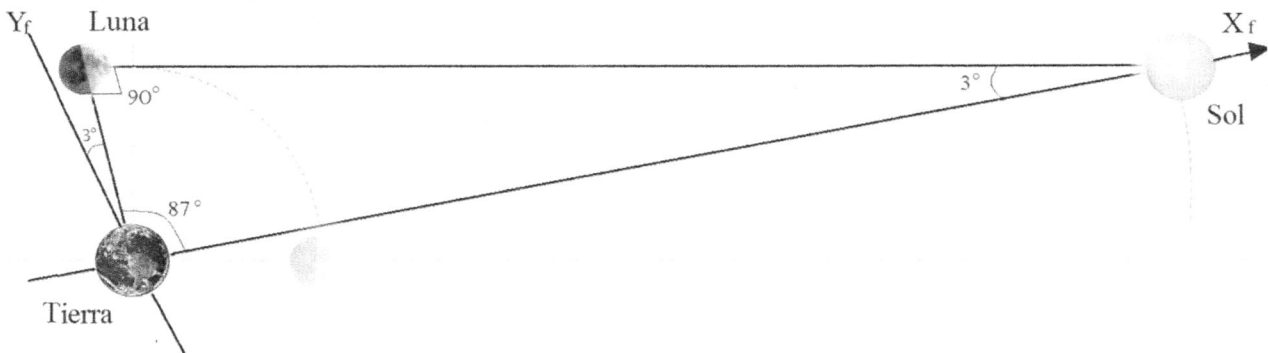

Imagen 2.5
Semilunio: La Luna justamente medio iluminada.
Geometría general sobre la disposición espacial entre la Tierra, el Sol y la Luna, para que ésta se vea desde nuestro planeta como justamente iluminada a la mitad: su Primer cuarto creciente o Semilunio. Según la obra de Aristarco, tomando como centro la Tierra, el ángulo comprendido entre el Sol y la Luna es de 87°.
No está a escala.

Todo el anterior trabajo del astrónomo de Samos lo podemos sintetizar buscando relaciones sencillas que expresen las distancias y tamaños de la Luna y del Sol en función del diámetro de la Tierra, D_T; los resultados finales se presentan en la Tabla 2.1.

En la Tabla 2.2 se presentan los valores correspondientes a los datos modernos para dichas magnitudes. Se puede apreciar que las estimaciones fueron de un orden de magnitud demasiado pequeño, pero los errores se debieron a la falta de instrumentos suficientemente precisos más que a su forma correcta de razonamiento. Su método fue matemática y geométricamente correcto, pero la precisión requerida era extremadamente alta debido a la gran distancia del Sol en comparación con la Luna.

Siguiendo su metodología, Aristarco obtuvo valores numéricos alejados de la realidad, con errores hasta del veinte por ciento para el caso de la Luna y considerablemente mayores para el Sol; aunque son razonables para ese momento y ese método. Dichos resultados numéricos ahora ya no importan, pero si se debe resaltar su audacia y la elegancia tanto de su pensamiento como de su metodología. De todas formas, utilizado datos proporcionados por las observaciones de la Luna, el Sol y los eclipses, él había demostrado que el Sol estaba mucho más distante que la Luna y que era mucho más grande que la Tierra; y que esta a su vez era más grande que nuestro satélite, un logro bastante considerable para la época.

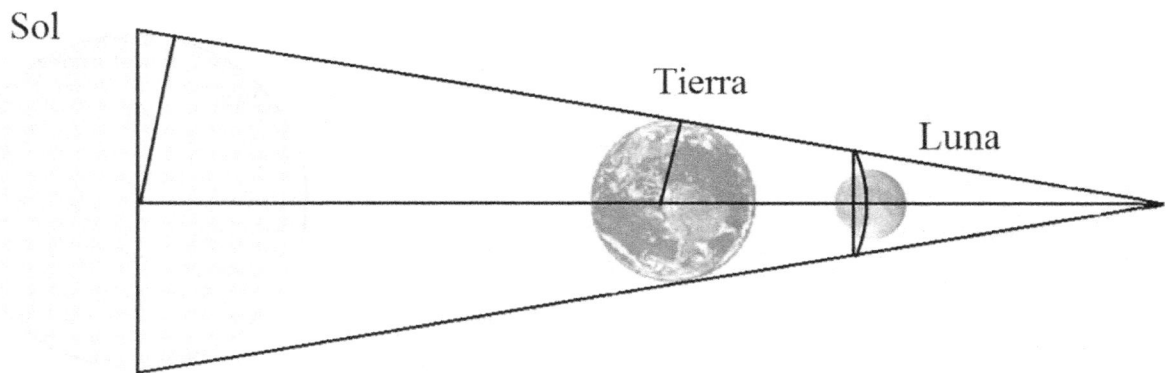

Imagen 2.6
Geometría general para un Eclipse de Luna.
Este esquema geométrico general de un eclipse de Luna fue utilizado por el astrónomo de Samos para derivar los diámetros y, por lo tanto, los tamaños relativos entre los tres astros: La Tierra, la Luna y el Sol.
Diagrama esquemático, no está a escala.

La obra de Aristarco ha sido sometida siempre al escrutinio y a la crítica tanto constructiva como destructiva. Pero independientemente de la validez de sus esquemas teóricos y de sus resultados numéricos, lo verdaderamente importante es que él propone que el universo tiene una determinada estructura matemática que es descifrable y que se puede interpretar y describir de una manera cuantitativa y precisa. Demuestra que, a partir de unos pocos enunciados simples y fáciles de obtener mediante la debida observación y empleando la respetiva metodología geométrica y matemática, se puede producir un nuevo conocimiento del universo, que de otro modo estaría fuera de nuestro alcance. De esta manera el astrónomo de Samos dejaba establecidas las bases para los trabajos de astrónomos venideros.

Todo lo anterior hace que Aristarco sea merecedor de un pedestal de honor perenne en el campo de la historia del conocimiento en general, de la astronomía en particular, y muy especialmente en el estudio y la comprensión de nuestro satélite. Pero los resultados proporcionados por Aristarco para los tamaños y distancias de la Luna y del Sol fueron relativos al tamaño de nuestro planeta, el cual era desconocido hasta el momento, pero que Eratóstenes se encargaría de evaluar.

TABLA 2.1
Tamaños y distancias de la Luna y del Sol en función del Diámetro de la Tierra, D_T, Según la obra de Aristarco de Samos.

	Luna	Sol
Diámetro	$0,353*D_T$	$19*0,353*D_T = 6,7*D_T$
Distancia	$9,266*D_T$	$19*9,266*D_T = 176,1*D_T$

TABLA 2.2
Tamaños y distancias de la Luna y del Sol en función del Diámetro de la Tierra, D_T, según los valores modernos.

	Luna	Sol
Diámetro	$0,273*D_T$	$109,3*D_T$
Distancia	$30,17*D_T$	$11.741*D_T$

La Geometría de Apolonio

Apolonio de Perga (262 - 190 a. C.) fue un famoso geómetra y matemático griego normalmente conocido en su época como el *Gran Geómetra*; de joven estudió en Alejandría con los sucesores de Euclides y posteriormente se radicó en Éfeso y también en Pérgamo. Sus extensos trabajos en geometría tratan de las figuras cónicas tridimensionales, así también como de las curvas planas. Trabajos que recopiló en su obra *Las Cónicas* en la que acuña los términos *elipse*, *hipérbola* y *parábola* para indicar a las figuras geométricas que responden a las respectivas propiedades de estas tres funciones matemáticas.

En su obra Apolonio creó los cimientos de la geometría cónica mediante un compendio de ocho libros, en los que realizó respecto a las figuras cónicas lo que Euclides había hecho previamente en lo relativo a la geometría circular. Se denomina sección cónica a todas las curvas resultantes de las diferentes intersecciones entre un cono y un plano que no pase por el vértice del cono. Tales curvas se definen mas exactamente como los lugares geométricos de los puntos en el plano para los que las distancias a una recta denominada *directriz* y a un punto fijo llamado *foco* están en una determinada razón o *excentricidad*. Fue Apolonio en *Las Cónicas* quien demostró que de un cono único se pueden obtener los tres tipos de secciones variando el ángulo de inclinación del plano que lo corta. El gran valor científico de su trabajo tardó bastante tiempo en ser comprendido, pues la importancia de las formas cónicas en el sistema universal solamente llegó a ser apreciado con el descubrimiento del astrónomo Johannes Kepler (1.571- 1.630) según el cual las órbitas planetarias son elípticas, ocupando el Sol uno de los focos de tales elipses.

Igualmente, se le atribuye a Apolonio haber originado la hipótesis de los *Deferentes* y los *Epiciclos* para intentar explicar el movimiento aparentemente desordenado de los planetas y de la velocidad variable de la Luna. Ya era el momento adecuado para el desarrollo de otro modelo geométrico que pudiera representar mejor los movimientos planetarios y aún mantener a la Tierra en el centro del universo. Particularmente los movimientos de Mercurio y Venus, que siempre están cercanos al Sol, debieron haber originado la idea de un *epiciclo* moviéndose sobre un *deferente* concéntrico: el epiciclo sería la órbita secundaria en la que dicho astro revoluciona en torno a algún punto del deferente, y este último sería un círculo concéntrico con el Sol. Incluso ignorando al astro Rey, un sistema de epiciclos y deferentes sería muy útil para hallar una explicación a los movimientos directos y retrógrados de los planetas, y para sus aparentes estaciones.

En los movimientos celestes dos aspectos fueron muy difíciles de explicar para los antiguos astrónomos. El primero concierne a su velocidad variable que tiene como período la revolución sideral; el segundo es el aparente cambio en la dirección de su movimiento, pasando de directo a retrógrado y viceversa, e incluyendo un momento de detención de su movimiento. La primera dificultad se explicó para la Luna y el Sol mediante un esquema de *Excéntricos*; pero la segunda, relativa a los planetas, requirió el desarrollo de la teoría del movimiento epicíclico: El astro se mueve primeramente con una velocidad uniforme a lo largo de un círculo que es el epiciclo, y cuyo centro se mueve al mismo tiempo a lo largo de la circunferencia del círculo deferente. Este último era concéntrico con la Tierra en las primeras teorías; pero posteriormente fue tratado como excéntrico con nuestro planeta.

Esto era válido no solo para los planetas inferiores Mercurio y Venus, sino también para los superiores, Marte, Júpiter y Saturno, que podían moverse en la trayectoria de un epiciclo alrededor de un centro ideal que, como el Sol, tuviera una revolución primaria alrededor de la Tierra. Podría parecer extraño que un cuerpo celeste tuviera una revolución alrededor de un punto imaginario y sin un respectivo accesorio en el cielo. Sin embargo, esta teoría encontró el apoyo de los matemáticos ya que parece haber sido propuesta e ilustrada inicialmente por Apolonio de Perga; también fue adoptada por Hiparco de Nicea y luego generalmente aceptada en lugar de la teoría de las esferas homocéntricas de Eudoxo, que era insuficiente para explicar los fenómenos observados.

Apolonio en 225 a.C. explicó cómo era posible determinar la relación entre los radios correspondientes a los dos círculos; y cómo la trayectoria a lo largo del epiciclo corresponde al período sinódico, mientras que aquella a lo largo del deferente se relacionaba al período sideral. Partiendo de esta fundamental teoría, primero Hiparco y luego Tolomeo pudieron desarrollar una teoría planetaria que completaría la astronomía de los griegos de la escuela de Alejandría.

Eratóstenes de Cirene

La idea de medir la circunferencia, el diámetro, o tamaño de nuestro planeta parece haber sido considerada por los filósofos griegos en un tiempo relativamente temprano. Así, el comediógrafo griego Aristófanes (444-385 a.C.) en su obra *Las nubes* expone que un discípulo de Sócrates afirma que el objeto de la geometría era la medida de la Tierra entera; lo que implica que la solución de tal problema fue contemplada por los académicos de la época. También debemos recordar que Aristarco había determinado los tamaños y distancias de la Luna y el Sol referidos al diámetro de nuestro planeta. De tal manera que muchos astrónomos y geógrafos de la época debieron haber estado muy ansiosos de hallar un método efectivo para medir la Tierra, y de esta forma destrabar los cálculos para los tamaños y distancias de la Luna y el Sol. El cirineo Eratóstenes sería quien más éxito tuvo en dicho propósito.

El primer gran geógrafo alejandrino fue Eratóstenes de Cirene (276-194 a.C.), quien fue también matemático, poeta, filósofo, e historiador. Entre 230 y 195 a. C. fue director de la gran Biblioteca de Alejandría, la más alta institución académica de la época. Allí Eratóstenes recogió el conocimiento geográfico disponible y realizó numerosos cálculos de distancias entre lugares significativos en la Tierra; organizó los datos de los registros del oriente proporcionados por las expediciones de Alejandro Magno, y del Mediterráneo elaborados por el navegante Piteas; con dicha información elaboró el primer mapa del mundo conocido hasta el momento y fundamentado en hechos científicamente comprobados. Tanto en el sentido teórico como en el práctico, la geografía helenística alcanzó su apogeo con el trabajo del polígrafo Eratóstenes, a quien se le ha asignado un papel fundador en la geografía, la cartografía y la geodesia.

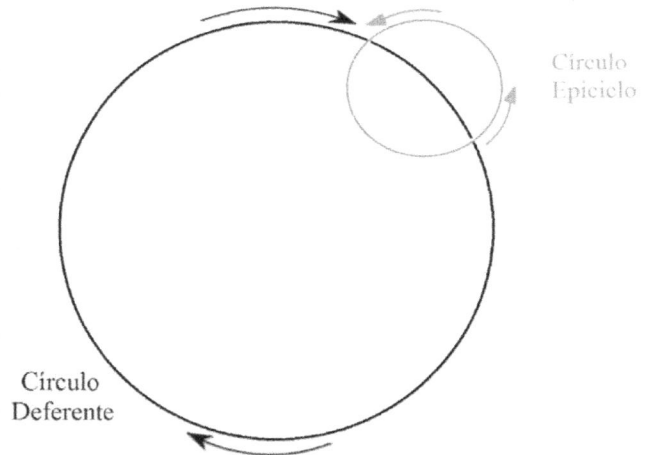

Imagen 2.7

Movimiento Celeste Circular Uniforme:

Los conceptos geométricos del círculo Deferente y círculo Epiciclo fueron introducidos inicialmente por el astrónomo y geómetra Apolonio de Perga, quien tenía el propósito de representar los movimientos circulares uniformes de los astros según las hipótesis geocéntricas.

Eratóstenes era 34 años más joven que Aristarco y ambos estuvieron en la Biblioteca de Alejandría; por tal motivo el cireneo debió estar muy enterado del trabajo de Aristarco en el que reportaba los tamaños y distancias de la Luna y el Sol en función del diámetro de nuestro planeta. Así que Eratóstenes, muy probablemente con el proposito de profundizar y adelantar los cálculos del astrónomo, se comprometió a medir la Tierra determinando experimentalmente su diámetro, y fue este cálculo el que le daría fama universal.

El método de Eratóstenes para medir el tamaño de nuestro planeta implica el entendimiento de la teoría geocéntrica del universo y de la geometría esférica, el conocimiento de la proporcionalidad entre arcos de circunferencia y el cálculo con ángulos adyacentes entre líneas paralelas; también el conocimiento sobre el cálculo de la distancia entre dos sitios ubicados en el mismo meridiano terrestre, y el uso del gnomon para medir el ángulo de incidencia de los rayos solares.

Uno de los sitios escogidos por Eratóstenes fue la ciudad de Siena, actual Aswan en Egipto, en la que había un pozo en el cual los rayos del Sol justamente penetraban al mediodía en el solsticio de verano el 20-22 de Junio, lo que significaba que en dicha ciudad y fecha los rayos solares llegaban exactamente perpendiculares al terreno. La otra ciudad seleccionada fue Alejandría, que Eratóstenes estimó se encontraba justamente al norte en el mismo meridiano, y cuya distancia a Siena era estimada en 5.000 *estadios*. Así, todo lo que Eratóstenes tuvo que hacer fue medir en Alejandría, con la ayuda del *gnomon*, el ángulo de incidencia de los rayos del Sol al mediodía el 21 de junio; el cual sería idéntico al ángulo subtendido por las dos ciudades en la esfera terrestre, y que por lo tanto determina el respectivo arco de circunferencia entre las mismas.

El valor que él obtuvo fue de 7,2°, o sea una cincuentava parte del círculo, de tal manera que la circunferencia o tamaño de la Tierra debería ser 50 veces 5.000, lo que da 250.000 estadios correspondiente al valor reportado por Eratóstenes; para la gente de la época esto significó un extraordinario logro de la ciencia. El *estadio* fue una unidad de medida de longitud de dicha época y para la cual los historiadores han encontrado varios equivalentes modernos; en este texto emplearemos el valor de 185 metros, con lo que se tiene que la medición de Eratóstenes equivalía a 46.250 Km de circunferencia para la Tierra. De este último valor podemos derivar el diámetro terrestre obteniendo 14.722 Km, o sea un quince por ciento en exceso con respecto al valor moderno aceptado para tal diámetro: 12.740 Km.

El gran aporte de Eratóstenes consiste en haber formulado un método fiable para la determinación experimental del tamaño de nuestro planeta; y de esta manera despejó el camino para también calcular los tamaños de la Luna y del Sol en sus valores absolutos: él también determinó que el diámetro del Sol era veintisiete veces mayor que el de la Tierra, o equivalentemente 397.494 Km de diámetro según sus datos; asimismo, él calculó la distancia del Sol desde nuestro planeta en 148.740.000 Km., y la de la Luna en 144.300 Km. Otros aportes de Eratóstenes fueron haber medido, tambien con gran presicion, el angulo de inclinación del eje de rotación de la Tierra, o equivalentemente, la oblicuidad de la eclíptica en 23° 51' 15"; y haber elaborado una compilación o catálogo de cerca de 675 estrellas.

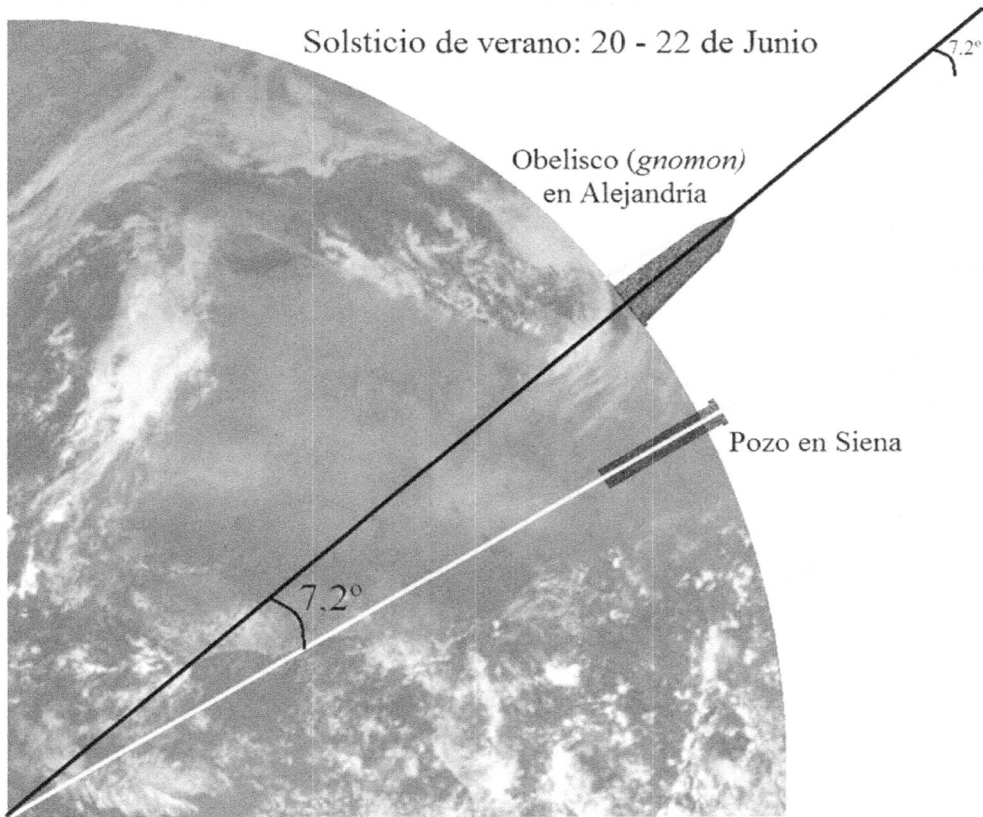

Imagen 2.8
El experimento de Eratóstenes.
Al haber determinado el tamaño de la Tierra, Eratóstenes despejó el camino para la medición posterior de la distancia de la Luna, de los demás astros, del tamaño del Sistema Solar en su con junto y, finalmente, del Universo como un todo.

Citas Bibliográficas

[1] Biblioteca de Clásicos Grecolatinos.
https://web.archive.org/web/20091027191857/http://cayo
cesarcaligula.com.ar/grecolatinos/aristofanes/las_nubes/la
s_nubes1.html

[2] The Internet Classics Archive. The History of Heródotus. Book I.
http://classics.mit.edu/Herodotus/history.html

[3] Internet Encyclopedia of Philosophy. Thales of Miletus:
http://www.iep.utm.edu/thales/

[4] Nordgren, Tyler. *Sun, Moon, Earth: the history of solar eclipses, from omens of doom to Einstein and exoplanets.* New York: Basic Books. 2016.

[5] Wikisource. Vidas paralelas: Nicias.
https://es.wikisource.org/wiki/Vidas_paralelas:_Nicias

[6] Biblioteca Virtual Universal. *Vidas, opiniones y sentencias de los filósofos más ilustres.*
http://www.biblioteca.org.ar/libros/156933.pdf

[7] Wikisource. Vidas paralelas: Nicias.
https://es.wikisource.org/wiki/Vidas_paralelas:_Nicias

[8] Internet Archive. On the Heavens. 287-a-30.
https://archive.org/details/decaeloleofric00arisuoft

[9] Internet Archive. On the Heavens. 290-b-5.
https://archive.org/details/decaeloleofric00arisuoft

[10] On the Heavens. 297-b-15.

[11] On the Heavens. 298-a-10.

[12] On the Heavens. 297-b-30.

[13] On the Heavens. 291-b-20.

[14] On the Heavens. 292-a-5.

[15] Russell, Bertrand A, W. *A History of Western Philosophy*. New York: Simon and Schuster, 1945.

[16] Clark University. Euclid's Elements.
https://mathcs.clarku.edu/~djoyce/java/elements/toc.html

[17] Russell, Bertrand A, W. *A History of Western Philosophy*. New York : Simon and Schuster, Inc. 1945. Pág 214.

[18] Internet Archive. The works of Archimedes. The Sand-reckoner.
https://archive.org/details/abw0362.0001.001.umich.edu

[19] Bill Thayer's Web Site. On the Face in the Moon.
http://penelope.uchicago.edu/Thayer/E/Roman/Texts/Plut
arch/Moralia/The_Face_in_the_Moon*/home.html

[20] Library of Congress. Rome Reborn.
http://www.loc.gov/exhibits/vatican/math.html#obj6

[21] Internet Archive. Heath, Thomas Little. *Aristarchus of Samos, the ancient Copernicus.*
https://archive.org/details/aristarchusofsam00heatuoft

Capítulo 3

Astronomía lunar en la sociedad grecorromana

Nuestro satélite como se veía desde la Tierra el Miércoles 24 de Enero de 2.018, a las 22:00 TUC, 7 días y19 horas después de Luna nueva, viéndose un 50 % de su parte iluminada. En este momento el satélite ha recorrido un cuarto de su trayectoria elíptica en torno al planeta, por lo que se dice que está en su *Primer cuarto creciente*; y este es un momento muy especial en astronomía lunar porque desde la Tierra vemos la Luna como justamente iluminada a la mitad, y de ahí el nombre *Semilunio*. Recordemos que este fue el punto seleccionado por Aristarco de Samos para realizar sus mediciones del tamaño y la distancia del satélite.

Cortesía de NASA's Scientific Visualization Studio: <u>https://svs.gsfc.nasa.gov/4604</u>

"Bajo éste está la Luna, residiendo más próxima a la Tierra que todos los astros. Se dice que está en el punto de contacto del aire con el éter. De donde también de sus ensombrecimientos se ve que lo propio de ella es corporal, y que la luminosidad de ella viene del resplandor del Sol, siempre por él iluminada sobre el mismo hemisferio girado de ella. Ésta completa un ciclo peculiar de veintisiete días y medio; viaja junto al Sol por treinta."

El movimiento circular de los cuerpos celestes.
Cleómedes, astrónomo griego del siglo I d.C.[1]

"En efecto, el citado Clearco argumenta que la cara, así denominada, se halla constituida por figuras que un espejo refleja, imágenes del gran océano proyectadas en la Luna. Así es: el rayo visual, cuando se proyecta de modo natural puede contactar con numerosos objetos, los cuales no son directamente visibles; sin embargo, la Luna llena, ella, es el más hermoso y puro de todos los espejos gracias a su uniformidad y fulgor."

Sobre la cara visible de la Luna
Plutarco de Queronea (50 – 120 d.C.),
historiador griego.[2]

El Mundo greco romano

La fundación de la milenaria ciudad de Roma puede abordarse, en un primer plano, desde las perspectivas de la mitología y de la leyenda, según las cuales esta ciudad sería fundada a orillas del Río Tíber hacia el año 753 a. C. por los legendarios hermanos gemelos Rómulo y Remo. Pero una perspectiva más sólida y creíble es la histórica, según la cual Roma surgió en forma progresiva por la instalación de diferentes tribus latinas en el área de las tradicionales siete colinas, y mediante la creación de pequeñas aldeas en sus cimas; las cuales terminaron por fusionarse hacia el siglo VIII a.C. En este escenario el rey etrusco Lucio Tarquinio Prisco desempeñó un papel protagónico, pues fue él quien le dio a Roma una auténtica fisonomía ciudadana, gracias a su gran labor urbanizadora a finales del siglo VII a.C.

La historia de Roma se divide en tres grandes períodos: la Monarquía romana comprende desde período fundacional hasta el año 510 a. C.; la República romana desde 509 hasta el año 27 a.C., y finalmente el coloso Imperio romano que va desde esta última fecha hasta el 476 d.C., año en el que colapsa definitivamente el Imperio romano de occidente.

La república romana fue básicamente un estado guerrero. Entre principios del siglo III y mediados del II a. C. la República empezó a expandir su zona de influencia más allá de la península itálica por el Mediterráneo, dando lugar a las Guerras púnicas que llevarían al establecimiento de Roma como la mayor potencia en la región. Las necesidades de conquistar nuevas tierras para instalar a sus ciudadanos y dedicarlas a la agricultura, de asegurar sus fronteras, defender a sus aliados, expandir su comercio, o la simple gloria militar, impulsaron a los romanos a una fuerte y acelerada expansión geográfica. Todos los grandes estados del Mediterráneo fueron doblegados por Roma en un breve lapso. La derrota final del reino alejandrino de Macedonia en la batalla de Corinto en el 146 a. C., dentro del marco general de las Guerras macedónicas, desencadenó en el sometimiento total de Grecia al poder romano, y dejó a Roma como dueña absoluta del Mediterráneo.

Los textos de historia sugieren que fue muy frecuente la coincidencia entre los eclipses lunares y las batallas militares. Las *Guerras macedónicas* fueron una serie de conflictos militares entre el reino griego de Macedonia y la República romana, las cuales se desarrollaron entre los siglos III y II a. C. y terminaron con la derrota del primero. La batalla de Pidna tuvo lugar el 22 de junio de 168 a. C. cerca de la localidad de Pidna en el golfo de Tesalónica, en el noreste de Grecia; y puso fin a la tercera guerra macedónica que se había iniciado tres años antes, poniendo de manifiesto la supremacía de la legión romana sobre la rígida falange macedónica. El ejército romano estuvo bajo el mando del general y político Lucio Emilio Paulo (230-160 a. C.), y el de Macedonia fue dirigido por Perseo Macedonia (212-165 a. C.), el último de sus reyes.

El relato del eclipse de Luna que ocurrió en el curso de esta batalla lo presenta nuevamente el gran historiador Plutarco en su obra Las Vidas Paralelas:[3]

"Al hacerse de noche, y cuando después del rancho se iban a dormir y descansar, la Luna, que estaba en su lleno y bien descubierta, empezó de pronto a ennegrecerse; y desfalleciendo su luz, habiendo cambiado diferentes colores, desapareció. Los Romanos, como es de ceremonia, la imploraban para que les volviese su luz con el ruido de los metales y alzando al cielo muchas luces con tizones y hachas; más los Macedonios a nada se movieron, sino que el terror y espanto se apoderó del campo y entre muchos corrió secretamente la voz de que aquel prodigio significaba la destrucción de su rey."

Más adelante Plutarco describe como, a pesar de que las causas de estos fenómenos naturales ya eran bien conocidas, el carácter supersticioso continuaba dominando a las personas:

"No era Emilio hombre enteramente nuevo y peregrino en las anomalías que los eclipses

producen; los cuales á tiempos determinados hacen entrar la Luna en la sombra de la Tierra, y la ocultan, hasta que pasando de la sombra vuelve otra vez a resplandecer con el Sol. Mas con todo, siendo muy dado a las cosas religiosas e inclinado a los sacrificios y a la adivinación, apenas vio a la Luna enteramente libre, le sacrificó once toros; y no bien se hizo de día cuando ofreció nuevo sacrificio de la misma especie á Hércules, no parando hasta veinte; y al primero y al vigésimo se observaron prodigios, que dijo adjudicaban la victoria a los que se defendiesen. Hizo, pues, voto al mismo Dios de otros cien bueyes y de juegos sagrados, mandando a los caudillos ordenar el ejército para la batalla; mas aguardó con todo a la inclinación y desvío del resplandor para que el Sol desde el Oriente no los deslumbrara en la pelea dándoles de cara; por lo que estuvo dando tiempo, sentado en su tienda, la que tenía abierta por la parte de la llanura y del campo de los enemigos."

Pero, afortunadamente para Occidente, tal derrota militar del estado griego no significó la destrucción o aniquilación de sus tradiciones y desarrollos culturales. Felizmente los romanos decidieron llevar las relaciones culturales en términos más amigables: durante este período se dio el fenómeno de la helenización de la primitiva cultura romana-latina. El contacto con los vencidos griegos y macedonios, cuyos territorios habían pasado a la administración romana, trajo como consecuencia la transferencia de costumbres y prácticas culturales griegas y helenísticas a la sociedad romana; profesores y filósofos griegos llegaron al imperio a difundir por sus territorios la cultura griega y helenística. En este sentido, la nación derrotada militarmente pasa a ser invasora en términos culturales; la sociedad greco romana de esta época fue política, militar y económicamente romana, pero culturalmente fue griega: *"Roma es un pueblo que ha tenido por cultura la de otro pueblo, la Griega"*[4]

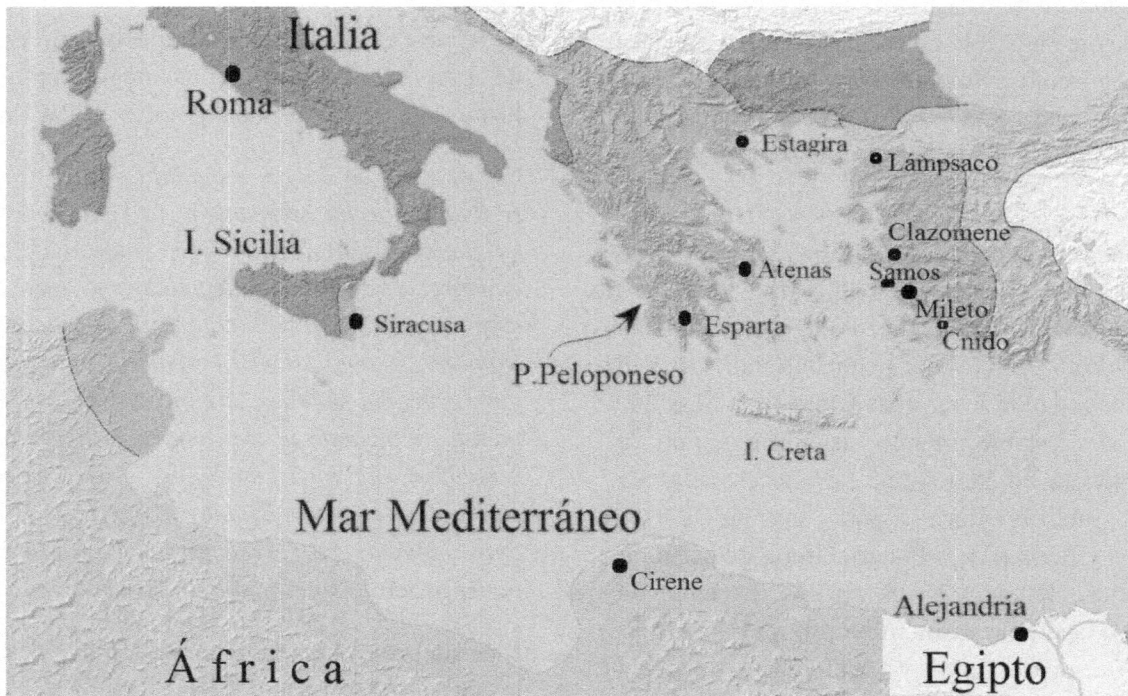

Imagen 3.1
Algunas zonas geográficas del antiguo mundo greco romano.
Recordemos que en el siglo V a. C. Anaxágoras, recurriendo a información sobre un eclipse solar, determinó que la Luna era de mayor tamaño que la península del Peloponeso.

Todo lo anterior garantizó la continuidad temporal de los desarrollos griegos en los campos filosófico, geométrico, matemático y, lo que más nos interesa ahora, astronómico.

Hiparco de Nicea

El astrónomo, matemático y geógrafo griego Hiparco de Nicea (190-120 a. C.) realizó contribuciones fundamentales al avance de la astronomía como ciencia matemática, y a los cimientos de la trigonometría, dentro del marco general de aquella sociedad greco romana. Dado que sus escritos básicamente no han sobrevivido, el conocimiento de su trabajo se basa en informes de segunda mano, especialmente los del gran compendio astronómico *El Almagesto*, escrito por Claudio Tolomeo en el siglo II d. C.

Oriundo de la ciudad de Nicea, Hiparco pasó buena parte de su vida en el extranjero, principalmente en la isla de Rodas, que durante el último siglo y medio antes de la *Era cristiana* fue una gran rival de Alejandría como centro de la vida cultural, intelectual y literaria de dicha época. Entre los hombres cuyo trabajo fue más fructífero en la isla, el lugar más importante lo ocupa Hiparco; pues la mayor parte de su vida adulta parece haberla ocupado allí llevando a cabo un programa de observación e investigación astronómica.

El astrónomo de Nicea trasciende a todos sus predecesores y contemporáneos en reputación, ya que la importancia relativa de su trabajo para el progreso de la astronomía en su tiempo es comparable con las de Galileo Galilei e Isaac Newton en sus respectivos momentos: Mejoró las estimaciones de Aristarco sobre los tamaños y las distancias del Sol y la Luna; se dedicó tenazmente al problema de representar las trayectorias observadas de dichos astros y de los planetas mediante combinaciones de movimientos circulares uniformes; descubrió la *Precesión de los equinoccios*; estimó la duración del mes lunar con errores muy aceptables; y también hizo un catálogo

de ochocientas cincuenta estrellas fijas, dando su *Latitud* y *Longitud* celestes. Finalmente, fue el primero en escribir sistemáticamente sobre trigonometría y así estableció los cimientos de esta rama de las matemáticas, por lo que es considerado el fundador de la misma.

Hiparco también escribió comentarios críticos sobre las obras de algunos de sus predecesores y contemporáneos. En *Comentarios sobre los Fenómenos de Aratus y Eudoxo*, su único libro sobreviviente, expuso duramente los errores en *Phaenomena*, un poema popular del escritor y poeta griego Aratus (310 - 240 a. C.), el cual fue basado en un tratado homónimo, ahora perdido, de Eudoxo de Cnido en el que se nombraba y describía las constelaciones conocidas a la fecha.

Buena parte de los estudios astronómicos realizados durante el período griego se fundamentaron en datos de observaciones anteriores realizadas por los babilonios, que fueron muy extensos, pero también bastante crudos. Esta situación cambiaría considerablemente por la gran dedicación de Hiparco al campo experimental, de quien podríamos decir que es el primer astrónomo observacional realmente grande. Él tuvo a su disposición mucha información sobre los eclipses proveniente de anteriores observaciones babilónicas, así también como las hechas en Alejandría durante los últimos 150 años y adicionalmente los datos reportados por sus propias observaciones. De los datos babilónicos y alejandrinos combinados, desarrolló las teorías del Sol y la Luna; de los alejandrinos solos hizo su brillante descubrimiento de la precesión de los equinoccios.

Hiparco llevó a cabo observaciones astronómicas en Rodas durante un lapso de 30 años, aplicando un método consistente y fundamentado en un instrumento simple: una varilla articulada que se podía girar sobre la vertical y dirigir hacia el astro en estudio, mientras que un círculo marcado en grados servía para medir el ángulo a la vertical. También se le atribuye la invención del *astrolabio*, un instrumento portátil para medir las altitudes de los cuerpos celestes, basado en el mismo principio y que es el precursor del *sextante*. De esta manera él mapeó las posiciones de 850 estrellas y dio estimaciones de su brillo; igualmente hizo para los cinco planetas conocidos: Mercurio, Venus, Marte, Júpiter y Saturno. Sus datos se constituirían en la base de los estudios astronómicos durante los siguientes 17 siglos, antes de que fueran finalmente reemplazados durante el período del Renacimiento por los de otro gran astrónomo observacional, el noble danés de nombre Tycho Brahe.

La teoría heliocéntrica del universo, que había sido inicialmente propuesta y desarrollada por Aristarco de Samos, posteriormente fue adoptada, demostrada y defendida por el astrónomo mesopotámico Seleuco (190 a. C.), quien según algunos historiadores modernos habría estado capacitado para formular una justificación fundamentada en el componente solar de las mareas para la dinámica heliocéntrica;[5] pero por ningún otro astrónomo antiguo. Tal rechazo general se debió principalmente a Hiparco quien, frente a la hipótesis heliocéntrica del filósofo de Samos, mejor adoptó y avanzó tanto la teoría geocéntrica aristotélica como la de los *deferentes excéntricos y epiciclos* que había sido propuesta previamente por Apolonio; y fue un desarrollo posterior de esta teoría la que llegó a conocerse más tarde como el *Sistema tolomeico*. (Ver Imagen 2.7)

Aunque Hiparco sabía de la visión heliocéntrica de Aristarco, favoreció la concepción geocéntrica de Aristóteles debido a la no detección de la paralaje causada por la inmensa distancia de las estrellas. Paralaje es el desplazamiento aparente de un objeto cuando se contempla desde diferentes posiciones. (Ver Imagen 3.2) Como la mayoría de sus predecesores, Hiparco asumió una Tierra esférica estacionaria en el centro del universo y desarrolló la idea de una combinación conveniente de movimientos circulares uniformes, utilizando la teoría de excéntricos y epiciclos, para representar los movimientos de la Luna y del Sol; adicionalmente desarrolló procedimientos geométricos para calcular

sus distancias reales que explicarían mejor las observaciones. Utilizando sus propios datos, quiso cuantificar el modelo aristotélico pero pronto se enteró de que una simple esfera única no alcanzaba a explicar los complejos movimientos de los cuerpos celestes, particularmente los de los extraños planetas. Por lo que apeló al concepto de movimiento circular secundario mediante un círculo denominada *epiciclo*, que se desplaza alrededor de otro más grande o *deferente*. El planeta se mueve en la circunferencia del epiciclo a una velocidad constante, mientras que el centro del epiciclo se desplaza a través de la circunferencia del deferente también a una velocidad constante pero diferente; este modelo sería adoptado unos 300 años después por el último de los grandes filósofos griegos, Claudio Tolomeo, en su genial cuantificación de la cosmología aristotélica.

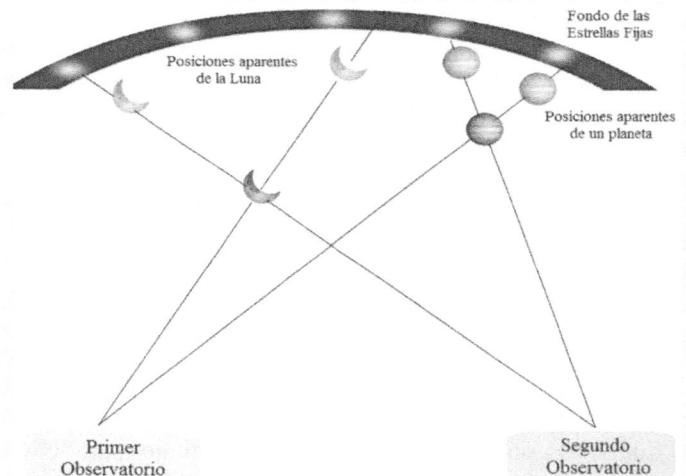

Imagen 3.2
La Paralaje:

Es el cambio aparente de posición de un astro con respecto a las estrellas fijas, cuando se observa desde dos puntos separados por una distancia apreciable; se mide en unidades de ángulo.

Los trabajos astronómicos más importantes de Hiparco se referían a las órbitas de la Luna y del Sol, a la determinación de sus tamaños y distancias desde La Tierra y al estudio de los eclipses. Él tenía una clara comprensión de la disposición tridimensional de dichos astros y la Tierra durante estos fenómenos y estaba particularmente interesado en encontrar sus periodos, por ellos mismos y porque podrían ayudarle a obtener las posiciones y los movimientos exactos del Sol y de la Luna. Él tuvo la fortuna de poder comparar sus propios datos sobre los eclipses con los de los babilonios y fue prácticamente el primer astrónomo griego que haya hecho uso de dichos materiales con este propósito.

Hacia el año 150 a. C., siguiendo la metodología de los eclipses, mejorando el método de Aristarco y considerando el dato aportado por Eratóstenes para el diámetro de nuestro planeta, Hiparco determinó los tamaños y las distancias para la Luna y el Sol por primera vez en valores absolutos y con errores mínimos, de tal manera que ningún astrónomo anterior se había acercado tanto al valor correcto.

Para el caso del Sol fue relativamente fácil encontrar una órbita que satisficiera las observaciones, ya que la distinta duración de las estaciones era la única irregularidad que se tuvo que explicar. Según la concepción geocéntrica de los griegos, adicionalmente al movimiento diario en sentido Este-Oeste el Sol traza cada año aparentemente un camino circular en dirección contraria Oeste-Este en relación con las estrellas fijas. Hiparco tenía buenas razones para creer que dicha trayectoria, conocida como la *Eclíptica*, era un gran círculo contenido por un plano que pasa a través del centro de la Tierra y adicionalmente se encuentra inclinado con respecto al Ecuador terrestre. Los dos puntos en los que se cruzan la eclíptica y el plano ecuatorial, conocidos como *equinoccios vernal y otoñal*, junto con los dos puntos de la eclíptica más lejanos al norte y al sur desde el plano ecuatorial, conocidos como *solsticios de verano y de invierno*, dividen la eclíptica en cuatro partes que se corresponden a las cuatro *Estaciones climáticas*. Sin embargo, el paso del Sol a través de tales secciones no es simétrico, por lo tanto el astrónomo intentó explicar cómo el astro Rey podía viajar anualmente con una velocidad uniforme a lo largo de un camino circular homogéneo y, sin embargo, producir temporadas de duración heterogénea.

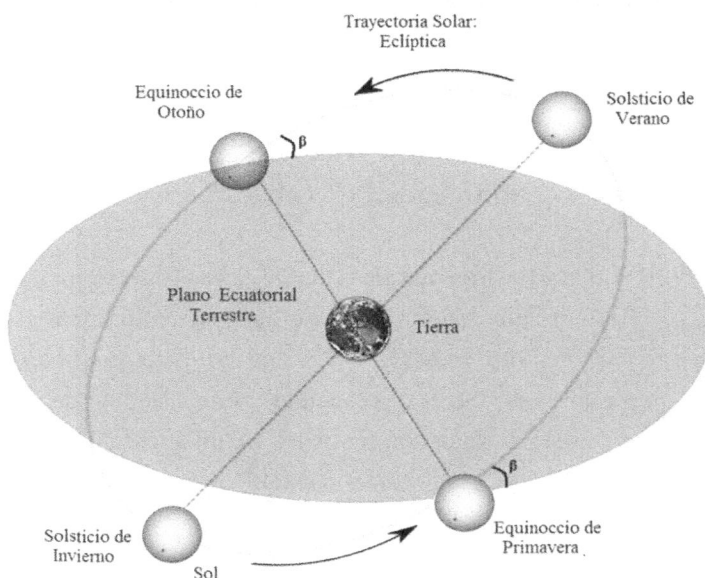

Imagen 3.3.
Movimiento del Sol: La Eclíptica, los Equinoccios y Solsticios.
Según el Modelo geocéntrico del universo, el Sol realiza una revolución circular anual en torno a la Tierra; dicha trayectoria, conocida como Eclíptica, está inclinada un ángulo β con respecto al plano del ecuador terrestre. Los dos puntos de intersección determinan los Equinoccios; mientras que los puntos más alto y más bajo sobre el ecuador determinan los Solsticios.

Una vez que Hiparco reconoció el movimiento del astro Rey a lo largo de la eclíptica, planteó posibles explicaciones para justificar el movimiento aparentemente irregular del Sol: desarrolló la idea original de Apolonio e imaginó una combinación conveniente de movimientos circulares uniformes mediante el modelo de deferente excéntrico y epiciclo. Su hipótesis final, al suponer que la Tierra no estaba en el centro de la órbita del Sol, y de ahí el nombre de excéntrica, explicaba bien la aparente variabilidad del movimiento solar: de modo que trazando una línea a través del centro de la Tierra y el centro real de esa órbita solar se determinan dos *ábsides*, o puntos en los que la distancia del Sol es, respectivamente, la más pequeña y la más grande; estos puntos son conocidos como el *perigeo* y el *apogeo* y en ellos dicho movimiento solar aparecerá, consecuentemente, más rápido y más lento.

Después de haber establecido la hipótesis, Hiparco procedió a construir las primeras tablas solares para encontrar la posición del Sol entre las estrellas fijas en cualquier momento y así poder hallar la posición del perigeo en el cielo, así también como la época del año en la que el Sol estaba allí. Igualmente, procedió a determinar la *excentricidad de la órbita solar* o distancia desde la Tierra hasta el centro verdadero de la órbita del Sol. Él encontró que el intervalo de tiempo entre el equinoccio de primavera y el solsticio de verano era de 94,5 días, y de allí al equinoccio de otoño 92,5 días; consecuentemente, de estos dos períodos determinó tanto la excentricidad como los ábsides con muy buena precisión. Sobre la base de sus observaciones, la excentricidad necesaria de tal órbita podría utilizarse para representar el curso anual del Sol a lo largo de la eclíptica. Su gran contribución fue descubrir un método para usar las fechas observadas de dos equinoccios y un solsticio para calcular el tamaño y la dirección del desplazamiento del centro de la órbita del Sol.

Seguidamente, Hiparco se dedicó a estudiar el movimiento más complicado de la Luna con el propósito de elaborar tanto una teoría lunar como otra para los eclipses. Además de variar en velocidad aparente, el satélite diverge al norte y al sur de la eclíptica y las periodicidades de estos fenómenos son diferentes. Él adoptó valores para dichas periodicidades que eran conocidos por los astrónomos contemporáneos de Babilonia, y confirmó su precisión al comparar las observaciones registradas de eclipses lunares separadas por intervalos de varios siglos. Aunque la Luna no se detiene durante un tiempo en su trayectoria, como aparentemente lo hacen los planetas; Hiparco había descubierto que su velocidad en las respectivas fases era variable, lo que indicaba que su desplazamiento también era en cierta medida dependiente de su distancia al astro Rey.

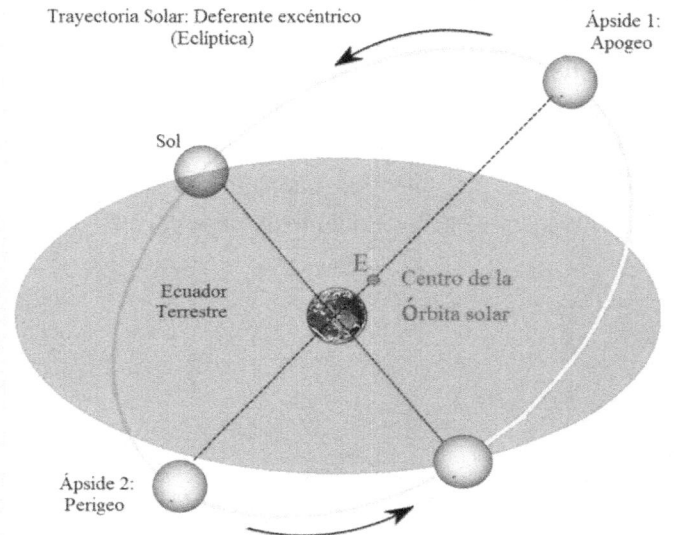

Imagen 3.4
El Deferente excéntrico y los Ábsides.

En el Modelo solar de Hiparco, El astro Rey se mueve en un círculo deferente que no tiene su centro en la Tierra, sino en otro punto E, el Excéntrico. Esto da origen a dos puntos denominados Ápsides: el más alejado de nuestro planeta se denomina Apogeo, mientras que el más cercano es el Perigeo.

El astrónomo de Nicea realizo grandes intentos con respecto al movimiento de la Luna pero se vio confrontado con problemas todavía mayores; por lo que debió recurrir a fuentes babilónicas para obtener valores extremadamente exactos para sus principales movimientos, pues él entendió la importancia de determinar el período en el cual la Luna vuelve a la misma posición en relación a: 1) las estrellas fijas, o mes sidéreo; 2) el Sol, mes sinódico, 3) el perigeo respecto a la Tierra, o mes anómalo, y finalmente 4) los nodos en la eclíptica o mes draconítico.

Dado que el movimiento de la Luna es mucho más irregular que el del Sol, su teoría era mucho más difícil de desarrollar; pero aún era posible representar la *Primera irregularidad* del movimiento lunar ya sea por medio de un excéntrico o por un epiciclo. Hiparco asumió primero para la órbita lunar un círculo deferente inclinado a 5° con respecto a la eclíptica y que gira en dirección retrógrada Este-Oeste alrededor del eje de esta última, de modo que los nodos lunares realizan una revolución completa en 18,67 años. En este círculo se mueve en sentido directo, es decir Oeste-Este, el centro de un epiciclo en el que la Luna se desplaza en dirección retrógrada a lo largo de su circunferencia. Los respectivos períodos de revolución del deferente y del epiciclo son diferentes; y la relación entre los radios del epiciclo y del deferente se encontró por la mayor diferencia entre las posiciones media y aparente de la Luna, que Hiparco fijó en 5° 1', cuyo seno es la razón buscada, o 5,25/60 = 0,0875; lo que da cuenta de la llamada *Primera desigualdad del movimiento lunar*, o la *Ecuación del centro*. Hoy se sabe que en realidad es causada por la forma elíptica de la órbita lunar. Hiparco fundó su teoría sobre las observaciones babilónicas y alejandrinas de eclipses lunares, y por lo tanto representa suficientemente bien el movimiento lunar tanto en Luna nueva como en Luna llena.

En su obra *Los tamaños y las distancias*, que se ha perdido, Hiparco midió la órbita de la Luna en relación con el tamaño de la Tierra. En un primer método, usando los tamaños visualmente idénticos de los discos solar y lunar en el cielo y las observaciones de la sombra de la Tierra durante los eclipses lunares, Hiparco encontró una relación entre las distancias lunares y solares que le permitió determinar que la distancia media de la Luna a la Tierra es aproximadamente 29,5 veces superior al diámetro terrestre.

En el segundo método utilizó una observación de un eclipse solar que fue total cerca del Helesponto, pero solo parcial en Alejandría. Él supuso que la diferencia podría atribuirse enteramente a la existencia de la paralaje lunar contra las estrellas fijas, lo que equivale a suponer que el Sol, como las estrellas, está infinitamente lejos. Hiparco calculó por este método que la distancia media de la Luna a la Tierra es 33,67 veces el diámetro terrestre. Con un promedio de 31,585, él no estuvo muy alejado del verdadero valor que es de 384.400 Km/12.742 Km. = 30,168 veces.

Él no estaba suficientemente satisfecho con esto, por lo que examinó si en otros puntos de su órbita, tales como en las cuadraturas, los momentos del primer y último cuarto, el satélite se ajustaba a tal modelo. Encontró que a veces el lugar observado de la Luna cumplía la teoría, mientras que otras veces no; pero aunque era manifiesto que debía haber alguna otra desigualdad dependiente de las posiciones relativas de la Luna y del Sol, Hiparco tuvo que dejar la investigación para astrónomos venideros.

Hiparco diseñó un modelo lunar epicíclico notable por el modo en que sincronizaba sus movimientos teóricos con los observados del astro. Hizo que el desplazamiento del epiciclo alrededor de la Tierra representara al movimiento promedio conocido de la Luna en la longitud eclíptica, y que el ritmo del satélite dentro del epiciclo se realizara en armonía con el movimiento en anomalía observado de la propia Luna. Él encontró un procedimiento geométrico que le permitió derivar los tamaños relativos de los círculos y los movimientos alrededor de ellos, el cual estaba basado en las observaciones de los periodos de dos tríos de eclipses lunares diferentes. Sus cálculos fueron defectuosos, pero el método en sí era excelente y desplegaba gran originalidad; y también permitía explicar muy bien los retornos de la Luna a la oposición y a la conjunción.

Con respecto al movimiento de los cinco planetas, él no logró formular una teoría satisfactoria. Según relata Tolomeo, Hiparco investigó solamente los movimientos de la Luna y del Sol demostrando que era posible explicar perfectamente sus revoluciones mediante combinaciones de movimientos circulares uniformes; mientras que para los cinco planetas no intentó esbozar una teoría y se limitó a recoger sistemáticamente las observaciones y a señalar que no estaban de acuerdo con las hipótesis matemáticas de su tiempo.

Entre sus otras notables contribuciones a la astronomía están sus comparaciones sistemáticas y críticas de observaciones antiguas con las suyas propias, que tenían el propósito de descubrir variaciones de pequeña magnitud en las posiciones de los astros que pueden surgir durante largos períodos de tiempo. Así, mediante la observación sistemática de los eclipses y su comparación con los registros babilónicos, Hiparco reconoció y calculó el movimiento del eje de rotación de la Tierra, o *Precesión*, y que se debe a fuerzas ejercidas por el Sol y la Luna sobre nuestro planeta, al estar éste más abultado en el ecuador; lo que le permitió determinar la duración de los meses y los años con una mayor exactitud, ensanchando la base de conocimientos que eventualmente conduciría a nuestros sistemas calendáricos modernos; un logro considerable y posible solo por la milimétrica regularidad de los eclipses.

El astrónomo encontró que los puntos de intersección de la eclíptica y el ecuador estaban cambiando de posición, retrogradando y desplazándose en sentido contrario al de rotación de la Tierra. Como la oblicuidad de la eclíptica y las latitudes de las estrellas no revelaron ninguna variación en el curso del tiempo, Hiparco concluyó

que el eje de rotación del planeta había cambiado su dirección en el espacio; fenómeno que actualmente se conoce como la *Precesión de los equinoccios*; y que lo llevó a definir dos tipos de años diferentes: Uno es el *año tropical*, el período que toma el Sol para regresar a la misma posición con respecto a los puntos equinocciales, y el otro es el *año sidéreo*, el tiempo demandado por el astro Rey para volver a la misma posición con respecto a las estrellas fijas. Hiparco calculó la duración de estos años con destacable precisión y discutió los posibles errores de sus observaciones. El astrónomo de Nicea calculó que el eje de la Tierra se mueve describiendo un ángulo de unos 45'' cada año; el valor verdadero es aproximadamente 50,27'', así que su estimación fue de una gran precisión para la época. Dividiendo 360° entre 50,27'', nos permite estimar en unos 26.000 años el tiempo que le lleva al eje de la Tierra efectuar una revolución completa para volver al punto de partida y recomenzar el ciclo.

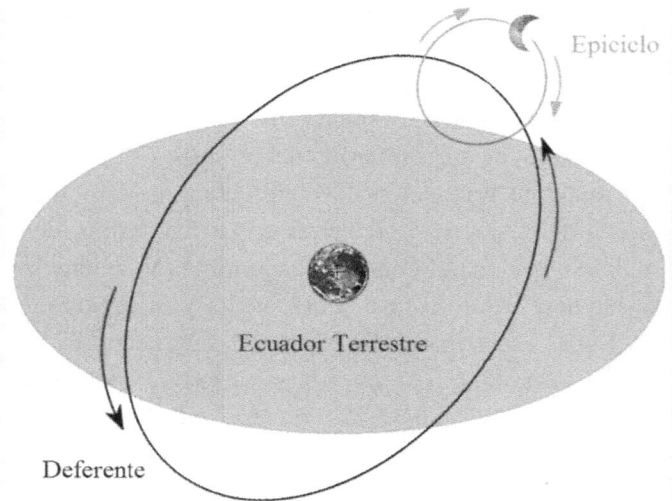

Imagen 3.5.
El Modelo lunar de Hiparco.

Para explicar el movimiento de la Luna, Hiparco elaboró un modelo según el cual el astro se movía en un Epiciclo en la dirección Este-Oeste, mientras que el centro de este se desplaza en la trayectoria circular del Deferente en la dirección opuesta; siendo la Tierra el centro de este deferente.

A manera de conclusiones, siguiendo el método de los eclipses, ideado anteriormente por Aristarco, Hiparco determinó el tamaño y la distancia de la Luna y del Sol. Concluyó que la distancia media de la Luna era 31,585 diámetros terrestres, y apelando también a la medición igualmente notable del diámetro de la Tierra por Eratóstenes, determinó por primera vez en la historia que la distancia Tierra-Luna era en valores absolutos de 31,585*14.722 = 464.994 kilómetros, lo que constituye un error del 21% en exceso con respecto al valor real. También indicó que la distancia del Sol era 1.050 veces el diámetro de nuestro planeta, aproximadamente 19 veces menor que el valor verdadero. En cuanto a los tamaños de los astros, él encontró que el diámetro del Sol era 10,167 veces el de la Tierra, y el de la Luna 0,294 veces el mismo. Así, podemos ver que Hiparco tenía una idea muy correcta de la distancia y el tamaño de nuestro vecino celeste más cercano.

Sus teorías mejoradas de los movimientos la Luna y del Sol le permitieron predecir más exactamente que sus predecesores los respectivos eclipses. Conociendo la duración de los meses sinódico y draconítico, pudo calcular el período después del cual los eclipses se repiten; el período saros, por ejemplo, contenía casi 223 meses sinódicos o 242 meses draconíticos. Los eclipses lunares podrían pronosticarse con una precisión de una o dos horas; pero la predicción de los eclipses solares fue más difícil ya que se tenía que considerar la posición del observador en la Tierra, es decir, debió calcular la paralaje lunar; por lo tanto se predijeron con mucha menos exactitud, especialmente con respecto a la determinación de las pequeñas regiones en la Tierra donde serían visibles como eclipses totales o parciales.

Debemos mencionar otro desarrollo que le debemos a Hiparco, que es nada menos que la invención de la trigonometría utilizando *cuerdas* donde ahora se usan *senos*. Su contribución más importante a las matemáticas fue desarrollar, si no realmente inventar, una trigonometría basada en una tabla de longitudes de cuerdas en un círculo de radio unitario y tabulada en función del ángulo subtendido al centro. Dicha tabla permitiría, por primera vez, una solución sistemática de problemas trigonométricos generales, tan recurrentes en astronomía, y claramente Hiparco la usó extensivamente para sus cálculos astronómicos.

Finalmente, como geógrafo, Hiparco buscó extender la precisión de la metodología astronómica al campo de la geografía, para lo cual transfirió su sistema de coordenadas clestes a las contrapartes de *Longitud* y *Latitud* de la cartografía terrestre, que todavía usamos en la actualidad. Él hizo hincapié en que la ubicación exacta de cualquier lugar en un mapa terrestre se fundamentara en datos obtenidos mediante observaciones astronómicas; propuso un sistema paralelo-meridiano, o latitud-longitud, de intervalos pares y desde el punto de vista de la cartografía científica. Por latitud describió los fenómenos celestes para cada grado individual de los noventa grados que corren desde el Ecuador hasta el Polo Norte, dando para cada uno la duración del día más largo y la posición de las estrellas visibles. Respecto a la longitud geográfica, fue el primero en determinarla por medio de los eclipses de Luna, reconociendo que dicho fenómeno, aunque es visible en varios lugares en el mismo instante real en el que está sucediendo, no será visible a la misma *hora local* si los lugares difieren en longitud.

Por todos sus desarrollos, logros y aportes, Hiparco de Nicea se hace acreedor a un lugar privilegiado en la historia de la ciencia, de la astronomía y del conocimiento en general.

Posidonio (135 - 51 a.C.) fue un filósofo estoico, astrónomo, geógrafo e historiador griego nacido en Siria; en su momento fue comparado como un polímata similar a Aristóteles y Eratóstenes; hacia el año 95 a.C. se estableció en Rodas. Se conocen muchos apartes de sus trabajos sobre astronomía gracias a un texto del astrónomo griego Cleómedes, *El movimiento circular de los cuerpos celestes*; libro considerado como la fuente original de la conocida historia de cómo Eratóstenes y Posidonio midieron la Tierra. Como astrónomo Posidonio realizó mediciones de los tamaños relativos del Sol y de la Luna, y de sus distancias respecto a la Tierra; pero a este respecto no hizo mejoras significativas frente a las de sus predecesores. Mientras que como geógrafo se dedicó a medir el globo terráqueo pero, a diferencia de Eratóstenes que se basó en mediciones solares, Posidonio se fundamentó en observaciones de la altitud de Canopus, la segunda estrella más brillante del firmamento, y seleccionando como puntos de medición a las ciudades de Rodas y Alejandría. De esta manera el obtuvo un resultado de 180.000 estadios, o su equivalente de 33.300 kilómetros para la circunferencia de la Tierra, que expresado en términos de su diámetro daría 10.600 Km; o sea un 16,8 por ciento menor con respecto al valor real moderno.

El Imperio romano

El período de la República romana llega a su final en medio de varios conflictos político militares y guerras civiles, tras la cuales surge como vencedor Cayo Julio César Octaviano después de haber derrotado al militar romano Marco Antonio y a su aliada y amante, la última reina egipcia Cleopatra VII Filopátor, en la batalla naval de Actium en 31 a.C. Hecho que conduciría primero al suicidio de los dos enamorados y seguidamente a que en el año 27 a.C. el Senado romano le otorgara a Octaviano, de manera inédita, el título de *Augusto* y le pidiera que asumiera una vez más el control de todas las provincias. Lo que posibilita que Octaviano se autoproclame como el primer Emperador romano bajo el nombre de *César Augusto*, dando así inicio al período del gran Imperio romano.

La Luna según Plutarco

Todo lo que las mentes más iluminadas de la antigüedad podían entender con respecto a la constitución de la Luna está contenido en un diálogo sumamente encantador escrito por Plutarco: *"Sobre la cara que aparece en el orbe de la Luna"*. En dicho texto se refuta la opinión de los filósofos estoicos según la cual el satélite es una mezcla pulida de aire y de un fuego suave que le proporciona su luz. Plutarco argumenta que al no tomar prestada toda su luz del Sol y al no depender de ella, la Luna debería ser visible en Luna nueva, lo cual no ocurre; y con esto también prueba que no está formada por una sustancia como el cristal que admite el paso de luz, ya que los eclipses solares serían entonces imposibles. La manera en que se refleja la luz del Sol desde la Luna y la ausencia de una imagen brillante reflejada del Sol y de la Tierra le sirven como prueba de que la sustancia de la Luna no es pulida sino que es áspera como el material terrestre. En la obra Plutarco también expone la explicación correcta para el hecho de que el satélite permanece débilmente visible durante un eclipse lunar. El esquema general de la argumentación de Plutarco consiste en que para poder reflejar la luz del Sol, la Luna debería ser un cuerpo sólido muy similar a nuestro planeta, y adicionalmente que aquellas áreas oscuras o sombreadas visibles en la cara iluminada del satélite corresponderían a sombras producidas por montañas lunares. Es muy importante notar que este autor, para refutar aquella idea de que la Luna no puede ser como la Tierra ya que no está en el lugar más bajo, afirma audazmente que no está probado que nuestro planeta esté en el centro del universo, ya que el espacio es infinito y por lo tanto no tiene centro. Con lo que Plutarco pone ya en tela de juicio la teoría geocéntrica del universo.

Dándole sentido a los cálculos realizados por los astrónomos sobre la distancia a la que se encuentra la Luna desde la Tierra en comparación con el Sol, en dicha obra Plutarco escribe: *"Tan lejos se ha establecido desde el Sol a causa de su peso, y casi colinda con la Tierra, que si distribuimos las propiedades de acuerdo con las localidades, la porción y herencia de la Tierra invita a la Luna a unirse ella, y la Luna tiene un próximo reclamo de bienes muebles y personas en la Tierra en el derecho de parentesco y cercanía."* Adicionalmente declara: *"Porque a menudo no logra sobrepasar la sombra de la Tierra, elevándose poco, porque el cuerpo iluminador es tan vasto. Pero casi parece pastar la Tierra y estar casi en su regazo mientras da vueltas, estando aislada del Sol a menos que se eleve lo suficiente como para despejar esa región terrestre y sombría, oscura como la noche, que es la herencia de la Tierra. Por lo tanto, creo que podemos decir con confianza que la Luna está dentro de los límites de la Tierra cuando la vemos bloqueada por sus contornos."*[6] Lo cual es un claro reflejo de nivel de comprensión que tenían las gentes de la sociedad greco romana sobre la cercanía a la que se encuentra la Luna desde la Tierra en comparación con la del Sol.

También nos relata Plutarco la forma en que las gentes cultas de su época comprendían los eclipses: *"Por mi parte, sin embargo, todavía necesito estar convencido; solo he escuchado decir que cuando los tres cuerpos, la Tierra, el Sol y la Luna, entran en una línea recta ocurren eclipses, la Tierra retira el Sol de la Luna o la Luna el Sol de la Tierra; es decir, el Sol se eclipsa cuando la Luna, la Luna cuando la Tierra está en el medio de los tres, el primer caso ocurre en la Luna nueva, el segundo en su plenitud."*

En los doscientos sesenta años transcurridos entre Hiparco y Tolomeo, y exceptuando los trabajos y aportes de Posidonio, la astronomía parece haberse estancado; tanto en astronomía teórica como experimental no se realizaron avances verdaderamente significativos hasta que el erudito egipcio Claudio Tolomeo desarrolló considerablemente esta ciencia, y presentó para la posteridad el primer tratado completo que abarca todo el espectro de la astronomía.

Claudio Tolomeo

Los últimos avances en la cosmovisión griega se asocian con el nombre de Claudio Tolomeo (100 - 170 d.C.) astrónomo, matemático, geógrafo, astrólogo y escritor greco-egipcio; quien vivió fundamentalmente en Alejandría, en la entonces provincia romana de Egipto donde muy probablemente nació, aunque tenía la ciudadanía romana y trabajó en el marco del Imperio romano hacia el año 150 d.C. Fue autor de varios tratados científicos, tres de los cuales fueron de considerable importancia para el desarrollo de la ciencia bizantina, islámica medieval y del Renacimiento europeo de los siglos posteriores; y su obra tuvo una mayor influencia en la cosmología que la de cualquier otra figura de la historia, presentándose como un coloso en el conocimiento astronómico y geográfico de la sociedad grecorromana. Sus escritos representan el logro culminante del conocimiento y de la ciencia de su época; con sus obras *Tratado matemático*, un tratado sobre astronomía también llamado *Almagesto*, su texto la *Geografía* y muy especialmente con su *Modelo geocéntrico del universo*, ahora conocido como *Sistema tolomeico*, puede decirse que Tolomeo tiende a dominar tanto la astronomía como la geografía durante más de catorce siglos. Aun así, no se sabe gran cosa sobre su vida y datos personales.

Este astrónomo egipcio ocupa un lugar prominente en la historia del conocimiento debido fundamentalmente a las metodologías matemática y geométrica que aplicó a los problemas astronómicos. Sus contribuciones a la trigonometría fueron especialmente importantes; por ejemplo, sus datos de longitudes de las cuerdas en un círculo constituyen la tabla más antigua y más precisa que sobrevive de una función trigonométrica. Adicionalmente, hizo amplio uso de teoremas fundamentales en trigonometría esférica, probablemente desarrollados medio siglo antes por Menelao de Alejandría (70 - 140 d. C.), para la solución de muchos problemas astronómicos básicos.

Tolomeo heredó de sus antecesores griegos un conjunto de modelos y una serie de herramientas matemáticas y geométricas para predecir la posición de los astros en el cielo. Aristarco había calculado las distancias y tamaños de la Luna y del Sol. Apolonio de Perga había introducido en la astronomía los conceptos geométricos del deferente y del epiciclo, muy útiles para describir los movimientos celestes. Finalmente, Hiparco tenía buen conocimiento de la astronomía mesopotámica, y planteó que los modelos griegos deberían coincidir con los babilonios con mayor precisión; y también había creado modelos matemáticos para los movimientos del Sol y la Luna, pero no pudo crear modelos precisos para los cinco planetas restantes.

Claudio Tolomeo desarrolló un buen modelo teórico del Universo geocéntrico aristotélico, pero no lo suficientemente bueno a sus ojos dado que no coincidía bien con los datos proporcionados por las observaciones de Hiparco; por lo que introdujo dos ligeras desviaciones a las teorías aristotélicas. Él agregó dos puntos imaginarios más a cada órbita denominados el *Excéntrico* y el *Ecuante*; de tal forma que el deferente tiene como verdadero centro el punto excéntrico en lugar de la Tierra misma. Mientras que el ecuante se encuentra en la dirección opuesta y a la misma distancia que la Tierra con respecto al excéntrico.

Para los astrónomos griegos los cuerpos celestes debían moverse de la manera más perfecta posible, y para ellos la forma geométrica por excelencia era la circunferencia. Siendo así, en el modelo geocéntrico tolomeico del universo la Luna, el Sol, cada planeta y todas las estrellas orbitan circularmente alrededor de una Tierra estacionaria, trayectoria circular representada mediante el concepto geométrico del deferente. Para retener ese movimiento perfecto y seguir explicando las trayectorias aparentemente erráticas observadas de los astros, Tolomeo desplazó el centro de la órbita de cada cuerpo hacia un lado de la Tierra, ubicándolo en otro punto imaginario: el *Excéntrico*; y también utilizó un segundo movimiento orbital, conocido como *Epiciclo*, para dar razón del movimiento retrógrado. El *Ecuante* es el punto desde el cual cada cuerpo barre ángulos iguales a lo largo de los deferentes en tiempos iguales. El centro del deferente, el excéntrico, está a medio camino entre el ecuante y la Tierra.

En su sistema un astro gira uniformemente en un círculo o *epiciclo* cuyo centro adicionalmente se desplaza a velocidad uniforme en la trayectoria de otro círculo denominado el *deferente*, y que gira alrededor de un punto *excéntrico* no coincidente con la Tierra; lo que unido a su naturaleza excéntrica hace parecer que el planeta se mueve con una velocidad angular variable cuando se mira tanto desde la Tierra como desde el punto ecuante; exhibiendo el conflicto directo con la doctrina aristotélica que establecía que los movimientos celestes tenían que ser perfectamente uniformes. Mediante el ajuste adecuado de las velocidades de los dos círculos y de las proporciones entre sus radios, la ubicación del punto excéntrico y la velocidad del respectivo astro, él logró representar con bastante precisión las principales irregularidades de los movimientos de los planetas, especialmente los puntos estacionarios y las retrogradaciones. (Ver Imagen 3.6)

Dichos ajustes, que fueron arbitrarios e introducidos solo para hacer coincidir las predicciones teóricas con las observaciones experimentales y con los registros históricos, serían comprendidos muchos siglos después cuando el astrónomo Johannes Kepler desarrolló sus leyes del movimiento planetario. De todas formas, con tales arreglos, Tolomeo construyó un modelo planetario que podía dar las posiciones de los cuerpos celestes, en el pasado y en el futuro, con aproximadamente 1° de precisión respecto a las observaciones.

Tolomeo escribió varios tratados científicos, tres de los cuales fueron de suma importancia para la ciencia bizantina, islámica medieval, europea renacentista y la moderna. El primero es el tratado astronómico originalmente titulado en griego Μαθηματικὴ Σύνταξις, que se traduce al español como *Tratado matemático* o también *Sintaxis matemática*; en idioma árabe es conocido como *Al-majisṭi* de donde deriva la versión española el *Almagesto* o el *Gran tratado*. Su nombre original se debe a que el autor pensaba que su tema, los movimientos de los cuerpos celestes, podría explicarse bien en términos puramente matemáticos. La obra constituye un compendio de todo el conocimiento cosmológico de su época; y en ella se propone lo que ahora conocemos como *Sistema tolomeico*: un sistema geocéntrico unificado en el que cada astro está unido a su propia esfera celeste que tiene a la Tierra como su centro. Su modelo cosmológico daba un orden de distancia para los cuerpos celestes con la Luna como la más cercana a nuestro planeta y luego, en orden, Mercurio, Venus, el Sol, Marte, Júpiter y Saturno; más allá del alcance del epiciclo de Saturno él colocó el límite del Universo, la Esfera de las estrellas fijas. El segundo texto es la *Geografía* y consiste en una presentación exhaustiva del conocimiento geográfico del mundo grecorromano. La tercera obra presenta su pensamiento astrológico mediante un tratado en el que pretende adaptar la astrología horoscópica a la filosofía natural aristotélica de su época, y comúnmente conocido como *Tetrabiblos*, que significa *Cuatro libros*.

La Sintaxis matemática o Almagesto

La obra culminante de la cosmología griega es el *Almagesto* de Claudio Tolomeo, que está basada en los trabajos de sus predecesores, especialmente Hiparco; obra tan elaborada y exitosa que convirtió en superfluos los anteriores tratados cosmológicos y evitó que siguieran siendo copiados y leídos. Su principal obra astronómica fue en gran medida un compendio del conocimiento astronómico contemporáneo en el que describió el ahora denominado *Sistema tolomeico*, un universo geocéntrico con la Tierra fija en el centro y con la Luna, el Sol, los cinco planetas conocidos y el conjunto de las estrellas girando alrededor de ella. La teoría astronómica griega anterior, más simple y basada en epiciclos y deferentes, fue modificada por Tolomeo con el propósito de reproducir mejor los movimientos aparentes de los planetas e incluyendo los bucles retrógrados; haciéndolo tan bien, que permaneció vigente hasta el resurgimiento de la teoría heliocéntrica por parte de Nicolás Copérnico en el siglo XVI.

La obra es de los pocos tratados antiguos de astronomía que sobrevive y es uno de los textos científicos más influyentes de todos los tiempos. Su modelo geocéntrico fue aceptado por unos 1.400 años desde su origen en la Alejandría helenística, pasando por los mundos medieval bizantino e islámico, por Europa occidental durante la Edad Media y por el Renacimiento temprano hasta Copérnico; constituyéndose en la fuente fundamental de información sobre astronomía y matemáticas griegas antiguas. Los astrónomos babilónicos habían desarrollado fundamentos aritméticos para calcular fenómenos astronómicos como los eclipses; los astrónomos griegos como Aristarco e Hiparco habían creado modelos geométricos para explicar y determinar los movimientos de los cuerpos celestes. Finalmente, Tolomeo reconoció haber derivado sus modelos geométricos del universo a partir de hipótesis, de observaciones astronómicas y de datos proveídos por aquellos predecesores.

El Almagesto contiene un inventario de las observaciones realizadas y una descripción de los procedimientos matemáticos que el astrónomo empleó para deducir los parámetros de su modelo. Igualmente presenta un catálogo de alrededor de 1.000 estrellas, probablemente muy fundamentado en el catálogo anterior de Hiparco, pero con adiciones y modificaciones. Adicionalmente, incluye tablas que permiten al lector determinar la posición de un astro para cualquier fecha deseada y según la teoría, con la ventaja de que presenta datos para los cálculos trigonométricos. Finalmente, también contiene mejoras a las teorías lunar y solar del astrónomo de Nicea.

La obra presenta los argumentos tanto filosóficos como empíricos para el marco cosmológico básico dentro del cual trabajó Tolomeo, y que se pueden resumir así: El reino celestial es esférico y se mueve como una esfera; la Tierra es una esfera absolutamente inmóvil y ubicada en el centro del cosmos; en relación con la distancia de las estrellas fijas, nuestro planeta no tiene un tamaño apreciable y debe tratarse matemáticamente como un punto. La esfera celeste gira a una velocidad perfectamente uniforme en torno a la Tierra, transportando consigo las estrellas y provocando de esta manera sus respectivas configuraciones nocturnas. En el mismo sentido a la rotación de la esfera celeste el Sol traza lentamente en el curso de un año un gran círculo denominado la *Eclíptic*a. De análoga manera se mueven la Luna y los planetas, razón por la cual estos últimos también fueron conocidos como *estrellas errantes*, en oposición a las *estrellas fijas* que básicamente no cambian de posición relativa en el firmamento. La hipótesis fundamental del Almagesto es que los movimientos aparentemente irregulares de estos astros se pueden explicar mediante combinaciones de movimientos circulares uniformes.

El texto está dividido en 13 secciones conocidas como libros. El primero contiene una descripción de la cosmología aristotélica: proporciona los argumentos para un cosmos esférico y geocéntrico, con la forma esférica de los cielos y una Tierra esférica que yace inmóvil como su centro, con las estrellas fijas y los diversos astros que giran alrededor de nuestro planeta. Seguidamente presenta los datos necesarios para los cálculos trigonométricos fundamentales, así como una introducción a la trigonometría esférica; todo lo anterior le permite explicar y predecir los movimientos del Sol, la Luna, los planetas y las estrellas en los libros posteriores.

El libro II utiliza la trigonometría esférica para explicar la cartografía celeste y los fenómenos astronómicos característicos de varias localidades, tal como la duración del día más largo en los solsticios. Cubre problemas relativos al movimiento diario atribuido a los cielos, a saber, salida y puesta de los astros, la duración de la luz del día, los puntos en los que el Sol está en posición vertical, las sombras del gnomon en los equinoccios y solsticios, la determinación de la latitud y otras mediciones que cambian con la posición del espectador.

El Libro III trata sobre el movimiento del Sol y la duración del año, y presenta los cálculos de la posición del astro Rey en el zodíaco para diferentes épocas. Basándose en los trabajos de Hiparco

relacionados con el descubrimiento de la precesión de los equinoccios y en sus propias observaciones sobre la posición de los equinoccios vernales y otoñales, discute las irregularidades del curso del astro Rey, y las explica mediante la hipótesis del movimiento circular excéntrico. Este capítulo concluye con una clara exposición sobre los factores de los que depende la *Ecuación del centro* para el movimiento solar.

Mientras que en los Libros IV y V el autor desarrolla su propia *Teoría lunar* y trata los problemas más complicados del movimiento de la Luna: la determinación de la paralaje lunar y el movimiento del apogeo lunar; y también aborda los tamaños y distancias del Sol y la Luna en relación con la Tierra. La teoría lunar del libro cuarto, fundamentada en los eclipses, explica bien el movimiento del satélite en conjunción con el Sol, o sea en Luna nueva, y en oposición, Luna llena; pero resulta inadecuada para posiciones intermedias en la órbita lunar. Sus observaciones le mostraron que la Luna cambia en tamaño aparente, lo que él explica por una especie de mecanismo inestable que opera en el epiciclo del satélite y que finalmente le conduce a su importante descubrimiento de la *Segunda desigualdad* del movimiento lunar, conocida como *Evección lunar*. Adicionalmente, este cuarto libro trata sobre la construcción de instrumentos para llevar a cabo estas investigaciones.

Tolomeo realizó mejoras muy sustanciales sobre las teorías lunares de sus antecesores. Para el satélite Hiparco simplemente había empleado un epiciclo que se movía sobre un deferente en torno a la Tierra. Pero Tolomeo descubrió que los errores sobresalientes de esta teoría, ya notados vagamente por Hiparco, alcanzaron un máximo en el momento de la cuadratura y desaparecían por completo en las sizigias. Y una dificultad adicional era que el error no regresaba siempre en cada cuadratura, a veces desapareciendo por completo y en ocasiones ascendiendo tanto como a 2° 40', su mayor valor. Eventualmente resultó que cuando la Luna estaba en cuadratura y al mismo tiempo en el perigeo o apogeo del epiciclo, de modo que la ecuación del centro era cero, el lugar de la Luna coincidía perfectamente con la teoría de Hiparco, mientras que el error fue mayor cuando la ecuación del centro alcanzaba su máximo en el momento de la cuadratura. Por *Sizigia* se entiende cualquiera de los dos puntos opuestos en la órbita de un cuerpo celeste, específicamente de la Luna, en que está en conjunción con o en oposición al Sol; o la configuración casi lineal de tres cuerpos celestes, como el Sol, la Luna y la Tierra durante un eclipse solar o lunar. Mientras que cuadratura hace referencia a una posición intermedia entre las sizigias, esto es 90°. El proceso del descubrimiento de esta nueva desigualdad fue como sigue.

Imagen 3.6
El Modelo lunar de Tolomeo.

A diferencia de Hiparco, el Modelo lunar de Tolomeo es excéntrico con respecto a nuestro planeta: el centro del Deferente es el punto excéntrico E, mientras que D es un punto simétrico a la Tierra que él denominó Ecuante.

Los antiguos previamente a Tolomeo determinaban la *Ecuación del centro* por medio de los eclipses del Sol y la Luna: cuando la Luna estaba en las sizigias, y también de acuerdo con Hiparco cuando los ápsides estaban así situados, la ecuación era igual a 6° 20'; pero cuando el satélite estaba en cuadratura era solo cinco grados exactamente. Por otro lado, Tolomeo al observar la Luna cuando estaba en cuadratura descubrió que si los ápsides también estaban en cuadratura la ecuación era 6° 20'; mientras que si estaban en sizigia ascendía a 7° 40'. Por lo tanto la diferencia entre el estado medio y cualquiera de los extremos, que es igual a 1° 20', él la denominó la *Segunda desigualdad lunar*; y esta es la ecuación que fue subsecuentemente designada como *Evección lunar*. Esta desigualdad se hace nula cuando el satélite está en las sizigias y entonces la ecuación del centro coincide con la determinada inicialmente por Hiparco. Pero si los ápsides están en sizigia o en cuadratura y si la Luna está en la última posición, la evección toma un valor máximo y entonces la ecuación del centro difiere en aproximadamente 1° 20' de los valores asignados a ella por ese antiguo astrónomo.

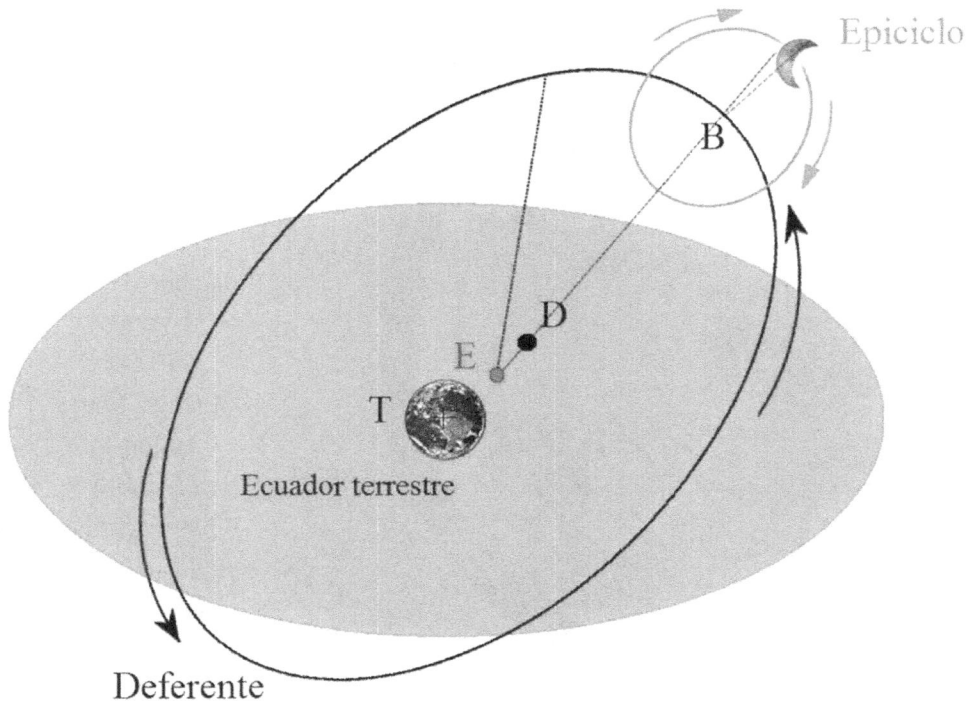

Epiciclo

B

D

E

T

Ecuador terrestre

Deferente

Hiparco había descubierto la *Primera desigualdad* o *Ecuación lunar del centro*, que corrigía el movimiento promedio en las sizigias, y había notado que era necesaria otra corrección en las cuadraturas; pero él no logró descubrirla. En este sentido Tolomeo completó el trabajo de Hiparco descubriendo que la excentricidad de la órbita lunar estaba sujeta a una variación anual dependiente del movimiento de la línea de los ápsides, cuya variación en su posición genera una desigualdad del movimiento lunar en las cuadraturas, que es la llamada *Evección*. Para explicar esta nueva desigualdad Tolomeo avanzó la hipótesis del epiciclo, un círculo descrito por la Luna alrededor de un punto imaginario que se desliza a lo largo del círculo deferente, también llamado excéntrico por no tener a la Tierra como su centro. Para explicar otras discrepancias entre la teoría y la observación del movimiento lunar, Tolomeo introdujo una pequeña oscilación del epiciclo a la que dio el nombre de *Nutación*. Su teoría final concuerda tan bien con la observación que el error en sus tablas, en las que era posible calcular la posición de la Luna para cualquier época, rara vez era mayor que un grado.

Tolomeo descubrió que el efecto de la segunda desigualdad fue siempre aumentar el valor absoluto de la primera, particularmente en las cuadraturas. La deducción obvia era que la distancia del epiciclo a la Tierra debería variar para que la Luna pudiera aparecer bajo diferentes ángulos en diferentes momentos; en otras palabras, el centro del epiciclo debería moverse sobre un círculo excéntrico pero, para que la velocidad angular fuera variable, no con respecto al centro geométrico del deferente sino con respecto a la Tierra. En síntesis, nuestro planeta no es el centro del deferente.

En la Imagen 3.6 la distancia de B a la Tierra T será, por lo tanto, mayor en la sizigia y menor en la cuadratura. Esta es la *Segunda desigualdad* que es causada por el hecho de que el epiciclo no está en la posición en la que habría estado si se moviera en un círculo concéntrico, y es igual al ángulo formado entre las líneas de la Tierra a los dos lugares en que la Luna habría estado de acuerdo a las dos diferentes hipótesis.

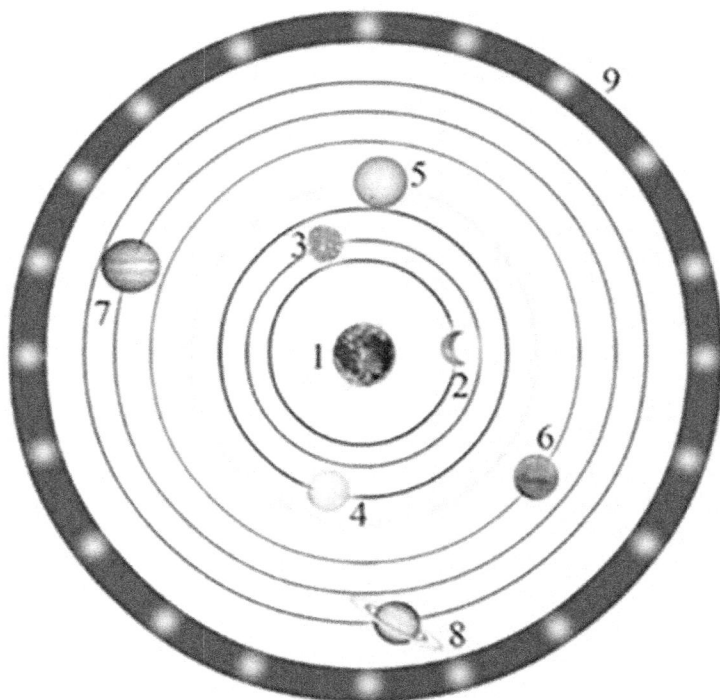

Imagen 3.7.

Orden de los astros en el Universo Geocéntrico tolomeico.
1 La Tierra
2 La Luna
3 Planeta Mercurio
4 Venus
5 El Sol
6 Planeta Marte
7 Júpiter
8 Saturno
9 Estrellas fijas
No se indican los círculos epiciclos.

Este ángulo será nulo en las sizigias porque los centros del epiciclo y del deferente excéntrico (B y E) están en línea con la Tierra; mientras que en cuadratura los centros están separados 90°. Sin embargo, si en este momento la Luna está en el perigeo o apogeo del epiciclo estará entonces en la línea ED y el ángulo que representa la segunda desigualdad seguirá siendo nulo; mientras que alcanza su valor máximo de 2° 39'si la línea que une la Luna con B está en ángulo recto con la línea EB, es decir cuando la anomalía de la luna es 90° o 270°. El valor máximo de la suma de las dos desigualdades es 7° 40'.

Tolomeo dio un gran paso al descubrir la segunda desigualdad lunar hoy en día conocida como *Evección*, fijando su magnitud en 1°19'30", muy cerca del valor verdadero, y adaptando la teoría de Hiparco a la suya propia. Pero sus continuas observaciones mostraron que la teoría aún no estaba lo suficientemente desarrollada, ya que todavía persistía algún error sobresaliente. Desconcertado, el astrónomo egipcio abordó nuevamente el problema pero no logró descubrir la tercera desigualdad, la *Variación*; y, al contrario, solo hizo la teoría aún más complicada de lo que ya era.

Continuando con su texto, el quinto libro aborda con una detallada exposición sobre los tamaños aparentes, los movimientos y las distancias relativas entre la Luna y el Sol. También trata sobre la teoría y medición de la paralaje lunar, y sobre la teoría, cálculo y tabulación de las posiciones verdaderas de la Luna; él obtiene la distancia de nuestro satélite por el método de paralaje, como todavía se hace hoy.

En el Libro VI se aplican las teorías desarrolladas hasta este punto a los cálculos y tabulaciones de las sizigias, de las oposiciones y conjunciones entre la Luna y el Sol. Finalmente presenta los métodos de cálculo y tabulación para los eclipses tanto lunares y como solares, incluyendo sus respectivas duraciones.

Los libros VII y VIII tratan fundamentalmente sobre las estrellas fijas y presentan un catálogo de 1.022 estrellas, en gran medida fundamentado en el de Hiparco, en el que se incluyen datos de coordenadas eclípticas y de magnitudes estelares, así como también una respectiva clasificación en 48 constelaciones. Adicionalmente dichos libros tratan sobre una descripción de la Vía Láctea, así como sobre la construcción de un globo estelar que tenga en cuenta el movimiento de precesión.

TABLA 3.1
Diámetro y Distancia de la Luna y del Sol según algunos antiguos astrónomos, y expresados en función del Diámetro terrestre D_T.

	Luna		Sol	
Astrónomo	Diámetro	Distancia	Diámetro	Distancia
Aristarco	0,360	9,50	6,75	180,0
Hiparco	0,333	33,67	12,33	1.245,0
Posidonio	0,157	26,20	39,25	6.545,0
Tolomeo	0,294	29,50	5,50	605,0
Valor moderno	0,270	30,25	108,90	11.726,0

Los cinco últimos libros presentan datos y modelos geométricos detallados para el movimiento de los cinco planetas conocidos con el propósito de calcular sus posiciones en cualquier momento dado. Allí se trata las estaciones o paradas de los planetas y su movimiento retrógrado que ocurren cuando los planetas parecen detenerse para luego revertir brevemente su movimiento sobre el fondo de las estrellas fijas. Adicionalmente, se trata del movimiento latitudinal, es decir, la desviación de los planetas respecto de la eclíptica. Estos últimos temas constituyen la contribución original más notable de Tolomeo a la astronomía.

El hombre que fue capaz de avanzar tanto en la teoría lunar no estuvo dispuesto a dejar la teoría de los movimientos planetarios en el estado insatisfactorio en que la encontró. Él hizo siempre referencia a las *cinco estrellas errantes* para distinguir estos cuerpos que muestran sus movimientos mucho más notoriamente irregulares comparados con los del Sol y los de la Luna.

En las teorías planetarias de los días de Hiparco, un planeta viaja alrededor de su epiciclo mientras que el centro de éste se desplaza alrededor de la Tierra en un círculo deferente, con la particularidad de que ambos movimientos son uniformes, de velocidad constante. Pero en la teoría de Tolomeo el movimiento del centro del epiciclo no es uniforme sino que se acelera y se ralentiza, lo cual constituye una desviación radical de la física aristotélica. Aunque esto parece ser una complicación innecesaria, era justo lo que una explicación del movimiento planetario requería. Con Tolomeo la teoría planetaria geométrica griega finalmente logra una precisión numérica real; sus hipótesis predicen los comportamientos planetarios aproximándose ampliamente a la realidad y dominan la práctica astronómica durante 1.400 años. Tolomeo asignó el siguiente orden a las esferas planetarias comenzando con las más internas: Luna, Mercurio, Venus, Sol, Marte, Júpiter, Saturno y finalmente la Esfera de estrellas fijas.

Asumiendo que no había espacio perdido o vacío en el cosmos, algo completamente consistente con la física aristotélica, el astrónomo egipcio supuso que el mecanismo para Mercurio estaría inmediatamente después del mecanismo de la Luna, y a continuación el mecanismo para Venus, y así sucesivamente para Marte, Júpiter, Saturno y finalmente la esfera de las estrellas fijas. Tomando como base la distancia conocida de la Luna, sus cálculos reportaron las distancias de las estrellas fijas de aproximadamente 10.000 diámetros terrestres. Para la gente de tal época este fue un cosmos verdaderamente enorme.

Los astrónomos antiguos al estimar los tamaños de nuestro planeta, de la Luna y del Sol, así como las distancias de nuestro satélite y del astro Rey, utilizaron teorías y metodologías racionalmente válidas pero se vieron obstaculizados por la falta de instrumentos de buena precisión; no obstante muchos de sus resultados fueron asombrosamente buenos. Eratóstenes estimó el diámetro de la Tierra en 14.722 Km, un quince por ciento en exceso con respecto al valor moderno. Hiparco concluyó que la distancia de la Luna era casi 29,5 veces el diámetro de nuestro planeta, y combinándola con los valores de Aristarco indicó que la distancia del Sol era 600 veces el diámetro de la Tierra, o aproximadamente 19 veces más pequeña que el verdadero valor.

Al igual que Hiparco, Tolomeo estimó la distancia media de la Luna en 29,5 veces el diámetro de la Tierra; mientras que la cifra correcta es de unas 30,168 veces. Una vez conocida la distancia a la Luna se dedicó a calcular las distancias de los principales cuerpos celestes. Concluyó que el Sol estaba 20 veces más distante que la Luna, mientras que el valor real es de aproximadamente 400; en cuanto a los planetas calculó que Saturno, el más distante, estaba casi 300 veces más lejos que nuestro satélite, mientras que el valor real se acerca a 4.000.

La posición aparente de la Luna en los momentos de la sizigia y la cuadratura podría determinarse bien según la teoría de Tolomeo y con un nivel de precisión que era muy aceptable para su época; ya que solamente poseían instrumentos elementales que no podían fijar la posición de ningún cuerpo celeste con un error inferior a tal vez 10'.

Ninguno de los antiguos astrónomos llegó a acercarse al tamaño y la distancia del Sol, que todos subestimaron. Sus estimaciones para los tamaños y las distancias del satélite y del Sol, en términos del diámetro de nuestro planeta, fueron los que se indican en la Tabla 3.1, que fue elaborada con datos tomados de *Aristarchus of Samos, the ancient Copernicus*.[7] Mientras que en la Tabla 3.2 se presentan los valores para el tamaño y la distancia de la Luna en valores absolutos y de acuerdo al diámetro terrestre de 14.722 kilómetros calculado por Eratóstenes.

La cifra correcta para la distancia del Sol es de 11.726 veces el diámetro terrestre. Exceptuando la de Tolomeo, se verá que estas estimaciones mejoraron continuamente; el dato de Posidonio es aproximadamente la mitad de la cifra correcta. En general, la imagen del Sistema solar del astrónomo egipcio no estaba tan lejos de la verdad.

El gran mérito de Tolomeo consiste en haber transmitido, por medio del *Almagesto*, las doctrinas astronómicas de sus antecesores, especialmente preservando y avanzando las de Hiparco; y además haber introducido nuevas y notables contribuciones al conocimiento de su tiempo. Con Tolomeo termina la historia de la astronomía griega, que fue muy fructífera en el desarrollo de teorías y de métodos matemáticos, especialmente geométricos, y los cuales presentaron suficiente explicación y concordancia entre las teorías y los fenómenos observados.

Los historiadores han debatido durante mucho tiempo cuánto crédito dar a Tolomeo y cuánto asignar a sus predecesores. Aunque fue bastante sincero al atribuir mucho de su contenido a sus antecesores, particularmente a Hiparco, él no siempre mencionó el origen de sus ideas. Él atribuyó al astrónomo de Nicea elementos esenciales de su teoría solar así como partes de su teoría lunar, pero negó que Hiparco desarrollara y explicara modelos planetarios. Existen fuertes argumentos para dudar de que Tolomeo haya observado de forma independiente las más de 1.000 estrellas enumeradas en su catálogo. De todas formas, lo que no es discutible es la claridad y el dominio del análisis matemático, geométrico y astronómico que él expuso en el Almagesto.

TABLA 3.2
Diámetro y Distancia de la Luna según algunos antiguos astrónomos, calculados según el diámetro de la Tierra estimado por Eratóstenes en 14.722 km. También se incluyen los respectivos errores.

Astrónomo	Diámetro Km	Error %	Distancia Km	Error %
Aristarco	5.299,92	52,56	139.859,00	-63,6
Hiparco	4.902,43	41,12	495.689,74	29,0
Posidonio	2.311,35	-33,47	385.716,40	0,3
Tolomeo	4.328,27	24,59	434.299,00	13,0
Valor moderno	3.474,00		384.400,00	

Ahora ya es en un hecho reconocido que la teoría epicíclica tolomeica fue simplemente un medio para calcular los lugares aparentes de los astros sin pretender representar el auténtico sistema universal; y ciertamente cumplió su objetivo satisfactoriamente y de una manera muy elegante desde el punto de vista matemático y geométrico. Como afirma Robert Wilson: *"El Almagesto fue una epopeya que se usó durante 14 siglos para predecir las posiciones del Sol, la Luna, los planetas y las estrellas con una precisión de aproximadamente 1°, la precisión de las observaciones de Hiparco."*[8]

El desarrollo histórico de metodologías confiables para la determinación de las posiciones de los astros, muy especialmente de nuestro satélite, fue un paso trascendental en la evolución del conocimiento, pues si algún día el hombre ambicionara irse a la Luna esta es la primera pregunta que se debe resolver: ¿Dónde y a qué distancia se encuentra el globo lunar?

La Geografía de Tolomeo

Finalmente, Tolomeo fue autor de un importante tratado sobre cartografía, llamado más precisamente *Geografía*, el cual compila el conocimiento geográfico del Imperio Romano durante el siglo II. La obra fue utilizada muchos siglos después por el explorador italiano Cristóbal Colón como la guía en su ruta hacia el Oeste en sus pretensiones de llegar a Asia oriental.

Se habían hecho muchos mapas basados en principios científicos desde la época de Eratóstenes en el siglo III a. C., pero Tolomeo los mejoró considerablemente al diseñar varios métodos para crear mapas e introducir las proyecciones cartográficas. Él conoció varias formas de dibujar una cuadrícula de líneas en un mapa plano para representar los círculos de latitud y longitud del globo terráqueo, lo que hoy conocemos como Proyección geográfica; y compartió y divulgó tales metodologías en sus obras. Proporcionó toda la información y técnicas requeridas para dibujar mapas de toda la porción del mundo conocida por sus contemporáneos, reportando las respectivas longitudes y latitudes geográficas en grados para aproximadamente 8.000 localidades en su mapa mundial. Sus mapas proyectados en cuadrículas proporcionan una impresionante y detallada visión de la superficie esférica de la Tierra, y también, en cierta medida, preserva la proporcionalidad de las distancias. Las proyecciones más sofisticadas de estos mapas, que usan arcos circulares para representar tanto los paralelos como los meridianos, anticiparon las bases de proyecciones posteriores para conservar el área.

Los mapas se ven distorsionados cuando se comparan con los mapas modernos, porque los datos de Tolomeo eran inexactos. Una razón es que él calculó el tamaño de la Tierra como demasiado pequeño: mientras que Eratóstenes encontró 700 estadios como equivalente a un grado de circunferencia en el globo terráqueo, Tolomeo usó 500 estadios en la Geografía. Es muy probable que estos fueran el mismo estadio, ya que Tolomeo cambió de la escala anterior a la última entre la sintaxis y la geografía, y reajustó severamente los grados de longitud en consecuencia.

Citas Bibliográficas

[1] Internet Archive. https://archive.org/details/Cleomedes-DeMotuCirculari-TheHeavens

[2] Internet Archive. Plutarch on the face which appears on the orb of the Moon.
https://archive.org/details/plutarchonfacewh00plut

[3] Plutarco. Las Vidas Paralelas. Libro dos – Paulo Emilio.

[4] Veyne, Paul. *El Imperio grecorromano.* Madrid: Ediciones Akal, S.A. 2009. Pág. 7

[5] Russo, Lucio. *The Forgotten Revolution.* New York: Springer-Verlag Berlin Heidelberg. 2004.

[6] Internet Archive. Plutarch on the face which appears on the orb of the Moon.
https://archive.org/details/plutarchonfacewh00plut

[7] Internet Archive. Heath, Thomas Little. *Aristarchus of Samos, the ancient Copernicus.* Pág. 350.
https://archive.org/details/aristarchusofsam00heatuoft

[8] Wilson, Robert. *Astronomy through the Ages. The story of the human attempt to understand the Universe.* London: Taylor & Francis. 1997.

Capítulo 4

Una mirada medieval a nuestro satélite

La Luna creciente como se veía desde la Tierra el Sábado 27 de Enero de 2018, a las 06:00 TUC, 10 días y 3 horas y 30 minutos después de Luna nueva, se alcanza a ver un 75,1 % de su hemisferio iluminado; el cual continua creciendo, y ahora puede dibujarse con dos curvas ambas convexas, luce como con una joroba o giba y normalmente se denomina Luna gibosa.

Cortesía de NASA's Scientific Visualization Studio: https://svs.gsfc.nasa.gov/4604

"La luna, que retrasaba su salida casi hasta la media noche, hacía que nos pareciesen más raras las estrellas; mostrábase como un caldero ardiendo, recorriendo por el cielo en dirección contraria al mismo camino que ilumina el Sol cuando el habitante de Roma le ve sepultarse entre Cerdeña y Córcega."

La Divina Comedia[1]

Dante Alighieri (1.265- 1.321), poeta italiano.

"El uno dice que en la Pasión de Cristo retrocedió la Luna y se interpuso delante del Sol para que no alumbrase éste a la tierra; otros que, la luz se eclipsó por sí, y por tanto que el fenómeno alcanzó a los Españoles y a los Indios, lo mismo que a los Judíos."

La Divina Comedia

Dante Alighieri (1.265- 1.321), poeta italiano.

La Edad media

Los siglos IV y V d.C. marcan un pronunciado giro en la historia del conocimiento. En el año 306 d.C. Constantino I *El Grande* (272 - 337 d.C.) se convirtió en el nuevo emperador romano y también fue el primero en convertirse al Cristianismo y en legitimar dicho culto religioso mediante el Edicto de Milán del año 313, conocido también como *La tolerancia del Cristianismo*; adoptándolo casi como sustituto del paganismo oficial romano. Hacia el año 330 refunda la antigua ciudad griega de Bizancio dándole el nombre de *Nueva Roma* y la categoría de residencia imperial; la cual fue también conocida como Constantinopla y a partir de 1.930 es la actual Estambul en Turquía. En el año 395, y con propósitos administrativos, el colosal Imperio romano es dividido en dos: el occidental con sede en la milenaria Roma y el oriental centralizado en la renovada Bizancio. Debido a una fuerte crisis político-administrativa de múltiples causas el Imperio romano de occidente finalmente colapsa hacia 476 d. C., año en que Roma fue sometida a la autoridad del Imperio oriental; hecho con el que Constantinopla pasa a ser el nuevo polo de desarrollo político, cultural y científico del mundo.

Después del gran período griego y durante el auge romano, todas las manifestaciones intelectuales disminuyeron en Europa y Medio oriente. Todos los países mediterráneos y buena parte de Europa estuvieron bajo el dominio político militar de Roma durante unos seis siglos; y cuando el imperio definitivamente se derrumbó en 476 d. C., los desarrollos intelectuales prácticamente se estancaron en todas las áreas de la erudición. El período que siguió en Europa ahora se conoce como la Edad media: durante unos quinientos años los esfuerzos intelectuales y culturales, incluidas la ciencia y la astronomía, cayeron a niveles mínimos en todas las regiones, y durante otros quinientos años adicionales en otras áreas. Pero afortunadamente la región oriental se mantuvo bien organizada bajo el Imperio bizantino, el cual duró otros mil años contados a partir de la caída de Roma; y en esta coyuntura tales actividades intelectuales fueron revividas y sostenidas en el Medio oriente, donde los matemáticos y astrónomos árabes lideraron el mundo desde el siglo IX hasta el XIII.

Adicionalmente, durante este período y al lado del Judaísmo se desarrollaron dos nuevas grandes religiones monoteístas que tendrían importantes implicaciones no solo para la astronomía y el conocimiento en general, sino también para todas las actividades humanas. El Cristianismo, que se fundamentó en la creencia de que Jesucristo fue el hijo único de Dios, el mismo Dios que el de los judíos, se derivó del judaísmo muy a principios del siglo I d.C. y rápidamente se extendió por toda Europa. La segunda religión monoteísta nueva fue el Islam que tuvo las mismas antiguas raíces sumerias que el judaísmo: la creencia en un solo Dios todopoderoso. Su gran profeta fue Mahoma quien escribió el Corán sobre la base de sus comunicaciones con Dios. Estas tres grandes religiones monoteístas, en orden cronológico el Judaísmo, el Cristianismo y el Islam, tienen, por lo tanto, el mismo fundamento común: la creencia en un Dios único y todopoderoso, el Divino creador cuya voluntad y enseñanzas deben obedecerse al pie de la letra.

Dentro del conjunto de hechos anteriores, los escritos de Tolomeo y la tradición cosmológica griega se perdieron, se extraviaron del mundo occidental durante más de mil años. En el milenio intermedio entre los mundos antiguo y moderno, desde el siglo V hasta el siglo XV, período conocido como Edad Media, y debido al extraordinario auge del cristianismo, se desarrolló en Europa occidental una cosmología ampliamente influenciada por la ideología cristiana. Pero dicha Iglesia no estimuló los desarrollos intelectuales con requisitos religiosos durante los primeros siglos de su evolución. Lo anterior porque se desarrolló la creencia general de que toda la verdad se encontraba ya establecida en las *Sagradas Escrituras* tal como la revelaban los Evangelios; y en consecuencia, al ser innecesarios, los estudios filosóficos y científicos no fueron alentados. Esto derivó en un conflicto fundamental entre la Religión cristiana y la ciencia occidental que continuaría vigente durante muchos siglos.

En el aspecto cosmológico, dentro de la sociedad de los cristianos primitivos la forma de nuestro planeta provocó profundas divisiones y agudos debates. La *Escuela teológica de Alejandría* se caracteriza por su cercanía al legado filosófico griego, en un buen matrimonio entre razón y fe; a ella pertenecieron Orígenes de Alejandría (185 – 254 d.C.) y Cirilo de Jerusalén (315 – 386) como exponentes de la esfericidad terrestre, y Eusebio de Cesarea (263 – 339) quien sostenía la idea de que la Tierra se encuentra en el centro del cosmos y que está rodeada por el Océano. Muy al contrario, la *Escuela teológica de Antioquía* toma distancia de la filosofía griega y más bien defiende la interpretación literal de las Sagradas Escrituras; lo que en el campo de la cosmología supuso rechazar una de las convicciones más firmemente asentadas: la esfericidad de la Tierra y de los astros en general. San Juan Crisóstomo, o Juan de Antioquía, (347– 407) fue uno de los pensadores cristianos que más rotundamente argumentaron en contra de la forma esférica del mundo; adicionalmente, Teófilo de Antioquía (183 d.C.) sostenía que mientras los cielos tenían forma abovedada, la Tierra era plana.

En la polémica anterior participó muy activamente Cosmas Indicopleustes (490 d.C.), marino y comerciante griego de Alejandría, quien se hizo monje del Nestorianismo, una variante del Cristianismo. Deseando difundir lo que él consideraba como la verdadera enseñanza cristiana, compuso una *Geografía* y una *Astronomía*, ambas ahora perdidas; y una obra con el muy curioso nombre de *Topografía cristiana*, una mezcla de geografías helenística y bíblica de la cual se han conservado tres manuscritos. Él atacó agudamente a los paganos o infieles que sostenían que el mundo era esférico y que se burlaban de su cosmología. Cosmas consideró que la verdadera forma del mundo había sido revelada por Dios en las Sagradas Escrituras, y que no era esférica ni cilíndrica, sino la

de un cofre. Él sostuvo que la Tierra era plana y que el cosmos tenía la forma de una enorme caja rectangular abovedada, dividida en dos partes por el firmamento que sirve como una pantalla que las separa: La parte inferior representa el mundo visible en el que viven los hombres, y este mundo habitado o terrenal lo presentaba como un rectángulo rodeado por un océano con un marco rectangular; mientras que la parte superior representa el mundo invisible, el Reino de Dios.

Cosmas actuó en el tiempo en que las creencias cristianas se superponían tenazmente a las grecorromanas o paganas y cuestionaban las creencias más firmemente asentadas en lo relativo a la concepción espacial en el mundo antiguo, y por lo tanto representaban un punto de inflexión importante en la historia de la cosmología. El carácter y contenido teológico de *Topografía cristiana* están reflejados en el subtítulo: *"Para los que quieren ser cristianos, y frente a los que desde fuera creen en el cielo esférico y lo glorifican"*[2]. Así, la obra es un indicativo del debate y las tensiones entre las escuelas de Alejandría y la de Antioquía, entre los aristotélicos y los antiaristotélicos; y entre quienes querían acoger el pensamiento pagano y quienes definitivamente lo rechazaban y mejor se acogían a las sagradas enseñanzas. Completamente dominados por el sobrenaturalismo teológico, gran parte de los filósofos cristianos medievales no hizo ningún intento serio por mostrar el mundo tal como realmente era.

Pero afortunadamente la antigua tradición griega helenística fue preservada en las sociedades bizantina y árabe de Oriente, y más tarde salieron a la luz otra vez en Europa occidental en el siglo XV. Desde el siglo IX la reactivación consciente de las tradiciones helenísticas y la importancia de la cosmología tolomeica fueron tomadas más activamente por los eruditos bizantinos y árabes; con lo que se desarrolló una variante en la cosmología medieval en la que la influencia de la filosofía griega eventualmente volvió a predominar sobre las consideraciones teológicas. A través del Imperio bizantino las obras de Tolomeo se habían reintegrado a la corriente principal del pensamiento cosmológico en Europa, lo cual propició otra forma de cosmografía medieval en la que la Tierra fue concebida como una esfera. El redescubrimiento de Tolomeo puede considerarse la contribución fundamental de la erudición bizantina al desarrollo a largo plazo de la cosmología.

El Islamismo y los astrónomos árabes

La otra nueva corriente religiosa, El Islam, se desarrolló a partir del siglo VI d.C. y fue esencialmente establecida por un solo individuo, el profeta Mahoma, quien escribió el Corán como la palabra de Dios, Alá, como le fue divinamente comunicada. Al igual que la Biblia cristiana, el Corán expresa la voluntad del Todopoderoso y, por lo tanto, es inviolable y no puede cuestionarse. Pero a diferencia del Cristianismo, la fe musulmana estimuló ampliamente los esfuerzos científicos debido fundamentalmente a las fuertes demandas intelectuales de sus prácticas religiosas, las cuales plantearon problemas muy difíciles para la astronomía matemática del período.

En Arabia y durante el siglo VI d.C., el nuevo movimiento religioso islámico se convertiría en un poderoso y condujo a la ascendencia del pueblo árabe con su visión de la conquista mundial por parte del Islam. Con una velocidad increíble un gran Imperio árabe fue formado por Mahoma, el autoproclamado profeta del único Dios. Se predicó una guerra santa y millones de árabes se convirtieron a la causa. En unas pocas décadas después de la muerte del profeta Mahoma en el año 632, los musulmanes ya habían establecido una comunidad que se extendía desde China en el este hasta España en el oeste, y le dio al mundo una nueva cultura. Después de la etapa inicial de la conquista árabe, cuando se consideró que el Corán contenía un código de conducta completo y una filosofía integradora o comprensiva, una creencia que fue responsable de la destrucción del remanente de la biblioteca de Alejandría cuando la ciudad fue saqueada por los árabes en el año 642 d. C., se siguió difundiendo en todo el mundo árabe y se establecieron centros de cultura en Bagdad, El Cairo y Córdoba en España, etc.

Imagen 4.1

Mapa celeste astrológico medieval:

En los dos sectores circulares más externos se esquematizan las 28 las *Mansiones lunares* y las fases lunares. En el sector circular central se representan los 12 signos del Zodíaco solar.

Tomado del manuscrito otomano *Zubdat-al Tawarikh* de 1.583, conservado en el Museo de Arte Turco e Islámico en Estambul.

Los eruditos árabes medievales se destacaron por su gran precisión metodológica. Pero, al igual que otras naciones orientales, casi fracasaron en el desarrollo de la filosofía especulativa y muchos de ellos dedicaron sus esfuerzos intelectuales más bien a la astrología, o artes adivinatorias, que a la astronomía.

Los árabes pre-islámicos fueron influenciados por la astrología hindú a través de sus contactos con los persas. Esta influencia se pone de manifiesto en la división de la eclíptica en 28 zonas llamadas *Manazil-Al-Qamar*, o las *Mansiones* o *Casas de la Luna*; las cuales son equiparables a los 28 *Nakshatras* de la astrología hindú, que a su vez se derivan del *Camino de la Luna* de la tradición mesopotámica. En el sistema astrológico árabe tradicional se consideró que la Luna se movía a través de 28 Manazil distintos durante el año solar normal. Una lista detallada de los Manazil-Al-Qamar la presenta el famoso astrónomo y matemático árabe Al-Biruni (973 - 1.048 d.C.) en su obra *Kitab al-atar al-baqiya 'an al-qurun al-khaliya.*

En las sociedades que lo adoptaron, el calendario lunar se basa en las fases de la Luna; pero también es posible dibujar el fondo de las estrellas fijas a lo largo de la revolución sideral del satélite de aproximadamente veintisiete días, tal como se ve desde la Tierra. Esto se puede asimilar como un *Zodíaco lunar* en el que el satélite parece ubicarse o alojarse entre distintas estrellas cada noche. Como el camino de la Luna está a cinco grados de la eclíptica, las estrellas en las que se encuentra son casi todas pertenecientes a las constelaciones del Zodiaco solar tradicional. Los primeros eruditos islámicos describieron un sistema formal de veintiocho *Mansiones lunares*, o *Manazil-Al-Qamar*. Cada una de estas secciones zodiacales tiene una duracion aproximadamente igual a 13 días, 365 días divididos en 28 Mansiones; y normalmente llevaba el nombre de la estrella más brillante que se encontraba en su interior. Adicionalmente, los textos astronómicos a menudo definen cada Mansión como una cantidad igual de arco a lo largo del curso de la Luna: cada una cubre 12° 51', es decir, 360 grados divididos por 28 Mansiones. Esto da como resultado un sistema de coordenadas que podría aplicarse en la navegación marítima y también para indicar las horas de la noche.

Un notable renacimiento del estudio de la astronomía se dio en Oriente próximo durante el siglo VIII debido a la llegada al poder de los califas Abasidas, quienes, influenciados por los preceptos del Corán y las tradiciones de la Sunna, daban considerable valor al conocimiento. Después de sus conquistas territoriales y una vez establecido muy cerca de las ruinas de la antigua Babilonia en el año 762 d.C., el segundo califa abasí Al-Mansur (712 - 775) fundó a Bagdad como la capital del Islam; la cual se convertiría rápidamente en un centro cultural de gran importancia. Se trajeron y se hicieron traducciones de textos griegos, entre ellos el *Almagesto*; con lo que los árabes sintieron la influencia de la antigua civilización occidental. También se importaron algunas obras de oriente lejano, especialmente de la India. En Bagdad y Damasco se fundaron observatorios astronómicos con instrumentos similares a los de los griegos pero mejorados y más grandes. Se realizaron observaciones continuas de los principales astros, así como de los eclipses de Luna y de Sol.

Muy notable entre los árabes por el estímulo que le dio al progreso del conocimiento, particularmente a la astronomía, fue el califa Al Mamun, quien vivió durante el siglo VIII d. C. Él fundó en la ciudad de Bagdad una *Casa de la sabiduría* que se convertiría en un centro de aprendizaje similar a las grandes escuelas de la antigua Grecia, y que incluía una biblioteca conformada por libros relacionados con todas las disciplinas apreciadas en su época: las ciencias naturales, la literatura, las matemáticas y la lógica. Allí se traducían permanentemente al árabe todas aquellas obras científicas y filosóficas más importantes del mundo antiguo, especialmente las provenientes de Grecia y de Egipto, y se les concedió el estatus de verdad. En su traducción al árabe, la *Sintaxis matemática* de Tolomeo, ahora conocida como el Almagesto, iba a formar la base de la astronomía árabe.

El Almagesto y la Astronomía lunar del mundo árabe medieval

El nombre de *Almagesto* apareció como una corrupción latina de la expresión árabe para *al-Majisṭī*; y la obra se constituyó en la guía fundamental para los astrónomos bizantinos, islámicos y europeos hasta los inicios del siglo XVII. Debido a su gran reputación tuvo gran demanda y fue traducida tanto al árabe como al latín: Las primeras traducciones del griego al árabe se hicieron durante el siglo IX, y muy probablemente el matemático, astrologo y astrónomo Sahl ibn Bishr (786 - 845) realizó la primera; posteriormente sería traducida del árabe al latín durante la última mitad del siglo XII.

El erudito religioso Henry Aristipus (1.105 - 1.162) hizo la primera traducción latina directamente de una copia griega, pero no fue tan influyente como una traducción desde el árabe al latín hecha posteriormente por el italiano Gerardo de Cremona hacia 1.175. Cremona (1.114 - 1.187) fue un célebre traductor del siglo XII y uno de los más prolíficos de su época con unas setenta obras traducidas del árabe al latín; tradujo el texto árabe del Almagesto, *Kitab al-Medjisti*, al latín cuando estuvo en la Escuela de Traductores de Toledo en 1.175; esta versión introdujo definitivamente el Almagesto en la tradición científica europea medieval.

En el siglo XIII se produjo una traducción al español bajo el patrocinio del rey Alfonso X de Castilla, también conocido como el *Sabio*. Más adelante, Johannes Müller von Königsberg (1.436 - 1.476), más conocido como Regiomontanos, un matemático y astrónomo del Renacimiento alemán que trabajó en Núremberg, Viena y en Buda, realizó una traducción abreviada al latín de una versión griega del Almagesto que apareció en Europa occidental en su

época. Adicionalmente, sus aportes en cosmología fueron fundamentales para el desarrollo del heliocentrismo copernicano en las décadas posteriores a su muerte.

Durante el período medieval en Oriente Medio, el norte de África y en toda Europa fue el máximo texto sobre astronomía y su autor llego a ser prácticamente una figura mítica. La obra fue preservada, como la mayoría de textos existentes sobre el conocimiento griego clásico, en manuscritos árabes. En sus obras, Tolomeo dejó instrucciones para los astrónomos posteriores sobre cómo usar observaciones astronómicas cuantitativas con fechas registradas para revisar los modelos cosmológicos. Las tablas numéricas en el Almagesto, que permitieron calcular las posiciones planetarias y otros fenómenos celestes para fechas arbitrarias, tuvieron una profunda influencia en la astronomía medieval; en gran parte a través de una versión revisada y separada de dichas tablas que Tolomeo publicó como *Tablas prácticas*.

Desde el siglo IX hasta el XV los eruditos musulmanes se destacaron en todas las áreas del saber científico y sus contribuciones en Matemáticas y Astronomía fueron bastante importantes. Trajeron consigo su propia astronomía popular que luego se mezcló con las enseñanzas locales y posteriormente incorporaron las tradiciones astronómicas y matemáticas de los indios, los persas y los griegos; las cuales dominaron y adaptaron a sus necesidades. La astronomía islámica inicial fue así una mezcla de la sabiduría árabe preislámica, india, persa y helenística; y para el siglo X había adquirido características propias muy distintivas; llegando a ser tan dominante que muchas palabras astronómicas en uso hoy en día son de origen árabe en lugar de griego, incluyendo nombres de estrellas como Aldebarán, Vega, Betelgeuse, Rigel y Deneb, y términos técnicos como el cenit. Además, el gran trabajo cosmológico de Tolomeo, la *Sintaxis matemática*, ahora es más conocido por su nombre español derivado del árabe, el Almagesto: El más grande.

La astronomía fue la más importante de las ciencias islámicas, como podemos juzgar por el volumen de la tradición textual asociada, y floreció en la sociedad islámica en dos niveles diferentes: la astronomía popular, desprovista de teoría y basada únicamente en lo que se podía ver en el cielo; y la astronomía científica, que implicaba consideraciones teóricas, observaciones sistemáticas, cálculos y predicciones matemáticas. El conocimiento del paso de los astros a través de los doce signos del zodíaco, las fases de la Luna, los fenómenos meteorológicos y agrícolas asociados, y el cálculo del tiempo usando sombras de día y las Estaciones lunares durante la noche, formaron la base de la astronomía científica islámica.

Dados los modelos tolomeicos, las tablas del movimiento medio y las ecuaciones para el Sol, la Luna y los planetas, disponibles para los astrónomos musulmanes en el Almagesto y otras obras, desde el siglo noveno hasta el dieciséis ellos intentaron mejorar los parámetros numéricos en los que se basaron estas tablas. Ellos compilaron efemérides o almanaques con las posiciones solares, lunares y planetarias para cada día del año; así como información sobre las lunas nuevas y predicciones astrológicas resultantes de la posición relativa entre la Luna y los planetas.

Uno de los mayores desafíos planteados por el Islam a los astrónomos árabes se relacionó con su calendario. En los tiempos de Mahoma las otras dos grandes religiones monoteístas, el Judaísmo y el Cristianismo, establecían las fechas de sus grandes celebraciones religiosas, como la Pascua y la Resurrección, según el calendario judío primitivo que se basaba en las fases de la Luna. Esto conducía a que la cantidad de meses en un año fuera aproximadamente de 12,33, y esto, al no ser un número entero, demandaba engorrosos ajustes para mantener las temporadas religiosas y civiles bien sincronizadas con los ciclos celestes. Esto ofendió a Mahoma, quien decretó en el Corán que, a la vista de Dios que todo lo creó, había un total de doce meses exactos en un año. Al establecer el calendario musulmán, esto fue interpretado en el sentido de 12 meses determinados por los respectivos ciclos lunares. Por lo tanto, el año lunar del calendario musulmán es aproximadamente 11 días más corto que un año determinado por el ciclo solar, lo que hace que las estaciones migren a través del calendario para que realicen un ciclo completo cada 30 años.

Imagen 4.2

***Kitāb al-Majisṭī*: el Almagesto árabe medieval**

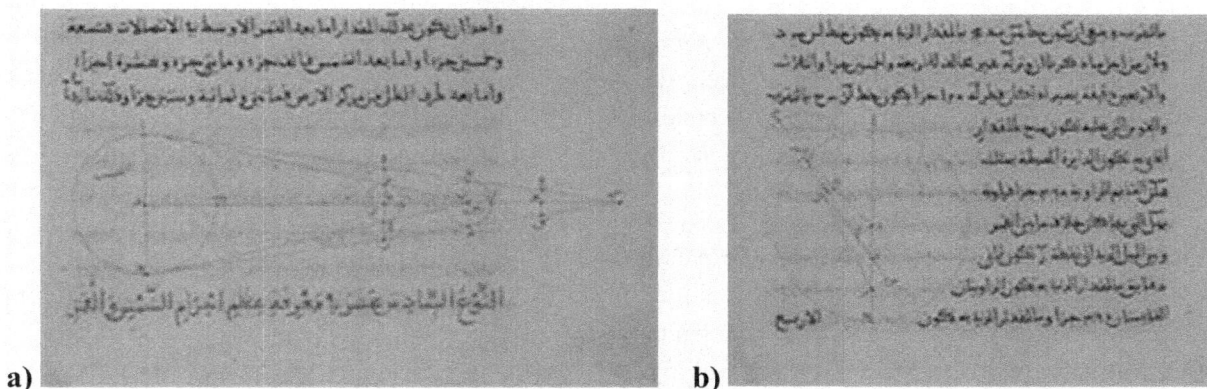

a)   b)

Detalles tomados de una copia árabe del Almagesto, *Kitāb al-Majisṭī*, conservada en la Qatar Digital Library's. La imagen **a)** corresponde a la geometría general de un eclipse de Sol.

La imagen **b)** corresponde a una argumentación sobre el movimiento circular de los astros: el círculo epiciclo, y el círculo deferente incluyendo su centro, el punto excéntrico y el punto ecuante.

Según esto, el calendario musulmán o islámico es un calendario lunar donde los años se componen de 12 meses lunares. Comenzó cuando Mahoma, el profeta del Islam, tuvo que huir de la ciudad de La Meca hacia Medina por la persecución de sus adversarios, viaje conocido como Hégira y que ocurrió en el año 622 de la era cristiana. El calendario musulmán se basa en ciclos lunares de 30 años y equivalentes a 360 lunaciones según la tradición sumeria. Los 30 años del ciclo se dividen en 19 años de 354 días y 11 años de 355 días. Los años de 354 días se llaman años simples y se dividen en seis meses de 30 días y otros seis meses de 29 días. Los años de 355 días se llaman intercalares y se dividen en siete meses de 30 días y otros cinco de 29 días. Para un total promedio de unos once días menos que el año solar y que la ronda estacional. Así que su uso principal consiste en establecer las fechas para celebraciones religiosas en lugar de actividades civiles estacionales sobre una base anual solar.

Al ser el calendario estrictamente lunar, los comienzos y finales de los respectivos meses, en particular del mes sagrado del *Ramadán*, y de varios festivales a lo largo de los doce meses del año, están regulados por la primera aparición de la Luna creciente, *Al Hilal*. Los astrónomos medievales sabían que la determinación de la posibilidad de avistamiento de tal fenómeno en un día determinado era un problema matemático complicado, que involucraba el conocimiento de las posiciones de la Luna y del Sol entre sí y adicionalmente con el horizonte local. En la mayoría de las ocasiones las condiciones requeridas para asegurar la visibilidad de esta tenue luz lunar pueden ser determinadas mediante registros y practicas observacionales. Pero la formulación teórica de un conjunto definitivo de tales condiciones ha desafiado incluso a los astrónomos modernos; y al más fervoroso de ellos se le puede negar la emoción de ver los primeros rayos de la Luna creciente a la hora prevista si las condiciones meteorológicas locales, nubes y neblina, restringen su vista.

Imagen 4.3

Las Fases lunares según la astronomía árabe medieval.

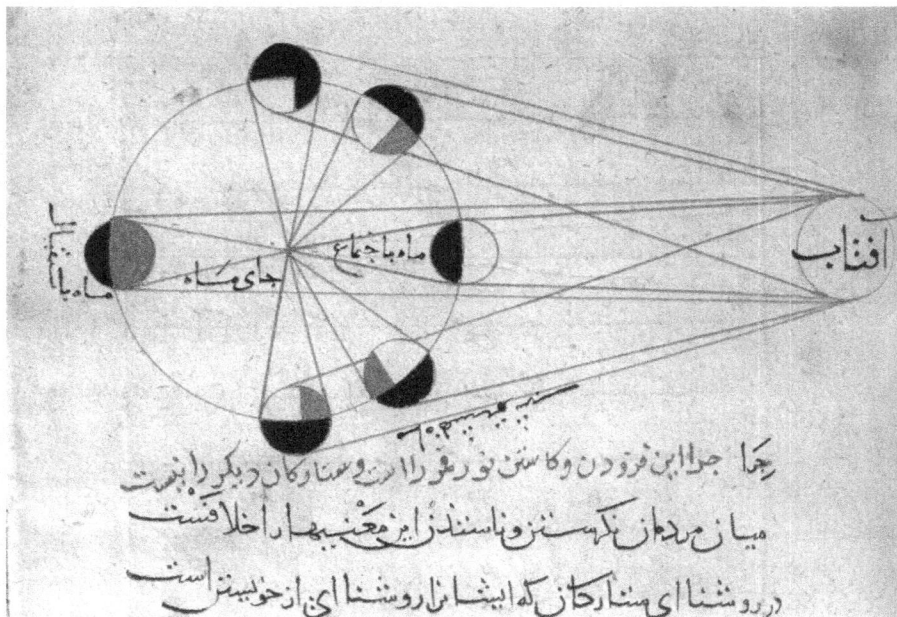

Representación gráfica medieval de las Fases lunares, según la obra *Kitab al-Tafhim* del astrónomo árabe Al-Biruni (973 - 1.048). Imagen tomada de *Islamic Science: An Illustrated Study*, Seyyed Hossein Nasr (1.976), World of Islam Festival Publishing Company.

Algunos de los principales astrónomos musulmanes propusieron condiciones que involucraban tres parámetros diferentes, como la aparente separación angular entre el Sol y la Luna, la diferencia en sus tiempos de ocultamiento o puesta sobre el horizonte local, y la aparente velocidad angular lunar. Las *Efemérides* o almanaques anuales, es decir, tablas que muestran las posiciones del Sol, la Luna y los cinco planetas a simple vista para cada día de un año determinado, solían proporcionar información sobre la posibilidad de avistamiento al comienzo de cada mes. Con el propósito de mejorar los datos, a principios del siglo IX el califa abasí Al-Mamún patrocinó las observaciones astronómicas, primero en Bagdad y luego en Damasco, reuniendo a los mejores astrónomos disponibles para realizar seguimientos de la Luna y del Sol.

Como resultado de tales observaciones, el matemático, astrónomo y geógrafo persa *Muḥammad ibn Mūsā al-Jwārizmī* (780 - 850), más conocido como *Al-Juarismi*, compiló una tabla que muestra las distancias mínimas entre dichos astros para garantizar la visibilidad durante todo el año en la latitud geográfica de Bagdad. De su tratado sobre astronomía, *Sindhind zij*, que también se basa en trabajos astronómicos indios, existe una traducción latina de la versión original. Los temas principales cubiertos en esta obra son el cálculo de las posiciones verdaderas del Sol, la Luna y los planetas; astronomía esférica, tablas de senos y tangentes, cálculos de paralajes; la visibilidad de la Luna y los eclipses; los calendarios y tablas astrológicas.

Abu Abdullah Al-Battani

Abu Abdullah Al-Battani (858 - 929) fue un príncipe, matemático, astrólogo y astrónomo árabe de la Edad media. Nació en 858 en *Harrán*, viajó a *Al-Raqa* para recibir educación superior, y posteriormente a finales del siglo IX se trasladó a Samarra, en donde vivió y trabajó el resto de su vida. Realizó muchos y muy importantes aportes a la astronomía: determinó con gran precisión la duración del año solar,

estableciéndolo en 365 días, 5 horas, 46 minutos y 24 segundos, con solo una diferencia de 2 minutos y 26 segundos con respecto a la medición actual; calculó la inclinación de la eclíptica en 23° 35' y describió su relación con las estaciones climáticas. También calculó un valor para la precesión de los equinoccios en 54,5'' por año, o 1° en 66 años; y comprobó que el apogeo solar, la distancia máxima entre la Tierra y el Sol, es variable. Usando la trigonometría corrigió los cálculos orbitales realizados por Claudio Tolomeo, y desarrolló tablas astronómicas para los movimientos de la Luna, del Sol y de los planetas que mejoraron la precisión de las de aquel. Finalmente, realizó excelentes observaciones de los eclipses lunares y solares, las cuales lo llevaron a descubrir la existencia de los eclipses solares anulares.

Gran parte de sus conocimientos astronómicos los plasmó en su texto *Kitāb az-Zīj* o *Libro de las Tablas Astronómicas*, del cual se han realizado muchas traducciones tanto al latín como al español, la última conocida es la de Bolonia de 1.645. Otra obra importante de Al-Battani ha llegado a nosotros en un códice árabe del siglo XII de nombre *Opus Astronomicum*; la cual fue traducida al latín por el orientalista Carlo A. Nallino. La razón que lo indujo a escribir dicha obra, la explica Al-Battani en la introducción:

"Durante mucho tiempo me he dedicado a la astronomía, y dediqué mucho tiempo a su estudio. He observado muchas diferencias en los libros que tratan sobre los movimientos celestes, e incluso he visto que algunos autores han estado equivocados al establecer los fundamentos. Por lo tanto, después de mucha reflexión, he pensado en corregir y establecer mejor todas estas cosas usando los métodos de Tolomeo en su Almagesto, siguiendo sus pasos y siguiendo sus preceptos......... He corregido la posición y los movimientos de los cuerpos celestes en la eclíptica que he encontrado a partir de observaciones, de cálculos de eclipses y de otras operaciones; y he agregado otras cosas necesarias."[3]

En esta obra el astrónomo árabe trata sobre la paralaje lunar y la distancia del satélite a la Tierra, fundamentándose en los eclipses de Luna y de Sol; igualmente trata sobre las posiciones de los cinco planetas conocidos sobre la eclíptica en diversas épocas del año. También presenta el resultado de sus observaciones y cálculos en forma de tablas astronómicas, que contienen datos para el cálculo del calendario, para el movimiento de la Luna, del Sol, y las coordenadas de las constelaciones. Finalmente, un catálogo de las estrellas fijas conocidas concluye el libro.

Al Battani usó sus observaciones de los eclipses para demostrar que las declaraciones de Tolomeo sobre los diámetros del Sol y la Luna, determinadas con datos sobre dos eclipses lunares, eran insostenibles.

Los aportes de Al-Battani en el plano de las Matemáticas consisten en el planteamiento de técnicas para la solución de problemas trigonométricos usando los métodos de proyección ortográfica. Fue el primero en reemplazar las *cuerdas* griegas por las *Funciones trigonométricas modernas,* e introdujo el concepto de Cotangente.

Durante el siglo X el gran Imperio árabe comenzó a desmoronarse debido a un proceso de desintegración política y religiosa, el cual condujo a que muchas provincias se revelaran y separaran; lo que derivó en el surgimiento de múltiples dinastías regionales independientes en España, Marruecos y en Egipto. La tradición científica árabe se transfirió entonces al área del Mediterráneo occidental donde se establecieron academias y bibliotecas en Córdoba y Toledo en España; fue principalmente a través y desde estos centros que la tradición árabe se extendió subsecuentemente por Europa occidental. Las obras griegas que se habían traducido primero al árabe, ahora se traducían del árabe al latín. Afortunadamente, la influencia árabe en Europa occidental se consolidó antes del gran resurgimiento del fervor religioso cristiano, materializado en las Cruzadas (1.095 - 1.290), que procedió a barrer y erradicar al Islam y a los *infieles* de toda Europa.

La cosmología islámica fue guiada principalmente por las obras conservadas de Aristóteles y Tolomeo, que fueron traducidas al árabe y estudiadas en profundidad. Los astrónomos musulmanes serían aún más fieles a Aristóteles, cuyas declaraciones cosmológicas aceptaron totalmente y sin cuestionamientos. La crítica de Tolomeo comenzó en el siglo XI cuando un destacado filósofo de El Cairo, Ibn al-Haytam, escribió un libro llamado *Dudas sobre Tolomeo.* En el siglo siguiente hubo una crítica aún mayor por parte de Ibn Rushd de Andalucía, que en aquel tiempo era parte del Islam.

Imagen 4.4
Una mirada medieval para la Luna.
Astrónomos observando la Luna y las estrellas.
Pintura miniatura otomana del siglo XVII.
Conservada en la Biblioteca de la Universidad de Estambul.

Ibn Yunus

Si consideramos ahora a la Luna, encontramos que los astrónomos árabes no avanzaron considerablemente sobre el trabajo de los griegos. Varios de ellos notaron que la inclinación de la órbita lunar no era exactamente 5° como se pensaba. El astrónomo árabe egipcio *Ibn Yunus* (950 - 1.009) escribe que él mismo ha encontrado 5° 3' o 5° 8', mientras que otros observadores dicen haber encontrado de 4° 58' a 4° 45' para dicha inclinación lunar. Yunus adicionalmente elaboró un registro de observaciones árabes que abarcaba casi dos siglos y donde incluía tres observaciones de eclipses, dos solares y uno lunar, realizadas por él mismo cerca de El Cairo en 977, 978 y 979. Pero la falta de perseverancia y de instrumentos precisos le hizo perder un descubrimiento notable, el de la variación de dicha inclinación lunar. De todas formas, las observaciones y los valiosos datos aportados por Yunus sobre eclipses y conjunciones de la Luna y el Sol fueron utilizados en los cálculos sobre la aceleración secular de la Luna que hicieron, posterior y separadamente, los astrónomos Richard Dunthorne y Simon Newcomb durante los siglos XVIII y XIX respectivamente.

Ibn al-Haytham

Ibn al-Haytham (965 - 1.040) fue un matemático, astrónomo y físico musulmán nacido en la ciudad de Basora, en el actual Irak; en su época fue normalmente conocido como el *Segundo Tolomeo* y también como el *Físico*; ahora normalmente es conocido en Occidente como Alhacén. Se le considera el fundador de la óptica debido a sus trabajos y experimentos sobre la reflexión y la refracción de la luz empleando lentes y espejos, y por escribir el primer tratado amplio sobre dichos temas; con lo que allanó el camino para la ciencia moderna de la óptica física. En sus textos sobre astronomía dio a sus lectores la impresión de que había encontrado la verdadera configuración física del universo, mientras que Tolomeo no habría podido lograrlo.

Alhacén es considerado un gran promotor del *Método científico* dado que sostuvo que toda hipótesis teórica debería ser probada con evidencias empíricas; lo que lo distanciaba de la primitiva creencia griega de que los fenómenos naturales podían descubrirse solamente a través de la razón. Para él, el ejercicio experimental era irrenunciable para determinar si los desarrollos teóricos y matemáticos propuestos tenían sentido y describían bien la realidad. Lo que se acerca considerablemente a lo que modernamente entendemos por *Método científico*, y que se supone tiene su origen en el siglo XVII. Este erudito filósofo escribió casi un centenar de obras de las que se conservan unas cincuenta y cinco.

En su obra *Al-Shukūk 'alā Batlamyūs*, traducida como *Dudas sobre Tolomeo*, publicada hacia 1.025, argumenta que el juzgamiento de las teorías existentes ocupa un lugar especial en el desarrollo del conocimiento; y en ella Alhacén criticó severamente el *Almagesto* y las *Hipótesis Planetarias* de Tolomeo, señalando varias contradicciones que encontró en dicha cosmología. Consideró que algunos de los elementos geométricos que el egipcio introdujo en la astronomía, especialmente el *Ecuante*, no satisfacían las realidades físicas del movimiento circular uniforme, y declaró como absurdo relacionar los movimientos físicos de cuerpos reales con puntos, líneas y círculos geométricos imaginarios. Según Alhacén: Tolomeo supuso un arreglo que no puede existir, y si dicho arreglo reproducía en su imaginación los movimientos que pertenecen a los astros, eso no lo liberaba del error que cometió en sus teorías.

Según lo anterior y creyendo que había una verdadera configuración de los planetas que Tolomeo no había logrado develar, Alhacén tuvo la intención de resolver las contradicciones y de completar y reparar el sistema de Tolomeo, aunque no para reemplazarlo por completo. Elaboró un nuevo modelo planetario en el que describe los movimientos de los astros en términos de geometría esférica, geometría infinitesimal y trigonometría. Al igual que Tolomeo, él se acogió al sistema de un universo geocéntrico y asumió un movimiento circular uniforme para los cuerpos celestes, lo que requirió la inclusión de epiciclos para explicar los movimientos observados, pero sí logró eliminar el punto ecuante empleado por el astrónomo egipcio. En general, en dicho modelo no trató de establecer una explicación causal de los movimientos celestes, sino que se dedicó a derivar una descripción geométrica completa que pudiera explicar los movimientos observados sin las contradicciones inherentes al modelo de Tolomeo.

La obra *Teoría del movimiento planetario para cada uno de los siete astros* de Alhacén fue escrita hacia 1.038; y solo ha sobreviviendo un manuscrito deteriorado que contiene la introducción y la primera sección de la obra. Por otra parte, en su libro *Sobre la configuración del mundo* él presentó una descripción detallada de la estructura física de nuestro planeta: la Tierra como un todo es esférica y su centro es el mismo centro del mundo; está fija en él y siempre en reposo; no se mueve en ninguna dirección, ni tampoco se mueve con alguna de las variedades de movimiento.

Abu'l-Wafa Buzjani

En sus obras Tolomeo había escrito sobre la primera y la segunda irregularidad de los movimientos lunares; pero un astrónomo musulmán que vivió en El Cairo y observó en Bagdad en 975 manifestó haber descubierto una tercera desigualdad ahora conocida como *Variación lunar*. Su nombre era Abu'l-Wafa Buzjani (940 - 998), un matemático y astrónomo nacido en la ciudad persa de Buzghan, actual Irán; pero quien trabajó fundamentalmente en Bagdad. Entre sus trabajos se encuentra *Kitāb al-Majisṭī*, o *La revisión del Almagesto*, una versión simplificada de la obra de Tolomeo que fue ampliamente leída por los astrónomos árabes medievales en los siglos posteriores a su muerte. También estudió ampliamente los movimientos de la Luna, y por sus trabajos en este campo se decidió nombrar en su honor Abu'l-Wafa a un cráter de

impacto lunar situado cerca del ecuador en la Cara oculta de nuestro satélite. Finalmente, realizó importantes innovaciones en trigonometría esférica y se le atribuye la compilación de las tablas de senos y tangentes a intervalos de 15'; así como la introducción de las funciones secante y cosecante[4]

El Almagesto de Wafa nunca ha sido publicado en su totalidad, pero hay tres traducciones en las que algunos capítulos solo difieren en determinados puntos triviales. Comienza describiendo la primera desigualdad, la Ecuación del centro, sigue con la segunda, la Evección, y continúa con los estados cuando ellas alcanzan sus valores máximos. Luego dice que hemos encontrado una tercera desigualdad que ocurre cuando el centro del epiciclo se encuentra entre el apogeo y el perigeo del excéntrico, y que alcanza su máximo cuando la Luna está cerca de un *tathlith* del Sol, mientras que es insignificante en sizigias y en cuadraturas. Expone que tal variación es causada por una desviación de la línea de los ápsides respecto del epiciclo, y describe bastante correctamente las construcciones geométricas adoptadas por Tolomeo, cuyo nombre no menciona, haciendo que la línea de los ápsides se dirija no a la Tierra, sino a otro punto en la línea de ápsides del excéntrico. Aun así, resulta difícil no captar que Abu'l Wafa simplemente estaba copiando al astrónomo egipcio. Si él hubiera hecho un nuevo descubrimiento los astrónomos árabes posteriores lo deberían haber señalado; pero ninguno de ellos ofrece más que interpretaciones de la teoría lunar de Tolomeo y expresiones muy similares a las empleadas por Wafa. Por lo tanto, el astrónomo árabe no sabía nada sobre el movimiento de la Luna que no hubiera tomado prestado del egipcio.

Como conclusión al respecto, todo parece indicar que Wafa percibió una tercera desigualdad de la Luna, pero como en su época los árabes desconfiaban de sus propias capacidades, llenándose de una veneración demasiado grande por las de los antiguos eruditos griegos, él no la estudio a profundidad y no estableció su formulación matemática ni tampoco su magnitud; de tal manera que el descubrimiento pasó desapercibido. Por el contrario, en Europa esta tercera desigualdad del movimiento de la Luna, según la cual el astro se mueve más rápido cuando está en sus fases nueva o llena y más lenta en el primer y el tercer cuarto, fue redescubierta y bien explicada por Tycho Brahe seis siglos más tarde, alrededor de 1.580.

El legado intelectual de los árabes allanó el camino para un gran florecimiento del conocimiento en Europa occidental. Las primeras universidades europeas junto con las órdenes monásticas conocidas como Franciscana y Dominicana se fundaron aproximadamente al mismo tiempo; y estos centros académicos y religiosos tuvieron una gran influencia en el desarrollo de la ciencia occidental.

Europa medieval

Las primeras universidades que merecen tal nombre son las de Bolonia en Italia fundada hacia 1.090, la de Oxford en Inglaterra en 1.096 y la de París en Francia en 1.150; las cuales proveían a las élites sociales del momento el conocimiento necesario para servir a la Iglesia y al Estado; y a comienzos del siglo XII hubo un generalizado ascenso de su importancia social e intelectual. Las universidades primitivas adquirieron algunos de sus patrones de organización de las antiguas órdenes monásticas y escuelas catedralicias; pero ahora tenían un rasgo particular: su reconocimiento internacional por los privilegios y la protección que les proporcionaban tanto los gobernantes locales como el Papa. El propósito final de las universidades fue, en principio, proporcionar a la Iglesia un clero bien instruido y educado, pero ya no tenían las mismas preocupaciones religiosas que sus antecesoras escuelas catedralicias. El esquema general de la educación formal medieval en Occidente estaba fundamentado en las siete artes liberales, las cuales constituían el elemento principal o currículo universitario. La gran mayoría de los estudiantes estaba obligada a estudiar el *Cuadrivium* o las *Cuatro ciencias*: Aritmética, Geometría, Astronomía y Música. La facultad de artes se encontraba en el

nivel inferior y precedida por las facultades de derecho y medicina. Aparte y con el más alto rango estaba la facultad de teología que sólo daba acceso a una pequeña fracción de los estudiantes. Las siete artes liberales servían de introducción al estudio de la teología que era su objetivo y al cual estaban subordinadas. La obra de Aristóteles *Sobre los cielos* era estudiada por su contenido cosmológico y fue motivo de muchos comentarios; su vigencia se mantuvo durante mucho tiempo en razón de que era vinculada al estudio de la filosofía natural y de la metafísica.

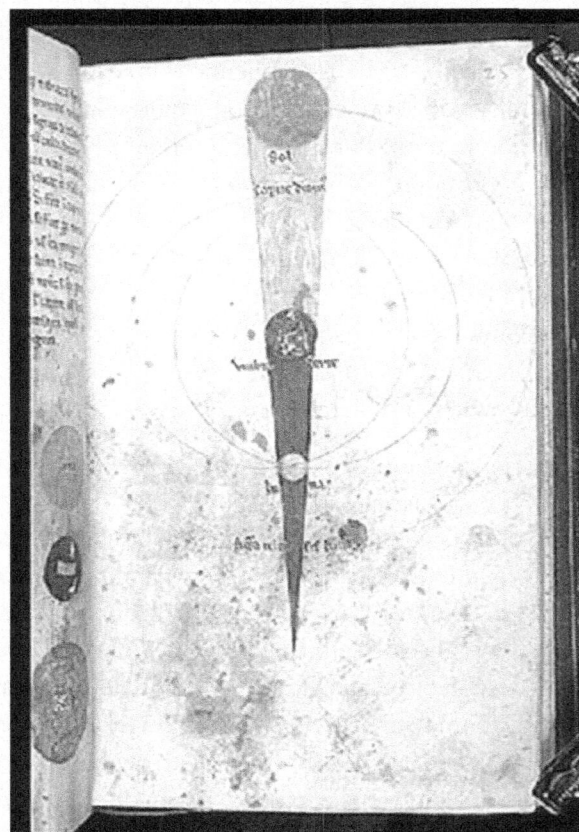

Imagen 4.5

Diagrama medieval para un eclipse lunar

Diagrama de un eclipse lunar presentado en la obra *Tractatus de sphaera* de Johannes de Sacrobosco, publicada en el tercer cuarto del siglo trece. Conservada en el *British Museum* desde el 13 de Agosto de 1.840

Juan de Sacrobosco

Con el curso del tiempo se necesitaron nuevos textos para la docencia, por lo que Johannes de Sacrobosco, quien probablemente fue maestro en Oxford y que ciertamente enseñó en París, hacia el año 1.230 escribió el que iba a convertirse en uno de los libros de astronomía más ampliamente estudiado en el período medieval: *Tractatus de Sphaera, De Sphaera mundi, o La Esfera del mundo*. Obra inspirada en gran medida en el *Almagesto* de Tolomeo pero recurriendo a ideas de la astronomía árabe y muy ornamentada con citas de los poetas clásicos; ella aborda únicamente la astronomía esférica elemental, la geografía y tangencialmente la teoría planetaria. Inicialmente circuló en forma de Códice, una especie de cuaderno manuscrito, plegado y cocido; pero luego de la invención de la imprenta hacia 1.450, su primera edición impresa apareció en 1.472 en Ferrara, y se imprimieron más de 90 ediciones en los dos siglos siguientes.

John of Holywood, Johannes de Sacrobosco en su forma latinizada o en español conocido como Juan de Sacrobosco, nació alrededor de 1.195 en Halifax, Inglaterra, y murió en 1.256 en París; fue un erudito Inglés educado en la universidad de Oxford. Su texto *La Esfera del mundo* se constituyó en el trabajo sobre la astronomía pre copernicana más influyente publicado en Europa medieval. Es un libro compuesto en cuatro capítulos de los cuales en el cuarto se ofrece una introducción a la teoría del movimiento de la Luna, del Sol y de los planetas; igualmente también trata sobre las causas de los eclipses lunar y solar. El libro fue utilizado por primera vez en la Universidad de París, y ampliamente en toda Europa a partir de mediados del siglo XIII como el texto fundamental de astronomía, inclusive hasta el siglo XVII.

De dicha obra nos interezan ahora dos representaciones gráficas. La primera es el diagrama de eclipse lunar correspondiente a la Imagen 4.5.[5] Según la teoría astronómica moderna, puede apreciarse que los contemporáneos de Sacrobosco tenían un muy buen nivel de ilustración y comprensión sobre tales eclipses, dado que la representación que se hace en este diagrama es altamente coincidente con los esquemas modernos para dichos fenómenos. En primer lugar, y en el aspecto cosmológico, resulta evidente que los astrónomos de la época trabajaban dentro del marco teórico del universo geocéntrico, comprendían bien el concepto de los tamaños relativos de la Luna, la Tierra y el Sol, y tenían perfectamente claro que los tres astros deberían estar lo suficientemente alineados, o en el mejor de los casos estar justo en línea recta, para que el eclipse lunar fuera total. También se ve como comprendían el hecho de que sea la sombra de la Tierra, o penumbra, la que no permite que llegue la luz solar al satélite y que es la directa responsable del eclipse.

El otro diagrama interesante es el que se muestra en la Imagen 4.7 y que corresponde a una representación de las fases lunares. Esta figura también se explica por sí sola y permite concluir que los astrónomos medievales tenían igualmente un perfecto entendimiento sobre aquellas apariencias del satélite que ahora denominamos fases lunares.[6]

Cosmología y literatura medievales

La cosmología medieval también estimuló considerablemente la literatura general de la época. Una de las cumbres de la literatura universal y una de las obras fundamentales de la transición del pensamiento medieval, de características teocéntricas, al pensamiento renacentista, esencialmente antropocéntrico, la *Divina comedia*, fue escrita hacia 1.304 por el famoso poeta italiano Dante Alighieri (1.265 - 1.321). En ella el autor sintetiza todo el vasto conocimiento cosmológico recopilado en el curso de los siglos, desde las antiguas civilizaciones hasta el mundo medieval europeo; así como también manifiesta sus convicciones morales, creencias religiosas y sus doctrinas filosóficas. En esta obra Alighieri nos describe con alucinante realismo su maravilloso viaje en el transcurso del cual se encuentra con las almas tanto de magníficos como de terribles personajes de todos los tiempos.

The entire text is presented in three sections which describe the poet's journey through the three different levels of the spiritual world, and are full of symbols that refer to medieval thought and knowledge: theology and religion, astronomy and astrology, philosophy, mathematics, etc.; materializing them in places, characters and actions. The Hell, which could be written towards 1.308, symbolizes man in front of his sins, which basically fall into three categories: incontinence, violence and malice, and their deplorable consequences. The Purgatory, written by 1.314, represents the slow healing of such human sins until the final liberation of the soul. And finally, the Paradise, written between 1.314 and 1.321, date of Dante's death, symbolizes both knowledge and science, and where the three theological virtues: faith, hope and charity are rewarded. The whole work is a poem to humanity that only in faith and Divine grace will find its authentic happiness.

As a quick synthesis of the poem, we would say that once Dante has lived in this hell that is the world, and has traveled the seven terraces of purgatory, he finally arrives at the celestial Paradise at the top. This Paradise is described by the poet in a way very similar to the cosmological system of Ptolemy: a central star and nine more planets revolving around it. Then Dante is allowed to climb through the nine celestial spheres: first that of the Moon, where the souls are found who consecrated themselves to the service of God leading a monastic life, but who later were forced by different circumstances to break their vows; and to which a faint blue air comes. Then there are the spheres of Mercury and Venus, to which the shadow of the earth comes; then those of the Sun, Mars, Jupiter, and Saturn. The eighth sphere is that of the fixed stars, and finally the ninth corresponds to the *Primum Mobile*, where the souls are that achieved a greater understanding of God and, therefore, expressed a maximum love towards Him. The nine spheres are moved by three triads of angelic intelligences: the Seraphim guide *Primum Mobile*, the Cherubim the fixed stars, the Thrones the sphere of Saturn, and so on until the inner sphere of the Moon, which is in charge of the Angels.

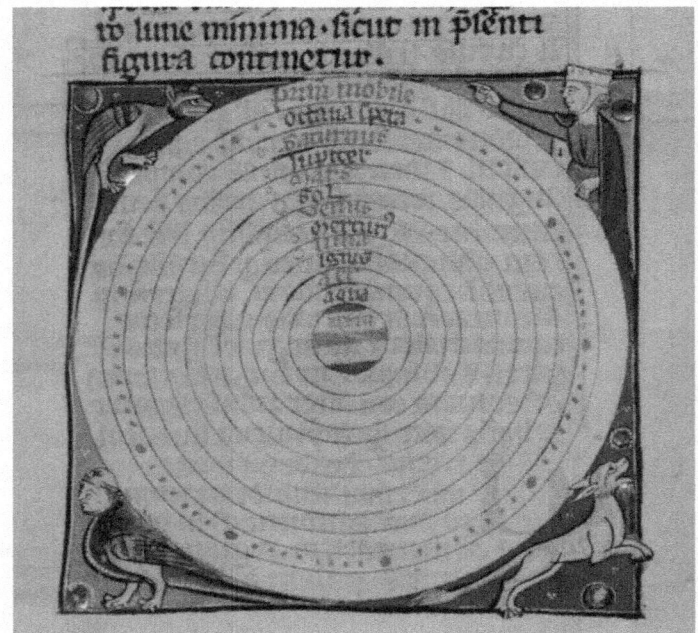

Imagen 4.6

Esquema medieval del Universo geocéntrico

Detalle de un gráfico que muestra el Sistema solar como círculos concéntricos: con la Tierra en el centro y después el agua, el aire y el fuego; a continuación los planetas, incluyendo la Luna y el Sol; sigue la esfera de estrellas fijas y finalmente el *Primum Mobile*.

Últimos aportes de la astronomía árabe

Aproximándose ya el final del período medieval, se manifiesta un renovado interés por la representación mecánica del universo y por una medición del tiempo más precisa; lo cual se materializa en el diseño y construcción de gigantescos *relojes astronómicos*. *Richard de Wallingford* (1.292 – 1.336) fue un matemático y monje inglés que hizo contribuciones importantes tanto a la ciencia astronómica, como a la técnica de medición del tiempo u horología. Pasó seis años estudiando en la Universidad de Oxford antes de convertirse en abad en San Albans hacia 1.327. Es mejor conocido por su reloj astronómico u *Horologium astronomicum*; el cual fue el más complejo mecanismo de reloj en las Islas británicas en su época: indicaba las horas y minutos del día, los movimientos del Sol y la Luna, así como el flujo y reflujo de las mareas. Igualmente, Wallingford diseñó y construyó otros aparatos de cálculos astronómicos como el *Rectángulus*, el *Torquetum* y el *Equatorium*.

Un poco mas tarde, Giovanni de Dondi (1.330 – 1.388) un astrónomo, ingeniero mecánico y médico italiano de Padua; quien heredó de su padre el interés por la astronomía y la relojería, llegó a ser un afamado pionero en el arte del diseño y la construcción de relojes. Desarrolló un ambicioso programa para describir y modelar el *Sistema solar* con suficiente precisión matemática y sofisticación tecnológica; hacia 1.384 diseñó y construyó una compleja mezcla de reloj astronómico y planetario: el *Astrarium*. El aparato comprendía una estructura de siete lados, y un cuadrante para el Sol, la Luna y para cada uno de los planetas; cada sistema planetario era esencialmente un conjunto de engranajes imitando un mecanismo tolomeico. En este respecto se puede afirmar que era más fiel al Almagesto que a la Hipótesis planetaria.

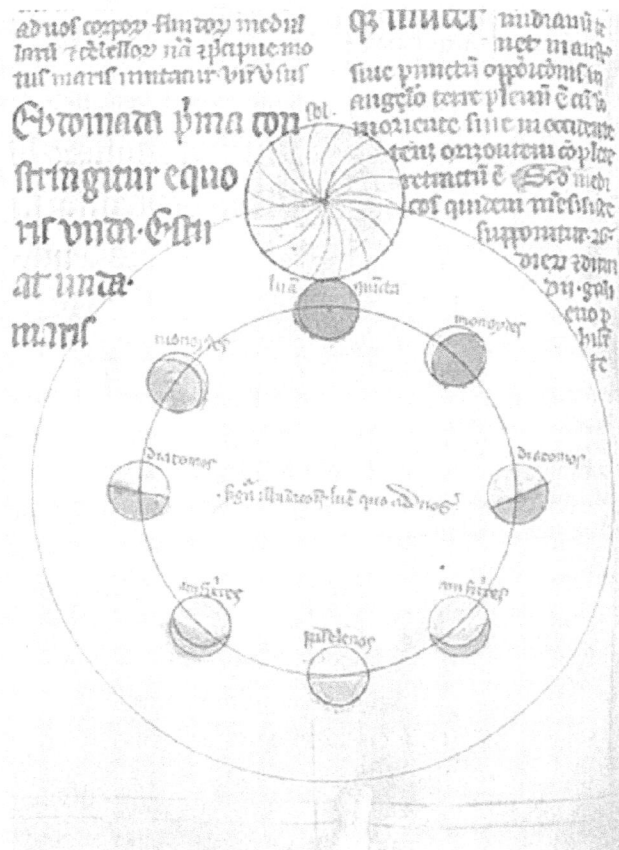

Imagen 4.7

Las Fases lunares según la astronomía medieval.

Representación gráfica medieval de las Fases lunares, según la obra *Tractatus de sphaera* de Johannes de Sacrobosco, aparecida en el tercer cuarto del siglo trece.

Conservada en el *British Museum* desde el 13 de Agosto de 1.840

Ibn al-Shatir (1.304 - 1.375) fue un astrónomo árabe que vivió y trabajó en Damasco, donde construyó un magnífico reloj de sol para las torres de su mezquita en 1.371. Adicionalmente escribió un tratado astronómico denominado *Kitab nihayat al-sul fi tashih al-usul*, o *La Búsqueda final respecto de la rectificación de principios*; en el que reforma drásticamente los modelos tolomeicos para el Sol, la Luna y los planetas; eliminando tanto el deferente excéntrico como el punto ecuante, e introduciendo mejor epiciclos extras. Para el movimiento del Sol el epiciclo adicional no obtuvo ninguna ventaja adicional al método de Tolomeo. Mientras que para la Luna esta nueva configuración corregía apreciablemente el defecto principal de la teoría lunar tolomeica, ya que reducía bastante la variación de la distancia lunar. Finalmente, para el movimiento de los planetas los tamaños relativos de los epiciclos primarios y secundarios fueron elegidos de modo que los modelos fueran matemáticamente equivalentes a los del astrónomo egipcio. Aunque se basó principalmente en un sistema geocéntrico, los fundamentos matemáticos de su cosmología resultaron idénticos a los que Copérnico estableció en *De Revolutionibus* un siglo y medio después; pero los historiadores de la ciencia no concuerdan sobre si Copérnico leyó o no la obra de al-Shatir previamente.

Muayyad al-Dīn al-Urḍī (1.200 - 1.266) fue un ingeniero, arquitecto y astrónomo de Damasco. Fue el autor de tres tratados astronómicos: *Libro de Astronomía*, que trata sobre el movimiento de los planetas; *Tratado sobre la construcción de la esfera perfecta*, y *Tratado sobre la determinación de la distancia entre el centro del Sol y el apogeo*. Fue miembro del grupo de astrónomos islámicos que durante los siglos XIII y XIV participaron activamente en la crítica al modelo astronómico expuesto por Tolomeo en su Almagesto, y cuyas obras y actividades deben haber sido conocidas en la Europa del siglo XV y, en última instancia, influirían bastante en el pensamiento de Copérnico.

Durante el gran período de la astronomía islámica los esfuerzos para la investigación científica estuvieron básicamente ausentes en la Europa cristiana, en gran parte debido a la falta de estímulos para tales esfuerzos por parte de la Iglesia cristiana; la cual establecía que la verdad y la guía espiritual podrían venir solo de las Sagradas Escrituras. El Islam, a diferencia del cristianismo, estimuló enormemente las actividades científicas, principalmente las matemáticas y las astronómicas, durante los primeros siglos después de su establecimiento. Por lo tanto, resulta bastante paradójico que la revolución científica realmente grande que estaba por venir, y que debía iniciar y establecer la *Ciencia occidental moderna* con todas sus vastas implicaciones para el desarrollo de la humanidad, ocurriera definitivamente en el seno de la cristiandad.

El Eclipse lunar de Constantinopla

Este cuarto capítulo lo abrimos con la antigua ciudad de Constantinopla, y por forzosos motivos históricos también lo cerraremos con ella.

Debemos recordar que en el año 330 el emperador romano Constantino I *El Grande* refunda la antigua ciudad griega de Bizancio, le asigna el nombre de *Nueva Roma* y la categoría de residencia imperial. La ciudad también fue conocida como Constantinopla, y después de la caída de Roma y del colapso definitivo del Imperio romano de occidente en el año 476 d. C., fue la continuadora de la tradición romana en oriente durante otros mil años.

La historia del Imperio turco o Imperio otomano se remonta hasta el año 1.299 cuando la Dinastía osmanlí en cabeza de su líder Sultan Útman I Gazi, latinizado como Osmán I, declaró su independencia de la dinastía turca selyúcida e inicia su expansionismo territorial aprovechando la debilidad de los Imperios selyúcida y bizantino para establecer y fortalecer su propio emirato; lo que históricamente da inicio al Imperio otomano: Con Osmán I empezó la expansión territorial de los turcos conformando un imperio que duraría unos setecientos años.

Pasando el tiempo, en 1.451 llega al poder el séptimo sultán de la dinastía Osman: Mehmed II, también conocido como el-Fātiḥ o el Conquistador, quien ejercería hasta el 1.481, y quien tuvo como máxima prioridad la derrota militar del imperio bizantino y la toma de la gloriosa Constantinopla.

Para tal efecto, el Jueves 5 de Abril de 1.453 Mehmed II, a sus veintiún años, inicio un sitio o asedio a la ciudad con tropas de élite otomanas, los jenízaros; y respaldados por ataques de infantería ordinaria y fuego de grandes cañones y demás artillería liviana. Después de cuarenta y siete largos días de asedio, los bizantinos vieron su Luna apagarse: el 22de mayo ocurrió un eclipse parcial de Luna que tuvo una duración de tres horas, y que ahora se sabe que efectivamente fue visible en la región.[7] Algunos escritores e historiadores sostienen que los bizantinos recordaron con terror una antigua profecía según la cual la ciudad jamás caería mientras la Luna, el símbolo de la antigua Bizancio, estuviera alumbrándola. De todas formas, y considerando la persistente superstición de dicha época, resulta obvio que el fenómeno pudo haber conmovido profundamente los espíritus tanto de los bizantinos como de los turcos: cada uno interpretando tan dramático momento bien sea como un mal augurio o un aviso extraordinario por venir.

Lo cierto del caso es que el asedio duró otros siete días hasta que las tropas turcas se abrieron paso entre las fuertes murallas bizantinas, entraron y se apoderaron de la ciudad el martes 29 de mayo de 1.453. Después de lo cual el sultán Mehmed transfirió la capital de su Imperio de Edirne a Constantinopla y estableció allí su corte: moría un imperio, el bizantino, y nacía uno nuevo, el Imperio turco u otomano.

La caída de la ciudad marcó el final del Imperio bizantino. Adicionalmente, fue un momento decisivo en la historia militar, pues las murallas y fortificaciones de Constantinopla, hasta entonces infranqueables, habían sido un modelo de defensa seguido por las ciudades de las regiones asiáticas, europeas y mediterráneas. Pero los otomanos finalmente lograron derribarlas con el uso de la pólvora que potenciaba sus poderosos cañones. La conquista de la ciudad de Constantinopla y el final del Imperio bizantino fue un evento clave en la Edad media tardía, y para una gran parte de los historiadores marca el final de dicho período medieval.

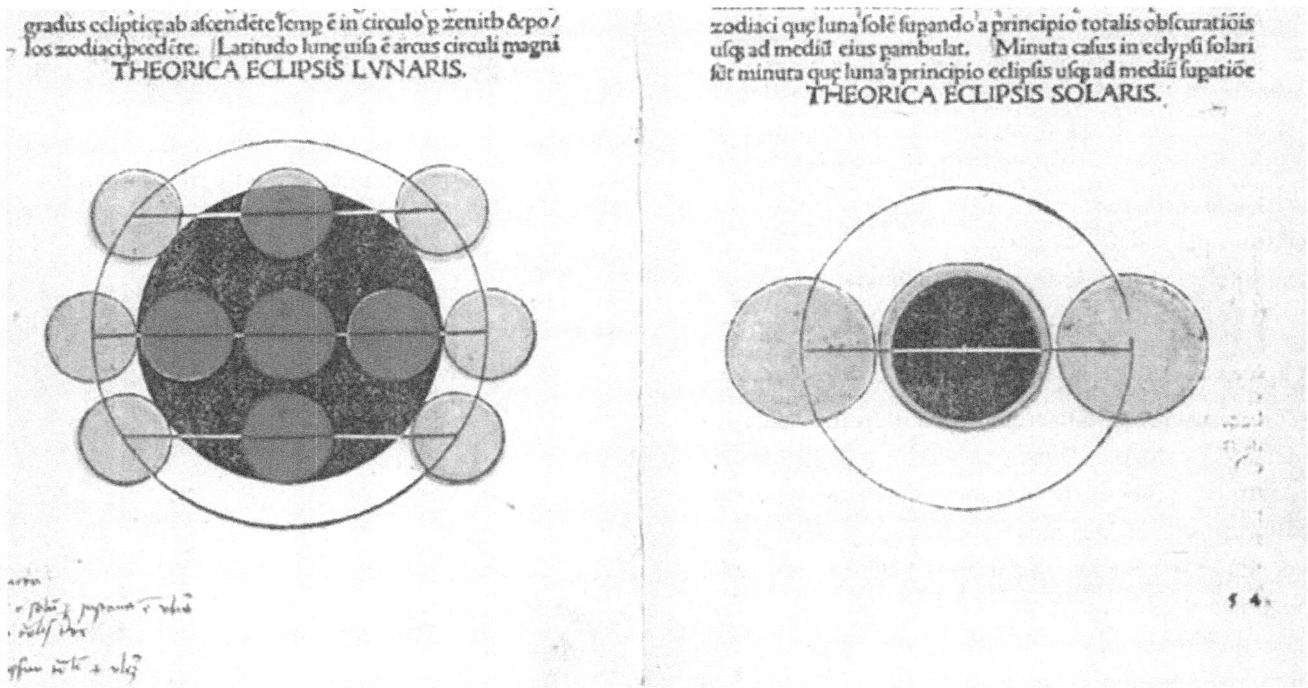

gradus ecliptice ab afcendéte femp é in circulo p zenith &po /
los zodiaci pcedéte. Latitudo lune uifa é arcus circuli magni
THEORICA ECLIPSIS LVNARIS.

zodiaci que luna folé fupando a principio totalis obfcuratióis
ufq ad mediú eius pambulat.   Minuta cafus in eclypfi folari
fút minuta que luna a principio eclipfis ufq ad mediú fupatióe
THEORICA ECLIPSIS SOLARIS.

Imagen 4.8

Los eclipses en la astronomía medieval.

Representación esquemática sobre los eclipses de Luna y de Sol contenida en una edición de 1.485 de *Tractatus de sphaera* de Johannes de Sacrobosco; conservada en el Metropolitan Musem de Nueva York.

Citas Bibliográficas

[1] Dante Alighieri. *La Divina Comedia*. Traducción de D. Cayetano, Rosell. Barcelona: Montaner y Simón, Editores. 1.914. Internet Archive: https://archive.org/details/ladivinacomediarosell/mode/2up

[2] Molina M., Antonio I. *La geografía bizantina: Cosmas Indicopleustes*. Revista Antigüedad y Cristianismo; N° 27 Año 2010, http://www.um.es/cepoat/antig%C3%BCedadycristianismo/?page_id=1231

[3] Abetti, Giorgio. *The history of astronomy*. London: Sidgwick and Jackson. 1954.

[4] Muslim Heritage. Abu al-Wafa al-Buzjanî. http://www.muslimheritage.com/article/abu-al-wafa-al-buzjan%C3%AE

[5] The British Library. Catalgue of Illuminated Manuscripts. "Ergeton 843 f.25 Diagram". http://www.bl.uk/catalogues/illuminatedmanuscripts/ILLUMIN.ASP?Size=mid&IllID=10144

[6] The British Library. Catalgue of Illuminated Manuscripts. "Egerton 844   f. 37v Diagram". http://www.bl.uk/catalogues/illuminatedmanuscripts/ILLUMIN.ASP?Size=mid&IllID=10159

[7] NASA . NASA Eclipse Web Site. https://eclipse.gsfc.nasa.gov/LEhistory/LEhistory.html

Capítulo 5

La Luna en la astronomía del Renacimiento

Con el curso del tiempo, la porción del hemisferio satelital iluminado que podemos apreciar ha ido creciendo, finalmente llega el momento en que podemos contemplar la totalidad de dicho hemisferio iluminado. Esta fase lunar es conocida como *Plenilunio*, o *Luna Llena*, y efectivamente podemos ver nuestro satélite completamente reluciente. La Luna vista desde la Tierra el Miércoles 31 de Enero de 2.018, a las 10:00 TUC; 14 días 7 horas y 45 minutos después de Luna Nueva; contemplándose un 100,0 % de su hemisferio iluminado.

Cortesía de NASA's Scientific Visualization Studio: https://svs.gsfc.nasa.gov/4604

"Ahora bien, la razón de todo esto fue su ceremonia, porque temían que el mundo se quedara dormido cuando uno de sus ojos comenzó a parpadear, y por lo tanto hacían lo que pudieran con sonidos fuertes para sacarlo de su somnolencia y mantenerlo despierto mediante antorchas brillantes para otorgarle esa luz que comenzó a perder. Algunos de ellos pensaron por dicho medio mantener a la Luna en su orbe, pues de lo contrario ella se habría caído sobre la Tierra y el mundo habría perdido una de sus luces, porque la gente crédula creía que los Encantadores y las Brujas podrían bajarse a la Luna."

The Discovery of a World in the Moone, 1.638.[1]

John Wilkins (1.614 - 1.672) Religioso y naturalista inglés.

El Renacimiento europeo

Los antecedentes históricos del período que normalmente se conoce como el *Renacimiento europeo* tienen sus raíces en los finales del siglo XIV y comienzos del XV, y ellas están relacionadas con la decadencia generalizada del mundo medieval, la cual se derivó de una profunda crisis socio económica del sistema feudal característico de dicho período, del debilitamiento de la Iglesia católica a causa de movimientos heréticos y de divisiones internas o cismas; así como también del estancamiento de las artes y del conocimiento, sesgados por los enfoques teológicos.

Los principales centros académicos europeos de mediados del siglo XV reaccionaron positivamente frente a esta decadencia, y buscaron regenerarse a través del retorno a los valores intelectuales de la cultura clásica grecorromana. Adicionalmente, el redescubrimiento de los textos antiguos se aceleró a causa de los muchos eruditos bizantinos que debieron buscar refugio en Europa occidental, especialmente en Italia, debido a la caída de Constantinopla, la sede del Imperio romano oriental, en manos de los turcos otomanos en Mayo de 1.453. Con lo que este siglo presenció el comienzo del movimiento socio cultural renacentista y el surgimiento de una visión del mundo más antropocéntrica, desligada de la religión y de la teología medievales; visión en la que el hombre y sus avances cognitivos establecieron una nueva forma de valorar el mundo: el *Humanismo*.

Renacimiento es el nombre dado a un vasto movimiento cultural de transición entre la Edad Media y los inicios de la Edad Moderna, el cual se desarrolló en Europa occidental en el curso de los siglos XV y XVI. Sus principales manifestaciones se dieron básicamente en los campos de las artes y de las ciencias, tanto las naturales como las humanas. Dicho proceso fue el resultado de la difusión del conjunto de ideas que hoy se conoce como *Humanismo* y que determinó una nueva concepción tanto del hombre como del universo. Geográficamente, la ciudad italiana de Florencia fue el lugar de nacimiento y desarrollo de este movimiento, el cual posteriormente se extendió por toda Europa. El término *Renacimiento* se aplica para hacer referencia a los valores tradicionales de la cultura clásica grecorromana, y significa una retoma, un regreso, de dichos valores; en contraposición a un tipo de mentalidad más rígida, teológica y dogmática establecida dentro del marco general del mundo medieval. En este gran período se desarrolló una nueva forma de entender tanto al Universo como un todo, así como al ser humano en su complejidad; y se establecieron nuevos enfoques en los campos de las artes, la filosofía, las ciencias, la economía y la política; con la característica primordial de que se sustituyó el teocentrismo medieval por el antropocentrismo moderno.

En la antigua Grecia se dio la transición de la forma de pensamiento mitológico primitivo hacia el raciocinio filosófico clásico; durante la Edad media se desarrollaron y afianzaron los puntos de vista y las concepciones teológicas; finalmente, durante la Europa renacentista se dio la transición de la cosmovisión teológica hacia la forma de pensamiento racional y científico. El nuevo enfoque filosófico de estos tiempos fue el *Humanismo*, el cual influenció todas las áreas del saber buscando describir cabalmente la posición del ser humano en el mundo. El pensamiento humanista fue, ante todo, un movimiento moral y literario que promulgó el valor y la importancia de los seres humanos en el universo como un todo; en un marcado contraste con la filosofía medieval, que se fundamentó en la teología y siempre puso a Dios en el centro del mundo. El *Humanismo* está mucho más interesado en el hombre y la naturaleza que en las cuestiones divinas y espirituales; y se fundamenta en una marcada oposición a la cultura medieval y en el retorno a la antigüedad clásica griega, la cual tiene a Platón y Aristóteles como sus máximos exponentes.

Así, la cultura renacentista supuso un especial retorno a la influencia de la filosofía clásica grecorromana, con su racionalismo y su estudio de la naturaleza mediante la investigación empírica. Los tres campos del conocimiento que más atención y desarrollo tuvieron fueron la filosofía natural, el humanismo y la filosofía política.

En un mundo ya dirigido hacia una modernidad, la filosofía renacentista estuvo caracterizada por su marcado alejamiento de la teología, pues esta la distraía del ámbito racional y la circunscribía exclusivamente a los ámbitos espiritual y doctrinario; aunque no renunció del todo a la religión. La nueva manera de emprender los temas universales fue el racionalismo: la razón como herramienta para el estudio del hombre, de la sociedad y de la naturaleza. Así, la filosofía natural del Renacimiento terminó con la concepción sobrenaturalista medieval del mundo en términos de propósitos y ordenamientos divinos, y en su lugar desarrolló un pensamiento fundamentado en términos de causas físicas, mecanismos y fuerzas.

Durante este período de transición la ciencia presentó un gran auge debido a la nueva visión antropocéntrica del humanismo, y estuvo favorecida por el advenimiento de una nueva generación de filósofos eruditos tan consagrados e incisivos como los antiguos griegos, por la invención de la imprenta y por los grandes viajes de descubrimiento geográfico ocurridos en esta era. Factores todos estos que favorecieron y condujeron al desarrollo de lo que hoy conocemos como la *Revolución científica* desarrollada entre los siglos XVI y XVII. El rasgo fundamental de la ciencia, el *Método científico*, se fundamenta en el empirismo y parte de una hipótesis de origen racional, teórico y matemático para llegar mediante un proceso, o método, a la comprobación o demostración posterior de dicha hipótesis preliminar. El filósofo y escritor inglés Francis Bacon (1.561 - 1.626), promotor del empirismo filosófico y científico, en su obra *Novum organum* presenta la ciencia como un proceso racional, inductivo y experimental capaz de dar al ser humano el conocimiento y control sobre la naturaleza.

El método científico establece contundentemente que todas las proposiciones, hipótesis y teorías científicas deben estar siempre sujetas a una primera prueba consistente en explicar toda la información disponible sobre el tema, y adicionalmente a una prueba de predicción de algún efecto derivado o fenómeno nuevo que pueda ser investigado y medido. Siendo así, el método científico es completamente opuesto a la creencia ciega o dogma.[2]

La disciplina científica que más extraordinariamente se desarrolló durante el Renacimiento fue la astronomía: los astrónomos Nicolás Copérnico, Tycho Brahe, Johannes Kepler, Galileo Galilei y el físico Isaac Newton fueron protagonistas de primer orden en esta revolución científica; y Bacon proveyó los fundamentos filosóficos para justificar y soportar el método científico que habría de caracterizarla.

De manera coincidente, durante este período de cambio de mentalidad comenzó a emerger una nueva clase social, la burguesía, que estableció los cimientos del capitalismo con una economía preindustrial y mercantil; lo que finalmente condujo a un crecimiento acelerado del comercio entre las naciones mediterráneas y europeas; y también a la exploración de nuevas rutas comerciales hacia oriente y occidente, lo que eventualmente llevaría al descubrimiento de América por parte de los europeos.

El primer Eclipse lunar documentado en tierras americanas[3]

En un momento muy temprano del período del renacimiento nos encontramos con un eclipse lunar total muy importante históricamente, pues es prácticamente el primero del cual se tenga documentación histórica de que fue contemplado en las recién descubiertas tierras americanas: el Eclipse lunar de Cristóbal Colón.

Tras el descubrimiento de América el 12 de Octubre de 1.492, Cristóbal Colón realizó otros tres viajes exploratorios de las tierras americanas en los siguientes diez años. Después de los preparativos en Sevilla, el cuarto y último viaje de descubrimiento salió de Cádiz el 9 de Mayo de 1.502, y llegó al puerto de Santo Domingo en la isla caribeña de La Española, actual República Dominicana, el 29 de Junio.

Durante el viaje se descubrieron las costas caribeñas de los actuales países de Honduras, Nicaragua, Costa Rica y Panamá; así como otra serie de pequeñas islas. Debido a tan largas travesías marítimas en medio de un clima con tempestades y huracanes inclementes, y tras sufrir graves desperfectos en sus barcos, Colón y sus hombres finalmente naufragaron en la isleña costa de Jamaica el 25 de Junio de 1.503. Los expedicionarios se encontraron con una isla aun sin colonizar; entonces montaron campamentos con los cascos de las naves e intentaron una convivencia positiva con los nativos de la isla, quienes en un principio los recibieron bien y les ofrecieron hospedaje y comida. Allí tendrían que permanecer más de un año hasta la llegada de un barco de rescate.

Su sustento dependía en gran medida de la mandioca y de la carne de roedores que les proporcionaban los nativos, con quienes mantenían una complicada relación que pronto devino en serios desacuerdos. Después de 6 meses de estancia y tras muchas desavenencias entre los navegantes y los nativos, estos se rehusaron a continuar prestándoles sus servicios. Ante la negativa de los indígenas a seguir ayudándoles, el Almirante decidió utilizar sus conocimientos en astronomía así como la superstición de los indios para sacar provecho a la situación.

Al consultar el libro del matemático y astrónomo alemán Johann Müller Regiomontano que llevaba consigo, Colón encontró que el próximo 29 de Febrero de 1.504 ocurriría un eclipse lunar total que sería visible en esta región. Así, tres días antes del eclipse, el Almirante pidió reunirse con el Cacique líder indígena para intimidarlo y presionarlo manifestándole que el Dios cristiano estaba muy enojado con ellos y que sufrirían las consecuencias por negarse a auxiliar a los europeos; y que para mostrar su enojo, en tres días las llamas de su ira harían desaparecer la Luna del cielo.

Imagen 5.1

Eclipse lunar de Cristóbal Colón de 1.504.

Imagen incluida en el texto: *Astronomie Populaire*, escrito en 1.879 por el astrónomo francés Nicolas Camille Flammarion (1.842 - 1.925).

Llegado el momento indicado, el eclipse lunar y la Luna rojiza tuvieron lugar según lo predicho por Colón, y la gente indígena estaba supremamente impresionada y asustada al ver materializada la ira del Dios de los europeos. Fernando, El hijo del almirante, escribiría después que: los indios con grandes aullidos y lamentos llegaron corriendo desde todas direcciones hacia los náufragos, cargados con provisiones y rogando al Almirante que intercediera por ellos y por todos los medios con su Dios, para que él devolviese a la Luna su resplandor original y para que no callera su ira sobre ellos.

Entonces el almirante se encerró en su cabaña durante unos cincuenta minutos, supuestamente para hablar con su Dios. Pero en realidad se dedicó a registrar las fases del eclipse usando su reloj de arena, y justo antes de que el fenómeno llegara a su fin, anunció a los indios que el Poderoso estaba de acuerdo en no castigarlos más y en devolverles su Luna. Así, los nativos agradecidos continuaron alimentándolos y ayudándolos hasta su partida por el Caribe el 29 de Junio de 1.504. El conocimiento le había ganado la batalla a la superstición.

En realidad los nativos no se asustaron tanto por el eclipse lunar en sí mismo, es seguro que ya habían visto suficientes. Lo que si les debió sorprender, y bastante, fue el hecho de que ocurriera justo cuando el dios de Colón, aparentemente, lo dispuso. Debieron pensar que era producto del poder divino, o de la magia del hombre blanco. Pero solo fue ciencia y algo de conocimiento.

En realidad los nativos no se asustaron tanto por el eclipse lunar en sí mismo, es seguro que ya habían visto suficientes. Lo que si les debió sorprender, y bastante, fue el hecho de que ocurriera justo cuando el dios de Colón, aparentemente, lo dispuso. Debieron pensar que era producto del poder divino, o de la magia del hombre blanco. Pero solo fue ciencia y algo de conocimiento.

Finalmente, el 29 de Junio de 1.504, dos años después de haber partido, los expedicionarios náufragos fueron rescatados de Jamaica en un barco enviado por Diego Méndez y llevados a Santo Domingo en La Española, a donde llegan el 13 de Agosto; salen de allí el día 11 de Septiembre de 1.504 y arriban a Sanlúcar de Barrameda, en España, el 7 de Noviembre.

Nicolás Copérnico y la Teoría heliocéntrica

Todo lo expuesto hasta aquí en este texto se ha hecho dentro del marco general de un universo geocéntrico establecido por Aristóteles y perpetuado por Tolomeo. El peso filosófico aportado por Aristóteles y el hecho de que fuera este modelo el adoptado, impuesto y defendido históricamente por la Iglesia católica, fundamentalmente debido a que concordaba bien con las Sagradas escrituras en el sentido de que tanto el hombre como la Tierra ocupaban el centro de la divina creación, contribuyeron a que el modelo Aristotélico-tolomeico de un *Universo geocéntrico* continuara vigente durante un largo periodo de tiempo. Más específicamente hasta el siglo XVI: incluso hacia 1.502, cuando Cristóbal Colón realizó su último viaje descubridor al Continente americano, la inmensa mayoría de gentes pensaban, creían, que la Tierra era el centro del universo. La desacreditación efectiva y el abandono total de la concepción aristotélica-tolomeica del universo geocéntrico, después de estar vigente por prácticamente dos milenios, se empezó a gestar durante el siglo XVI, en pleno período del Renacimiento, con la entrada en escena del astrónomo Copérnico y su replanteamiento de la *Teoría heliocéntrica*.

Pero este drástico cambio en la cosmología básicamente no afectó la forma de percibir y entender tanto a la Luna como a sus eclipses, dado que la naturaleza intrínseca y la causa primordial de estos fenómenos sigue siendo la misma: los tres astros se alinean y uno de ellos, la Luna o la Tierra, bloquea el paso de los rayos solares impidiendo que lleguen hasta el otro, indistintamente de que el Sol esté ubicado en el centro del Universo o no. Desde el punto de vista de los eclipses, lo que importa son las posiciones y movimientos relativos de los tres cuerpos.

De origen polaco, el científico Nicolás Copérnico (1.473 - 1.543) realizó sus primeros estudios en la Universidad de Cracovia y en 1.501 fue nombrado canónigo en la catedral de Frombork en Polonia. Posteriormente viajó a Italia donde adelantó estudios de matemática, filosofía, medicina, astronomía y derecho canónico en la Universidades de Bolonia y de Padua. En 1.523 regresó definitivamente a su país y ocupó algunos cargos públicos, como la administración de la diócesis de Warmia; allí ejerció también la medicina y realizó su invaluable aporte en el campo de la Astronomía. Falleció el 24 de mayo de 1.543 en Frombork, Polonia.

Su aporte fundamental a la astronomía moderna fue haber retomado, mejorado y puesto de nuevo en circulación en Europa las antiguas teorías griegas del *Universo heliocéntrico*. Su famoso libro *De Revolutionibus Orbium Coelestium*, o *Sobre las revoluciones de las esferas celestes*, en el que estableció su sistema de movimientos circulares planetarios alrededor del Sol, fue publicado el mismo año de su muerte en 1.543, y con él se hizo acreedor del título de padre o fundador de la astronomía moderna. A falta de evidencias, muchos historiadores piensan que Copérnico fue reacio a publicar más tempranamente su libro debido en esencia a dos temores: ser juzgado como hereje por la Iglesia y ser duramente criticado por los científicos de turno.[4] Cuando Copérnico estuvo plenamente convencido de sus teorías heliocéntricas como para publicarlas y difundirlas, debió confrontar tres autoridades de mucho peso en su tiempo: la Iglesia, la ortodoxia aristotélica de las universidades y los propios astrónomos de la época, entidades que todavía estaban trabajando dentro de una difundida tradición geocéntrica tolomeica.

El *Commentariolus*

Previamente hacia 1.514, Copérnico escribió un pequeño tratado denominado *Nicolai Copernici de hypothesibus motuum coelestium a se constitutis commentariolus*, o *Breve exposición de las hipótesis de Nicolás Copérnico acerca de los movimientos celestes*; texto afortunadamente mejor conocido con el reducido nombre de *Commentariolus* y que nunca fue impreso durante su vida, aunque el manuscrito llegó a ser conocido entre sus amigos y contemporáneos. Allí él enunció los tres presupuestos fundamentales de su *Cosmología heliocéntrica*: Todos los movimientos celestes ocurren en torno al Sol, La Tierra es uno más de los planetas que giran alrededor del astro Rey, y el universo está limitado por la esfera de las estrellas fijas. Igualmente, enunció los postulados básicos de sus *Sistema cosmológico heliocéntrico*: los astros giran alrededor del Sol y éste se encuentra muy cerca del centro del universo, aunque no todos los cuerpos celestes giran alrededor de un único punto; la Tierra se mueve en una esfera alrededor del Sol, lo que causa el aparente movimiento anual de este astro, y adicionalmente nuestro planeta tiene más de un movimiento. También expuso que las estrellas están inmóviles pues su aparente movimiento diario se debe en realidad a la rotación diaria de la Tierra; que la distancia entre nuestro planeta y el Sol es una fracción insignificante de la distancia de estos astros hasta las estrellas fijas, y que por esto no se observa paralaje en tales estrellas. Que el movimiento orbital de la Tierra alrededor del Sol causa el movimiento aparentemente retrógrado de los planetas; y finalmente, que el centro de la Tierra es el centro de la esfera lunar, o de la órbita de la Luna alrededor de nuestro planeta.[5]

En este conjunto de postulados encontramos, por primera vez en la historia, un pronunciamiento registrado de un filósofo respecto a que la Luna orbita alrededor de un planeta que no es el centro del universo sino que gira en torno al Sol como los demás astros, lo que se constituye en la primera definición formal de lo que es un *satélite natural*.

Considerando que una teoría heliocéntrica del universo nunca fue definitivamente establecida en la antigüedad clásica, resulta comprensible que ningún filósofo antiguo, exceptuando quizás a Aristarco, haya logrado concebir esta característica de la Luna; muy a pesar de que ellos conocían, como lo manifestó Plutarco, su considerable cercanía a la Tierra en comparación con los demás astros. Es por esto que Copérnico es el primer erudito debidamente documentado en darle a nuestro globo lunar su auténtica posición dentro del Universo: un satélite de una Tierra que orbita en torno al Sol.

Fue en el *Commentariolus* donde Copérnico estableció las hipótesis básicas para su *Modelo universal heliocéntrico*, y allí dejó claro que decididamente se acogió al principio del movimiento circular uniforme y descartó el uso de deferentes excéntricos y del punto ecuante. También es obvio que él comprendió que su modelo concordaba bien con los fenómenos celestes observados y al mismo tiempo tenía un mayor atractivo intelectual que el de Tolomeo. En términos generales, sus modelos para los movimientos de los astros siguen el patrón establecido un siglo y medio antes por el astrónomo árabe Ibn al-Shatir, quien evitó el uso tanto el deferente excéntrico como el punto ecuante; pero están geométricamente trasformados para llevar el centro del movimiento de cada astro a un punto común, que no es exactamente el Sol sino el centro de la órbita terrestre. Los objetivos primordiales del *Commentariolus* fueron hacer una descripción general de un Universo heliocéntrico con un Sol estático y ubicado muy aproximadamente en el centro; así como dejar muy claro que los movimientos diarios que observamos de la Luna, del Sol y de los planetas son efectos, ilusiones ópticas causadas por los movimientos de traslación de la Tierra alrededor del Sol, el de rotación sobre su propio eje y el de precesión de este mismo eje; y finalmente establecer que el movimiento de los astros no es irregular, sino que ellos se mueven con uniformidad en torno al Sol siguiendo círculos perfectos.

En esta obra el astrónomo polaco se limitó a enunciar y exponer su *Sistema heliocéntrico* sin tener el propósito, o preocuparse, de efectuar las respectivas demostraciones geométricas o matemáticas. Los parámetros en los que se basaron sus modelos son muy similares a los del Almagesto debido a que fueron rederivados de las observaciones tolomeicas; y ellos arrojaron resultados razonables para las posiciones del Sol, la Luna y los planetas, aunque no tenían la precisión necesaria para el cálculo aceptable de las respectivas conjunciones de estos astros ni para los eclipses. Por lo tanto, el canónigo astrónomo se dedicó a trabajar para hacer acopio del conjunto de observaciones que necesitaría para que sus modelos cosmológicos fueran más precisos y más aceptables que los que intentaban sustituir. Él realizó tales observaciones entre los años de 1.512 a 1.529, y entre ellas se incluyeron las posiciones de la Luna, del Sol, de los equinoccios, de eclipses lunares y solares; la determinación de las conjunciones y oposiciones de los planetas, y de altitudes o distancias al cénit para varios astros. Considerando todo este material, es fácil ver que estamos frente a uno de los pocos astrónomos que decidió construir un modelo cosmológico a partir de observaciones tanto ajenas como propias y bien fundamentadas en principios teóricos.

Sobre las revoluciones de los cuerpos celestes

Los resultados y conclusiones finales de sus investigaciones astronómicas las presentó en su máxima obra: *De Revolutionibus Orbium Coelestium*, o *Sobre las revoluciones de los cuerpos celestes*; la cual se imprimió por fin en 1.543, pero la única copia que él vio le fue presentada en su lecho de muerte y nunca la llegó a abrir. El texto está dividido en seis libros: En el primero se expone una visión general de su sistema cosmológico e incluye dos capítulos sobre geometría y trigonometría. Aunque no es muy avanzado, el segundo texto trata sobre la teoría de la astronomía esférica. El tercero trata sobre los movimientos de la Tierra, el de traslación en torno al astro Rey, de rotación sobre sí misma y con el de precesión de su eje. En el cuarto libro Copérnico presenta su astronomía lunar y cubre los respectivos movimientos del satélite. En el quinto trata sobre la posición de los planetas en función de su longitud celeste, mientras que en el último aborda sus latitudes.

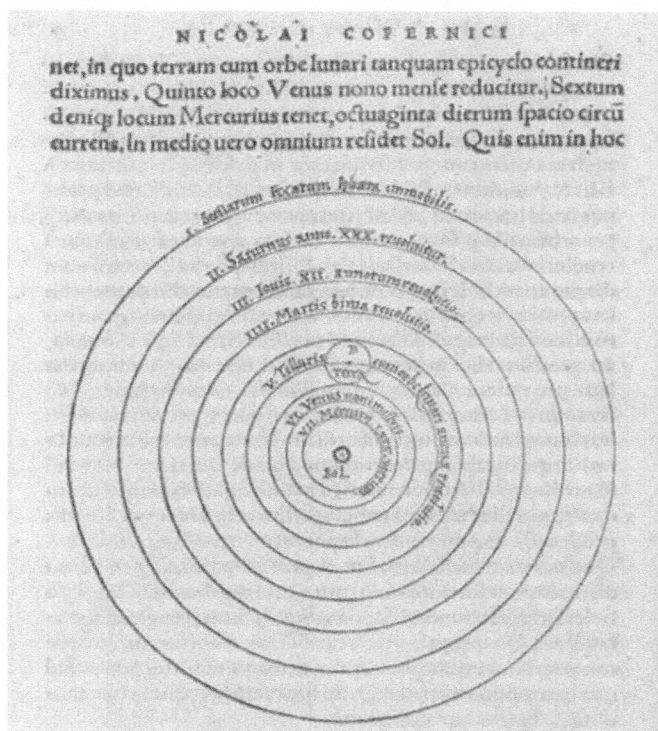

Imagen 5.2
El Sistema heliocéntrico copernicano

Detalle de la primera edición de 1.543 de la obra *De revolutionibus orbium coelestium*, de Nicolás Copérnico.
Es una representación geométrica del Sistema solar completo como lo concibió el astrónomo polaco.
Muestra al Sol en el centro y los planetas, incluida la Tierra, que lo orbitan; pero con la Luna orbitando alrededor de la Tierra.

En su obra *De Revolutionibus* Nicolás Copérnico retoma y expone las ideas heliocentristas propuestas inicialmente por Aristarco de Samos, y establece un sistema en el cual el Sol se encuentra inmóvil muy cerca del centro del universo y a su alrededor giran los planetas en órbitas circulares. En dicha obra el astrónomo polaco, al igual que sus colegas griegos, se deja influenciar por motivos filosóficos y estéticos, y asume axiomáticamente que todos los movimientos celestes deben ser circulares y uniformes. Lo que finalmente obligó a Copérnico a incluir también epiciclos en su sistema con el propósito de ajustar su teoría a las observaciones realizadas. Aunque en el *Commentariolus* Copérnico evita utilizar el deferente excéntrico para representar el movimiento de los astros en torno al Sol, en *Sobre las revoluciones* se ve obligado a emplearlos, tanto para poder demostrar sus modelos como para hacerlos coincidir con las observaciones; todavía recurre a epiciclos para elaborar su sistema del mundo, aunque los centros de los deferentes no están exactamente en el Sol sino más bien en un punto cercano a él, y que se corresponde con el centro de la órbita terrestre: La Tierra es un planeta que orbita circularmente en torno al Sol pero el centro de su órbita no coincide con el centro del astro Rey, pero si es el centro de las demás órbitas planetarias. Esto último empañó ligeramente la simplicidad de su cosmología. Aun así, lo que sí es verdaderamente importante en su trabajo fue el haber destronado a la Tierra de su posición geométrica y cosmológica preeminente, y el haber colocado en su lugar al astro Rey.

La única gran diferencia del *Modelo heliocéntrico copernicano* comparado con el *Modelo geocéntrico tolomeico* fue colocar el Sol en el centro del

Universo en lugar de la Tierra; en todos los demás conceptos Copérnico fue fiel a Aristóteles, con los cuerpos celestes, incluida la Tierra, siendo esféricos y moviéndose en círculos concéntricos y a velocidad constante. Pero, al igual que Tolomeo, el astrónomo polaco descubrió que sus teorías no encajaban bien con las observaciones, así que tuvo que hacer pequeñas correcciones y eligió que fueran las mismas desarrolladas por el astrónomo de Alejandría casi un milenio y medio antes, pero acomodadas a su sistema heliocéntrico. Para ajustarse satisfactoriamente a las observaciones, Copérnico debió usar una menor cantidad de pequeños epiciclos y adicionalmente colocar al Sol en un punto ligeramente desplazado respecto de los centros geométricos de las órbitas planetarias. Su modelo mejorado con epiciclos demostró que la asunción del movimiento anual de la Tierra alrededor del Sol explicaría de una manera muy simple las irregularidades más notorias en los movimientos de los planetas: pues explicó de inmediato el mayor problema al que se enfrentaba un sistema geocéntrico, esto es, el movimiento retrógrado de los planetas.

Adicionalmente, el sistema copernicano hizo la predicción específica de la paralaje estelar, o el cambio aparente en la posición de una estrella cuando la Tierra se mueve de un extremo a otro de su órbita; mientras que el modelo geocéntrico aristotélico tolomeico, con una Tierra estática, no podía predecir ninguna, y por lo tanto no se detectó ninguna. Ahora sabemos que este hecho se debe a la inmensa distancia hasta las estrellas más cercanas, lo que hace que su paralaje sea tan exigua y difícil de medir que no se apreció ninguna hasta tres siglos más tarde, cuando las técnicas telescópicas se desarrollaron suficientemente.

El movimiento planetario visto por Copérnico

El movimiento de los planetas es analizado en los libros quinto y sexto de *De Revolutionibus*; el quinto libro incluye lo mejor de su trabajo y trata sobre las ubicaciones celestes de los planetas superiores. Copérnico colocó un Sol inmóvil en el centro de la esfera de las estrellas fijas, la cual también es estacionaria; y los planetas giran en torno al astro Rey moviéndose en círculos a velocidades constantes sobre un mismo plano, hoy conocido como plano de la eclíptica. En el desarrollo de sus teorías planetarias, el astrónomo polaco tuvo ventajas sobre el egipcio: para cada planeta el modelo está relacionado no con la verdadera posición del Sol, sino con el centro de la órbita de la Tierra, y así sólo tenía que considerar la primera desigualdad para explicar la revolución del planeta con respecto a las estrellas.

Después de algunas consideraciones preliminares, Copérnico procedió en el décimo capítulo a fijar el orden de las órbitas planetarias, porque incluso hasta su época el respectivo orden de los planetas nunca había sido establecido de manera concluyente. Hasta ahora había unanimidad perfecta en cuanto a la Luna, que es el cuerpo más cercano a la Tierra y realiza su revolución en el tiempo más breve de 29,53 días; mientras que Saturno, teniendo el período más largo de 29,45 años, es el más distante; siguiendo Júpiter con casi doce años y Marte con unos dos años. Pero el caso fue diferente con Mercurio y Venus que siempre fueron muy problemáticos. Los pitagóricos habían puesto estos dos astros arriba del Sol, Tolomeo y la mayoría de los astrónomos posteriores los ubicaron por debajo; mientras que algunos astrónomos árabes pusieron a Venus encima y a Mercurio debajo. Para estos dos astros fue fácil pasar de la teoría tolomeica a la copernicana, ya que el Sol mismo podría convertirse en el centro de los respectivos epiciclos.

Mercurio y Venus, cada uno girando alrededor del Sol con su propia distancia y velocidad, representará un movimiento aparente similar al explicado por el mecanismo de epiciclo y deferente de Tolomeo. El astrónomo canónigo evalúa los períodos sinódico y sidéreo de estos dos planetas, y también los tamaños relativos de sus órbitas en comparación con los de la Tierra, y encuentra valores muy similares a los modernos.

Argumentando sobre las posiciones de los planetas Venus y Mercurio, Copérnico declara: *"Por lo tanto, el Sol es el centro de sus órbitas, y la órbita de Mercurio está encerrada dentro de la de Venus que es más del doble. Si aprovechamos esto para referir a Saturno, Júpiter y Marte al mismo centro, teniendo en cuenta la gran extensión de sus órbitas que encierran esos dos planetas, así como la Tierra, no dejaremos de encontrar el verdadero orden de sus movimientos, ya que es cierto que estos son los más cercanos a la Tierra cuando están en oposición al Sol, estando la Tierra entre ellos y el Sol, pero que están más lejos de nosotros cuando el Sol está entre ellos y la Tierra, lo que prueba que su centro pertenece más bien al Sol y es el mismo que el de las sendas en que Venus y Mercurio se mueven."*[6]

Dada la hipótesis de que giran alrededor del Sol, la explicación de los movimientos para los planetas superiores Marte, Júpiter y Saturno se vuelve difícil: no siempre el centro del deferente está en la posición del Sol, sino que puede estar en cualquier parte entre aquella y el centro de la órbita terrestre. De todas formas se puede demostrar que el movimiento de un planeta superior es muy similar al de un planeta inferior, siempre que el radio de su epiciclo sea mayor que el de su deferente. A partir de la observación de las oposiciones de los planetas superiores, el astrónomo canónigo obtuvo valores bien precisos para sus períodos sinódico y sidéreo.

El orden general de los cuerpos celestes dentro del Sistema solar lo resume Copérnico de la siguiente manera: *"En consecuencia, con el primer principio intacto, ya que nadie propondrá un principio más adecuado que el tamaño de las esferas se mide por la duración del período de revolución, el orden de las esferas comenzando por la más distante es el siguiente. La primera y la más alta de todas es la esfera de las Estrellas fijas que se contiene a sí misma y a todo, y por lo tanto es inamovible. Es indudablemente el lugar del universo al cual el movimiento y la posición de todos los otros cuerpos celestes son comparados. Algunas personas piensan que también cambia de algún modo. Una diferente explicación de por qué esto parece ser así se aducirá en mi discusión sobre el movimiento de la Tierra. Le sigue el primero de los planetas, Saturno, que completa su circuito en 30 años. Después de Saturno, Júpiter logra su revolución en 12 años. Luego Marte gira en 2 años. La revolución anual toma el cuarto lugar de la serie, y que contiene a la Tierra, como dije, junto con la esfera lunar como un epiciclo. En el quinto lugar Venus regresa en 9 meses. Por último, el sexto lugar lo ocupa Mercurio que gira en un período de 80 días. En reposo, sin embargo, en el medio de todo está el Sol. Porque en este hermoso templo, ¿Quién colocaría esta lámpara en una posición mejor que aquella desde la que puede iluminar todo al mismo tiempo? Porque el Sol no es invocado inapropiadamente por algunas personas como la linterna del universo, su mente por otras y su gobernante por otras. Hermes Trismegisto lo etiqueta como un dios visible, y Electra de Sófocles, el que todo lo ve. Así, de hecho, como sentado en un trono real, el Sol gobierna a la familia de planetas que giran alrededor de él. Además, la Tierra no está privada de la asistencia de la Luna. Por el contrario, como dice Aristóteles en un trabajo sobre animales, la Luna tiene el parentesco más cercano con la Tierra. Mientras tanto, la Tierra tiene relaciones sexuales con el Sol y está fecundada para su parto anual."*[7]

La discusión sobre las posiciones estacionarias de los planetas es bastante elaborada. Copérnico llegó a la conclusión de que dichas posiciones tienen que existir y mostró cómo se pueden calcular con exactitud; lo que evidencia cuánto más efectivo es el sistema copernicano en comparación con el tolomeico: considerando el movimiento de la Tierra y el de los planetas exteriores con sus respectivas velocidades alrededor del Sol, se ve fácilmente que durante un cierto período de tiempo, e inmediatamente después de las respectivas estaciones, debe producirse una inversión en la dirección de los movimientos planetarios. Este es el Movimiento aparentemente retrógrado: el planeta parecerá revertir temporalmente la dirección de su movimiento a través del cielo. Dicho movimiento consiste en una ilusión óptica, un espejismo causado por la diferencia en las velocidades de traslación entre la Tierra y los respectivos planetas. Según este fenómeno los planetas parecen disminuir su velocidad, detenerse, cambiar de dirección y desplazarse así por un pequeño lapso de tiempo, para nuevamente volver a detenerse y cambiar a la dirección que traía originalmente, y entonces continuar así sus cursos orbitales.

Copérnico presentó finalmente un sistema heliocéntrico claro y específico en el que el orden de los planetas alrededor del Sol era: Mercurio, Venus, la Tierra con la Luna, Marte, Júpiter y Saturno; y en el fondo de todo, el conjunto de las estrellas fijas. Y con este orden también explicó los tamaños relativos de los arcos del recorrido retrógrado para los planetas exteriores, que van decreciendo desde Marte hasta el de Saturno que es el menor; así como también sustentó por qué los planteas exteriores son mucho más brillantes en oposición. En la Tabla 5.1 se muestran las distancias medias de los planetas al Sol relativas al diámetro de la Tierra, las cuales fueron derivadas del trabajo de Copérnico.

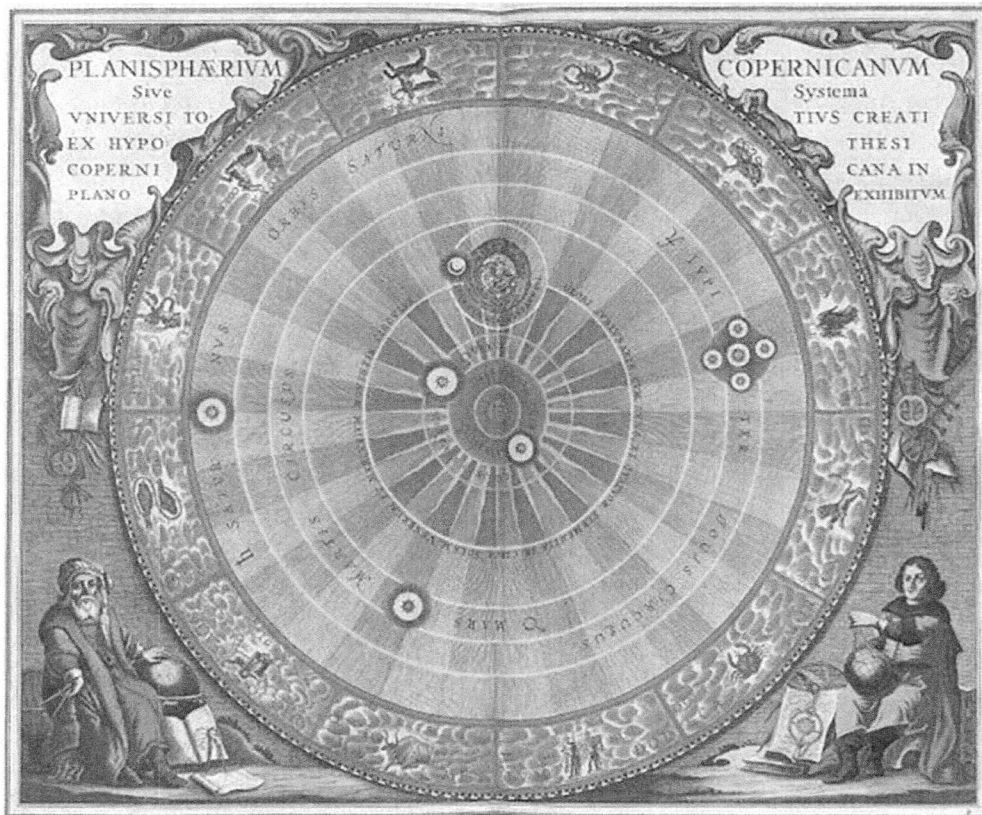

Imagen 5.3
Planisferio copernicano
Tomado del atlas estelar *Harmonia Macrocosmica* del cartógrafo alemán Andreas Cellarius (1.596 -1.665), publicado en 1.660. Muestra el Sistemas solar según la teoría heliocéntrica copernicana con los planetas conocidos hasta entonces.

116

Con respecto a la distancia de la Tierra al Sol, Copérnico tuvo que adoptar el valor de la paralaje solar dada por Hiparco pero haciéndole solo una pequeña corrección debida a los valores de los diámetros aparentes del Sol y la Luna adoptados por él. El paralaje solar medio usado por Copérnico fue de 3' 1'', y la distancia media de 571 diámetros terrestres.

La Tierra según Copérnico

En su obra, Copérnico hace el planteamiento de si la Tierra está en el centro del mundo o si es otro planeta girando en torno al Sol. Que no es el centro de todos los movimientos celestes está demostrado por los movimientos aparentemente irregulares de los demás planetas, y por sus diferentes distancias a la Tierra. Al respecto, Copérnico decididamente argumenta que las mismas condiciones físicas se desarrollan tanto en los cuerpos celestes como en la Tierra: *"Por mi parte, creo que la gravedad no es más que una determinada necesidad natural, que la divina providencia del Creador de todas las cosas ha implantado en las partes, para que se reúnan como una unidad y un todo al combinarse en forma de globo. Este impulso está presente, podemos suponer, también en el Sol, la Luna y otros planetas brillantes, de modo que a través de su operación permanecen en esa forma esférica que exhiben. Sin embargo, giran alrededor de sus circuitos de diversas maneras. Si, entonces, la Tierra también se mueve de otras maneras, por ejemplo alrededor de un centro, sus movimientos adicionales deben ser igualmente reflejados en muchos cuerpos fuera de ella. Entre estos movimientos encontramos la revolución anual; porque si esta se transforma de un movimiento solar a un movimiento terrestre, con el Sol reconocido como en reposo, las salidas y puestas que traen los signos zodiacales y las estrellas fijas a la vista cada mañana y cada tarde aparecerán de la misma manera."*[8] En esta última frase el astrónomo está argumentando que el movimiento observado de los astros, sus salidas en las mañana por el Este y sus puestas en las tardes por el Oeste, serían bien explicados tanto por el modelo geocéntrico tolemaico, como por heliocéntrico suyo. Todas estas ideas son enunciadas para establecer una analogía entre la naturaleza y los movimientos de la Tierra y de los planetas, y así poder mostrar que es razonable suponer que la Tierra esté dotada de movimiento orbital, como los demás cuerpos celestes, y poder entonces quitarla del centro del mundo.

La posición de la Tierra y su satélite dentro del conjunto del Sistema solar, la argumenta el astrónomo polaco en los siguientes términos: *"Por lo tanto, el Sol es el centro de sus órbitas, y la órbita de Mercurio está encerrada dentro de la de Venus, que es más del doble. Si aprovechamos esto para referir a Saturno, Júpiter y Marte al mismo centro, teniendo en cuenta la gran extensión de sus órbitas que encierran esos dos planetas, así como la Tierra, no dejaremos de encontrar el verdadero orden de sus movimientos, ya que es cierto que estos son los más cercanos a la Tierra cuando están en oposición al Sol, estando la Tierra entre ellos y el Sol, pero que están más lejos de nosotros cuando el Sol está entre ellos y la Tierra, lo que prueba que su centro pertenece más bien al Sol y es el mismo que el de las sendas en que Venus y Mercurio se mueven. Entonces es necesario que el espacio que queda entre las órbitas de Venus y Marte sea ocupado por la Tierra y su compañera, la Luna, y todo lo que está debajo de la Luna. Porque no podemos, de ninguna manera, separar la Luna de la Tierra, a la cual indudablemente está más cerca, particularmente porque hay mucho lugar para ella en ese espacio".* [9]

Con respecto a la órbita de la Tierra en torno al Sol, Copérnico no tenía mucho que agregar al círculo excéntrico simple que Tolomeo había utilizado para representar el movimiento del Sol: *"Por lo tanto, no nos avergonzamos de mantener que todo lo que está debajo de la Luna, con el centro de la Tierra, describe entre los otros planetas una gran órbita alrededor del Sol que es el centro del mundo; y que*

117

lo que parece ser un movimiento del Sol es en verdad un movimiento de la Tierra; pero que el tamaño del mundo es tan grande, que la distancia de la Tierra desde el Sol, aunque apreciable en comparación con las órbitas de los otros planetas, no es nada en comparación con la esfera de las estrellas fijas.[10] Sin embargo, el astrónomo polaco finalmente introdujo una complicación en su modelo, al hacer que el centro de la órbita terrestre se desplazara en relación con la verdadera posición del astro Rey.

Copérnico vio que la revolución diaria de los cuerpos celestes podría explicarse muy bien recurriendo tanto a la rotación de la Tierra misma de Oeste a Este, como a la rotación de todo el universo de Este a Oeste. Pero teniendo que elegir entre la simplicidad de la primera opción, que Tolomeo había rechazado como contraria al sentido común, y la obviedad de la última, que el astrónomo egipcio había adoptado deliberadamente a pesar de la cantidad de movimientos celestes que implicaba, Copérnico argumentó a favor de la primera y se puso a trabajar para demostrar que era la verdadera, para demoler las objeciones a la misma y, en última instancia, para hacerla prevalecer. Entonces, una vez que argumentó y admitió que la Tierra se movía de alguna manera, llegó a ser más comprensible que tuviera otros tipos de movimiento: mediante una aplicación tenaz y diligente, Copérnico desarrolló su sistema cosmológico en el cual todos los planetas, incluida la Tierra, giran alrededor del Sol; y adicionalmente nuestro planeta tiene un segundo movimiento: el de rotación sobre su eje.

Al hacer que la Tierra diera una revolución anual al Sol y que ello rindiera cuenta de las discrepancias observadas en los movimientos de los demás astros, y, adicionalmente, con un eje de rotación terrestre inclinado con respecto al plano de su órbita que daba una explicación simple pero efectiva del cambio anual en las estaciones climáticas, Copérnico había sentado las bases de un sistema mucho más simple que el tolemeico. Pero, desafortunadamente, se vio obligado a estropear la simplicidad de su modelo, porque en su tiempo un sistema heliocéntrico puro no era suficiente para explicar las velocidades variables de los planetas, las primeras desigualdades. No había salvación para eso y al final se vio obligado a hacer uso de excéntricos y epiciclos.

Pero a Copérnico no le bastaba dotar a la Tierra un doble movimiento, la trayectoria anual alrededor del Sol y la rotación en 24 horas sobre si misma; todavía tenía que explicar el hecho de que, a pesar del movimiento anual, el eje terrestre siempre señala hacia el mismo lugar en la esfera celeste. Por lo tanto él tuvo que suponer un tercer movimiento para la Tierra, el de *Declinación*; y según el cual el eje terrestre describe anualmente la superficie de un cono, moviéndose en la dirección opuesta a la rotación del planeta, es decir, de Este a Oeste; con lo que dicho eje continuaría siempre apuntando en la misma dirección en el espacio y en el tiempo. En este aspecto, Copérnico fue engañado por la distancia del punto al que se dirige el eje terrestre, que es prácticamente infinita y por lo que tal eje no necesita ningún movimiento adicional para seguir señalándolo como lo haría si el punto estuviera cerca.

Tabla 5.1
Distancias de los planetas al Sol en función del diámetro terrestre D_T, según la obra de Copérnico.

Planeta	Copérnico	Valor moderno
Mercurio	214,8 D_T	4.545 D_T
Venus	410,7 D_T	8.493 D_T
Tierra	571,0 D_T	11.742 D_T
Marte	867,8 D_T	17.891 D_T
Júpiter	2.980,0 D_T	61.091 D_T
Saturno	5.238,0 D_T	112.006 D_T

Astronomía lunar copernicana

La teoría de la Luna se estudia en el cuarto libro y tiene el propósito fundamental de disminuir el desacuerdo existente entre la teoría y la observación; para lo cual Copérnico elabora un nuevo sistema que llegó a ser mucho más simple, pero también mucho más efectivo que los desarrollos precedentes. Aquí el astrónomo polaco revisa las teorías para los moviemientos de la Luna propuestas por los antiguos astrónomos y argumenta la insuficiencia de sus hipótesis: *"Esta combinación de círculos fue asumida por nuestros predecesores para estar de acuerdo con los fenómenos lunares. Pero si analizamos la situación con más cuidado, encontraremos que esta hipótesis no es lo suficientemente conveniente ni adecuada, como podemos demostrar por la razón y por los sentidos. Porque mientras nuestros predecesores declaran que el movimiento del centro del epiciclo es uniforme alrededor del centro de la Tierra, también deben admitir que no es uniforme en su propio excéntrico (que ella describe)."*[11]

En consecuencia, Copérnico procede a enunciar su propia teoría sobre las revoluciones de la Luna y sus movimientos particulares; y procede a la demostración tanto de la *Primera irregularidad de la Luna*, que ocurre en sus fases de Luna nueva y de Luna llena; como de la *Segunda irregularidad* del movimiento lunar. Igualmente, procede a establecer los métodos de cálculo para el curso de la Luna, realizados en base a datos sobre eclipses lunares. En su sistema, la Luna gira alrededor de nuestro planeta y en el mismo plano eclíptico.

El *Modelo lunar copernicano* ya había sido expuesto brevemente en su Commentariolus, y es muy similar al de Ibn al Shátir. En su desarrollo, Copérnico apeló a parámetros que se ajustaran a los datos y a las efemérides conocidas, pero es evidente que se fundamentaba en un brillante trabajo de Tolomeo: su determinación de la segunda desigualdad lunar. El Modelo lunar copernicano tenía como propósito corregir el más notable defecto del modelo del astrónomo egipcio: la gran variación en la distancia de la Luna; para lo cual demostró que es básicamente un espejismo, una ilusión, como se comprueba con rigurosas observaciones. Copérnico tiene éxito en representar las principales irregularidades del movimiento lunar mediante una disposición especial de dos epiciclos: en su modelo la Luna se mueve también según un par de epiciclos que tienen diferentes proporciones en tamaño y velocidades del movimiento.

El movimiento de la Luna fue explicado por Copérnico empleando construcciones mucho más simples que las del astrónomo egipcio. La Primera desigualdad, o *Ecuación del centro*, la explica mediante un epiciclo. Pero para la Segunda desigualdad rechaza la excentricidad del deferente y utiliza más bien un segundo epiciclo: en su modelo el deferente es concéntrico con la Tierra, y en su circunferencia se mueve de Oeste a Este el centro del primer epiciclo con el movimiento sidéreo medio del satélite. El centro del segundo epiciclo se mueve en la trayectoria circular del primero con el movimiento anómalo lunar medio, pero en la dirección opuesta. Finalmente, la Luna se mueve en el segundo epiciclo también de Oeste a Este, dos veces en cada lunación, lo que daría cuenta de las fases lunares observadas; como se muestra en la Imagen 5.4. El astrónomo polaco conservó el valor antiguo de la suma de las dos desigualdades lunares: 7° 40', y por lo tanto determinó que la relación entre los tamaños de los epiciclos era 4,63.

En lo relativo a la posición de la Luna en el Sistema solar y su relación con la Tierra, Copérnico escribe: *"Y entonces pensaron que la Luna atravesaba su trayecto en el período de tiempo más corto porque, al estar muy próxima a la Tierra, giraba en el círculo más pequeño; pero Saturno, que completa el circuito más largo en el período de tiempo más largo, es el más distante. Debajo de Saturno, Júpiter. Después de Júpiter, Marte. Pero ya que todos tienen un centro común, es necesario que el espacio que queda entre la órbita convexa de Venus y la órbita cóncava de Marte debe ser vista como una órbita o esfera homocéntrica con ellos con respecto a ambas superficies, y que debería recibir la Tierra y su satélite la Luna, y lo que sea que esté cercado por el globo lunar. Porque de ninguna manera podemos separar la Luna de la Tierra, ya que ella indiscutiblemente está muy cerca de la Tierra, especialmente dado que encontramos en este espacio un lugar para la Luna que es lo suficientemente propio y suficientemente grande. Por lo tanto, no nos avergonzamos de mantener que esta totalidad abarcada por la Luna y el centro de la Tierra, también atraviesa ese gran círculo orbital entre las otras estrellas errantes en una revolución anual alrededor del Sol; y que el centro del mundo está alrededor del Sol. El cuarto lugar en orden está ocupado por la revolución anual en la que dijimos que la Tierra, junto con el círculo orbital de la Luna como un epiciclo, está contenida. En el quinto lugar, Venus, que circula en nueve meses. El sexto y último lugar está ocupado por Mercurio, que completa su revolución en un período de ochenta días. Además, la Tierra no está de ninguna manera engañada por los servicios de la Luna, pero, como dice Aristóteles en De Animalibus, la Tierra tiene la conexión más cercana (cognación) con la Luna. La Tierra, además, es fertilizada por el Sol y concibe la primavera todos los años.*"[12]

La exposición de Copérnico sobre las paralajes, distancias, y diámetros aparentes del Sol y de la Luna, lleva a conclusiones mucho mejores que las de Tolomeo. Cuando trata sobre la distancia de la Luna desde la Tierra, él explica la determinación de las paralajes lunares, y la construcción de instrumentos para dichas mediciones. La mayor distancia de la Luna que encontró fue entre 227 y 876 diámetros terrestres, ambos ocurrieron en cuadratura. El diámetro aparente de la Luna varía por lo tanto entre 28' 45" y 37' 34", una gran mejoría sobre la teoría de Tolomeo, según la cual el diámetro aparente debería ser de casi un grado en el perigeo. Aborda el tema del desigual diámetro aparente de la Luna y su

relación con las paralajes: "*A partir de esto, ahora se hará evidente cuán grande es la distancia de la Luna a la Tierra; y sin esta distancia no se puede dar una relación segura para las paralajes, ya que se relacionan mutuamente.*"; y establece que este fenómeno aparece en el caso de la Luna como el cuerpo más cercano a la Tierra. Procede entonces Copérnico a describir la confirmación experimental de la paralaje lunar mediante experimentos realizados en Bolonia en marzo de 1.497, y en los que se toman diferentes medidas cuando la Luna oculta o bloquea una estrella: "*Porque observamos cuánto tiempo ocultó la Luna la brillante estrella de las Híades, vimos que la estrella entró en contacto con la parte oscura del cuerpo lunar y que yacía escondida entre los cuernos de la Luna al final de la quinta hora de la noche, cuando la estrella estaba más cerca del cuerno del sur por tres cuartos como si fuera del diámetro de la Luna.*" [13]

Finalmente, en este cuarto libro el astrónomo polaco explica su Teoría sobre los eclipses abordando los temas de las oposiciones y conjunciones medias del Sol y la Luna; y el cálculo de las magnitudes y duraciones de los eclipses lunares y solares. Cuando explica cómo computar y predecir eclipses, también se evidencia que su método es mucho mejor que el de todos sus predecesores.

Por supuesto que hubo serias dificultades para la aceptación y el establecimiento definitivo de la teoría copernicana; la mayor de estas fue la no detección de la paralaje estelar; por lo que el astrónomo canónigo dedujo correctamente que las estrellas fijas deberían estar considerablemente mucho más remotas que el Sol. No fue sino hasta avanzado el siglo XIX que las técnicas de medición llegaron a ser lo suficientemente precisas como para observar y medir la paralaje estelar, aunque fuera solo para algunas de las estrellas más cercanas.

La teoría copernicana que en apariencia se oponía al dogma teológico y en general era demasiado difícil de entender, no progresó rápidamente después de la primera publicación de *De Revolutionibus*. El sistema heliocéntrico se extendió gradualmente en el extranjero, especialmente en Inglaterra; pero antes de que pudiera ser aceptado sin restricción, los principios fundamentales de la dinámica celeste tenían que ser establecidos, como lo hicieron Kepler, Galileo y Newton. No fue hasta que estos brillantes científicos establecieran las leyes naturales para los movimientos generales de los cuerpos que la nueva teoría heliocéntrica adquirió su gran solidez y su validez universal.

Tycho Brahe y la Astronomía observacional

Copérnico fue un teórico genial, pero en realidad sus observaciones no le fueron de gran utilidad porque él no estaba en posición de dar ninguna prueba verdaderamente concluyente a favor de sus hipótesis, y por eso durante mucho tiempo los astrónomos las cuestionaron. En Tycho Brahe encontramos todo lo contrario: sus observaciones, con los medios que pudo emplear antes de la invención del telescopio, son superiores en cantidad y en precisión a todas las realizadas anteriormente. Después de Copérnico el siguiente astrónomo de importancia fue Tycho Brahe (1.546 - 1.601), quien adoptó una posición intermedia, una teoría Geo Heliocéntrica: él sostuvo que el Sol y la Luna giraban alrededor de la Tierra, pero que los demás planetas giraban alrededor del Sol.

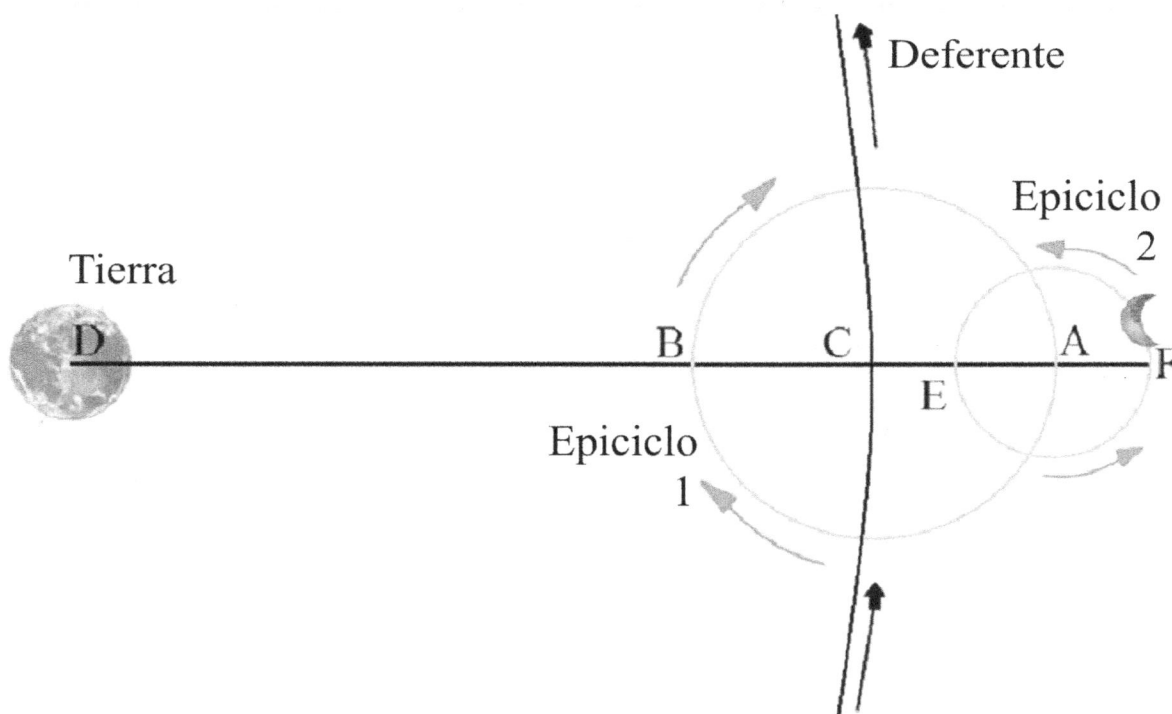

Imagen 5.4
Modelo lunar copernicano
Para explicar el movimiento de la Luna, Copérnico recurrió a un modelo conformado por un deferente concéntrico con la Tierra, y dos epiciclos.

A diferencia de Copérnico, Brahe fue un astrónomo esencialmente empírico, dedicado apasionadamente a la observación del cielo, pero no fue precisamente un teórico genial. Nacido en Dinamarca y de buena fortuna, diseñó y mandó construir sus propios instrumentos pre-telescópicos de observación y medición astronómica. La importancia de Brahe no fue como teórico sino como observador, primero bajo el patrocinio del rey Federico II de Dinamarca y luego bajo la tutela del emperador y archiduque austriaco Rudolf II. Hizo un catálogo de estrellas y observó las posiciones de los planetas a lo largo de muchos años. Hacia el final de su vida, Kepler, que entonces era un hombre joven, se convirtió en su asistente y para él los registros observacionales de Tycho fueron invaluables.

Tycho Brahe era el hijo mayor de una familia noble, famosa y adinerada que tenía estrechas relaciones con la Corona danesa. Cuando aún era un niño, Tycho fue adoptado por un tío rico y sin hijos, un vicealmirante que lo envió en 1.559 a estudiar filosofía en la Universidad de Copenhague, tenía entonces 13 años. El interés de Tycho por la astronomía fue un desarrollo temprano; estando en Copenhague, a la edad de 14 años, fue testigo de un eclipse parcial del Sol y esto le provocó una fascinación por esta ciencia que nunca lo abandonó. Más tarde, en 1.562, dejó Dinamarca y se marchó a la Universidad de Leipzig con la intención de estudiar leyes, aunque la mayor parte del tiempo la dedicaba a su pasión por las observaciones astronómicas. Se sabe que allí adquirió, estudió y anotó minuciosamente ediciones latinas de los textos de Tolomeo, y que se compró un astrolabio con el que realizó sus primeras observaciones de carácter científico; en Agosto de 1.563, mientras estudiaba en Leipzig, ocurrió una conjunción de los planetas Júpiter y Saturno que el joven pudo observar.

Estos dos eventos, el eclipse solar y la conjunción planetaria, le fascinaron y quedó muy impresionado por el hecho de que los astrónomos los habían predicho utilizando la cosmología tolomeica y tablas actualizadas. Pero Tycho Brahe se percató de que todas las predicciones sobre la fecha de estos fenómenos estaban equivocadas en días, o incluso meses. Por lo cual Brahe percibió la necesidad urgente de desarrollar nuevos instrumentos astronómicos con los que efectuar nuevas y más precisas observaciones planetarias, que a su vez le permitieran elaborar tablas más exactas. De esta manera pudo elaborar un preciso catálogo estelar de más de 1.000 estrellas, cuyas posiciones midió con una exactitud muy superior a la alcanzada hasta entonces. Sus mejores medidas alcanzaban precisiones de medio minuto de arco; las cuales le permitieron demostrar que los cometas no eran fenómenos meteorológicos, del ámbito terrestre, sino objetos más allá de la influencia de nuestro planeta.

Después de una extensa educación, en la que sus estudios oficiales fueron muy descuidados debido a sus apasionadas prácticas astronómicas, Tycho volvió finalmente a su Dinamarca natal a la edad de 26 años. Regresó como un hombre rico por derecho propio, porque durante sus estudios su tío murió prematuramente dejándole una gran fortuna.

Seguidamente, Tycho se instaló con su tío materno Steen y desvió temporalmente su atención hacia la química. Hasta que el 11 de Noviembre de 1.572, cuando tenía 26 años de edad, observó un extraño acontecimiento en la constelación de Casiopea: había aparecido una nueva y muy brillante estrella que fue visible durante unos dieciocho meses. El asombro del astrónomo fue enorme dado que en tal época se creía en la inmutabilidad del cielo y en la imposibilidad del surgimiento de nuevas estrellas; pero el resplandor de ésta era inexplicable y llegó a ser tan brillante como Júpiter, siendo visible incluso de día; pero lentamente fue desvaneciéndose hasta dejar de ser visible hacia Marzo de 1.574. Sus observaciones sobre el astro, hoy conocido como la supernova SN 1.572 o *Nova de Tycho*, las resumió en un libro impreso en 1.573 y titulado *De nova stella*, en el que aparece por primera vez en el vocabulario astronómico la palabra *nova*; este hecho lo convirtió instantáneamente en un respetado astrónomo. Hoy en día estas estrellas se conocen mejor como *Supernovas*, y se trata en realidad de una "astronómica" explosión estelar, el cual constituye el *suspiro final* o muerte de una estrella y que llega a ser perceptible, incluso a simple vista, en puntos de la esfera celeste donde antes no se había detectado ningún astro.

Ante eso y en vista de su creciente prestigio, para lograr retenerlo el rey Federico II de Dinamarca le ofreció primero que se instalara en un castillo real y, en vista de su negativa, posteriormente accedió a regalarle la pequeña isla de Ven, a concederle una renta fija y a construirle una vivienda . El acuerdo final se firmó en 1.576, y el joven astrónomo también construyó allí el que llegaría a ser el observatorio de *Uraniborg*, bautizado así en honor de Urania, la musa griega de la astronomía. También fue conocido como el *Castillo del cielo* y estaba situado en el centro de un gran jardín cuadrado rodeado de altos muros como un fuerte. Otro edificio, construido más tarde por Tycho a medida que aumentaba el número de sus colaboradores y alumnos, se llamaba *Stellaeburg* o *Castillo de las estrellas*. Brahe pasó gran parte de su vida en la isla de Ven realizando mediciones astronómicas y sistematizando gran cantidad de datos sobre el movimiento de las estrellas y demás cuerpos celestes.

De esta manera Brahe se convirtió en el astrónomo observacional más grande desde Hiparco, y en el último de los grandes astrónomos observadores de la época previa a la invención del telescopio. La labor principal que desarrolló en las dos décadas que pasó trabajando en Uraniborg, fue la rutinaria pero importantísima de medir y registrar las posiciones de la Luna, el Sol y los planetas con respecto a las estrellas fijas. Durante un período de más de veinte años las posiciones de las estrellas y los planetas se midieron con una precisión sin precedentes: con un minuto de arco, unas 50 veces mejor que lo logrado por el astrónomo de Nicea. Sus datos fueron considerados los de más alta calidad de Europa en su momento y estuvieron ampliamente acreditados; de manera que cuando en noviembre de 1.577 se detectó un cometa, fueron sus cálculos los que se consideraron como la demostración definitiva de que su órbita discurría entre el espacio de los planetas exteriores, y no entre la Tierra y la Luna, o en la región sublunar como argumentaba Aristóteles.

En el curso de veintiún años se realizaron y catalogaron una serie de observaciones ricas y completas, más exactas que todas las anteriores a esa época. Estas observaciones y sus resultados, junto con los concernientes a la nueva estrella que le dio ocasión de publicar el texto *De Nova Stella*, indujeron a Tycho a escribir un tratado completo sobre astronomía. La obra consistía en varios volúmenes en los que abordó las respectivas teorías del Sol, la Luna y de los planetas. El primer volumen introductorio se titula *Astronomiae Instaurasae Progymnasmata, o Introducción a la nueva astronomía*; donde expone un modelo del universo intermedio entre los de Tolomeo y Copérnico, considerando a la Tierra como fija en el espacio mientras que el Sol gira en torno a ella, pero el astro Rey seguía siendo el centro de las órbitas de los demás planetas; texto iniciado en 1.588 y que no sería completado en la vida de Tycho, sino por Kepler en 1.602. El segundo volumen, *De Mundi Aetherei Recentioribus Phaenomenis Liber Secundus*, fue terminado antes y enviado a sus amigos, colegas y corresponsales. Otro texto, *Astronomiae Instauratae Mechanica*, incluye descripciones detalladas de los instrumentos que fueron diseñados y construidos por él mismo, junto con un informe de sus principales descubrimientos, y con una breve autobiografía.

Las principales características del trabajo de Tycho son la gran precisión de sus observaciones, nunca alcanzadas por sus predecesores, y su gran continuidad. Se puede afirmar que sus errores de observación nunca fueron mayores que 1' o 2'; tal nivel de precisión se debió a las dimensiones y la gran estabilidad de sus instrumentos. Adicionalmente, repitió sus observaciones bajo condiciones muy diferentes con el propósito de eliminar errores accidentales. En cuanto a la continuidad de sus observaciones, él evaluó las posiciones del Sol y la Luna todos los días durante más de veinte años, así como de otros cuerpos celestes.

En relación a las teorías cosmológicas, Tycho no aceptó el sistema copernicano, seguramente por razones religiosas y porque los argumentos de Copérnico todavía eran imperfectos; y más bien propuso una nueva hipótesis que igualmente explicaba los fenómenos celestes observados, dejando a la Tierra en el centro del mundo como en el sistema tolomeico. El *Sistema del universo* que propuso Tycho fue una especie de transición entre la *Teoría geocéntrica* de Tolomeo y la *Teoría heliocéntrica* de Nicolás Copérnico. En dicho sistema el Sol y la Luna giraban alrededor de la Tierra inmóvil en el centro del cosmos, mientras que todos los demás planetas giraban alrededor del astro Rey.

Brahe adoptó la simplificación de hacer que los planetas giraran alrededor del Sol, sin embargo, supuso que todo el universo giraría alrededor de la Tierra. Consideró, con muy buena razón, que si la Tierra realmente se moviera alrededor del Sol, las estrellas lo mostrarían por su desplazamiento aparente. Brahe estaba convencido que la Tierra permanecía estática en relación al resto del Universo porque, si no fuera así, debería poder apreciarse los movimientos aparentes de las estrellas, o la paralaje. Sin embargo, la razón por la cual él no la detectó es que el fenómeno no puede ser valorado con observaciones visuales directas: las estrellas están mucho más lejos de lo que se creía razonable en aquella época. Este *Sistema tychónico* contiene prácticamente las mismas complicaciones que el tolomeico, pero, aun así, representa un progreso considerable en la explicación de los fenómenos celestes observados. Era superior al tolomeico, pero no poseía la maravillosa simplicidad del copernicano.

La teoría de Tycho Brahe es parcialmente correcta; en un sistema heliocéntrico se considera a la Tierra como girando alrededor del Sol porque este se toma como punto de referencia. Pero si se considera un sistema geocéntrico, la Tierra es el punto de referencia y el Sol y la Luna giran en torno a ella. Por otra parte, Brahe puso a los demás planetas girando en torno al Sol y pensaba que las órbitas de los astros eran todas circulares, cuando en realidad son elípticas. La forma real de las órbitas fue propuesta por Kepler en su primera ley, quien se fundamentó en las observaciones de Tycho.

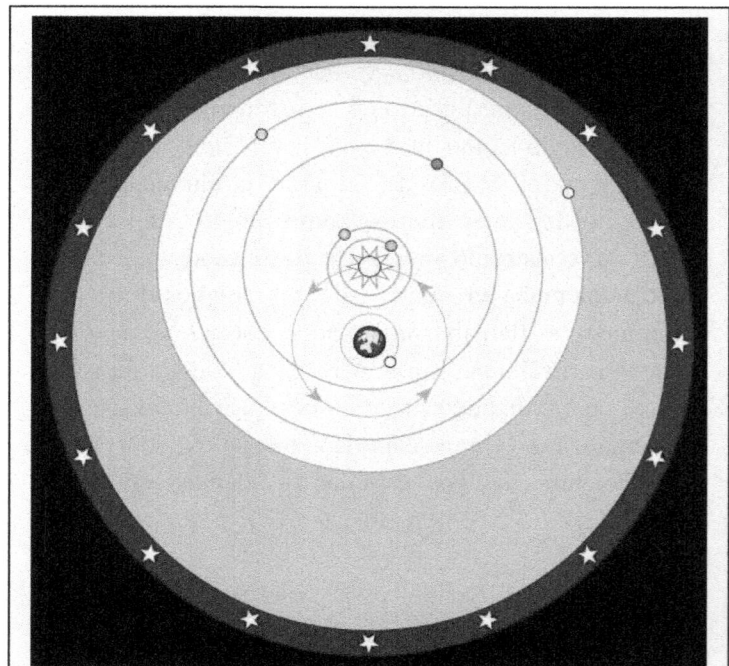

Imagen 5.5
Modelo tychónico del Universo
Tycho Brahe adoptó un modelo intermedio, Geo-Heliocéntrico, para describir el Universo.
En su sistema la Luna, el Sol y las estrellas fijas giraban en torno a la Tierra, pero los demás planetas lo hacían en torno al astro Rey.

Brahe hizo importantes descubrimientos en relación con la teoría de la Luna: al observar al satélite en todas sus fases, en lugar de concentrarse solo en los cuartos como lo hicieron sus predecesores, él descubrió la desviación longitudinal del movimiento lunar normalmente conocida como *Tercera desigualdad*: la *Variación*. También encontró una *Ecuación anual*, que es una pequeña desigualdad que depende de la posición de la Tierra en su órbita alrededor del Sol. Además, él descubrió que la inclinación de la órbita lunar a la eclíptica, así como el movimiento de los nodos, no eran fijos sino que variaban regularmente. Por lo que este gran astrónomo dejó la teoría lunar considerablemente más avanzada de lo que la encontró.

La posición de Tycho Brahe en Dinamarca comenzó a debilitarse en 1.588 cuando murió el rey Federico II y la sucesión recayó sobre su hijo Cristián IV, con quien el astrónomo no tuvo buen entendimiento. Dado que ya era un hombre rico, a principios de 1.599 Brahe decidió abandonar la isla Ven llevándose todos los instrumentos transportables, la prensa para imprimir sus textos y hasta a sus ayudantes. Después de cortas temporadas en Copenhague y en Rostock, Brahe llegó finalmente a Praga en junio de 1.599 en virtud de una oferta del Emperador del Sacro Imperio Romano Germánico Rodolfo II de Habsburgo, quien le concedió el título de *Matemático y astrologo imperial*, le asignó una considerable renta y le cedió el castillo de Benatek, a 35 kilómetros de Praga, como residencia y sitio para instalar su observatorio astronómico. Todo esto con el propósito de que Tycho elaborara para él horóscopos y predicciones astrológicas.

Tycho tenía entonces cincuenta y tres años y ya no realizaría más descubrimientos de importancia; pero justo en este momento conoció al personaje que finalmente mejor podría aprovechar su enorme archivo de datos, el joven astrónomo Johannes Kepler: a quién confiaría el conjunto completo de sus observaciones y medidas sobre los movimientos de la Luna y los planetas realizadas durante décadas.

Pero pronto surgieron dificultades entre los dos y que se agravaron por el hecho de que Tycho se acercaba rápidamente a su muerte, lo que finalmente ocurrió en noviembre de 1.601. Gracias a este caudal de datos astronómicos Kepler sería capaz, unos años más tarde, de encontrar las hoy denominadas Leyes de Kepler y que gobiernan el movimiento planetario.

Hay un personaje que resulta difícil no mencionar cuando se trata de la astronomía de este período renacentista. Filippo Bruno, más conocido como Giordano Bruno (1.548 - 1.600), quien fue un filósofo, teólogo, matemático y astrónomo italiano. Este ambicioso filósofo extendió la recién promulgada Teoría heliocéntrica para aplicarla a la totalidad del Cosmos: él sostuvo que, al igual que Dios, el Universo era infinito; y que las denominadas Estrellas fijas eran otros mundos, otros sistemas solares en los que cada estrella era así mismo un sol rodeado por sus respectivos planetas; y como si fuera poco, planteó la posibilidad de existencia de vida en dichos mundos. Por sus escandalosos pronunciamientos cosmológicos y teológicos entró en fuertes conflictos con la Iglesia católica de la época; finalmente fue juzgado como hereje por la Inquisición romana, fue hallado culpable y fue quemado vivo en la hoguera en Roma el 17 de Febrero de 1.600.

Citas Bibliográficas

[1] Proyecto Gutenberg. The Discovery of a World in the Moone by John Wilkins.
http://www.gutenberg.org/ebooks/19103?msg=welcome_stranger

[2] Dolmage, Cecil G. *Astronomy of to-day*. London: Seeley and co. limited 38 Great RUssell Street. 1.910

[3] Fernández de Navarrete, Martín. *Colección de los viajes y descubrimientos que hicieron por mar los españoles* Tomo I. Madrid: Imprenta real, 1.825. Internet Archive:
https://archive.org/search.php?query=Colecci%C3%B3n%20de%20los%20viages%20y%20descubrimientos

[4] Philip's Astronomy Encyclopedia. Londres: Philip's, 2002. www.philips-maps.co.uk.
John D. North, *Historia Fontana de la Astronomía y la Cosmología*. México: Fondo de Cultura Económica, 2005.

[5] Nicolaus Copernicus Thorunensis Proyect.
http://copernicus.torun.pl/en/archives/astronomical/1/?view=transkrypcja&

[6] Dreyer, John L. E. *A History of Astronomy from Thales to Kepler*. Cambridge: Dover Publications, Inc. 1953.

[7] Polish Academy of Sciences. Nicholas Copernicus Complete Works II. Warszawa-Kraków: Polish scientific publishers 1.978.
http://kpbc.umk.pl/dlibra/docmetadata?id=48792&action=ChangeLanguageAction&language=en

[8] Polish Academy of Sciences. Nicholas Copernicus Complete Works II.

[9] Polish Academy of Sciences. Nicholas Copernicus Complete Works II.

[10] Dreyer, John L. E. *A History of Astronomy from Thales to Kepler*. Cambridge: Dover Publications, Inc. 1953.

[11] Polish Academy of Sciences. Nicholas Copernicus Complete Works II.

[12] Internet Archive. Great Book of the Western World Vol 16. Nicolaus Copernicus. On the Revolutions of the Heavenly Spheres.
https://archive.org/details/greatbooksofwest16hutc

[13] Internet Archive. Great Book of the Western World Vol 16. Nicolaus Copernicus. On the Revolutions of the Heavenly Spheres.
https://archive.org/details/greatbooksofwest16hutc

Capítulo 6

Una mirada telescópica
a nuestro satélite

Después de haber llegado a su fase de *Luna Llena*, el proceso se invierte y la porción iluminada de la Luna que podemos contemplar empieza a disminuir, a menguar, y de ahí el nombre de Luna menguante. En la gráfica vemos al satélite como lucía el Martes 6 de Febrero de 2018 a las 03:00 TUC, 20 días 0 horas 30 minutos después de Luna Nueva y viéndose un 65,3 % de su hemisferio iluminado; esta fase recibe el nombre de *Luna gibosa menguante*.

Cortesía de NASA's Scientific Visualization Studio: https://svs.gsfc.nasa.gov/4604

129

"Yo controlé mi impaciencia y escuché con todos mis oídos las maravillas que él relató. Él pasó a informarme que los habitantes de la Luna se parecían a los de la Tierra, en forma, estatura, rasgos y modales, y eran evidentemente de la misma especie, ya que no diferían más de lo que difería el hotentote del parisino. Que tenían pasiones similares, propensiones y búsquedas, pero que diferían mucho en modales y hábitos. Tenían más actividad, pero menos fuerza: eran más débiles en mente así como también en cuerpo. Pero la parte más curiosa de su información fue que un gran número de ellos nació sin ningún vigor intelectual, y deambularon como tantos autómatas bajo el cuidado del gobierno; hasta que fueron iluminados con el rayo mental de algunos cerebros terrenales por medio de la misteriosa influencia que se sabe que la Luna ejerce en nuestro planeta. Pero en este caso el habitante de la Tierra pierde lo que el habitante de la Luna gana, la porción ordinaria de entendimiento asignada a un ser mortal es así dividida entre dos; y, como podría ser esperado, viendo que las dos mentes eran originalmente iguales, hay una conformidad más exacta entre el hombre de la Tierra y su contraparte en la Luna, en todos sus principios de acción y modos de pensar."

A Voyage to the Moon (1.827)[1]
Joseph Atterley (George Tucker (1.775 - 1.861))

130

"Ya he enumerado", repuso Barbicane, *"los experimentos que llamaré puramente de papel, y puramente insuficientes para establecer relaciones serias con la Reina de la noche. Sin embargo, estoy obligado a agregar que algunos genios prácticos han intentado establecer una comunicación real con ella. Así, hace unos días, un geómetra alemán propuso enviar una expedición científica a las estepas de Siberia. Allí, en esas vastas llanuras, debían describir enormes figuras geométricas, dibujadas en caracteres de luminosidad reflectante, entre las cuales estaba la proposición sobre el cuadrado de la hipotenusa, comúnmente llamado el "Puente del Asno" por los franceses. "Todo ser inteligente"*, dijo el geómetra, *"debe comprender el significado científico de esa figura. Los selenitas, si existen, responderán con una figura similar; y, una vez establecida la comunicación, será fácil formar un alfabeto que nos permita conversar con los habitantes de la luna"*. *Así hablaba el geómetra alemán, pero no se ejecutó su proyecto, y hasta ahora no existe ningún vínculo directo entre la Tierra y su satélite. Pero está reservado al genio práctico de los americanos ponerse en relación con el mundo sideral. Los medios para llegar a tan importante resultado son sencillos, fáciles, seguros, infalibles, y ellos van a ser el objetivo de mi presente propuesta."*

De la Tierra a la Luna trayecto directo en 97
horas. $(1.865)^2$
Julio Verne (1.828 - 1.905)

Johannes Kepler

Johannes Kepler (Dic 1.571- Nov 1.630) fue un astrónomo, físico y matemático alemán; un gran protagonista en el desarrollo de la Revolución científica del Renacimiento europeo, y uno de los fundadores de la astronomía moderna; universalmente conocido por la formulación de las leyes físicas sobre el movimiento de los cuerpos celestes. Fue hijo del matrimonio entre Heinrich Kepler y Katherina Guldenmann, quienes tuvieron en total cuatro hijos. De manera similar a Brahe, su interés por la astronomía se despierta a una edad muy temprana, en 1.577 a la edad de cinco años contempla un cometa; mientras que a sus nueve años presencia el eclipse de Luna del 31 de Enero de 1.580 y posteriormente lo describe en una de sus obras de óptica, relatando que el satélite lucía bastante rojo.

El joven terminó sus estudios básicos en 1.583 y tenía entonces unos doce años; seguidamente ingresó al Seminario protestante de Adelberg en 1.584, y dos años después al Seminario superior de Maulbronn, la cual era una escuela preparatoria para la Universidad de Tubinga; se graduó en 1.588 y al año siguiente se matriculó en dicha universidad. Allí estudió inicialmente filosofía, dialéctica, retórica y ética; también griego y hebreo en el área de idiomas; mientras que en ciencias naturales estudió física y astronomía; los cursos finales incluían teología y ciencias humanas. Finalmente, terminó sus estudios de maestría en 1.591. Fue en esta universidad donde conoció la teoría heliocéntrica copernicana por intermedio de su profesor de astronomía Michael Maestlin; el joven Kepler la estudió decididamente, la acogió y prontamente llegó a ser su más decidido fiel defensor.

Originalmente tenía la intención de ingresar a la Iglesia luterana, pero la rigurosidad administrativa que prevalecía entre sus ministros no fue de su complacencia; así que terminó aceptando en 1.594 el cargo de matemático provincial de La Universidad de Graz, en el estado austríaco de Estiria; a partir de este momento se dedicó enteramente a la ciencia. Después de una productiva vida profesional, finalmente Kepler murió en 1.630 a la edad de 58 años en Ratisbona, en Baviera, Alemania.

El Misterio cosmográfico.

Kepler abordó con tanto ahínco los estudios astronómicos que muy pronto produjo su primer tratado sobre la materia. Como astrónomo, Kepler intentó comprender, describir y explicar los movimientos de los cuerpos celestes durante la mayor parte de su vida. En un principio consideró utilizar la filosofía pitagórica de la armonía matemática del cosmos, normalmente conocida como la *Armonía de las esferas celestes*; pero prontamente pasó a ser un firme partidario del modelo copernicano. Inicialmente publica sus pensamientos y teorías en un libro titulado *Mysterium Cosmographicum*, o *El Misterio cosmográfico*, publicado en Tubinga en 1.596.

El *Misterio cosmográfico* expone la teoría cosmológica de Kepler, que está fundamentada en el sistema copernicano, y según la cual los cinco poliedros pitagóricos regulares dictan la estructura del universo y reflejan el plan de Dios por medio de la geometría. Y aunque esta idea principal de la obra era errónea, tenemos una gran deuda de gratitud con ese trabajo, ya que representa el primer paso en firme para la depuración del sistema copernicano de los restos de la teoría aristotélico tolomeica que todavía estaban incluidos en él. Las razones para abandonar el sistema tolomeico en favor del copernicano se exponen en el primer capítulo con notable lucidez.

El mayor deseo de Kepler era obtener valores más correctos sobre las distancias y excentricidades medias de los planetas, para demostrar que su teoría era absolutamente cierta; y el único lugar en el mundo donde se podía obtener esta información era en el observatorio de Tycho Brahe. Como astrónomo, Kepler estaba muy enterado del excelente programa de observación que estaba llevando a cabo el muy famoso Brahe; y cuando se publicó su libro *El Misterio Cosmográfico* en 1.596, le envió una copia anexándole una carta de explicación, así como una solicitud de acceso a sus datos con el propósito de probar su modelo más rigurosamente. Esto dio origen una continua correspondencia que culminó unos años más tarde con la invitación de Tycho a Kepler para que trabajara con él en el nuevo observatorio que se estaba construyendo en Benatek, en Praga.

Kepler y Brahe trabajan juntos

Acosado por la persecución religiosa en Estiria, en Enero de 1.600 Kepler se marchó a Praga a donde fue invitado por Brahe; quien entonces disponía del mejor centro de observación astronómica en el castillo Benatek, poseía los mejores datos de observaciones planetarias de la época y quien había leído algunos trabajos de Kepler. En Febrero de 1.600, Tycho Brahe y Johannes Kepler se reunieron por primera vez en dicho observatorio: los deseos de Brahe de tener como asistente a Kepler, y los de este de tener acceso a los datos de Brahe, pronto se materializaron.

Los dos profesionales trabajando juntos debieron haber sido el equipo perfecto: al astrónomo observacional más grande del momento se le unió quien demostraría ser el mejor analista matemático de la época. Pero aunque sus conocimientos y habilidades eran perfectamente complementarias, sus personalidades no lo fueron: la asociación estaba lejos de ser grata y armoniosa, posiblemente debido a sus naturalezas y antecedentes muy diferentes. Más bien la relación entre ambos fue compleja y marcada por la desconfianza y por los celos profesionales; y hasta la muerte de Tycho en 1.601, Kepler no consiguió tener un completo acceso a todos los datos recopilados por aquel, que eran considerablemente más precisos que los utilizados anteriormente por Copérnico.

Kepler se había unido a Tycho con el objetivo primordial de obtener acceso a sus datos observacionales, los cuales aún no habían sido publicados; pero pronto descubrió que Tycho los consideraba como su tesoro privado y que solamente los soltaría a su antojo y en cantidades limitadas. Los dos eran tan opuestos por naturaleza, que solo sus intereses profesionales los mantenían unidos. Kepler deseaba ansiosamente los datos de Tycho, pero éste consideraba que sus observaciones representaban el trabajo de su vida y que adicionalmente contenían el secreto del Universo y, acertadamente, pensaba que solamente Kepler poseía las capacidades intelectuales para extraerlo. Hasta cierto punto, el egoísmo de Brahe estaba justificado en el temor de que las leyes que el astrónomo alemán iba a deducir de sus datos llevarían el nombre de aquel, y no el suyo.

Cuando Brahe falleció en Octubre de 1.601, Kepler lo sustituyó en los cargos de matemático y astrólogo imperial de Rodolfo II. En aquella época, y debido a que el método científico apenas estaba desarrollándose, la diferencia entre astronomía y astrología aún no estaba claramente establecida; esto ocurriría definitivamente durante el movimiento de la Ilustración del siglo XVIII. Entonces, finalmente el astrónomo alemán tuvo en sus manos el tesoro de datos astronómicos de Tycho, y debía explotarlos magníficamente para descubrir sus tres famosas leyes que describirían, por primera vez en términos matemáticos y geométricos, los movimientos de los astros; un gran avance en la cosmología del momento.

Durante sus rutinarias prácticas, Brahe se había dado cuenta del efecto que tiene la atmósfera terrestre sobre las observaciones astronómicas, y escribió sobre el hecho de que los astros no aparecían en el firmamento precisamente donde se había predicho: cada vez que hacía una observación notaba la diferencia entre la altitud prevista y la altitud real observada del cuerpo, y así construyó una tabla de la que se deduce lo que ahora conocemos como *refracción de la luz*. Kepler dedicó algún tiempo a buscar una explicación para estas discrepancias y sus conclusiones las presenta en un buen trabajo titulado *"Un suplemento a Vitello, en el que se explica la parte óptica de la astronomía"*, publicado en 1.604 y normalmente conocido como la *Óptica* de Kepler; y en él su autor introdujo la ciencia de la óptica dentro de la astronomía. La refracción de la luz consiste en el cambio en la dirección de un rayo de luz a medida que pasa entre dos medios de propiedades físicas diferentes y en una dirección que no es perpendicular a la superficie de contacto.

De Stella nova

De una manera muy análoga a la experiencia de Brahe treinta y dos años antes, Kepler observó el 17 de Octubre de 1.604 una supernova en la constelación del Serpentario, y que más tarde se llamaría la Estrella de Kepler, también conocida como SN 1.604. El fenómeno había sido observado por otros astrónomos europeos desde el día 9 y en diferentes ciudades como Praga, Verona, Roma y en Padua; y continuó viéndose casi durante un año. Inspirado por el anterior trabajo de Brahe, *De Nova stella*, Kepler realizó un estudio detallado de sus propias observaciones sobre este nuevo fenómeno, y presentó sus conclusiones en la obra *De Stella nova in pede Serpentarii*, o *Sobre la estrella nueva situada a los pies de Serpentario*, publicada en Praga en el año 1.606. Las observaciones de Kepler, combinadas con los datos de otros astrónomos europeos, hacen de *Stella Nova* un documento muy importante tanto para el estudio de la supernova misma, como para estudio de la astronomía de principios del siglo XVII. En esta obra el astrónomo presenta las evidencias de que el Universo no es inmutable ni estático como lo planteaba Aristóteles, sino que está sometido a importantes y variados cambios. En dicha época la actual constelación de Ofiuco era denominada Serpentario, o El cazador de serpientes.

Astronomia nova: **Kepler deriva las leyes del movimiento celeste**

Kepler fue el primer astrónomo importante después de Copérnico en concienzudamente adoptar y defender la teoría heliocéntrica, pero los datos de Tycho Brahe le demostraron que ella no podía ser del todo correcta en la manera en que la había desarrollado el astrónomo polaco. Cuando Kepler se unió a Tycho en el castillo de Benatek en febrero de 1.600, el planeta Marte estaba en oposición al Sol y Brahe había preparado una tabla de sus oposiciones observadas desde 1.580 y había elaborado una teoría que representaba sus longitudes en oposición muy bien, con errores tan solo de dos minutos de arco. Entonces, basándose siempre en informaciones dejadas por Brahe y especialmente las relativas a la oposición y al movimiento retrógrado del planeta Marte, Kepler se percató de que los movimientos planetarios no podían ser explicados por su propio modelo de poliedros perfectos y la denominada *Armonía de esferas*. A partir de este momento, el astrónomo alemán se dedicó a encontrar otro modelo geométrico matemático que se ajustara mucho mejor al sistema heliocéntrico copernicano. En el proceso logró deducir sus famosas *Tres leyes de los movimientos planetario*s; muy prontamente determinó las dos primeras leyes que fueron publicadas en su obra *Astronomía Nova*, o Nueva Astronomía, editada en Praga en 1.609; y las cuales asombraron al mundo científico del momento y lo revelaron como el mejor astrónomo de la época.

En su desarrollo teórico, Kepler comenzó utilizando el modelo tradicional para los movimientos planetarios, la circunferencia por ser la más perfecta de las figuras geométricas, y planteando trayectorias excéntricas y movimientos en epiciclos para los diferentes planetas. Pero pronto encontró que los datos observacionales no se ajustaban perfectamente a los modelos teóricos establecidos por Copérnico y que mostraban un persistente error de ocho minutos de arco; lo que lo llevó a concluir que entonces los planetas no seguían trayectorias circulares alrededor del Sol como se pensaba. Desmotivado, Kepler comprendió que debía abandonar la circunferencia y la idea de un mundo perfecto; por lo cual recurrió y ensayó otras formas geométricas para las órbitas celestes. Finalmente, después de haber considerado al óvalo, utilizó el concepto de la elipse, una rara figura geométrica originalmente introducida y descrita por Apolonio de Perga en el siglo III a.C.; y así felizmente descubrió que encajaba ella muy bien con las mediciones y los datos de Brahe. Fue entonces cuando Kepler estableció que los planetas describen *órbitas elípticas* con el Sol en uno de sus focos; y así protagonizó uno de los más grandes hitos de la astronomía moderna.

Afortunadamente, Tycho se había concentrado mucho en el planeta Marte que exhibe una órbita elíptica muy acusada; de lo contrario le hubiera sido imposible al astrónomo alemán percibir que las órbitas de los demás astros deberían seguir idéntico patrón. Así, Kepler había descubierto su *Primera ley del movimiento planetario*: Los cuerpos celestes se mueven alrededor del Sol siguiendo trayectorias elípticas con el astro Rey ubicado en uno de los dos focos que contiene la elipse. En términos generales, la teoría copernicana aún necesitaba de círculos deferentes y epiciclos, aunque menos de los necesarios que en el sistema tolomeico; y no fue hasta que este astrónomo alemán descubrió esta ley que la nueva teoría heliocéntrica adquirió su total simplicidad y al mismo tiempo su gran eficacia. De este modo, Kepler finalmente logró deshacerse para siempre de los antiguos conceptos tolomeicos de epiciclo, deferente excéntrico y ecuante, y los sustituyó por el enunciado que posteriormente se conoció como la *Primera ley de Kepler*, señalando así el camino para el abandono definitivo de la circunferencia como representante exclusivo de los movimientos planetarios.

El descubrimiento de esta primera ley de los movimientos celestes requirió un mayor esfuerzo intelectual para la emancipación de la tradición tolomeica de lo que normalmente se acepta. La única hipótesis sobre la cual todos los anteriores astrónomos habían estado de acuerdo sin excepción, era que todos los movimientos celestes eran perfectamente circulares, o compuestos por movimientos circulares uniformes. La sustitución de los círculos por las elipses, implicaba el abandono del supuesto fundamento estético que había gobernado la astronomía desde los tiempos pitagóricos y aristotélicos. La esfera y la circunferencia eran figuras perfectas, ideales; y los astros, seres divinos, eran cuerpos perfectos: era obligatorio que un cuerpo perfecto debería moverse según una figura perfecta.

Posteriormente Kepler se dedicó a investigar las velocidades de los planetas a través de las respectivas órbitas elípticas ya establecidas. Nuevamente se concentró en el planeta Marte, y notó que se movía más rápido cuanto más cerca estuviera del Sol, y más lentamente mientras más lejos estuviera del astro Rey, de modo que la superficie descrita por la línea recta que conecta el Sol con Marte, es siempre proporcional al tiempo. Esto le permitió derivar la *Segunda ley*: Las áreas barridas por los cuerpos celestes en su trayectoria elíptica, son proporcionales al tiempo usado por ellos en recorrer el perímetro de dichas trayectorias.

Esta ley explica porque cuando el planeta está más cerca del Sol, en el perihelio, se mueve más rápidamente, y cuando está a su distancia más lejana, el afelio, se mueve más lentamente.

Todo aquel desarrollo le tomó a Kepler ocho años y casi mil páginas de cálculos cuidadosamente elaborados antes de descifrar el problema y descubrir sus dos primeras leyes del movimiento planetario; su tercera ley tendría que esperar otros nueve años. Tanta demora fue causada no solo por la naturaleza tediosa y laboriosa de los extensos cálculos numéricos que se necesitaban, sino también por el problema psicológico de tener que deshacerse de los dogmas sacrosantos del pasado, especialmente de aquellos que establecían que los movimientos de los cuerpos celestes deberían ser circulares y a velocidad constante.

El gran logro de Kepler como astrónomo fue el descubrimiento de sus *Tres leyes del movimiento planetario*. Las dos primeras las publicó en su *Astronomía nova*, la cual contiene los resultados de las investigaciones realizadas por Kepler durante unos ocho años sobre el movimiento de los planetas, en particular sobre Marte. Aquí se presentan las dos primeras leyes de Kepler del movimiento planetario, lo que supuso un cambio radical en la astronomía y terminó con una tradición de 2.000 años. La obra está fundamentada en las observaciones del astrónomo danés Tycho Brahe y tiene un amplio desarrollo matemático.

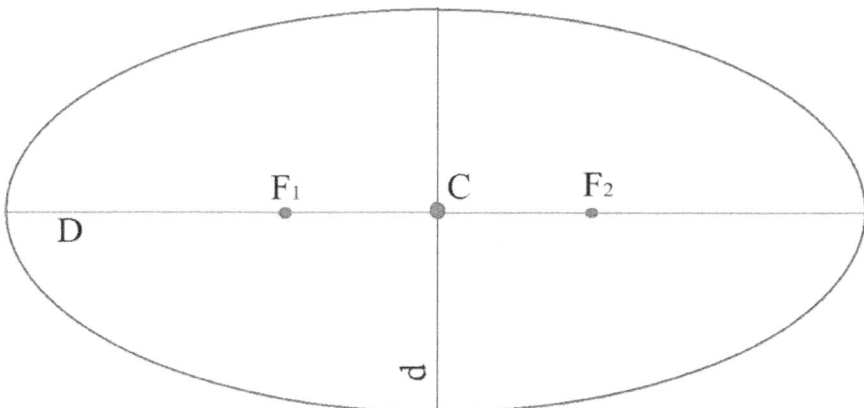

Imagen 6.1
Geometría elíptica
El concepto geométrico de la Elipse fue introducido por Apolonio de Perga en el siglo III a. C. Tiene tres puntos principales, el centro geométrico C y los Focos F_1 y F_2; y dos ejes principales, el diámetro mayor D y el menor d. Johannes Kepler encontró que esta figura representaba muy bien los movimientos planetarios en torno al Sol, estando el astro Rey ubicado en alguno de los dos focos. A partir de entonces los círculos deferentes y epiciclos quedarían definitivamente inútiles en astronomía.

Su título completo es *"Nueva astronomía basada en causas, o física celeste, tratada por medio de comentarios sobre el movimiento de la estrella Marte, a partir de observaciones de Tycho Brahe."* Dicho título se interpreta como la primera vez que se expresa la idea de combinar física y astronomía en un solo tratado, dando así origen a lo que hoy llamamos *Mecánica celeste*. De hecho, toda la investigación de Kepler estuvo guiada por la idea de que el Sol es el origen de las fuerzas que mueven a los planetas en sus órbitas y que aumentan o disminuyen con la respectiva distancia Sol-planeta.

La obra está estructurada en cinco partes. En la introducción se enuncian una serie de axiomas relacionados con una *fuerza de atracción* entre los diferentes cuerpos celestes, y allí se afirma que la fuerza de la Luna llega tan lejos como hasta la Tierra misma y produce las mareas. Muy probablemente Kepler tenía claro el concepto de fuerza de atracción entre los astros, pero se equivocó al sustentar su naturaleza: él entendió dicha fuerza como una atracción mutua similar a la fuerza magnética, la cual había sido explicada ya por el físico William Gilbert en el año 1.600.

En la primera parte se discuten los modelos cosmológicos propuestos hasta entonces: el geocéntrico tolomeico, el heliocéntrico copernicano y el modelo intermedio propuesto por Brahe. En las demás partes de la obra se exponen varios modelos detallados para la órbita de Marte, demostrando que no basta con simples modificaciones de aquellos modelos tradicionales para explicar las observaciones del astrónomo danés. Entonces enuncia y explica sus dos primeras leyes y presenta un modelo plenamente satisfactorio para la órbita del planeta Marte con una elipse que tiene al Sol en uno de sus focos. Finalmente, Kepler plantea por analogía que los demás planetas también se ajustarán a sus dos leyes expuestas. Con esta gran contribución la astronomía copernicana se ubicó definitivamente muy por encima de todos los anteriores sistemas cosmológicos.

La *Nueva Astronomía* presentó los argumentos y las pruebas sobre el descubrimiento de sus dos primeras leyes de movimiento planetario. Los intentos anteriores de ajustar los datos mediante el desplazamiento de la Tierra según Tolomeo, o el Sol según Copérnico, se explicaron porque cada foco de la órbita elíptica se desplaza del centro geométrico, el cual se encuentra equidistante de ambos. El crédito total por el descubrimiento de estas leyes debe darse a Kepler; quien no fue despreocupado ni olvidó su gran deuda para con Brahe. En la portada de su *Nueva Astronomía* él escribió: *Elaborado por Johannes Kepler a partir de las observaciones de Tycho Brahe*. Tampoco se olvidó de Copérnico, pues en la contraportada anunció que tenía pruebas de que aquel astrónomo polaco consideraba su propia teoría no simplemente como una hipótesis útil, como generalmente se creía, sino como un sistema que en realidad representaba bien al Universo.

La Tercera ley de los movimientos celestes

Una vez establecidas las dos primeras leyes, aún le faltaba a Kepler cuantificar y relacionar las trayectorias de los diferentes planetas entre sí. Después de una extenuante dedicación y tras años de investigación, el astrónomo dedujo en Mayo de 1.618 su famosa *Tercera ley del movimiento planetario*: El cuadrado de los períodos orbitales de los cuerpos celestes es proporcional al cubo de su respectiva distancia al astro Rey.

En el *Misterio Cosmográfico* Kepler había supuesto la existencia de un *Spiritus Motricium* o *Ánima motriz* en el Sol, y esta idea ahora la desarrolla más. La confirmación de su idea de la similitud entre el movimiento de la Tierra y el de los demás planetas, naturalmente lo llevó a reanudar la sugerencia hecha en aquella obra de que este movimiento es causado por una fuerza que emana del Sol; y como el efecto de cualquier fuerza de ese tipo necesariamente debe variar de una forma u otra con la distancia al astro Rey, se le ocurrió al genio especular sobre la variación de la velocidad de un planeta con respecto a tal distancia. Según Kepler, esta fuerza emana del Sol pero, a diferencia de la luz, no se extiende en todas las direcciones, sino solo en el plano cercano al que están situados los respetivos planos de todas las órbitas planetarias, de modo que simplemente disminuye a medida que aumenta la distancia. Por lo tanto, la velocidad de un planeta en su órbita varía inversamente a la distancia al Sol, lo que constituye la idea central de su tercera ley.

Entre los años 1.617 a 1.621 Kepler escribió una obra denominada *Epitome Astronomiae Copernicanae*, o *Epítome de la astronomía copernicana*, cuya gran novedad fue contener la primera versión impresa de su Tercera ley del movimiento planetario. El trabajo fue dividido en siete libros que tratan gran parte del conocimiento astronómico de Kepler, así como también sus pensamientos sobre física y metafísica; es en esta obra donde se expuso por primera vez el concepto físico de inercia.

Después de hacer referencia a los recientes descubrimientos de Galileo Galilei, en *Epítome de la astronomía copernicana* el astrónomo alemán extiende sus leyes recién deducidas para explicar el movimiento de los demás astros como los satélites naturales o lunas: establece que las leyes fundamentales descubiertas para el planeta Marte son verdaderas y aplicables también para los otros planetas, para nuestra Luna que gira alrededor de la Tierra y para los satélites naturales alrededor de Júpiter descubiertos por Galileo, o *Planetas mediceos* como inicialmente se llamaron. La teoría de la Luna se trata en detalle y aborda las desigualdades de evección y variación. Adicionalmente, establece la necesidad de corregir la distancia de la Tierra al Sol, que desde los tiempos de Hiparco y Tolomeo siempre se había tomado como igual a 600 veces el diámetro terrestre, lo que implicaba una paralaje solar de tres minutos de arco.

La *Tercera ley* se refiere a la relación entre los períodos de revolución de los planetas y sus respectivas distancias al Sol. Los períodos fueron bien conocidos precisamente por la gran cantidad de revoluciones que se habían observado y registrado desde la antigüedad, pero sus distancias no estaban muy bien establecidas, hasta el punto que no había ninguna base sólida para determinar cómo variaban los períodos con la respectiva distancia del planeta. Una cuestión de importancia fundamental que ya el astrónomo había planteado en *El Misterio cosmográfico*. Para destrabar el tema él tendría que abordar uno de los problemas centrales de la astronomía de todos los tiempos: la determinación de las distancias entre los cuerpos celestes, tema que estaba prácticamente estancado desde los trabajos de Aristarco en el siglo III y de Hiparco en el siglo II a. C. Entonces, el astrónomo alemán se dedicó a desarrollar métodos para determinar las distancias relativas entre los planetas, una vez más explotando los registros de Tycho Brahe y demostrando nuevamente sus brillantes habilidades analíticas; y

finalmente Kepler fue recompensado con el descubrimiento de su famosa tercera ley.

Los métodos utilizados por Kepler fueron geométricos y consistían en definir un triángulo que tenía la Tierra y el planeta estudiado en dos de sus esquinas, y otro cuerpo apropiado en la tercera. Conociendo la longitud de uno de los lados, denominado línea base, y midiendo dos de los ángulos involucrados, entonces la distancia Tierra-planeta podría calcularse por geometría elemental; y seguidamente se determinaría la distancia de tal planeta al Sol. Kepler seleccionó como línea base la distancia desde la Tierra hasta el Sol, que ahora llamamos *Unidad Astronómica* (UA), la cual en su época era extremadamente difícil de medir con buena precisión. Por lo tanto las mediciones de Kepler fueron en términos de Unidades astronómicas, las cuales fueron muy precisas en el sentido relativo y esto le fue suficiente para establecer las relaciones y las ecuaciones que buscaba.

Con sus mediciones sobre las distancias interplanetarias, Kepler estableció rápidamente su *Tercera ley de movimiento planetario*, la cual determina la relación entre el período de revolución de cada planeta alrededor del Sol y su respectiva distancia al astro Rey. En términos matemáticos: el cuadrado del período orbital es proporcional al cubo de la distancia al Sol. Esta ley indica que los planetas más distantes tardan más en completar su órbita, tanto porque tienen más camino que recorrer, como porque se mueven más lentamente.

Estas tres leyes son el gran logro intelectual de Johannes Kepler, y ellas permitirían finalmente comprender, unificar y predecir todos los movimientos celestes. Las descubrió incrustadas en el extenso conjunto de datos observacionales recopilados por Tycho Brahe, y las extrajo con la más brillante serie de análisis matemáticos que alguna vez se había llevado a cabo hasta ese momento. Su gran interés en la astronomía se había inspirado en la firme convicción, también sentida por Pitágoras, de que debería haber algún tipo de orden en los movimientos de los cuerpos celestes, y que pudiera expresarse tanto en términos geométricos como matemáticos. Kepler inicialmente había propuesto que las órbitas de los planetas podían explicarse en base a los cinco sólidos regulares de la geometría, y a partir de ahí su trabajo fue impulsado por el deseo de probar que esta hipótesis era correcta. Al deducir sus *Tres leyes*, él demostró que la creencia general que había sostenido, junto con los pitagóricos, hasta cierta medida era verdadera: había desvelado la armonía y el orden del Universo. Orden y armonía totalmente diferentes a su hipótesis inicial, pero que él consideraba como reales aunque no comprendiera del todo sus causas o su naturaleza.

La explicación de Kepler de los movimientos planetarios fue el primer intento serio para comprender e interpretar el mecanismo del Sistema solar. No avanzó más allá de las nociones de mecánica del siglo XVII; él supuso que era necesaria una fuerza que actuara constantemente para mantener un astro en movimiento, y que este se detendría allí donde estaba si tal fuerza dejara de actuar. Para Kepler esta fuerza activa era magnetismo puro y simple, y él nunca se cansó de enfatizar esto cada vez que se le presentaba una oportunidad.

Aunque Kepler merece mucho crédito por haber intentado encontrar las causas de los movimientos celestes, no se lo puede llamar un precursor de Newton. Su fuerza no está dirigida al Sol sino que es tangencial, o sea que no es atractiva sino promotora. Es notable cuán firmemente Kepler se aferró a la estrecha analogía entre la Gravedad y el Magnetismo por un lado, y entre la *Fuerza motriz* del Sol y el Magnetismo por otro lado. Y, sin embargo, él no pudo ver la identidad entre la Gravedad y la Fuerza que mantiene a los planetas en sus órbitas. Esto es más evidente cuando apreciamos que él, en las notas de su *Somnium* escritas entre 1.620 y 1.630, atribuye expresamente las mareas en los océanos a los cuerpos del Sol y la Luna que atraen las aguas del mar con una cierta fuerza similar a la magnética.

Estas leyes están mezcladas en las obras de Kepler con muchas digresiones, e incluso hay un indicio de la *Ley de la gravitación universal* en sus trabajos. De hecho, este astrónomo expone que en la esfera celeste debe existir una fuerza desconocida similar a la atracción de la Tierra. Por ejemplo, él argumenta que si la Tierra y la Luna no se mantuvieran en sus órbitas respectivas por una *Fuerza vital* u otra, entonces precipitarían una contra la otra! Kepler intenta establecer una relación entre la gravedad terrestre y la fuerza de atracción que el Sol ejerce sobre los planetas, pero luego se desvía al suponer una analogía entre la atracción universal y la atracción magnética.

El movimiento lunar según Kepler

Como se ha explicado anteriormente, Kepler hizo extensivas sus *Leyes del movimiento planetario* para sustentar el movimiento de los demás cuerpos celestes, incluyendo el de los satélites naturales en torno a sus respectivos planetas. Así, de acuerdo a las leyes keplerianas, el globo lunar se mueve en una órbita elíptica estando la Tierra ubicada en uno de los focos de dicha trayectoria; y todo el conjunto, o sistema Tierra - Luna, se mueve en torno al Sol en otra trayectoria también elíptica.

Con respecto a la Luna, el astrónomo alemán encontró que la introducción del movimiento elíptico en su teoría era muy problemática debido a la variabilidad de la excentricidad de la órbita lunar, y en el curso de los años hizo muchos cambios en la forma en que representaba las longitudes observadas. De hecho, debe haber envidiado a sus predecesores que podían emplear un epiciclo circular para dar cuenta de cada nueva desigualdad.

Independientemente de Tycho, Kepler descubrió la *Ecuación anual de la Luna*. El eclipse lunar de Febrero y la Luna llena de Pascua de 1.598, así como el eclipse solar del 7 de Marzo, ocurrieron más de una hora después de lo anunciado por el calendario elaborado por Kepler; mientras que el eclipse lunar en Agosto del mismo año ocurrió antes de lo esperado. Por lo tanto, en el calendario para 1.599 él sugirió que el período de la Luna con respecto al Sol era un poco más largo en invierno que en verano; y posteriormente en el Epitome propuso dos argumentos para esto. Primero expuso que la Luna podría ser retardada en su movimiento por una fuerza que emana del Sol, la cual sería mayor en invierno cuando la Tierra y la Luna están más cerca del Sol que en verano. En segundo lugar, planteó que la causa del fenómeno también podría ser que la velocidad de rotación terrestre dependía de la distancia de la Tierra al Sol, la cual es un poco más rápida en invierno, por lo que la Luna tarda más tiempo en esta época que en verano para recorrer arcos iguales de su trayectoria.[3]

También en el *Epítome* este astrónomo argumentó sobre la teoría de los eclipses y explicó por qué la Luna parece estar iluminada por una débil luz rojiza durante los eclipses totales: con mucha razón él supuso que la luz del Sol, al cruzar a través de la atmósfera terrestre, se desvía de su camino para llegar hasta el satélite y seguidamente ser reflejada. Igualmente, Kepler se ocupó de los eclipses totales de Sol, trató sobre el brillo luminoso que aparece alrededor del globo del astro Rey durante estos fenómenos y citó lo expuesto anteriormente por Plutarco: *"La Luna a veces oscurece al Sol por completo, pero siempre por un corto el tiempo, y nunca es lo suficientemente grande como para evitar que aparezca una cierta luminosidad alrededor de la circunferencia del Sol, lo que hace que la oscuridad nunca sea negra y profunda, ni completamente oscura."*[4] Lo que se constituye en las primeras consideraciones históricamente registradas sobre la corona solar.

Otras Obras keplerianas

Si bien fueron contemporáneos, Kepler y Galileo nunca llegaron a encontrarse personalmente; pero cada uno estuvo bien informado sobre los trabajos del otro y frecuentemente se escribieron. El 8 de abril de 1.610 Kepler finalmente consiguió la edición del pequeño libro de Galileo, *Sidereus Nuncius*, o *Mensajero sideral*, que le fue enviada por el propio autor. En unas cuarenta páginas Galileo da una descripción muy precisa de sus observaciones telescópicas y afirma que ha visto cosas asombrosas en el cielo; así pide al astrónomo alemán sus interpretaciones. Kepler le respondió de manera pública en 1.610 con un folleto denominado *Dissertatio cum Nuncio Sidereo*, o *Disertación sobre el Mensajero sideral*, alabándolo por sus telescopios construidos y por los descubrimientos hechos con ellos, así como agregando interpretaciones e hipótesis propias, todas ellas dentro del marco de las teoría heliocéntrica.

Para gran decepción del astrónomo alemán, la hipótesis de fijar las órbitas de los planetas en el interior de poliedros perfectos, o Sólidos platónicos, tal y como lo había hecho en su primera obra *Misterio cosmográfico*, nunca funcionó. *Harmonices mundi*, o *La armonía del mundo* de 1.619, es un libro escrito por Kepler donde comienza exponiendo dicha teoría, para finalmente demostrar que es incompatible con las observaciones astronómicas y con las dos leyes del movimiento planetario expuestas por él en su *Astronomía Nova*, por lo terminó rechazándola. La tercera ley, que indica que el cubo de la distancia promedio del planeta al Sol es proporcional al cuadrado de su periodo orbital, es de nuevo presentada en el capítulo 5 de *La armonía de los mundos*. Adicionalmente, en esta obra Kepler intentó justificar los movimientos planetarios desde el punto de vista causal, postulando una fuerza similar al magnetismo que él pensaba que emanaba del Sol.

Las *Tablas rudolfinas* son unos conjuntos de datos planetarios y estelares recopilados por Kepler a partir de las observaciones astronómicas realizadas por Tycho Brahe; están presentados en forma tabulada y fueron ampliamente utilizados por astrónomos de todo el mundo durante más de un siglo para determinar los movimientos celestes y así poder calcular las posiciones de los planetas y las estrellas. En su lecho de muerte Tycho pidió a Kepler que completara sus tablas astronómicas, este acogió tal petición y las *Tablas rudolfinas*, denominadas así por estar dedicadas al emperador Rodolfo, finalmente aparecieron publicadas en 1.627; aunque los datos observacionales son esencialmente los de Tycho, la teoría subyacente en ellas es la del propio Kepler.

La publicación de esta tablas en 1.627 se constituye en el acto final de la fructífera vida profesional de Kepler; quien murió el 15 de Noviembre de 1.630 en Ratisbona, Alemania. Astrónomo que logró purificar completamente el sistema heliocéntrico copernicano de los remanentes de las concepciones helenísticas que Copérnico no pudo erradicar. El sistema solar fue completamente revelado y entendido como un todo, y todos sus componentes individuales fueron descritos por vez primera con un mismo conjunto de leyes físicas escritas en lenguaje geométrico matemático.

Hay una obra de este gran astrónomo que fue publicada póstumamente en 1.634 por su hijo Ludwig con el título: *"Somnium, seu opus posthumum de Astronomia Lunari"*, *"El Sueño, u obra póstuma de Astronomía Lunar"*. Se trata de una novela de ficción escrita por él hacia 1.608 y que es normalmente considerada como la primera obra de *Ciencia ficción* de la historia, antecediendo a Julio

Verne por más de dos siglos y medio. Es una extraña y apasionante aventura tanto ficcional como científica, enmarcada dentro del estado de la astronomía durante la primera década del siglo XVII, y narrada en las voces de un soñador, un joven llamado Duracoto, quien muy probablemente representa al mismo Kepler. Gracias a un conjuro mágico por parte de un *Espíritu*, Duracoto, su madre Fiolxhilda y un grupo de personajes de su época realizan un fantástico y onírico viaje a la Luna.

Aunque está fechado en 1.609, el texto no fue publicado antes de la muerte de Kepler en 1.630. Su autor era muy consciente del conflicto desarrollado en Europa entre la enseñanza oficial de la Iglesia Católica y la revolución Copernicana que estaba en su apogeo. Kepler no fue una persona tan confiada como Giordano Bruno, quien murió quemado en la hoguera por sostener similares creencias en otros mundos; por tal motivo trató de ocultar su extraña historia como un sueño o una fantasía de la cual podría retractarse cuando fuera indispensable. Así, de manera similar a Copérnico y básicamente por los mismos motivos, Kepler también fue cauteloso al momento de publicar algunos de sus pensamientos científicos.

Imagen 6.2
Órbita elíptica lunar

Johannes Kepler extendió sus Leyes del movimiento planetario para explicar la cinemática de los satélites naturales en torno a sus respectivos planetas.

La obra ha sido traducida desde el Latín original y ahora está disponible en diferentes idiomas y en múltiples sitios WEB, así como en libros impresos. La traducción al Inglés más difundida es la del Reverendo Norman Raymond Falardeau de 1.962;[5] de cuya obra seleccioné algunos párrafos y los traduje al Español por su importante contenido y significado para este texto; también les anexé algunas imágenes ilustrativas, y realicé algunos comentarios explicativos. El texto de Kepler lo presento en letra cursiva, mientras que mis notas están en texto plano.

En primer lugar, hay algunos términos específicos que el lector debe conocer con anticipación:

Duracoto: Es el protagonista y el narrador del cuento, su madre es Fiolxhilda.
Espíritu: No se debe interpretar precisamente como un diablo o demonio; sino más bien como una especie de Ser extraterrestre, un alienígena en términos modernos.
Levania: Es el nombre que utiliza Kepler para referirse a la Luna.
Volva: Es el nombre para la Tierra.
Subvolva: El hemisferio lunar que siempre está de frente hacia la Tierra.
Privolva: El hemisferio lunar opuesto al Subvolva, y que siempre está oculto de la Tierra. Aunque puede estar completamente iluminado por rayos solares, a menudo y erróneamente es conocido como el *Lado oscuro de la Luna*.

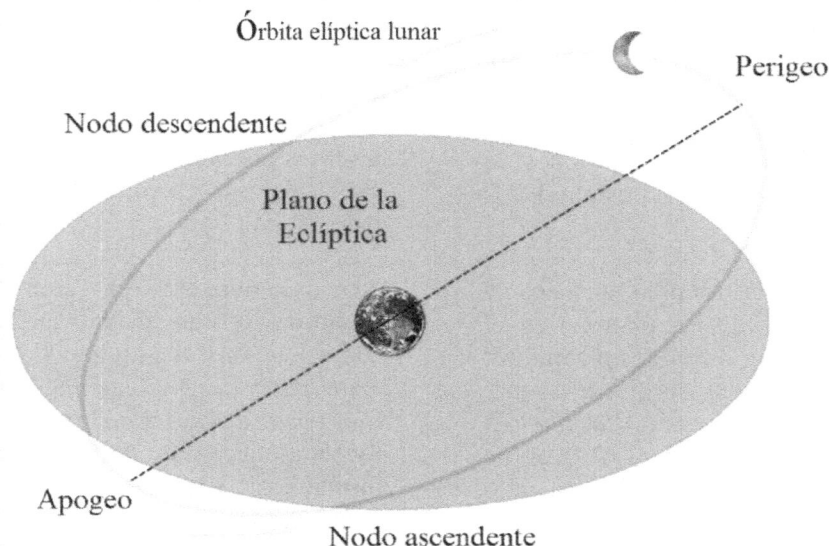

Órbita elíptica lunar

Perigeo

Nodo descendente

Plano de la
Eclíptica

Apogeo

Nodo ascendente

Somnium, seu opus posthumum de Astronomia Lunari

Joannis Kepleri

El Sueño, u obra póstuma de Astronomía Lunar

Johannes Kepler

Párrafos seleccionados, comentados e ilustrados

En los primeros párrafos Kepler realizó la introducción y contextualizó su obra. Cuando escribió que *"había muchos usurpadores maliciosos de las artes que, debido a que no entendían nada, debido a la ignorancia de su mente, las tergiversaban y promulgaban leyes perjudiciales para la raza humana"*; muy probablemente tales *usurpadores maliciosos de las artes* hace referencia a los miembros de la Iglesia que perseguían a los filósofos de la época que promovían teorías científicas contradictorias de las Sagradas escrituras, y por tal motivo dichos clérigos *promulgaban leyes perjudiciales para la raza humana*: como llevar gente a la hoguera !!

También describió como *Duracoto*, el protagonista de la obra, por intermedio de su madre conoció a uno de los *Espíritus* de la región, el cual *conjuró* a Levania y fue el encargado de dirigir el respectivo viaje a la Luna. Seguidamente el autor dio inicio a la parte ficcional y fantástica del texto describiendo la manera en que se realizó tal viaje.

En 1.608, cuando las discordias se desataron entre los dos hermanos, el Emperador Rodolfo y el Archiduque Matías, la población escudriñó sus acciones comparándolas con ejemplos tomados de la historia de Bohemia. En ese momento me impulsó la misma curiosidad por dedicarme al estudio de las leyendas de Bohemia; cuando me topé con la leyenda de la heroína Libussa, tan celebrada en el arte de la magia, sucedió algo. Una cierta noche, después de haber contemplado atentamente la Luna y las estrellas, me instalé pacíficamente en mi sofá y caí en un sueño profundo. Mientras dormía, parecía haber cogido un libro de la estantería para leerlo. El curso del libro fue como sigue.

Mi nombre es Duracoto y mi patria es Islandia, llamada Thule por los antiguos. Mi madre Fiolxhilda murió recientemente dándome así licencia para escribir, algo que ya deseaba ardientemente hacer. Mientras ella vivía se aseguró diligentemente de que yo no escribiera, porque afirmaba que había muchos usurpadores maliciosos de las artes que, debido a que no entendían nada, debido a la ignorancia de su mente, las tergiversaban y promulgaban leyes perjudiciales para la raza humana. Bajo estas leyes muchos hombres seguramente habrían sido condenados y devorados en los abismos de Hekla. Mi madre nunca me dijo cuál era el nombre de mi padre. Pero ella dijo que era un pescador que murió a la avanzada edad de 150, en el septuagésimo año de su matrimonio y cuando yo tenía tres años.

En mi infancia mi madre, tomándome de la mano o levantándome en sus brazos, con frecuencia me llevaba a las crestas más bajas del Monte Hekla, especialmente alrededor de la fiesta de San Juan cuando el Sol es visible durante 24 horas y no hay noche. Ella recogía muchas hierbas y las cocinaba en casa con varios ritos religiosos. Hacía pequeños sacos de pieles de cabra y cuando estos eran llenados con brebajes de hierbas, los llevaba al puerto vecino para ser vendidos y calmar a los capitanes de los barcos. Por lo tanto, ella se proporcionaba los medios para su sustento.

En una ocasión, por curiosidad, abrí uno de los sacos y saqué las hierbas y un lienzo adornado con bordados y mostrando varios símbolos. Mi madre, inconsciente de lo que había pasado, lo vendió. Al abrir este saco, la defraudé de sus ganancias. Mi madre, enardecida de rabia, me entregó al capitán como suyo en lugar del saco para poder quedarse con el dinero. Al día siguiente, inesperadamente zarpó del puerto bajo un viento favorable con destino a Bergen en Noruega. Después de varios días bajo el aumento del viento del norte, fue llevado entre Noruega e Inglaterra. Pasó por el canal y se dirigió a Dinamarca porque tenía cartas de un obispo islandés para entregarlas a Tycho Brahe, el danés, que vivía en la isla de Ven. Entonces yo, un niño de catorce años, estaba enfermando gravemente por las bruscas sacudidas del barco y la inusual temperatura del aire. Cuando el barco fue descargado junto con las cartas, el capitán me dejó allí en la casa de un pescador de la isla y zarpó con la promesa de regresar.

Después de que las cartas fueron entregadas, Brahe, de muy buen humor, comenzó a hacerme muchas preguntas. No lo entendí porque no conocía el idioma, excepto por unas pocas palabras. Él dedicaba todo su tiempo a sus alumnos, a quienes cuidaba considerablemente y, debido a la liberalidad de Brahe, frecuentemente podían hablar conmigo. Con unas pocas semanas de práctica comencé a hablar danés de una manera tolerable, hasta no estar menos preparado para responderles, que ellos para interrogarme. Me maravillé de muchos objetos desconocidos. Relaté muchos acontecimientos recientes en mi patria a mis admiradores. Finalmente, cuando el capitán del barco regresó para llevarme, Brahe me retuvo. Esto me hizo extremadamente feliz.

Los ejercicios astronómicos me complacieron en un grado extraordinario. Durante noches enteras Brahe y sus alumnos se dedicaron al estudio de la Luna y las estrellas utilizando máquinas maravillosas. Esta práctica me recordó a mi madre, ya que también ella conversaba frecuentemente con la Luna. Por esta corriente de eventos, aunque me consideraban un semibárbaro a causa de mi lugar de nacimiento y las circunstancias de indigente, llegué a un gran conocimiento de la más divina de las ciencias y que preparó mi camino para mayores logros.

Después de vivir en esta isla de Ven durante varios años, deseé visitar mi tierra natal. A causa de la ciencia que había adquirido, supuse que no me sería difícil elevarme hasta cierto grado de honor en mi propia nación de hombres no calificados. Pedí un permiso a mi patrón para partir y lo obtuve; le dije adiós y fui a Copenhague. Mis compañeros de viaje me tomaron libremente bajo su protección debido a mi familiaridad con su idioma y país. Regresé a casa cinco años después de haberme ido.

Mi primera fuente de alegría a mi regreso fue descubrir que mi madre aún vivía y prestaba los mismos servicios que antes. Como todavía estaba vivo y tenía medios para ganarme la vida, terminé con su continua amargura por haber perdido a su hijo en un ataque de ira. El otoño se aproximaba y esas largas noches nuestras se estaban acercando. Dado que durante el mes en que nació Cristo el Sol apenas sale al mediodía y vuelve a ponerse de inmediato. Mi madre permanecía cerca de mí ahora que estaba libre de su trabajo, y no me dejaba sin importar a dónde fuera. Ella me interrogó sobre las tierras que había visitado e incluso preguntas sobre el cielo. Mi madre se complació en comparar el grado de conocimiento que yo había reunido y lo que ella misma descubrió como verdadero. Ella declaró que ahora estaba lista para morir, para poder dejar a su hijo heredero de la información que solo ella poseía.
Por naturaleza tenía una gran sed de aprender cosas nuevas. Entonces le pregunté a mi madre

sobre sus artes y qué maestros de su país se destacaban por encima del resto. Luego, un cierto día cuando tuvo tiempo libre para hablar, me contó de esta manera todo lo que sabía desde los comienzos: Duracoto, hijo mío, el conocimiento está disponible no solo en otras provincias a las que viajaste sino también en nuestra propia patria. Me has hecho darme cuenta del encanto de otras regiones. Pero incluso si tenemos frialdad, oscuridad y otras incomodidades que ahora siento que nos oprimen, todavía abundamos en personas talentosas. Tenemos entre nosotros espíritus muy dotados que detestan la luz brillante de otras regiones y el parloteo de los hombres; ellos perciben nuestras áreas oscuras y nos hablan íntimamente. De estos espíritus nueve son importantes. Uno de estos, de lejos el más amable y el más inocente, fue particularmente conocido por mí, y es evocado por veintiún personajes. A menudo, en una fracción de segundo, fui transportada por su poder a otras costas que seleccioné para mí. Si me había mantenido alejada de ciertos sitios debido a su distancia, ahora gané terreno al preguntar sobre esos lugares como si hubiera estado allí. Él revisó para mí muchos datos sobre esos objetos que tú examinaste con los ojos, aceptaste de un informe o sacaste de libros. Me gustaría especialmente que fueras un espectador, mi compañero, de esa región respecto de la cual él me habló. Qué maravillosas fueron esas cosas que él me contó de allí. Él conjuró a Levania.

Sin demora, acordé que ella debería convocar a su maestro. Nos sentamos en junta y yo preparado para escuchar tanto el propósito completo del viaje como la descripción del área. La primavera estaba sobre nuestra región. Tan pronto como la Luna estaba en la media luna, comenzó a brillar una vez que el Sol se había escondido bajo el horizonte, unido al planeta Saturno en el signo de Tauro. Mi madre, retirándose de mí hacia la encrucijada más cercana y lanzando unas pocas palabras en un fuerte clamor, expuso su pedido. Después de completar las ceremonias regresó y, exigiendo silencio con la palma de su mano derecha extendida, se sentó cerca de mí. Apenas habíamos cubierto nuestras cabezas con una tela, como era la costumbre, cuando he aquí que surgió el silbido de una voz ronca y ceceante, y de inmediato comenzó a hablar de esta manera, pero en el idioma isleño.

El Espíritu y el viaje a Levania

La isla de Levania se encuentra a cincuenta mil millas alemanas en el aire. El viaje hacia y desde esta isla hasta nuestra Tierra es muy raramente disponible; pero cuando es accesible es fácil para nuestra gente. Sin embargo el transporte de hombres, ligado como lo es al mayor peligro de la vida, es más difícil. No admitimos hombres sedentarios, muy robustos o delicados en este séquito. Escogemos más bien a aquellos que pasan su tiempo persistentemente cabalgando caballos veloces, o que frecuentemente navegan a las Indias, acostumbrados a subsistir con pan doblemente horneado, ajo, pescado seco y otros platos desagradables. Hay mujeres viejas secas especialmente adecuadas para nuestro propósito. La razón de esto es bien conocida, pues desde su niñez ellas están acostumbradas a montar cabras, o sobre mantos, y a atravesar estrechos pasillos y la inmensa extensión de la Tierra. Aunque los alemanes no son adecuados, no rechazamos los cuerpos secos de los españoles.

Todo el viaje, por más lejos que sea, se completa en cuatro horas como máximo. Porque estamos siempre muy ocupados, nuestro momento de salida no es hasta que la Luna comience su eclipse en su sección este. Si la Luna se llena mientras aún estamos en camino, nuestro viaje de regreso será imposible. La ocasión se vuelve tan breve que llevamos pocos humanos y ningún otro ser excepto el más útil para nosotros. Formando una columna aprovechamos a cualquier hombre de este tipo y todos nosotros empujando hacia arriba lo elevamos a las alturas. El estrés inicial es la peor parte para él, ya que se voltea hacia arriba como por una explosión de pólvora y vuela sobre montañas y mares. Por esa razón debe ser drogado con narcóticos y opiáceos antes de su vuelo. Sus extremidades deben protegerse cuidadosamente para que no sean arrancadas de él, el cuerpo de las piernas, la cabeza del cuerpo, y para que el retroceso no se extienda a cada miembro de su cuerpo. Entonces enfrentará nuevas dificultades: frío intenso y alteración de la respiración. Estas circunstancias que son naturales para los espíritus, son presión aplicada al hombre. Seguimos nuestro camino colocando esponjas humedecidas en nuestras fosas nasales. Con la primera sección del viaje completa, nuestro transporte se vuelve más

fácil. Luego exponemos nuestros cuerpos libremente al aire y retraemos nuestras manos. Todas estas personas se reúnen en una bola dentro sí mismas a causa del empuje, una condición que nosotros mismos producimos casi por una mera señal de la cabeza. Finalmente, al llegar a la Luna, el cuerpo se dirige por su propia voluntad a su lugar previsto. Este punto crítico es de poca utilidad para nuestros espíritus porque es excesivamente lento. Por lo tanto, como dije, aceleramos por gravedad e iremos al frente del cuerpo del hombre, no sea que por un impacto muy fuerte en la Luna él pueda sufrir algún daño. Cuando el hombre se despierta, por lo general se queja de que todos sus miembros sufren de una lasitud inefable, de la cual, sin embargo, él se recupera completamente cuando el efecto de las drogas desaparece, y así él puede caminar.

Imagen 6.3

A Voyage to the Moon
Un viaje a la Luna

Grabado realizado en 1.868 por el artista y escultor francés Paul Gustave Doré (1.832 - 1.883)

145

Allí nos retiramos rápidamente a las cuevas y lugares lúgubres, no sea que el Sol, de momento al aire libre pero a punto de eclipsarse, un poco más tarde nos expulse de un lugar de descanso agradable y nos obligue a seguir a la sombra que se va. Nuestro ingenio se ejercita en los momentos de decisión. Nos sumamos nosotros mismos a los demonios de esta provincia y una sociedad nace cuando el Sol comienza a faltar en la localidad. Reunidos juntos en multitudes nos desviamos de nuestro curso hacia la sombra. Y si la sombra golpea la Tierra con su punta afilada, lo que sucede a menudo, caeremos pesadamente sobre la Tierra y con nuestros compañeros soldados, ya que no se nos permite ningún otro resultado cuando los hombres han sido testigos del eclipse del Sol. De esto se desprende que los eclipses del Sol son muy temidos.

Geografía lunar

A continuación el autor se dedica a exponer la geografía lunar, o selenografía, los diferentes ciclos climáticos, los variados estilos de vida que los habitantes del satélite llevarían, y otras formas de vida posibles.

El conjunto de Levania se extiende no más de 1.400 millas alemanas en circunferencia, una cuarta parte de nuestra Tierra. Posee montañas muy altas, valles muy profundos y anchos y, en consecuencia, rinde mucho a nuestra Tierra en perfecta redondez. Toda la superficie es porosa, ya que está atravesada por cavernas huecas y cuevas continuas, especialmente prolongadas por los Privolvanos. Estos lugares huecos son los principales medios que los Privolvanos tienen para protegerse del calor y el frío.

Los Hemisferios lunares: el Subvolvano y el Privolvano

Del mismo modo que los geógrafos dividen el globo terráqueo en cinco zonas debido a los fenómenos celestes, Levania consta de dos hemisferios, el de los Subvolvanos y el otro de los Privolvanos. El círculo que divide sus hemisferios, similar al colure de nuestros solsticios, pasa a través de los polos celestes y se llama divisor. (Colure es cualquiera de los meridianos celestes principales.)

En los párrafos siguientes Kepler expone la forma en que nuestro planeta se ve desde la Luna y argumenta sobre la gran diferenciación entre ambos hemisferios levanianos dependiendo de la visibilidad o no de la Tierra o Volva. En primer término, él explica que nuestro planeta se vería casi cuatro veces más grande que la Luna cuando es mirado dese allí.

La más agradable de todas las ocupaciones en Levania es la contemplación de su Volva. Los levanianos disfrutan de la vista de su Volva como lo hacemos con nuestra Luna, de la que los Privolvanos carecen completamente porque están en lo más oscuro. Debido a su perenne presente de Volva, esta región se llama Subvolva, así como el resto se llama Privolva porque se ha privado de la vista de su Volva.

Cuando nuestra Luna se llena y recorre hogares distantes, los habitantes de la Tierra la vemos igual que el círculo abierto de un gran barril de madera. Cuando se eleva al centro del cielo, la Luna trae a la mente algo así como la forma de un rostro humano. (Así mismo) Los Subvolvanos ven su Volva en el medio de su propio cielo, la cual toma esta posición para aquellos que viven en el medio o en el ombligo de este hemisferio, con un diámetro un poco menos de cuatro veces tan grande como nuestra Luna; de modo que, si establecemos una comparación de discos, la superficie de su Volva es quince veces mayor que la de nuestra Luna.

Lo que pertenece por separado a cada hemisferio es la gran diversidad entre ellos. No solo la presencia y la ausencia de Volva muestran espectáculos muy distintos, sino que estos fenómenos comunes difieren tanto aquí y allá en sus efectos, que uno podría llamar más correctamente al hemisferio Privolvano como intemperante y al Subvolvano como templado. En general, el hemisferio Subvolvano se compara favorablemente con nuestros cantones, ciudades y jardines; mientras que el Privolvano se asemeja a nuestros campos, bosques y desiertos.

Vida lunar: los Selenitas o Levanianos

Seguidamente el autor hace referencia a los habitantes y a las diferentes formas de vida en los respectivos hemisferios lunares.

Estas son las apariencias en ambos hemisferios de Levania: el Subvolvano y el Privolvano. A partir de estas consideraciones no es difícil para mí emitir un juicio silencioso sobre cuánto difieren los Subvolvanos de los Privolvanos en otros aspectos.

Todo lo que brota del terreno, o camina sobre él, es de un tamaño monstruoso. Los aumentos de tamaño son muy rápidos y la vida es de corta duración porque todos los seres vivos crecen a una masa corporal tan enorme. Los Privolvanos no tienen un lugar de residencia fijo; en el espacio de un solo día atraviesan todo su mundo en hordas siguiendo las aguas en retroceso, ya sea en sus piernas que son más largas que las de nuestros camellos, sobre alas o en los barcos. Si es necesario un retraso de muchos días, se arrastran por las cuevas de acuerdo con la naturaleza de cada uno. Hay muchos buzos entre ellos y todas sus criaturas vivientes respiran muy lentamente. Al combinar la naturaleza con el arte, pueden refugiarse en el fondo de las aguas profundas; dicen que los que están en las profundidades del agua soportan el frío, mientras que las olas superiores están hirviendo por el Sol. Los que permanecen en la superficie son hervidos por el Sol del mediodía y sirven como alimento para los colonos errantes.

Otras criaturas que encuentran que la respiración es más necesaria, se retiran a cuevas que se abastecen de agua por canales angostos para que el agua se enfríe gradualmente en su largo camino; pero cuando llega la noche salen a comer.

Las plantas en el terreno, y hay algunas en las cimas de las montañas, brotan y mueren en el mismo día, diariamente haciendo espacio para nuevas cosas en crecimiento. La corteza de los árboles, la piel de las criaturas vivientes, o si algo más toma su lugar, ocupa la mayor parte de la masa corpórea porque es esponjosa y porosa.

Si cualquier criatura es tomada por sorpresa por el calor del día, su piel se vuelve dura y chamuscada y se le cae por la noche. Otros cuyos espíritus han sido extenuados por el calor del día pierden la vida, pero regresan por la noche debido a una causa paradójica, similar a la producción de moscas aquí en la Tierra. Aquí y allá, por todo el suelo, hay masas diseminadas en forma de piñas. Sus cáscaras son quemadas por el Sol durante el día y mueren, pero en la noche producen criaturas vivientes cuando se abren los escondites. En el hemisferio Subvolvano un medio especial de alivio del calor son las nubes y tormentas ininterrumpidas, que a veces se apoderan de la mitad o más de la mitad de la región.

Astronomía desde la Luna

En el párrafo siguiente Kepler introduce al lector en uno de los interrogantes principales del texto: ¿Cómo es practicar la astronomía desde la Luna?, o en otros términos, ¿Cómo se ven el firmamento y el Universo cuando se miran desde el satélite?; y en base a esto expone que estudiar la astronomía desde allí sería considerablemente diferente a hacerlo desde nuestro planeta.

Voy a hablar sobre la forma en sí de la provincia, comenzando como lo hacen los geógrafos con aquellas cosas que le suceden desde arriba. Incluso si la totalidad de Levania tiene en común con nosotros (en la Tierra) las apariencias de las estrellas fijas, sin embargo uno observa diferentes movimientos de planetas y en mayor cantidad de los que vemos en la Tierra; de modo que toda su astronomía tiene otro significado.

A continuación Kepler va presentando sus puntos de vista sobre la diferencia en la astronomía practicada desde nuestro satélite, y también sobre la influencia de los movimientos celestes en el transcurrir del tiempo y del clima allí. Mientras que la Tierra rota sobre su eje en un lapso diario de veinticuatro horas provocando un aparente movimiento diario de los astros en el cielo, la Luna gira alrededor de su eje en un período aproximado de 27,32 días terrestres, o mes sidéreo, y se traslada alrededor de la Tierra en el mismo lapso de tiempo en relación con las Estrellas fijas. Estas marcadas diferencias en los movimientos relativos de estos dos astros determinan las distintas formas de los movimientos aparentes de los demás cuerpos celestes, especialmente del Sol y las Estrellas fijas, y por consiguiente marcan diferentes maneras de entender la astronomía en cada lugar.

El Sol y la Tierra vistos desde la Luna

Adicionalmente, debido a tal configuración entre los movimientos relativos de la Tierra y la Luna, desde un mismo punto de nuestro planeta se aprecia siempre un mismo hemisferio del satélite: desde un mismo lugar siempre vemos una misma cara de la Luna, la que está de frente a nuestro planeta, la otra parte nunca la vemos y de ahí el tradicional término de *Cara oculta de la Luna*. Pero el hecho es bastante diferente para los habitantes del satélite: Los de un hemisferio, denominado Subvolvano por Kepler, disfrutan permanentemente de la presencia de su Volva, la Tierra; mientras que los habitantes del hemisferio opuesto, el Privolvano, carecen siempre de este espectáculo.

En capítulos anteriores hemos explicado como la Luna y el Sol se ven aparentemente como del mismo tamaño cuando los contemplamos desde la tierra, muy a pesar de que en realidad tienen tamaños marcadamente diferentes; este fenómeno se debe a la gran diferencia entre las respectivas distancias: el astro Rey es mucho más grande pero también está considerablemente mucho más lejos y por eso se ve como del mismo tamaño que nuestro satélite. Planteemos ahora la pregunta: Como se ven la Tierra y el Sol desde la Luna? En esta obra la respuesta de Kepler es que nuestro planeta luce como si fuera casi cuatro veces el tamaño aparente del astro Rey cuando ambos se contemplan desde el globo lunar.

De estos dos hemisferios, los Subvolvanos siempre ven su Volva, o nuestra Tierra, que para ellos es como nuestra Luna; mientras que los Privolvanos están completamente privados de la visión de su Volva.

Dado que las estrellas se están moviendo, Levania parece estar no menos inmóvil para sus habitantes que nuestra Tierra para nosotros. Uno de nuestros meses es igual a una de sus noches y un día. (La Tierra gira sobre sí misma en un día terrestre, por lo tanto) *Se tiene que en uno de nuestros años el Sol gira 365 veces y la órbita de las estrellas fijas 366 veces; o más precisamente, en cuatro años el Sol gira 1.461 veces, pero la órbita de estrellas fijas 1.465 veces para nosotros.* (Pero, según los cálculos de Kepler, la Luna rota a una velocidad 30,4 veces inferior a la terrestre) *Entonces, para ellos el Sol gira 12 veces en un año* (levaniano) *y la órbita de estrellas fijas 13 veces; o más precisamente, en 8 años el Sol gira* (en torno a Levania) *99 veces y la órbita de estrellas fijas 107 veces. Pero están más familiarizados con un ciclo de 19 años* (levanianos). *En esa cantidad de años el Sol asciende 235 veces y las estrellas fijas 254 veces.* (Por lo tanto y según

Kepler, el año levaniano comprende 12,375 días levanianos, y cada uno de estos dura 30,4 días terrestres.)

El Sol se levanta en la parte central o más interna de los Subvolvanos cuando el último cuarto de la Luna es visible para nosotros; luego pasa a las partes más internas de los Privolvanos cuando el primer cuarto aparece para nosotros. Lo que digo acerca de las partes centrales debe entenderse de todos los semicírculos conducidos a través de los polos y las mitades en ángulo recto con el divisor. Puedes llamarlos los semicírculos de los Medivolvanos.

Una Tierra estática, clavada en el cielo

La Volva de los Subvolvanos permanece como si fuera fijada con un clavo al cielo y estuviera inmóvil en este lugar. (Mientras que) *Otras estrellas y el Sol cruzan desde el amanecer hasta el ocaso. Tampoco hay ninguna noche en la que ninguna de las estrellas fijas del zodíaco se oculte detrás de la Volva y surja una vez más en la región opuesta. Aunque las mismas estrellas fijas no logran esto todas las noches, todavía todas cambian completamente entre ellas; es decir, aquellas que se mueven hasta 6 o 7 grados desde la eclíptica. En 19 años todo el circuito está hecho para que vuelvan exactamente a sus posiciones originales.*

Los Eclipses vistos desde la Luna

Como se ha explicado, debido a los tamaños y distancias relativas entre el Sol y el satélite se tiene la coincidencia de que estos astros, cuando se contemplan desde la Tierra, cubren ángulos muy similares en el firmamento y lucen con un tamaño aparentemente igual. Pero una situación muy diferente se manifiesta cuando el Sol y la Tierra son mirados desde la Luna, pues, debido también a los tamaños y distancias relativas entre dichos cuerpos, la Tierra vista desde el satélite luce como casi cuatro veces el tamaño tanto del astro Rey como de la Luna. Y esto marca una considerable diferencia en la manera de percibirse los eclipses, tanto los de Sol como los de Volva; lo cual constituye la idea central de los próximos párrafos en la obra de Kepler:

Los observadores más diligentes ven que esta Volva no permanece del mismo tamaño. Durante las horas del día en que las estrellas se mueven con rapidez, el diámetro de la Volva es mucho mayor, por lo que es claramente cuatro veces más grande que nuestra Luna.

Ahora, ¿qué debo decir sobre los eclipses del Sol y de la Volva que ocurren en Levania al mismo tiempo que los eclipses del Sol y la Luna ocurren aquí en el globo terráqueo, pero evidentemente por diferentes razones? Cuando vemos el eclipse total del Sol, su Volva se eclipsa; mientras que cuando nuestra Luna eclipsa, el Sol se eclipsa para ellos. Sin embargo, no en todas estas cosas estoy de acuerdo exactamente. Ellos mismos a menudo ven eclipses parciales del Sol cuando ninguna parte de la Luna nos falta. Por el contrario, a menudo están exentos de eclipses de su Volva cuando tenemos eclipses parciales del Sol. Tienen eclipses de su Volva en Volva llena, así como nosotros tenemos los de la Luna en Luna llena; y ellos tienen eclipses del Sol en la Volva nueva como los tenemos en la Luna nueva. Debido a que tienen días y noches largos, experimentan los eclipses de ambos cuerpos celestes con más frecuencia. Una gran cantidad de nuestros eclipses cruzan a nuestras antípodas, y los de ellos a sus antípodas. Los Privolvanos no ven nada de esto, pero los Subvolvanos si ven todo.

Los Subvolvanos nunca ven un eclipse total de su Volva, pero a través del cuerpo de la Volva ven cruzar una pequeña mancha rojiza en sus bordes y oscura en el centro. Esta pequeña mancha hace su entrada desde la sección este de la Volva y sale por el borde occidental, lo mismo se aplica a los lugares naturales de la Volva, anticipándolos rápidamente. La duración se extiende a una sexta parte de su hora, o a cuatro de las nuestras.

La causa del eclipse solar de los Subvolvanos es la Volva, como nuestra Luna causa el nuestro. Esto no puede ser sin que el Sol cruce desde el este a través del sur detrás de la inmóvil Volva hacia el oeste, porque su volva mide cuatro veces más que el Sol. Entonces, el Sol desaparecería muy cerca de la Volva, con el resultado de que parte o todo el cuerpo del Sol quedaría oculto por ella. Con frecuencia hay un eclipse muy notable del cuerpo del Sol porque dura varias horas, cuando la luz del Sol y de la Volva se eclipsan ambas al mismo tiempo. Esta es una experiencia importante para los Subvolvanos que tienen otras noches no tan oscuras como estos días (de eclipse) debido a la brillantez y magnitud de su omnipresente Volva. En el eclipse del Sol ambos cuerpos celestes, el Sol y la Volva, están ocultos a los Subvolvanos (por lo cual la oscuridad es total, ¡abrumadora!).

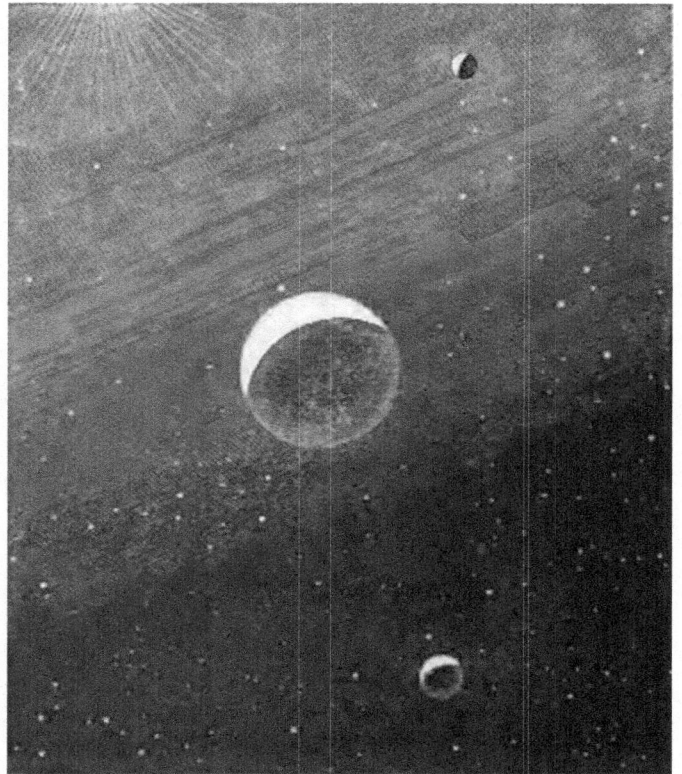

Imagen 6.4
Earth and Moon in space
La Tierra y la Luna en el espacio

Dibujo en el libro *Recreations in Astronomy*, escrito en 1.879 por el obispo y autor episcopal estadounidense Henry White Warren (1.831 - 1.912).

El dibujo ilustra muy bien lo expuesto por Kepler refiriéndose a que, mirada desde la Luna, la Tierra exhibe fases similares a las de nuestro satélite.

Con respecto a los Subvolvanos, los eclipses del Sol tienen este punto en común. Con bastante frecuencia sucede que el brillo se eleva en el lado opuesto cuando el Sol apenas se ha escondido detrás del cuerpo de la Volva, como si el Sol se hubiera expandido y abarcara todo el cuerpo de la Volva; sin embargo en otros momentos y en tantas secciones el Sol aparece menos que la Volva. La oscuridad completa no siempre ocurre, a menos que los centros de los cuerpos coincidan estrechamente y, por la disposición regular de los centros diáfanos, se unan. La Volva desaparece repentinamente de modo que no se puede discernir en absoluto, porque el Sol se oculta completamente detrás de la Volva.

El movimiento planetario visto desde la Luna

A continuación Kepler nos describe como se vería el curso de los planetas sobre el fondo del cielo levaniano:

Además de las muchas desigualdades (en los movimientos) de los seis planetas, Saturno, Júpiter, Marte, el Sol, Venus y Mercurio que nosotros percibimos, ellos ven otras tres; a saber: dos en la longitud, una diurna y la otra durante el ciclo de 8,5 años; la tercera es en latitud durante un circuito de 19 años.

El Tiempo y el Clima levanianos

Las diferencias en los movimientos relativos de la Tierra y la Luna determinan las distintas formas de los movimientos aparentes de los demás cuerpos celestes, especialmente del Sol y las Estrellas fijas, y por consiguiente marcan ritmos diferentes del transcurrir del tiempo y del clima en cada lugar: un día de sol completo en la Luna equivale a casi quince días de los nuestros; o en otras palabras, un mismo sitio del satélite permanece unos quince días terrestres bajo el calor sofocante del Sol, desde que este sale hasta que se pone para dicho lugar.

Se produce un día (de Sol, equivalente a) 14 de nuestros días o un poco menos en el que el Sol parece más grande. El Sol es lento bajo las estrellas fijas y no hay vientos. Entonces, todo se vuelve intolerable. Por lo tanto, durante el espacio de uno de nuestros meses o de un día levaniano (completo)

y en el mismo lugar, el calor (durante el día de sol) se vuelve quince veces más caliente que nuestra África, y el frío (durante la noche) insoportable.

A continuación Kepler argumenta sobre la manera en que los habitantes del satélite contemplarían las diferentes porciones del hemisferio iluminado de la Tierra, y expone que ellos percibirían una especie de Fases terrestres de manera similar a como nosotros vemos las respectivas Fases lunares. También explica como tales fases terrestres determinan una manera especial de medir el transcurrir del tiempo por parte de los habitantes levanianos.

Imagen 6.5
Lunar Day
Día lunar

Dibujo en el libro *Recreations in Astronomy* escrito en 1.879 por el obispo y autor episcopal estadounidense Henry White Warren (1.831 - 1.912).

La Volva de los Subvolvanos no crece ni mengua menos que nuestra Luna. Esto se debe tanto a la presencia del Sol como al movimiento de la Volva. Si estudias su naturaleza el tiempo es el mismo; pero los Subvolvanos lo miden por un método y nosotros lo hacemos por otro. Los Subvolvanos piensan que un día y una noche es el espacio de tiempo durante el cual se completan todas las crecidas y disminuciones (fases) de esta Volva. (En la Tierra) Nosotros llamamos mes (sinódico) a este espacio de tiempo. La Volva rara vez se esconde de los Subvolvanos, incluso en Volva nueva, debido a su tamaño y brillo; especialmente para los habitantes polares Subvolvanos que carecen del Sol en ese momento. En una noche Subvolvana, incluso si es 14 de nuestras noches, la presencia de su Volva ilumina el terreno y lo protege del frío; una masa tan grande y tanto brillo no puede sino mantenerla caliente. En general, para los que habitan entre la Volva y los polos bajo el círculo Medivolvano, la Volva nueva es el signo del mediodía y el primer cuarto de la tarde. La Volva llena separa partes iguales de la noche, y el último cuarto trae al Sol de vuelta.

La noche de los Privolvanos dura 15 o 16 de las nuestras, terribles y con oscuridades interminables, como son nuestras noches sin Luna. Los rayos de la Volva nunca iluminan sobre ellos y por esta razón todo se vuelve rígido por el hielo, la escarcha y los vientos más poderosos y sabios.

A partir de estas observaciones podemos sacar conclusiones sobre aquellos que habitan entre los lugares descritos anteriormente.

Explicaré primero qué es común a ambos hemisferios. Todo Levania sufre las mismas alternancias de día y de noche que lo hacemos (en la Tierra), pero durante el año carecen de otros cambios anuales. A lo largo de Levania sus días son casi iguales a sus noches, excepto por el hecho de que para los Privolvanos cada día es regularmente más corto que su propia noche, mientras que el día de los Subvolvanos es regularmente más largo. Lo que se altera en un ciclo de ocho años deberá mencionarse más adelante. Debajo de ambos polos la mitad del Sol se oculta para igualar la noche, la otra mitad brilla formando un círculo alrededor de las montañas.

Los Subvolvanos diferencian las horas del día por medio de estas y otras fases de su Volva, de modo que cuanto más cerca están el Sol y la Volva, más cerca está el mediodía para los Subvolvanos y la tarde o la puesta de Sol para los Medivolvanos. Los Subvolvanos están mucho mejor equipados que nosotros para medir aquellos períodos de la noche que regularmente duran 14 de nuestras horas. Dijimos que fuera de esa secuencia de fases de la Volva, que en fase llena marca la mitad de la noche medivolvana misma, la Volva determina sus horas. Aunque la Volva no parece de ninguna manera cambiar de lugar, nuestra Luna, por el contrario, gira (en torno a nuestro planeta) dentro de su espacio y explica adecuadamente la sorprendente cantidad de marcas (en la Tierra) que cambian persistentemente desde su salida hasta su puesta. Cuando las marcas regresan después de una de esas revoluciones (una rotación terrestre sobre su eje en veinticuatro horas terrestres), los Subvolvanos tienen una hora en tiempo igual a un poco más de uno de nuestros días y noches. Esta es entonces la única medida uniforme de tiempo (que los selenitas poseen).

No es suficiente que la Volva distinga las horas del día Subvolvano de esta manera, sino que también da indicaciones claras de las partes del año si alguien le presta atención, o si la utilidad de las estrellas fijas se le escapa a alguien.

Considerando todo lo expuesto por Kepler hasta aquí, podemos establecer las siguientes conclusiones respecto a la manera como los levanianos miden su tiempo: una hora levaniana es equivalente a un día terrestre de 24 horas; un día levaniano con su respectiva noche dura aproximadamente un mes terrestre de 28 o 29 días terrestres. Finalmente, un año levaniano tiene una duración de doce días levanianos, equivalentes a doce meses terrestres y por consiguiente también es igual a un año terrestre. Pero se debe notar que mientras en la Tierra contemplamos 365 salidas del Sol, en Levania solamente perciben doce salidas del astro Rey en un año.

También, debido al diferente curso o movimiento de los astros sobre el firmamento de Levania, especialmente del Sol, los cambios climáticos transcurren de manera muy diferente a como lo hacen en nuestro planeta:

En Levania hay algunas variaciones de verano e invierno, pero no deben compararse con las nuestras ni con las que tenemos en el mismo lugar y en la misma época del año. En un período de diez años su verano cambia de una parte del año estelar a la parte opuesta, desde el mismo lugar previsto. En un ciclo de 19 estrellas o en 235 días (levanianos) el verano ocurre 20 veces y el invierno con la misma frecuencia hacia los polos, y en el ecuador 40 veces. Así como tenemos nuestros meses (de verano), ellos tienen 6 días en total durante el verano, el resto pertenece al invierno. La misma alternancia (del clima) apenas se siente alrededor del ecuador porque el Sol no hace una digresión hacia los lados más allá de 50 hacia adelante y hacia atrás desde esos lugares. Pero se siente más cerca de los polos y de aquellos lugares que tienen o no tienen el Sol alternativamente a intervalos de seis meses; así como en la Tierra aquellos de nosotros que vivimos debajo de uno de los dos polos. El globo de Levania también está dividido en cinco zonas que corresponden en cierto modo a nuestras zonas terrestres; es decir, las Zonas Tórrida y Frígida tienen apenas 10 grados cada una; todo el resto cae en proporción a nuestra Zona templada. La Zona Tórrida pasa a través de las partes medias del hemisferio, la mitad de su longitud a través de los Subvolvanos, la otra a través de los Privolvanos.

Finalización del Sueño

Cuando llegué a esta parte de mi sueño, el viento se levantó con una lluvia torrencial que perturbó mi sueño, terminando con uno de los últimos libros que traje de Frankfurt. Mientras el Espíritu, el orador, Duracoto con su madre Fiolxhilda y los oyentes habían permanecido atrás, tal como habían estado con la cabeza cubierta, volví a la normalidad y descubrí que mi cabeza estaba sobre un cojín y mi cuerpo envuelto en una manta.

Esta obra nos demuestra la genialidad del astrónomo alemán. Kepler viajó a la Luna, imaginativamente claro está, y desde allí ejerció su profesión, la Astronomía. Inmediatamente el astrónomo se percató de la gran diferencia entre mirar al firmamento desde la Tierra o desde el globo lunar. Él se dedicó a estudiar, mentalmente, los movimientos celestes mirados desde la Luna; igualmente se ocupó de la geografía, del clima y de los estilos de vida de los imaginarios lunícolas o selenitas. Sus conclusiones nos las dejó en esta apasionante obra.

Sin duda alguna Kepler fue el mejor astrónomo de su época. Él desveló el profundísimo secreto de los movimientos celestes. En lo referente al globo lunar, probablemente él no tuvo la intensión de escribir un texto ficcional, ese no era su estilo. Pero se vio obligado a hacerlo porque, como se lo demostró la triste experiencia de Giordano Bruno, en su época era muy peligroso promulgar algunas ideas.

Galileo Galilei

Galileo Galilei (1.564 - 1.642) fue un filósofo, matemático, astrónomo, físico e ingeniero italiano, un gran protagonista del Renacimiento y de la Revolución científica. Galileo es el más grande del período fundacional de la ciencia moderna, exceptuando a Newton. En astronomía sus grandes logros incluyen el rediseño y la introducción del telescopio como instrumento de investigación en esta ciencia, su decidido apoyo a la Teoría heliocéntrica copernicana y una gran cantidad de observaciones astronómicas con trascendentales descubrimientos. Él es importante como astrónomo, pero quizás incluso más como físico por sentar las bases de la dinámica como ciencia del movimiento de los cuerpos, al descubrir por primera vez la gran importancia de la aceleración en tales movimientos.

Galileo nació en Pisa en 1.564, siete años antes que Kepler, y murió once años después que él en 1.642, el mismo año que nació Newton. Fue el mayor de seis hijos del matrimonio conformado por la señora Giulia Ammannati y el matemático y músico Vincenzo Galilei. La familia se encargó de la educación de Galileo hasta que el niño cumplió los diez años, y seguidamente fue enviado al convento de Santa María de Vallombrosa de Florencia, donde fue introducido en la vida religiosa. Su padre quería que fuera comerciante, pero cuando sus capacidades intelectuales fueron muy notables, decidió enviarlo a estudiar medicina en la Universidad local de Pisa, a la que ingresó Galileo a la edad de 17 años y donde estudió medicina, filosofía y matemáticas.

Aunque su padre deseaba que el joven se dedicara por completo a la medicina, éste se inclinó definitivamente por la matemática, la física y la astronomía. Mientras estaba en Pisa, los primeros signos de su curiosidad científica emergieron estimulados por sus observaciones de los candelabros de la catedral balanceándose rítmicamente. Seguidamente realizó algunos de los primeros experimentos científicos verdaderos, y estableció que un péndulo de una longitud específica oscilaría exactamente con el mismo período de tiempo, cualquiera que fuera su amplitud y cualquiera que fuera el peso o la naturaleza del cuerpo suspendido: siendo aún estudiante, descubrió la *Ley de la isocronía* en el movimiento de los péndulos. También dedicó esfuerzos a comprender el movimiento de caída libre de los cuerpos y estableció las bases para el desarrollo de una nueva rama de la física: la *mecánica*. Su padre no era rico y tenía que mantener a otros cinco niños; los honorarios universitarios eran altos y dado que no pudo lograr una beca para Galileo, el joven tuvo que dejar la universidad en 1.585 sin diploma alguno.

Galileo continuó demostrando su ingenio inventivo mediante el desarrollo de otros instrumentos; y para sostenerse económicamente el joven buscó un empleo como profesor en diferentes universidades. Finalmente Guidobaldo del Monte intercedió por él ante el duque Fernando I de Médici, Gran Duque de Toscana, quien lo contrató en Noviembre de 1.589 para la cátedra de matemáticas de la universidad de Pisa, cuatro años después de que se le hubiera negado una beca y sin algún título en algo. Él laboró en esta institución hasta 1.592, año en el que se vinculó a la universidad de Padua para ser profesor de geometría, astronomía y mecánica; funciones que realizó hasta 1.610. En Julio de este año aceptó los cargos de Primer matemático nuevamente en la Universidad de Pisa, y de Primer matemático y Primer filósofo del gran duque de Toscana; por tal motivo dejó Venecia para trasladarse a Florencia. La ventaja material de un nuevo puesto como matemático y filósofo del gran duque de Toscana fue sin duda la principal razón para su retorno a Florencia en el verano de 1.610, y pasaría allí los 18 años más fructíferos de su vida.

Cuando él fue profesor en las universidades de Pisa y Padua, dictaba clases, como era de costumbre, sobre la teoría Tolomeica de los planetas, adhiriéndose más o menos fielmente a dicho sistema, el cual apenas coincidía con los hechos observados y no convencía cabalmente a Galileo; quien por el contrario se sentía atraído cada vez más por el nuevo sistema copernicano. Él había escrito a Kepler en Graz afirmando que se había convertido a la teoría copernicana muchos años antes. Estos fueron los primeros pasos de Galileo en el campo astronómico.

En el área de la física Galileo fue el primero en establecer la ley de los cuerpos que caen libremente. Él argumentó que cada cuerpo, si se dejara libre, continuaría moviéndose en línea recta con velocidad uniforme, y que cualquier cambio ya sea en la rapidez o en la dirección del movimiento, debe explicarse cómo debido a la acción de alguna fuerza.

153

Este principio fue enunciado posteriormente por Newton como la primera ley del movimiento y normalmente se conoce como la *Ley de la inercia*. Esta ley explica un enigma que, antes de Galileo, el sistema copernicano había sido incapaz de explicar y que está relacionado con la rotación terrestre: Si se suelta un cuerpo desde la parte superior de una torre, caerá al pie de la torre y no se desviará algo hacia el Oeste. Pero, como la Tierra está girando, debería haberse desplazado una cierta distancia hacia el Oeste durante la caída. La razón por la que esto no sucede es porque dicho objeto, precisamente debido a aquella Ley de la inercia, conserva la velocidad de rotación que antes de ser soltado compartía con todo lo demás en la superficie del planeta.

Galileo había establecido la propiedad básica y única de la gravedad: todos los objetos, cualquiera que sea el material de que estén hechos y cualquiera que sea tanto su tamaño como su masa, caen de manera idéntica bajo la influencia de un campo gravitacional.

El Telescopio y las primeras observaciones astronómicas.

Normalmente se cita al fabricante alemán de lentes oftalmológicas Hans Lippershey (1.570 - 1.619) como la primera persona en solicitar, en 1.608, la patente para un artefacto capaz de hacer ver los objetos muy lejanos como si en realidad estuvieran muy próximos al observador. La noticia sobre esta novedad se habría difundido rápidamente por Europa hasta llegar a los oídos y las manos más indicadas. En Mayo de 1.609 Galileo recibe de París una carta de un antiguo alumno, el francés Jacques Badovere, quien le confirma un persistente rumor: la existencia de un instrumento que permite ver muy amplificados los objetos que están muy lejanos. Galileo se entusiasmó mucho con el llamativo invento de Lippershey y se apresuró a rediseñarlo, construyó sus propias lentes y lo convirtió así en un auténtico instrumento de observación astronómica: un telescopio diez veces más potente que el diseño original. En Noviembre del mismo año, fabricó un instrumento con un poder de resolución, o *Aumento*, de unas veinte veces. Posteriormente construyó un telescopio mucho más potente y mejorado, con una apertura de casi cinco centímetros y que tenía un aumento de 33.

El Poder de aumento de un telescopio no hace referencia a cuantas veces más grande se ve el cuerpo celeste estudiado, sino a cuantas veces el instrumento hace que el mismo astro nos parezca más cercano; así, un telescopio con un aumento de 30 veces hace que veamos al objeto en cuestión como si realmente estuviera 30 veces más cerca de nosotros.

Cuando dirigió sus telescopios hacia el cielo a principios de 1.610, Galileo realizó múltiples descubrimientos que cuestionaron seriamente las antiguas teorías cosmológicas: las manchas solares, las montañas en la Luna, las fases de Venus, etc. Pero su descubrimiento más trascendental fue el de las cuatro lunas orbitando al planeta Júpiter, dado que esto le permitió concluir que no todos los objetos celestes giraban en torno a la Tierra y que obligatoriamente nuestro planeta no era el exclusivo centro del universo, como sostenía Aristóteles.[6]

Aparte de esta efectiva reinvención del telescopio, el auténtico mérito de Galileo consistió en entender su gran utilidad como instrumento científico en el estudio del cielo estrellado. El nuevo artefacto, inicialmente concebido y empleado para propósitos prácticos comunes como en la guerra y en la navegación, se convirtió en sus manos en un poderoso medio para el estudio del Universo. Su gran entusiasmo en sus primeros exámenes telescópicos del cielo con un telescopio tan modesto y elemental, pero que reveló tantas maravillas del cosmos, es bien notable en sus notas y en cartas a colegas, la cuales fueron posteriormente reunidas y editadas con más calma y criterio científico en su famoso texto *Sidereus Nuncius*.

El *Sidereus nuncius*

En el plano cosmológico, Galileo adoptó decididamente el sistema heliocéntrico copernicano; mantuvo correspondencia con Kepler y aceptó sus novedosas leyes del movimiento celeste. En una de sus cartas Galileo escribió a Kepler deseando poder reírse juntos ante la estupidez de *la pandilla*. El resto de su carta deja en claro que la pandilla hace referencia a los profesores de filosofía que intentaron desacreditar las recién descubiertas lunas de Júpiter, utilizando *argumentos que cortan la lógica como si fueran encantamientos mágicos*. Las observaciones telescópicas de Galileo y las leyes keplerianas de los movimientos celestes se combinaron para destruir para siempre la milenaria y radical creencia aristotélica tolomeica de la Tierra fija y de la perfección de los cielos, y para colocar en su lugar le Teoría cosmológica copernicana.

En su obra más conocida, *Sidereus nuncius* o *Mensajero sideral*, escrita originalmente en Latín y publicada en Venecia en Marzo de 1.610, Galileo presentó los descubrimientos de sus primeras observaciones telescópicas. Esta obra se convirtió en el primer tratado astronómico fundamentado en observaciones de carácter científico realizadas con un telescopio, provocó el colapso final de la cosmología aristotélica tolomeica y marcó el nacimiento de la astronomía moderna. En ella el astrónomo italiano consideró que Júpiter y sus satélites son una contundente prueba de que no todos los cuerpos celestes giran alrededor de la Tierra, y con la cual pretende disuadir a los seguidores de Tolomeo de sus pensamientos cosmológicos.

Y de paso quiso corregir a algunos heliocentristas que ciega y persistentemente sostenían que todos los cuerpos celestes giraban alrededor del Sol.

El *Mensajero sideral* es un corto texto en que Galileo presenta de manera muy detallada, recurriendo inclusive a diferentes representaciones gráficas, sus observaciones y descubrimientos realizados con sus recién construidos telescopios. El astrónomo le dedicó especial atención a nuestra Luna, al planeta Júpiter y sus satélites, a Venus y Saturno, al Sol y a muchas estrellas del cielo profundo.

Imagen 6.6
Galileo enseñando al Dux de Venecia el uso del telescopio.

Fresco elaborado en 1.858 por el pintor italiano Giuseppe Bertini (1.825 - 1.898).

Galileo fue muy insistente en que sus hallazgos se constituyen en pruebas contundentes en contra de la teoría aristotélica tolemaica, y, por el contrario, muy a favor del modelo heliocéntrico propuesto por el astrónomo polaco Nicolás Copérnico.

La Luna como la vio Galileo

La cosmología aristotélica presuponía dos grandes regiones en el Universo: el mundo *Sublunar* que comprende la Tierra y todo lo que se encuentra entre ella y el borde de la esfera lunar, el cual tiene la característica de ser un mundo imperfecto y siempre sometido al cambio; la otra es la región *Supralunar* que incluye a la Luna y se extiende hasta la esfera de las estrellas fijas. Esta región Supralunar es de naturaleza ideal y allí no existen más que formas geométricas perfectas representadas por las esferas, y movimientos celestes eternos e inmutables, es decir, los movimientos circulares. Pero cuando Galileo dirigió su telescopio hacia la Luna encontró múltiples argumentos para contradecir o refutar dicha cosmología aristotélica.

Galileo siempre se basó en datos provistos por sus observaciones telescópicas que demostraban la validez de sus argumentos. Él observó una zona transitoria entre las regiones iluminada y oscura del satélite, delimitada por una curva que él denominó *Terminador*, y cuyo contorno no era perfecto, regular o continuo, sino que era muy irregular, sinuosa o zigzagueante; lo cual le permitió proponer la existencia de montañas en la Luna y por lo tanto invalidar las hipótesis aristotélicas sobre una esfera lunar lisa, ideal. De estas observaciones dedujo que las regiones más brillantes del globo lunar corresponderían a irregularidades geográficas y las equiparó a las cadenas montañosas terrestres; mientras que las regiones oscuras representarían valles, planicies y depresiones que aún no habían sido iluminadas por la luz solar. Con lo cual este astrónomo pudo contradecir la cosmología aristotélica según la cual los cielos supralunares eran perfectos y sus cuerpos celestes esferas perfectas.

Entre todas las obras de Galileo, El *Mensajero Sideral* fue sin duda la que causó la mayor sensación y despertó la mayor curiosidad en todo el mundo científico de la época. El texto se inicia con la historia de la invención del telescopio y seguidamente aborda la descripción de las observaciones de la superficie física de la Luna, el primer cuerpo celeste que este gran astrónomo estudió. El primer descubrimiento de Galileo con la ayuda del telescopio y publicado en el *Sidereus nuncius* de 1.610 se relaciona con las montañas en la Luna. Él describió las cadenas montañosas lunares como muy altas y que lucen muy brillantes en el lado que enfrenta al Sol, pero que son oscuras en el otro lado, y presentó dibujos detallados y explicaciones para esto. Él notó que las cumbres de las montañas más altas están iluminadas a una distancia considerable desde el borde de la media luna; así, mediante un razonamiento geométrico simple y tomando el diámetro terrestre como dato de referencia, concluyó que las montañas lunares son al menos cuatro veces más altas que las de nuestro planeta. Su método de cálculo fue muy brillante pero fundamentado en hipótesis erróneas que lo condujeron a resultados distorsionados.

Para poder explicar bien su exposición, Galileo incluyó en el *Sidereus nuncius* cinco detallados diagramas o bocetos sobre la apariencia física general de la superficie del satélite. Presentó un boceto para cada Cuarto de las fases lunares, luego una repetición del cuarto para mostrar que las características no eran una casualidad sino que eran repetitivas.

Al demostrar que la Luna no era una esfera lisa y perfecta él refutó la tesis aristotélica según la cual el mundo Supralunar era perfecto, inmutable. Al respecto Galileo fue más lejos y se tomó la molestia de elaborar y presentar variados dibujos de la superficie lunar tal como su telescopio la reveló, y de efectuar estimaciones sobre la altura de sus montañas, aunque erradas por utilizar datos incorrectos sobre la distancia a nuestro satélite.

A parte de estudiar detalladamente la superficie lunar con su telescopio, Galileo también se preocupó por el movimiento orbital de la Luna. Él argumentó que la velocidad angular del satélite debe ser mayor en la Luna nueva que en la Luna llena, ya que cuando está más cerca del Sol describe una órbita más pequeña con referencia al astro Rey. Él comparó al Sol con el punto de suspensión de un péndulo, y a la Tierra y la Luna con dos pesos unidos a los extremos de las respectivas cuerdas y cada una formando un péndulo. Si la Luna se coloca a diferentes distancias del punto de suspensión, se altera el período de oscilación de tal péndulo y esto le permitió concluir que el satélite se mueve más rápidamente en el momento de la Luna nueva que en el de la Luna llena.

Después de haber discutido la manera en que la luz del Sol se refleja desde la superficie lunar hacia la Tierra y argumentando que debería ocurrir lo mismo en el caso de nuestro planeta, él afirmó que esta es una prueba más contundente contra aquellos que sostienen que la Tierra debe ser excluida de la familia de los planetas alegando que carece tanto de movimiento como de luz y que no brilla como aquellos. Por el contrario él confirmó, siempre por medio de aquellas demostraciones y observaciones naturales, que la Tierra se mueve y sobrepasa al satélite en luz y brillo.

Júpiter y sus lunas revelados por el telescopio

El 7 de Enero de 1.610 este astrónomo realizó un trascendental descubrimiento: captó cuatro pequeñas estrellas muy cercanas y girando en torno al planeta Júpiter. Inicialmente Galileo llamó a estos cuerpos los *Astros mediceos* en honor al duque de Toscana Cosme II de Médicis, antiguo alumno suyo y su gran patrocinador. Se trataba de las lunas de Júpiter hoy llamadas *Satélites galileanos*: Ío, Ganimedes, Calixto y Europa. Este hecho se constituyó en la más importante y contundente prueba de que no todos los cuerpos celestes giraban en torno a la Tierra, como erróneamente lo establecía el antiguo modelo geocéntrico aristotélico tolomeico.

El texto refleja la emoción y el asombro de Galileo cuando observó el movimiento rápido, la aparición y la desaparición primero de tres, luego de cuatro astros alrededor de Júpiter. En la primera noche de observación, el 7 de Enero, Júpiter lucía acompañado por tres vecinas que él consideró como estrellas fijas, pequeñas pero mucho más brillantes que otras estrellas similares, y aparecían dispuestas como en una línea recta paralela al ecuador del planeta. Continuó viéndolas las noches del 8 y 9 pero en posiciones diferentes con respecto a Júpiter, y para la noche del 10 él llegó a la conclusión de que tales cambios de posición no se debían al movimiento de Júpiter sino al de las estrellas mismas. Lo anterior, junto con el hecho de que ocasionalmente desaparecían en un borde del planeta, ocultándose detrás de él para después reaparecer en el otro extremo, lo llevaron a la certera conclusión de que los astros en realidad estaban orbitando en torno a Júpiter en un plano cercano a su ecuador.

En el *Sidereus nuncius* Galileo presentó muchas y detalladas gráficas de las posiciones relativas de tales astros según sus observaciones entre Enero y Marzo de 1.610. Considerando que dichas estrellas cambiaban su posición relativa noche tras noche, pero permaneciendo siempre en torno a una misma línea recta, el astrónomo dedujo que se trataba de satélites de Júpiter. Él había realizado el descubrimiento más grande de su vida: cuatro pequeños astros se movían alrededor de un planeta más grande, en un plano muy similar al plano de la eclíptica, en órbitas circulares de diferente amplitud y con una velocidad mayor mientras menor fuera la distancia del satélite al planeta central.

Debido a sus persistentes observaciones, él logró seguir a los cuatro *Astros mediceos* en sus respectivos movimientos, sus posiciones relativas entre sí y con el propio planeta, sus ocultamientos o eclipses y sus tránsitos por frente de Júpiter. De este modo pudo calcular rápidamente los diversos elementos o parámetros de los movimientos orbitales para dichos satélites: encontró que los períodos de revolución de cada uno de los cuatro astros varían desde un poco menos de dos días para el más cercano, hasta casi diecisiete días para el más externo.

Este gran descubrimiento de Galileo evidenció la existencia de cuerpos que giran alrededor de otros cuerpos más grandes y, por lo tanto, todos juntos seguían una sola trayectoria alrededor del Sol: él determinó que Júpiter con su familia de cuatro satélites emplea un período de doce años en su gran revolución alrededor del Astro rey, de manera similar a la Tierra con su Luna en su intervalo de un año. El astrónomo pronto se percató de que tal hecho proporcionaría un argumento formidable para eliminar las dudas de quienes se oponían al sistema heliocéntrico: Que Júpiter tuviera satélites era muy problemático, porque sugería que al menos había otros centros de rotación en el universo, a parte de la Tierra.

Galileo mira a Venus

En Septiembre de 1.610 el astrónomo descubrió que el planeta Venus manifiesta fases cíclicas similares a las de nuestra Luna; y consideró este hecho como una prueba adicional a favor del sistema copernicano, el cual logra describir este fenómeno gracias a la hipótesis heliocéntrica. Aunque demoró su publicación hasta 1.623 cuando se editó *El Ensayador*, la observación sobre las fases de Venus la había realizado en 1.610. Galileo contempló las fases y la variación del tamaño de la parte iluminada del planeta; lo que se constituye en una prueba de que Venus gira alrededor del Sol: el mayor tamaño se manifiesta cuando el planeta se encuentra en la fase llena, mientras que el menor tamaño ocurre en fase nueva.

Galileo observó un conjunto completo de fases de Venus con la ayuda de sus telescopios, y consideró lo que contempló como una rotunda prueba de la veracidad y de la superioridad del sistema copernicano. Para su tiempo, las fases de Venus eran muy desconcertantes: de acuerdo con los tres principales sistemas planetarios del momento, el tolomeico, el copernicano y el tychoniano, los tres astros podrían encontrarse alineados estando Venus entre la Tierra y el Sol, es decir en el orden TVS, situación en la cual tal planeta no nos sería perceptible a simple vista ya que el mismo resplandor del Sol lo ocultaría y la situación sería muy análoga a la de Luna nueva. Por otra parte, el alineamiento TSV daría lugar a un Venus plenamente iluminado y que guarda similitud con el caso de Luna llena. Como conclusión: todos los sistemas predijeron un conjunto de fases para este misterioso planeta, pero el tolomeico no predijo todo el conjunto completo.

Con sus apariencias similares a las de nuestra Luna, Venus atrajo a Galileo desde el comienzo de sus observaciones, y esta circunstancia lo convenció del movimiento del planeta alrededor del Sol. Sobre la base de sus descubrimientos y razonamientos, Galileo ahora apoyó decidida y abiertamente la doctrina copernicana con todos los problemas conocidos que iban a surgir.

Otras observaciones: la Vía láctea, el Sol, las Estrellas fijas y Saturno

Más adelante el astrónomo italiano se dedicó a contemplar la Vía láctea, se concentró en la constelación de Orión y verificó que ciertas estrellas que a simple vista parecen solo una, en realidad son conjuntos o cúmulos de estrellas.

Así, el número de estrellas visibles con su telescopio aumentó; pero a diferencia de la Luna, los planetas y el Sol, tales estrellas no aumentaban de tamaño. Lo que probó la hipótesis copernicana sobre la considerable distancia a que se encuentran las estrellas fijas y de la existencia de un enorme hueco entre Saturno y aquellos astros.

A finales de 1.610 en Roma, el astrónomo realizó otro descubrimiento que refutó la idea de perfección de los cielos: las *Manchas solares*. Galileo argumentó que ellas están en la superficie del Sol y que tienen un movimiento de rotación; razón por la cual el astrónomo determinó que el astro Rey está rotando sobre sí mismo, lo que puede utilizarse como argumento en favor de la rotación terrestre. Posteriormente, en el *Diálogo sobre los sistemas del mundo*, Galileo retomó aquella teoría de las manchas solares convirtiéndola en un poderoso argumento contra el sistema cosmológico de Tycho Brahe, el único y último refugio que quedaba a los geocentristas.

Galileo también dedicó mucho tiempo al planeta Saturno y detectó sus anillos pero no logró identificarlos como tales, sino como extraños apéndices o como dos asas, una a cada lado del astro. Él pensó que el planeta no tenía forma esférica y que mejor parecía un globo con asas. Galileo escribió que el cuerpo no era uno solo, sino que estaba compuesto por tres astros que casi se tocaban entre sí, y que nunca se movían ni cambiaban de posición unos con respecto a los otros. También agregó que estaban dispuestos en una línea paralela al zodíaco, que el del medio era aproximadamente tres veces el tamaño de los laterales y que tenían una forma muy similar a esta: ºOº.

Diálogos sobre sistemas

Posteriormente y protegido por el papa Urbano VIII y el duque de Toscana Fernando II de Médici, Galileo publicó en Florencia el 21 de Febrero de 1.632 su *Dialogo sopra i due massimi sistemi del mondo tolemaico e copernicano*, o *Diálogos sobre los dos principales sistemas del mundo Tolomeico y Copernicano*, donde abierta y contundentemente puso en ridículo al antiguo sistema geocéntrico aristotélico tolomeico. El libro es definitivamente pro-copernicano y los diálogos se desarrollan durante cuatro jornadas en Venecia e incluyen tres interlocutores: Simplicio, un radical y obtuso aristotélico defensor de la cosmología tolomeica; Salviati, un florentino defensor del heliocentrismo copernicano y quien seguramente representa al mismo autor; y Sagredo, un veneciano neutral pero muy ilustrado y elocuente. Las discusiones de estos protagonistas giran en torno a las dos concepciones vigentes sobre el Universo: la aristotélico-tolomeica y la copernicana.

Su teoría de las mareas oceánicas, presentada en la cuarta jornada de los *Diálogos sobre los dos máximos sistemas del mundo*, es brillante y característica del genio del astrónomo italiano; lástima que sea la única de las que presenta en esta obra que es errónea. Según Galileo los dos movimientos de la Tierra, el de rotación sobre sí misma y el de traslación alrededor del Sol, hacen que los puntos situados en la superficie terrestre sufran aceleraciones y deceleraciones en ciclos de doce horas, lo cual daría origen las mareas observadas en los océanos. Aunque estaba equivocado en sus planteamientos, Galileo desacreditó completamente, en su época, la teoría sobre el origen lunar de las fuerzas causantes de tales fenómenos. Sabemos hoy que el complicado fenómeno de las mareas es causado por la atracción gravitatoria de la Luna y el Sol sobre las enormes masas de agua en la Tierra. En realidad, el efecto de la Luna es más fuerte porque está más cerca de la Tierra que el Sol.

A diferencia de Copérnico y de Kepler, y por tener amigos en la Iglesia, Galileo no fue temeroso al momento de publicar sus pensamientos científicos; y esto lo pagaría caro. En los *Diálogos* el astrónomo criticó los principios cosmológicos aristotélicos y defendió los suyos propios con tanta vehemencia que se hizo enemigos en algunas esferas eclesiásticas. Después de su publicación en 1.632 en Florencia, a Galileo se le ordenó acudir a Roma para dar cuenta de sus acciones ante la Inquisición, donde fue juzgado como hereje y por contradecir los dogmas teológicos cosmológicos del momento. Fue condenado a prisión de por vida y la sentencia fue firmada por siete cardenales, aunque no fue ratificada por el papa Urbano VIII quien probablemente consideraba a Galileo no tanto un herético sino mejor un soberbio e irreflexivo. Según la leyenda, cuando el astrónomo abandonaba la sala de juicio zapateaba el piso y murmuraba: *"Eppur si mouve"*, *"Y sin embargo se mueve"*, la Tierra.

Galileo fue inicialmente condenado por la Inquisición en sesión privada en 1.616, y luego públicamente en 1.633, ocasión ésta en la que debió retractarse de sus teorías cosmológicas y prometer que nunca más sostendría la idea de que la Tierra tenga algún tipo de movimiento. Pero prontamente la sentencia inicial de prisión perpetua fue cambiada por arresto domiciliario; Galileo se aproximaba ya a los setenta años y viviría otros nueve, los cuatro últimos ciego. Después de su juicio Galileo permaneció confinado en su residencia de Arcetri, en Florencia, desde Diciembre de 1.633 hasta 1.638. Allí vivió en aceptable comodidad, retomó sus estudios sobre el movimiento de los cuerpos que había iniciado cuarenta años antes en Pisa y los compiló en un magistral texto: *Discursos sobre dos nuevas ciencias*, publicado en 1.638 y que se constituyó en la última obra escrita por Galileo; en ella estableció los fundamentos de la física mecánica e introdujo el concepto de inercia. La obra marcó el final de la vigencia de la física aristotélica y se convirtió en la base para la moderna ciencia de la *Dinámica del movimiento*.

Mientras estuvo en Arcetri Galileo recibió algunas visitas de sus amigos, lo que facilitó que algunas de sus obras en curso de redacción pudieran cruzar la frontera. En Enero de 1.638 Galileo pierde definitivamente la vista y recibió entonces autorización para instalarse en su casa de San Giorgio, cerca del mar, donde permaneció algunos años rodeado de varios colaboradores, y trabajando en la astronomía y otras ciencias. Finalmente, el 8 de Enero de 1.642 Galileo murió en Arcetri a la edad de 78 años, y las honras fúnebres se realizaron en Florencia el día 9 de Enero.

De manera similar al *Somnium* de Kepler, El *Sidereus nuncius* de Galileo ha sido traducido a múltiples idiomas, y ahora la obra está disponible en línea en diferentes sitios WEB y también en libros impresos; para este texto yo me fundamenté en la traducción al inglés realizada por *Edward Strafford Carlos* y que se encuentra en los sitios web de Wikisource y de Project Gutenberg.[7] De ahí seleccioné algunos párrafos de acuerdo a su importancia para nuestro tema, los traduje al Español y les anexé algunas reproducciones modernas de las imágenes originales del texto; y finalmente incluí algunos comentarios míos.

SIDEREVS
NVNCIVS
MAGNA, LONGEQVE ADMIRABILIA

Spectacula pandens, suspiciendaque proponens
vnicuique, præsertim verò

PHILOSOPHIS, atq ASTRONOMIS, qua à

GALILEO GALILEO
PATRITIO FLORENTINO

Patauini Gymnasij Publico Mathematico

PERSPICILLI

Nuper à se reperti beneficio sunt obseruata in LVNÆ FACIE, FIXIS IN-
NVMERIS, LACTEO CIRCVLO, STELLIS NEBVLOSIS,
Apprime verò in

QVATVOR PLANETIS

Circa IOVIS Stellam disparibus interuallis, atque periodis, celeri-
tate mirabili circumuolutis; quos, nemini in hanc vsque
diem cognitos, nouissimè Author depræ-
hendit primus; atque

MEDICEA SIDERA
NVNCVPANDOS DECREVIT.

VENETIIS, Apud Thomam Baglionum. M DC X.

Superiorum Permissu, & Priuilegio.

M VIIIİ ⅃⅃. 14.

Imagen 6.7
Portada del Sidereus nuncius, edición de Venecia de 1.610.

Noticiero sideral

*Desplegando grandes y maravillosos espectáculos,
y proponiéndolos a la atención de todos,
pero especialmente a filósofos y astrónomos,
siendo tales como han sido observadas por
Galileo Galilei
Un gentilhombre de Florencia, profesor de
matemáticas en la universidad de Padua,
con la ayuda de un telescopio
inventado recientemente por él,*

*Respeto a la superficie de la Luna, un número
incontable de estrellas fijas, la Vía Láctea
y estrellas nebulosas; pero especialmente respeto a los
Cuatro Planetas que giran alrededor del Planeta
Júpiter a diferentes distancias y en diferentes períodos
de tiempo, con una velocidad sorprendente, y que,
después de permanecer desconocidos para todos hasta
el día de hoy, el Autor recientemente los ha
descubierto, y decidió nombrarlos
Estrellas Mediceas.*

VENECIA, 1.610

Párrafos   seleccionados,   ilustrados   y
comentados.

163

Muy hermoso y admirablemente agradable es ver el cuerpo de la Luna, lejos de nosotros casi sesenta radios terrestres, tan cerca como solamente dos de estas dimensiones; así que el mismo diámetro de la Luna parece casi treinta veces más grande, su superficie casi novecientas y el volumen casi veintisiete mil veces mayor que cuando se la mira a simple vista: y por lo tanto, con la certeza de la experiencia sensible, cualquiera puede entender que la Luna no está cubierta por una superficie lisa y pulida, sino áspera e irregular, y, al igual que la faz de la Tierra, por todas partes llena de grandes protuberancias, barrancos y profundas cavidades.

Pero lo que supera todas las maravillas, y que principalmente nos llevó a advertir a todos los astrónomos y filósofos, es haber descubierto cuatro estrellas errantes, no conocidas u observadas por ninguno de ellos antes que nosotros; las cuales, a semejanza de Venus y Mercurio alrededor del Sol, tienen sus revoluciones alrededor de cierta estrella prominente entre las ya conocidas; a veces están delante de ella, y a veces están detrás, aunque nunca se apartan de ella más allá de ciertos límites. Y todas estas cosas fueron descubiertas y observadas hace unos días con la ayuda de un par de anteojos que inventé después de recibir la iluminación de la Gracia divina.

Primero diremos del hemisferio de la Luna que se vuelve hacia nosotros. Para mayor claridad, divido el hemisferio en dos partes, más clara una y la otra más oscura: la más clara parece rodear y llenar todo el hemisferio, mientras que la más oscura nubla la cara misma y hace que parezca estar llena de manchas dispersas. Ahora estas manchas, ya que son algo oscuras y de considerable tamaño, son claras para todos, y cada edad los ha visto, por lo que las llamaré lugares grandes o antiguos, para distinguirlos de otros puntos de menor tamaño, pero tan densamente dispersos que rocían toda la superficie de la Luna, pero especialmente la porción más brillante de la misma.

Y estos puntos no fueron vistos por nadie antes que yo. A partir de reiteradas observaciones de estos puntos, nos llegó la convicción de que la superficie de la Luna no es perfectamente lisa, uniforme y exactamente esférica, como lo creen muchos filósofos de ella y de otros cuerpos celestes, sino desigual, áspera y con muchas cavidades y protuberancias, no muy diferente de la faz de la Tierra diversificada por cadenas montañosas y profundos valles. Las cosas que vi y de las que pude sacar estas conclusiones son las siguientes:

En el cuarto o quinto día después de la conjunción, cuando la Luna nos muestra sus radiantes cuernos, la línea divisoria entre la parte oscura y la clara no se extiende uniformemente de acuerdo con una línea elíptica, como ocurriría en un sólido perfectamente esférico, sino que se dibuja mediante una línea desigual, áspera y muy sinuosa. De hecho, muchas luminosidades como excrecencias se extienden más allá de los límites entre la luz y la oscuridad, y por el contrario algunas partículas oscuras se introducen en la parte iluminada. También noté que los puntos pequeños antes mencionados concuerdan, todos y siempre, en esto: en tener la parte negruzca dirigida hacia el Sol, mientras que los del lado opuesto al Sol están coronados por contornos brillantes, montañas casi ardientes. Un espectáculo similar al que tenemos en la Tierra durante la salida del Sol, cuando los valles aún no están iluminados pero vemos las montañas que los rodean brillando en el lado opuesto del Sol. Igualmente, lo mismo que las sombras de las cavidades terrestres menguan a medida que el Sol sube, así también estas manchas lunares pierden su oscuridad, a medida que crece la parte luminosa.

Realmente no solo se pueden ver los límites entre la luz y la oscuridad en la desigual y sinuosa Luna, sino que, lo que despierta más asombro, en la parte oscura de la Luna hay muchas cúspides brillantes, completamente separadas y diferenciadas de la parte iluminada y alejadas de ella una distancia no pequeña. Después de un cierto tiempo, aumentan poco a poco de tamaño y brillo, y al cabo de dos o tres horas se unen a la parte iluminada que ya se ha hecho más grande. Mientras tanto, más y más picos como brotando aquí y allá se iluminan en la parte oscura, se agrandan y finalmente también se unen a la parte luminosa que se ha ido ensanchando cada vez más. La figura anterior también nos da un ejemplo de este fenómeno. Y en la Tierra, antes de que salga el Sol mientras la sombra todavía ocupa las llanuras, ¿No están las cimas de las montañas más altas iluminadas por los rayos del Sol? ¿Acaso no es cierto que, transcurriendo el tiempo, la luz solar se dispersa hasta que las partes bajas y más amplias de aquellos montes se iluminan; y que al final, después ya de que el Sol ha ascendido, las partes iluminadas de las planicies y los montes se juntan? Las diversidades en tales protuberancias y cavidades de la Luna, parecen exceder la rugosidad de la superficie terrestre, como lo mostraré más adelante.

Entretanto, no pasaré por alto un hecho digno de atención que observé mientras la Luna comenzaba su primer cuarto, como se muestra en el dibujo de arriba. En la parte luminosa penetra una gran protuberancia oscura, dirigida hacia el cuerno inferior, que yo largamente observé y discerní como completamente oscura, y que al cabo de unas dos horas comenzó a mostrar, justo debajo de la mitad de la sinuosidad, una especie de vértice luminoso. Este fue creciendo poco a poco, tomó una forma triangular y permaneció completamente separado de la parte luminosa. Poco después, a su alrededor empezaron a brillar tres pequeños puntos hasta que, girando la Luna ya al atardecer, la figura triangular, extendida, ensanchada y tan grande como un gran promontorio, se unió a la parte luminosa restante, todavía rodeada por los tres puntos mencionados. Sin embargo, como también dije más arriba, la parte negruzca de la mancha está dirigida hacia la irradiación solar, mientras que una franja más resplandeciente que circunda la mancha de la parte opuesta al Sol, se vuelve hacia la región oscura de la Luna.

De hecho, las manchas grandes de la Luna no se ven como rotas o llenas de depresiones y de protuberancias, sino más iguales y uniformes; de hecho, solo áreas pequeñas y brillantes aparecen aquí y allá. De modo que si alguien desea desenterrar la antigua opinión de los pitagóricos, es decir, que la Luna es casi una segunda Tierra, la parte más brillante representaría mejor la superficie sólida, mientras la más oscura sería el agua; y nunca dudé de que, mirando desde lejos el globo terrestre iluminado por el Sol, la superficie terrestre apareciera más clara, y más oscura la parte acuosa.

Además, en la Luna, las manchas más grandes están más deprimidas que las partes más brillantes; de hecho, ya sea en Luna creciente o menguante,

siempre en la línea limítrofe entre la luz y las tinieblas sobresalen los contornos de la parte más brillante alrededor de las grandes manchas, como observé al elaborar las figuras. La parte más luminosa sobresale sobre todo en las proximidades de las manchas y alrededor de cierto punto ubicado en la parte superior o norte de la Luna, de modo que antes del primer cuarto, y probablemente también en el segundo, se eleva considerablemente por encima y por debajo las grandes protuberancias, como se muestra en las figuras.

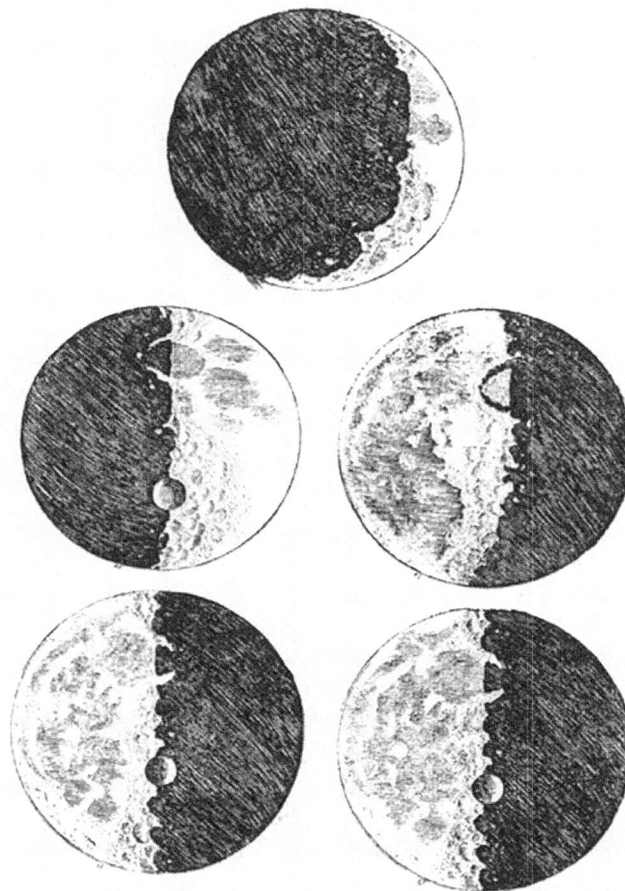

Imagen 6.8
La Luna como la vio Galileo

Reproducción moderna de las representaciones gráficas de nuestro satélite tal como lo vio Galileo Galilei con su telescopio en 1.610.
Las imágenes originales, dibujadas por él mismo, fueron incluidas en su máxima obra *Sidereus nuncios*.

Y también quiero recordar algo más que noté no sin una cierta maravilla: casi en el medio de la Luna hay una cavidad mayor que todas las demás y perfectamente redonda en forma. La cual estaba cerca de los dos cuartos, por lo que fue posible reproducirla en las dos figuras anteriores; en lo que se refiere a su iluminación, ofrece el mismo aspecto que en la Tierra ofrecería la región similar de la Bohemia si estuviera rodeada por montañas muy altas y dispuesta en perfecto círculo. La de la Luna está rodeada por montañas tan altas que la región extrema que bordea la parte oscura se ve iluminada por el rayo solar antes de que el límite entre la luz y la sombra alcance el diámetro de la figura misma. Al igual que en otros puntos, la parte sombreada de esta mira al Sol mientras la parte luminosa se vuelve hacia la parte oscura de la Luna. Por tercera vez llamo la atención sobre esto: entre estos lugares siempre los más oscuros están cerca del límite entre la luz y la oscuridad; el más lejano, por otro lado, ahora parece más pequeño y ahora menos oscuro; de modo que cuando la Luna, en la oposición, está llena, hay muy poca diferencia entre la oscuridad de los valles y el esplendor de los picos. Como en un testimonio incontrovertible de las asperezas y desigualdades que se encuentran en la parte más clara de la Luna.

Ya que de hecho en la Luna y alrededor de su perímetro hay muchas disposiciones de prominencias y depresiones, el ojo que mira desde lejos está casi en el mismo nivel de las cumbres de esas prominencias: nadie debería sorprenderse de que la mirada que los toca se presenta según una línea uniforme y no escarpada en absoluto. Otra razón se puede agregar a esta explicación: hay alrededor del cuerpo de la Luna, al igual que alrededor de la Tierra, una envoltura de alguna sustancia más densa que el resto del éter, que es suficiente para recibir y reflejar los rayos del Sol, aunque no posee tanta opacidad como para evitar que veamos a través de ella, especialmente cuando no está iluminada. Tal cubierta, cuando está iluminada por los rayos del Sol, hace que el cuerpo de la Luna parezca más grande de lo que realmente es, y, si su grosor fuera mayor, podría impedir que nuestra vista penetrara en el cuerpo sólido de la Luna. Ahora bien, es de mayor espesor alrededor de la circunferencia de la Luna, mayor, quiero decir,

no en espesor real sino en referencia a nuestros rayos de visión que la cortan oblicuamente; y así puede detener nuestra visión, especialmente cuando está en un estado de brillo, y puede ocultar la verdadera circunferencia de la Luna en el lado hacia él Sol.

Que la superficie más clara de la Luna está salpicada de hinchazones y depresiones en todas partes, creo que se manifiesta suficientemente por los fenómenos ya explicados. Queda por decir acerca de sus magnitudes, las cuales muestran cómo las asperezas de la Tierra son mucho más pequeñas que las de la Luna; de menor importancia, digo, pero también hablando en un sentido absoluto, no en relación solamente con las dimensiones de los globos terrestres y lunares, y esto queda claramente demostrado de esta manera.

Habiendo observado la Luna varias veces sobre el Sol, detecté que en la parte oscura de la Luna algunos vértices, aunque muy lejos del límite de la luz (el terminador), parecían saturados; y al comparar sus distancias con el diámetro total de la Luna, verifiqué que esta distancia a veces supera la vigésima parte del diámetro. Supongamos que la distancia es exactamente 1/20 partes del diámetro y que el diagrama (en la Imagen 6.9) represente el orbe de la Luna, cuyo círculo máximo es CAF, E su centro y CF su diámetro, que en consecuencia es al diámetro de la Tierra como la relación 2:7; y dado que el diámetro de la Tierra, según las observaciones más exactas, contiene 7.000 millas italianas, CF será 2.000 y CE 1.000; y la 1/20 parte de todo el CF será 100 millas.

Sea ahora CF el diámetro del círculo máximo que separa en la Luna la parte luminosa de la oscura, que no difiere significativamente de ese otro máximo debido a la gran distancia del Sol a la Luna, y deje que la distancia de A desde el punto C sea 1/20 de ese diámetro. Dibuje el radio EA y extiéndalo para cortar la línea tangente GCD, que representa el rayo que ilumina la cumbre, en el punto D; entonces el arco CA o la línea recta CD serán 100 de tales unidades. Como CE contiene 1.000, la suma de los cuadrados de DC y CE es entonces 1.010.000, que es igual al cuadrado de DE; y por lo tanto la DE completa será más de 1004, y AD será más de 4 ya que EA es 1.000. Por lo tanto la altura AD, que en la Luna indica cualquier proyección que alcance el rayo del Sol GCD y separada del límite C una distancia CD, es entonces mayor que 4 millas italianas. Pero en la Tierra no hay colinas que alcancen una altura perpendicular incluso de una milla. Por lo tanto, nos queda concluir que está claro que las prominencias de la Luna son más elevadas que las de la Tierra.

Llegado a este momento me place esclarecer la causa de otro fenómeno lunar muy digno de admiración que observé. Cuando la Luna, tanto antes como después de la conjunción, se encuentra no muy lejos del Sol, su esfera no sólo se presenta a nuestra vista en la parte adornada con los brillantes cuernos, sino que también en su parte sombría, naturalmente la opuesta al Sol, un cierto resplandor periférico tenue parece dibujar un círculo y diferenciarla del fondo más oscuro del propio éter.

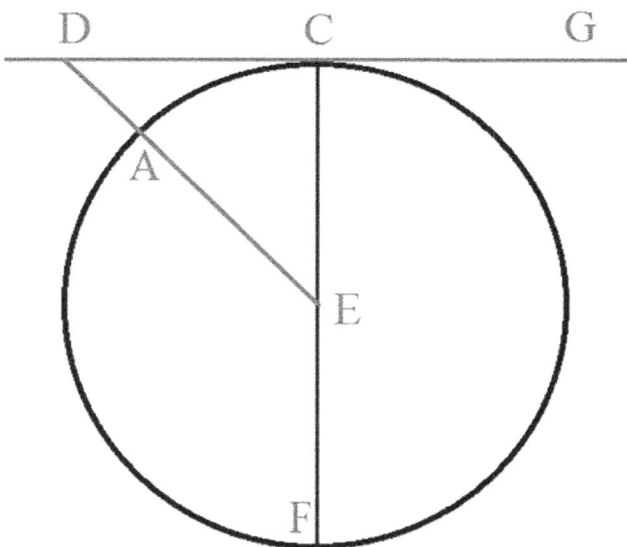

Imagen 6.9

Cálculo de la altura de las montañas lunares

Reproducción de la gráfica para la determinación de la altura de las montañas lunares, contenida en el *Sidereus nuncios*.

Pero si alguien buscase algo que oculte esos cuernos resplandecientes, como un tejado, una chimenea o cualquier otro obstáculo entre la vista y la Luna, pero distante del ojo, y de tal manera que la parte restante del globo lunar le fuera visible, entonces se sorprendería al ver que esta región de la Luna también resplandece con no poca luz, por más que esté privada de la luz solar, cosa más visible cuando la escarcha de la noche ha crecido debido a la carencia de Sol.

Por lo tanto, este segundo resplandor no es congénito y propio de la Luna, y no es proporcionado por ninguna estrella o el Sol, ya que no hay otro cuerpo en la inmensidad del universo que la Tierra. Entonces, ¿Qué solución se debe proponer? ¿No es que el cuerpo de la Luna y cualquier otro cuerpo opaco y oscuro están iluminados por la Tierra? ¿Qué nos molesta? Esta es la razón: la Tierra, con un intercambio justo y agradecido, devuelve a la Luna una iluminación como la que recibe de la Luna casi todo el tiempo durante la oscuridad más negra de la noche. Veámoslo más claramente.

La Luna en conjunciones, cuando está entre el Sol y la Tierra, está iluminada por los rayos solares en su hemisferio superior opuesto a la Tierra; mientras que el hemisferio inferior que mira a la Tierra está envuelto en la oscuridad y, por lo tanto, no ilumina la Tierra en absoluto. La Luna, alejándose continuamente del Sol e iluminándose gradualmente en alguna parte del hemisferio frente a nosotros, nos muestra los cuernos blancos, pero aún delgados, e ilumina ligeramente la Tierra. Va creciendo la Luna y se acerca a los cuartos, la iluminación del Sol aumenta el reflejo de su luz sobre la Tierra, la luz de la Luna se extiende entonces a lo largo de un semicírculo y nuestras noches se iluminan más. Finalmente (en oposición) todo el hemisferio lunar frente a nosotros y al Sol está brillando con rayos muy luminosos: (durante la noche) toda la superficie de la Tierra es iluminada, perfumada por la luz (reflejada) de la luna. Luego, menguando, la Luna nos envía rayos más tenues y la Tierra está más débilmente iluminada; la Luna comienza (nuevamente) la conjunción y las noches oscuras llenan entonces la Tierra. Pero con igual medida, la Tierra corresponde. De hecho, mientras la Luna está en conjunción con el Sol hace frente a toda la superficie del hemisferio de la Tierra expuesta al Sol

167

e iluminada vívidamente, y recibe entonces por reflexión dicha luz terrestre; por lo tanto, el hemisferio inferior de la Luna, desprovisto de luz solar, como resultado de esta reflexión (esta algo iluminada y) luce no muy brillante. La Luna, alejándose del cuadrante del Sol, ve solo la mitad del hemisferio iluminado de la Tierra, el Oeste, porque la mitad oriental está envuelta en la oscuridad: por lo tanto, la Luna misma está menos iluminada por la Tierra y su luz secundaria se nos aparece más oscura.

Si la Luna se coloca en oposición al Sol, verá el hemisferio de la Tierra que está entre ella y el Sol completamente oscuro e impregnado de noche negra; si entonces esta oposición ocurre en la eclíptica, la Luna no recibirá ninguna iluminación, privada tanto de la iluminación del Sol como de la Tierra (y entonces estará eclipsada totalmente). En sus diferentes posiciones entre la Tierra y el Sol, la Luna recibe más o menos luz reflejada por la Tierra, dependiendo de si mira a una parte mayor o menor del hemisferio terrestre iluminado. Porque esta relación se da entre los dos globos: cuando la Tierra está más iluminada por la Luna, la Luna recibe menos luz de la Tierra, y viceversa.

Por lo tanto, tenemos un argumento válido y excelente para eliminar cualquier duda de aquellos que, aun aceptando silenciosamente la revolución de los planetas alrededor del Sol en el sistema de Copérnico, están tan perturbados por el movimiento de la Luna alrededor de la Tierra, mientras que cada año ellas juntas hacen su revolución alrededor del Sol, para creer que esta estructura del universo debería ser rechazada como imposible. Ahora, de hecho, no tenemos un solo planeta que gira alrededor de otro, mientras que ambos viajan en la gran órbita alrededor del Sol; pero la experiencia sensible nos muestra cuatro estrellas que deambulan alrededor de Júpiter, de la misma manera como la Luna gira en torno a la Tierra, mientras que todos junto con Júpiter rotan en una amplia órbita alrededor del Sol con un período de doce años.

Y finalmente no deberíamos omitir la razón por la cual las estrellas Mediceas parecen ser unas ocasiones el doble de grandes que en otras veces, aunque sus órbitas sobre Júpiter son muy restringidas. No podemos buscar la causa en los vapores terrestres, porque ellos parecen más grandes y más pequeños mientras que Júpiter y las estrellas fijas cercanas se ven sin cambios.

Que se acercan y retroceden de la Tierra en los puntos de sus revoluciones más cercanas y más alejadas de la Tierra a tales extensiones que justifiquen cambios tan grandes parece completamente insostenible, ya que un movimiento circular estricto de ninguna manera puede mostrar esos fenómenos; y un movimiento elíptico (que en este caso sería casi rectilíneo) parece insostenible y de ninguna manera en armonía con los fenómenos observados. Las soluciones que a este respecto vienen a mi mente, las expongo de buen gusto, y las ofrezco al juicio y la crítica de los filósofos. Se sabe que debido a la interposición de vapores terrestres, el Sol y la Luna parecen más grandes, mientras que las estrellas fijas y los planetas son más pequeños: por lo tanto, las dos luminarias cercanas al horizonte parecen más grandes, mientras que las estrellas, más pequeñas y apenas visibles, se empequeñecen aún más si esos vapores están iluminados; por esta razón las estrellas durante el día y en el crepúsculo parecen muy tenues, no así la Luna, como advertimos anteriormente. Y eso no solo la Tierra, sino también la Luna, está rodeada de vapores, resulta tanto de lo que dijimos arriba como de lo que diremos más extensamente en nuestro Sistema. Por lo tanto, podemos creer correctamente lo mismo para los otros planetas, y no parece absolutamente improbable que haya una envoltura más densa que el éter alrededor de Júpiter también, en torno al cual, como la Luna alrededor de la esfera de los elementos, los Planetas mediceos giran. Y por causa de la interposición de esta esfera etérea serán más pequeños cuando estén en el apogeo, en cambio más grandes cuando estén en el perigeo, de acuerdo con la desaparición o atenuación de esa misma esfera.

El *Sidereus nuncios* se constituye en el primer tratado astronómico fundamentado en pruebas y en datos proporcionados por observaciones sistemáticas realizadas con un telescopio. A diferencia de Kepler que se basó en argumentos puramente teóricos y racionales, Galileo se fundamentó en evidencias experimentales innegables para describir tanto a la Luna como a otros cuerpos y otros fenómenos celestes. Por este motivo, el *Mensajero celeste* se constituye en la primera descripción científicamente elaborada sobre nuestro satélite.

Este gran astrónomo italiano rediseñó el aparato ahora conocido como telescopio y lo convirtió en un auténtico instrumento de investigación científica en el campo de la astronomía. Aparte de sus geniales logros en la ciencia celeste, Galileo también se dedicó a la física y descubrió leyes naturales, aquellas referidas al movimiento de los cuerpos en el ámbito terrestre, como los péndulos y los cuerpos que caen libremente. Así que, junto a Copérnico y Kepler, Galileo Galilei es uno de los titánicos personajes fundadores de la ciencia moderna.

Imagen 6.10

La Luna fotografiada por los astronautas de la misión Apollo 17 en Diciembre de 1.972

Esta imagen se incluye aquí porque es muy representativa e ilustra muy bien lo expuesto tanto por Kepler como por Galileo en sus respectivas obras.

Citas Bibliográficas

[1] Proyecto Gutenberg. George Tucker. *A Voyage to the Moon.* http://www.gutenberg.org/ebooks/10005
[2] Internet Archive: Julio Verne. *De la Tierra a la Luna.* https://archive.org/details/de_la_tierra_a_la_luna
[3] Dreyer, John L. E. *A History of Astronomy from Thales to Kepler.* Cambridge: Dover Publications, Inc. 1953.
[4] Abetti, Giorgio. *The History of Astronomy.* London: Sidgwick and Jackson, 1954.
[5] Frosty Drew Observatory & Sky Theatre. Les Coleman. Somnium - A Dream. By Johannes Kepler
https://frostydrew.org/papers.dc/papers/paper-somnium/
Anecdotario.
https://anecdotariohistoricoactual.wordpress.com/2014/09/06/somnium-kepler/
Creighton University. The Somnium Astronomicum of Johann Kepler Translated, with Some Observations on Various Sources.
https://dspace2.creighton.edu/xmlui/handle/10504/109241
The Somnium Project.
https://somniumproject.wordpress.com/somnium/
[6] John D. North, *Historia Fontana de la Astronomía y la Cosmología.* México: Fondo de Cultura Económica, 2005.
Philip's Astronomy Encyclopedia, Londres: Philip's, 2002.
http://www.sozvezdiya.ru/Philip's_Astronomy_Encyclopedia_2002.pdf
[7] Wikisource. The Sidereal Messenger.
https://en.wikisource.org/wiki/The_Sidereal_Messenger
Project Gutenberg. The Sidereal Messenger of Galileo Galilei. https://www.gutenberg.org/files/46036/46036-h/46036-h.htm
Liber Liber. Galileo Galilei Sidereus Nuncius.
https://web.archive.org/web/20110629154736/http://www.liberliber.it/biblioteca/g/galilei/sidereus_nuncius/html/index.htm
Museo Nacional de Ciencia y Tecnología. Galileo Galilei Noticiero Sideral.
http://www.muncyt.es/stfls/MUNCYT/Publicaciones/sidereus_castellano.pdf
University of Oklahoma. University Libraries. Galileo Galilei, Siderevs nuncius (Venice, 1610).
https://digital.libraries.ou.edu/histsci/books/1466.pdf

Capítulo 7

Astronomía moderna
y el verdadero
movimiento lunar

El globo lunar como se podía contemplar el Viernes 09 de Febrero de 2.018, a las 06:00 TUC, 23 días 3 horas y 30 minutos después de Luna Nueva, o Novilunio, lográndose ver un 35,0 % de su hemisferio iluminado por el Sol; esta fase lunar se denomina Cuarto menguante.

Cortesía de NASA's Scientific Visualization Studio: https://svs.gsfc.nasa.gov/4604

"SÚPLICA DE LOS LUNÍCOLAS AL SOL

SOLAR MAGESTAD:

Los lunícolas, avasalladamente postrados delante de la inmensa circunferencia de vuestra desmedida grandeza, y asegurándoos perennidad de sempiterna luz, ardor y atracción, imploran los efectos de vuestra Providencia para remediar prontamente los desconciertos que en este mundo lunar causa la doctrina de los habitadores del cercano globo terrestre, el cual, habiendo sido cometa en otro tiempo, por gracia de vuestra solar atracción se detuvo en nuestras cercanías, y aún se mantiene convirtiéndose poco a poco en planeta."

Viaje estático al mundo planetario (1.793)[1]
Lorenzo Hervás y Panduro (1.735 - 1.809)
polígrafo, lingüista y filólogo español.

"Otros, pertenecientes al gremio de los temerosos, manifestaban respecto de la Luna cierto pánico. Habían oído decir que, según las observaciones hechas en tiempo de los califas, el movimiento de rotación de la Luna se aceleraba en cierta proporción, de lo que dedujeron, lógicamente sin duda, que a una aceleración de movimiento debía corresponder una disminución de distancia entre los dos astros, y que prolongándose hasta lo infinito este doble efecto, la Luna, al fin y al cabo, había de chocar con la Tierra. Debieron, sin embargo, tranquilizarse y dejar de temer por la suerte de las generaciones futuras cuando se les demostró que, según los cálculos del ilustre matemático francés Laplace, esta aceleración de movimiento estaba contenida dentro de límites muy estrechos, y que no tardaría en suceder a ella una disminución proporcional. El equilibrio del mundo solar no podía, por consiguiente, alterarse en los siglos venideros."

De la Tierra a la Luna trayecto directo en
97 horas. (1.865)[2]
Julio Verne (1.828 - 1.905)

174

Los sucesores de Galileo

Después de los trascendentales descubrimientos de Galileo sobre la Luna, los planetas, el Sol y las estrellas, el telescopio gozó de gran acogimiento como instrumento de investigación científica por parte de los astrónomos durante los siglos XVII y XVIII, quienes lo mejoraron constantemente tanto en tamaño como en calidad. Finalmente, durante el siglo diecinueve se le adicionaron otros dos desarrollos de gran importancia para la época: el primero fue la invención de la fotografía que, con su capacidad de integrar la luz y el tiempo, logró superar la visión humana y, además, permitió elaborar un registro permanente de tales observaciones celestes. El segundo desarrollo fue la incorporación del espectroscopio al telescopio, lo que permitió analizar detalladamente la luz procedente de los cuerpos celestes y de esta manera determinar su composición química, convirtiéndolo así en una de las más poderosas herramientas de la astronomía.

En el curso los siglos XVII y XVIII, y partir de los múltiples desarrollos técnicos, muy especialmente en óptica, y de las nuevas teorías matemáticas y físicas, se dio un gran impulso a las ciencias y muy especialmente a la astronomía, en la cual la observación sistemática de los astros jugó un papel fundamental. Desde comienzos del siglo XVII surgieron grandes hombres impulsadores de lo que hoy conocemos como astronomía moderna: Christian Huygens, Giovanni Domenico Cassini, Isaac Newton, Ole Rømer, Edmund Halley y una larga lista. De este período temprano, el telescopio más famoso fue el construido por el astrónomo polaco Johannes Hevelius en la década de 1.670, el cual tenía una longitud de 45 metros.

La centuria decimoctava es normalmente conocida como el *Siglo de las luces* debido al gran movimiento cultural e intelectual que se dio en la Europa del momento, y que ahora es conocido como la *Ilustración*. Los máximos exponentes de este movimiento argumentaban que la razón y el conocimiento humanos podían combatir la superstición, la ignorancia y la tiranía de los gobernantes, todo con el propósito de construir un mundo mucho mejor. La Ilustración tuvo unas grandes repercusiones en los campos científico, político, económico y social de la época. En el campo de las ciencias, la astronomía tuvo considerables adelantos de la mano de grandes y consagrados físicos, matemáticos y astrónomos. La determinación más precisa, realista, del movimiento lunar fue un tema central en el desarrollo científico de la época.

Govaert Wendelen

Govaert Wendelen (1.580 - 1.667), también conocido como Godefroy Wendelin, fue un clérigo y astrónomo belga a quien la astronomía le debe un gran paso hacia la determinación de la extensión del Sistema Solar; lo cual logró en 1.630 retomando el método originalmente propuesto por Aristarco de Samos para calcular la distancia al Sol desde la Tierra, pero valiéndose de la ayuda del recién inventado telescopio y de mejores instrumentos para medir ángulos. Después de todas las consideraciones y prácticas necesarias, él determinó que la distancia angular de la Luna al Sol en el momento en que el satélite está en su fase de Primer cuarto, o Semilunio, y luciendo como exactamente iluminado a la mitad, era igual a 89° 45'. Por lo tanto Wendelen, utilizando fórmulas geométricas elementales, pudo determinar que la distancia del Sol desde la Tierra era igual a 6.876 veces el diámetro de terrestre. Recordemos que Aristarco había obtenido 87° para dicho ángulo, y un valor de 176,1 veces el diámetro terrestre para la distancia del Sol a nuestro planeta.

Con respecto al Sol, Wendelen llegó a un valor que es demasiado pequeño pero de una aproximación en verdad muy superior a cualquiera que se haya hecho antes, y tan cerca como una observación de ese tipo permitiría; el valor aceptado en la actualidad es que el astro Rey se encuentra distante a unas 11.740 veces el diámetro terrestre. Pero para el caso del satélite, los resultados son más positivos porque continuando con los cálculos trigonométricos de acuerdo a los valores reportados por Wendelen, se obtiene una distancia de la Luna a la Tierra de 30 veces el diámetro del planeta; un valor que resulta ser sorprendentemente cercano al aceptado modernamente de 30,16 veces el diámetro terrestre para dicha distancia.

Christian Huygens y sus telescopios

Christian Huygens (1.629 - 1.695) nació en La Haya, Países Bajos, y fue famoso no solo en astronomía sino también en ciencias afines, como la física y las matemáticas. Una de sus mayores pasiones fue la óptica, tanto en el plano teórico como en el terreno práctico de la fabricación de lentes para telescopios. Pronto se dio cuenta de que una mejora de las lentes era una condición necesaria para el progreso de la astronomía, y descubrió un nuevo método para darles la curvatura requerida con considerable precisión. Por lo tanto, pudo construir telescopios con mayor poder de aumento y muy superiores a los de Galileo. Hacia 1.655 *Huygens* terminó un telescopio de una gran calidad para su época: con un diámetro de 5 cm y una longitud de tres metros y medio, lo que proporcionaba unos cincuenta aumentos. Posteriormente construyó telescopios con distancias focales cada vez mayores: cinco, diez, veinte y finalmente 37 metros de distancia focal. Estos instrumentos tan largos debían ser instalados sobre pesadas estructuras de madera y sujetados con fuertes cuerdas.

Al dirigir sus potentes telescopios al cielo, él prontamente obtuvo resultados concretos para el caso del planeta Saturno: fue capaz de dilucidar la auténtica forma del misterioso planeta de tres cuerpos; es decir, pudo llegar a la conclusión de que no se trataba de tres objetos distintos sino de un planeta central, Saturno, rodeado por un anillo concéntrico conformado por una gran variedad de cuerpos menores. Hecho observado anteriormente por Galileo, pero quien no pudo comprenderlo plenamente. *Huygens* también realizó en Marzo de 1.655 el descubrimiento del primer satélite natural de Saturno, llamado posteriormente Titán. Él anunció tales descubrimientos en sus textos *De Saturni Luna Observatio Nova* de 1.656, y *Systema Saturnium* de 1.659. En este último explicó claramente las diversas apariencias del planeta como debido a los perfiles de su anillo inclinado 20° con respecto al plano de la eclíptica; e igualmente determinó que la luna recién descubierta tarda poco menos de 16 días en orbitar el planeta.

Él realizó otra gran contribución en el campo de la física óptica al formular la teoría ondulatoria de la luz; en su obra *Traité de la lumière*, o *Tratado sobre la Luz* de 1.690, argumenta sobre la reflexión, la refracción y la doble refracción de la luz.

Giovanni Domenico Cassini, sus lunas y el tamaño del Sistema solar

Giovanni Domenico Cassini (1.625 - 1.712) nació en *Perinaldo*, Italia, fue geodesta, ingeniero y astrónomo; el iniciador de cuatro generaciones de astrónomos. Él estudió inicialmente en el colegio jesuita de *Via Balbi* en Génova, y posteriormente ingresó en el seminario de la abadía de San Fruttuoso en *Camogli*. A los veinticinco años de edad fue llamado desde Génova para ocupar un puesto como profesor de astronomía en la Universidad de Bolonia, y durante los diecinueve años en que permaneció allí, Cassini dio un impulso considerable a los estudios de la astronomía con los modestos medios a su disposición. Paralelamente fue astrónomo en el Observatorio de Panzano desde 1.648 hasta 1.669. En este último año se radicó en Francia, y en 1.671 fue nombrado miembro de la Academia Francesa de Ciencias, fundada en 1.666, y primer director del Observatorio de París, creado en 1.667. Posteriormente, en 1.673, adquirió la ciudadanía francesa y se quedó definitivamente en dicho país. *Cassini* permaneció como director de dicho observatorio por el resto de su vida; después de cuarenta años de extensas observaciones astronómicas, y a semejanza de Galileo, quedó completamente ciego en 1.711 y finalmente murió en Septiembre de 1.712.

En los aspectos cosmológicos, *Cassini* inicialmente se apegó al sistema geocéntrico tolomeico, pero sus trabajos astronómicos posteriores lo condujeron a aceptar más bien el modelo del sistema heliocéntrico copernicano. Aunque en ocasiones consideraba las teorías cosmológicas intermedias de Tycho Brahe.

Cassini, cuando todavía estaba en Italia, observó las características en las superficies de los planetas Marte, Venus y Júpiter: descubrió sus movimientos de rotación sobre sus ejes, calculó sus períodos y apreció sus cambios estacionales. También, al estudiar a Saturno y su anillo, descubrió una división o banda que separa el anillo en dos partes desiguales; la cual ahora lleva el nombre de *División Cassini*. Dicha banda le dio la idea de que en realidad el anillo está conformado por un enjambre de satélites muy pequeños, que giran alrededor del planeta con diferentes velocidades y que desde la Tierra no pueden verse por separado. Así mismo, dedicó mucho tiempo a estudiar al planeta Júpiter con su sistema de lunas, y en su obra *Ephemerides Bononienses Mediceorum Siderum*, o Efemérides Boloñesa de las Estrellas Mediceas de 1.668, el astrónomo sustentó las configuraciones de los cuatro satélites naturales de Júpiter descubiertos anteriormente por Galileo.

Poco después de llegar a París y trabajando en el Observatorio, Cassini descubrió en 1.671 la segunda luna de Saturno, Jápeto. Al año siguiente descubrió la tercera luna, Rhea; y finalmente en 1.684 otras dos más, Tetis y Dione. A parte de estos satélites de Saturno, Cassini también estudio detalladamente nuestra Luna, y en 1.679 la Academia Francesa de Ciencias publicó su representación gráfica de la superficie satelital conocida como *Carte de la Lune*, la cual fue ampliamente utilizada hasta la llegada de la fotografía al campo astronómico.

Los intentos para medir la distancia de los cuerpos celestes y el tamaño del Universo como un todo están ahora, después de más de 2.000 años, a punto de completarse y es apropiado resumirlos aquí.

En 1.672 Cassini envió a su colega Jean Richer a Cayena, en la Guayana francesa, Sur América, mientras que él se quedó en París. Desde dichas ciudades los dos astrónomos realizaron observaciones simultáneas del planeta Marte en su oposición al Sol: calcularon la paralaje del planeta, determinaron su distancia a la Tierra y, por triangulación, calcularon también la distancia de la Tierra al Sol hallando un valor de 139 millones de kilómetros, una cifra solamente el 7,1 % menor al valor aceptado en la actualidad que es de 149,6 millones de kilómetros, distancia hoy conocida como *Unidad astronómica*. Esto permitió realizar por primera vez una estimación de las dimensiones del Sistema solar en su conjunto partiendo de mediciones directas.

Imagen 7.1
Observatorio de París

Grabado del Observatorio de París durante el siglo XVIII, donde Giovanni Domenico Cassini realizó sus observaciones astronómicas. Wolf, Charles J. E. (1.902): *Histoire de l'Observatoire de Paris de sa fondation a 1.793.*

Isaac Newton: sus Leyes del movimiento y la Gravedad universal

Isaac Newton (1.643 - 1.727) nació en *Woolsthorpe* en *Lincolnshire*, Inglaterra, a principios de 1.643, un año después de la muerte de Galileo. Sus padres fueron *Isaac Newton* y *Hannah Ayscough*, aunque no llegó a conocer a su padre por haber muerto unos meses antes de su nacimiento. El joven Newton realizó sus primeros estudios en la *King's School* de la población de *Grantham*, en *Lincolnshire* entre 1.655 y 1.660. Seguidamente ingresó en 1.661 al *Trinity College* de la *Universidad de Cambridge* donde se graduó en 1.665; año en el cual la universidad fue cerrada a causa de la peste bubónica. Newton se retiró entonces a su pueblo natal *Woolsthorpe* para continuar por su propia cuenta los estudios sobre matemáticas, mecánica, óptica y gravitación: se dedicó por completo al estudio de los fundamentos de la filosofía natural, y provocó una total revolución en los campos de la física y la astronomía con sus descubrimientos sobre la gravitación, con sus desarrollos sobre la óptica y la teoría de los colores; y con la invención del telescopio reflector, el cual está fundamentado no en lentes sino en espejos y que también es conocido como telescopio newtoniano. Posteriormente regresó a la Universidad de *Cambridge* donde logró ser profesor lucasiano de matemáticas en 1.669; campo del conocimiento en el cual Newton hizo grandes aportes con el desarrollo del cálculo infinitesimal expuesto en su texto *Método de las fluxiones y series infinitas* de 1.736.

Respecto aquel retiro obligatorio del físico y su estancia en su pueblo natal, se dispone de uno de sus manuscritos refiriéndose a sus pensamientos y a los temas que abordó mientras él se encontraba en allí a sus veintidós años:

"En el mismo año comencé a pensar en la gravedad que se extiende hasta el orbe de la Luna, y descubrí cómo estimar la fuerza con la que un globo que gira dentro de una esfera presiona la superficie de la esfera, según la regla de Kepler que los períodos de los planetas están en una proporción sesquialterada de sus distancias desde los centros de sus orbes (sesquialterada significa una vez y media, o, como decimos, el cuadrado de los años son como los cubos de las órbitas). Deduje que las fuerzas que mantienen a los planetas en sus órbitas deben ser recíprocas como los cuadrados de sus distancias desde los centros alrededor de los cuales giran: y así comparé la fuerza requerida para mantener a la Luna en su orbe con la fuerza de la gravedad en la superficie de la Tierra, y encontré las respuestas bastante aproximadas. Todo esto fue en los dos años de peste de 1.665 y 1.666, porque en esos días estaba en la flor de mi edad para la invención, y me importaban las matemáticas y la filosofía más que en ningún otro momento desde entonces".[3]

Posteriormente y continuando con algunas ideas de Galileo, a partir del año 1.684 Newton estableció la ciencia moderna de la *Dinámica* al formular sus tres leyes del movimiento de los cuerpos. La *Mecánica* es la rama de las ciencias físicas que estudia y analiza los estados de movimiento y de reposo de los cuerpos materiales; mientras que la *Dinámica* es la rama de la física que estudia la evolución en el tiempo de los sistemas físicos, principalmente en lo relativo al movimiento de los cuerpos cuando están sometidos a la acción de fuerzas; es decir, trata de las relaciones entre las fuerzas ejercidas sobre los cuerpos y los movimientos que ellas inducen en los mismos. Newton publicó sus teorías en su máxima obra *Philosophiae Naturalis Principia Mathematica*, o *Principios matemáticos de la filosofía natural*, primeramente editada en Londres en 1.687; la cual marcó un notable punto de inflexión en la historia de la ciencia y el conocimiento; y normalmente es considerada como la obra más influyente en ciencias físicas. En dicha obra el físico inglés estableció, tras una serie de definiciones y proposiciones, los tres axiomas o *Leyes del movimiento de los cuerpos*.

Principios matemáticos de la filosofía natural

Recopilando los descubrimientos teóricos de Kepler y Galileo en los campos de la física y la astronomía, Isaac Newton consiguió construir un modelo matemático y geométrico general que permite explicar tanto el movimiento de los cuerpos celestes como el de los objetos terrestres por primera vez en la historia. En esta obra, escrita originalmente en latín, Newton presentó los fundamentos de la física y la astronomía expresados en un lenguaje puramente matemático y geométrico. Es un trabajo deductivo donde las propiedades mecánicas y dinámicas de la materia se demuestran por medio de teoremas deducidos a partir de proposiciones muy generales. La obra consta de tres libros, precedidos por dos capítulos preliminares dedicados uno a definiciones generales y el otro a los axiomas o las *Leyes del movimiento*. Los dos primeros libros llevan por título *El movimiento de los cuerpos*. En el Libro I presenta la teoría general del movimiento de los cuerpos en condiciones ideales: cuerpos con masa pero sin forma ni volumen, sin problemas de elasticidad ni de viscosidad, y moviéndose en el vacío, es decir en medios sin resistencia física. El Libro II es de naturaleza mucho más concreta, e involucra problemas más específicos en los cuales se introducen las propiedades de los cuerpos, como la masa, la densidad y la elasticidad; y adicionalmente se involucran las complicaciones debidas a la viscosidad y la resistencia física del medio en que se mueven.

En el tercer libro de los *Principios*, titulado *El sistema del mundo*, Newton retomó, completó y amplió los conceptos anteriormente expresados por Kepler y Galileo, y colocó en sólidos fundamentos matemáticos los principios de la dinámica, con sus leyes generales del movimiento y con su teoría de la gravitación universal. Él abordó los conceptos de inercia, de fuerza y de masa; y estableció la *Ley de la gravitación universal* con sus múltiples consecuencias para las órbitas de los planetas, de los satélites naturales y de los demás astros; con lo cual sentó las bases para la futura teoría de los movimientos celestes. Seguidamente el genio dedujo de nuevo las leyes de Kepler y de Galileo como una consecuencia lógica de las suyas, que adicionalmente son verdaderas para los efectos gravitacionales en la superficie de la Tierra. También encontró, como consecuencia de sus formulaciones, la explicación de las perturbaciones mutuas entre los diferentes cuerpos celestes. Con todo lo anterior logró sustentar y respaldar el sistema heliocéntrico copernicano de acuerdo a las leyes de Kepler y Galileo, a los nuevos métodos matemáticos desarrollados y fundamentándose en su nueva *Ley de la Gravedad universal*.

Las Leyes newtonianas del movimiento y su Teoría de la gravedad sustentan gran parte de la física y la ingeniería modernas, y señalan el comienzo de la moderna era científica. La primera es la *Ley de la inercia* que establece que: si sobre un cuerpo no actúa ninguna fuerza, este conservará su estado de reposo o de movimiento rectilíneo y uniforme de manera indefinida. Es lo que se observa, por ejemplo, en el caso del sistema Tierra-Luna: es la fuerza de la gravedad terrestre la que mantiene al satélite en una órbita alrededor de globo terráqueo. Si la Luna no estuviese sometida a ninguna fuerza, seguiría un movimiento rectilíneo uniforme, o quedaría siempre en reposo; la combinación del movimiento en línea recta y de la fuerza de atracción gravitatoria terrestre es lo que da forma a la órbita satelital. La segunda es conocida como la *Ley fundamental de la dinámica*: una fuerza aplicada a un cuerpo le induce una aceleración que es directamente proporcional a la magnitud de la fuerza e inversamente proporcional a la masa de dicho cuerpo. Finalmente, la *Ley de acción y reacción* establece que si un cuerpo ejerce una fuerza sobre otro, conocida como acción, éste último ejerce exactamente la misma fuerza sobre el primero, pero en el sentido contrario, constituyendo entonces la reacción.

Imagen 7.2

Carta de la Luna

Elaborada por el astrónomo Jean-Dominique Cassini en 1.679 durante sus trabajos en el Observatorio de París.

Cuando Newton combinó sus leyes de la dinámica con las leyes de Kepler sobre el movimiento orbital de los astros, dedujo la *Ley de la gravitación universal*; la cual establece que dos cuerpos cualesquiera se atraen recíprocamente con una fuerza directamente proporcional al producto de sus masas, e inversamente proporcional al cuadrado de la distancia que los separa. Y adicionalmente ratificó la teoría kepleriana del movimiento elíptico planetario: la trayectoria seguida por un cuerpo que se mueve bajo la acción de una fuerza que es inversamente proporcional al cuadrado de la distancia, tiene una forma elíptica, y no una espiral como muchos creyeron al principio.

En 1.684, poco después de observar el cometa que ahora lleva su nombre, *Edmond Halley* visitó a Newton en *Cambridge* para indagarle sobre la órbita de un astro sometido a una fuerza de gravedad que disminuye con el cuadrado de la distancia; la respuesta del genio fue inmediata: ya la he calculado previamente, es una elipse. Al no poder encontrar sus cálculos originales, Newton le prometió elaborar unos nuevos y enviárselos. El físico inglés retomó entonces el tema, aplicándolo de nuevo al caso específico de la Luna, una idea nacida veinte años antes, pero considerando la medición más precisa del diámetro terrestre realizada por el astrónomo francés Jean Picard en 1.670, y tras comprobar la validez de su ley de la atracción gravitatoria, consideró resuelto ese problema en Febrero de 1.685.

Newton se consagró como el mayor genio de la física clásica en 1.687 con su obra *Principios Matemáticos*, en la cual expuso sus tres *Leyes del movimiento de los cuerpos* así como también la *Ley de la gravitación universal*, siendo esta última la que nos explica el porqué de la órbita elíptica de los planetas en torno al Sol: es la fuerza de gravedad del astro Rey la que sostiene a los planetas en sus respectivas trayectorias elípticas. Con Newton queda claramente establecido el marco teórico, físico y matemático para un *Sistema solar heliocéntrico*, dentro del ámbito de la física clásica, no relativista. Adicionalmente y por extensión, la física newtoniana proporciona una excelente descripción y justificación del movimiento de la Luna en torno a la Tierra: dejando a un lado las influencias de otros astros, es la fuerza de gravedad de nuestro planeta la que sostiene al satélite en su respectiva órbita elíptica.

En pleno período del Renacimiento, en la primera mitad del siglo XVI, el astrónomo Nicolás Copérnico reintrodujo en Europa la teoría de un *Universo heliocéntrico*, la cual quedaría suficientemente demostrada con los trabajos teóricos y experimentales del siglo XVII realizados por los astrónomos Tycho Brahe, Johannes Kepler y Galileo Galilei. Finalmente, en 1.687 el físico inglés Isaac Newton en su obra *Principios matemáticos de la filosofía natural* ssentó las bases teóricas, físicas y matemáticas para la sustentación de la moderna teoría heliocéntrica, en la cual la Tierra es solamente uno más de los planetas que giran en torno al Sol; y donde se presenta un sistema matemático que hace posible el cálculo y la predicción más precisa y de largo alcance de los movimientos de los cuerpos celestes, tales como los planetas, las lunas y de sus respectivos eclipses. Con todo lo anterior, la cosmovisión geocéntrica de Eudoxo, Aristóteles y Tolomeo, que estuvo vigente por casi dos mil años, queda absolutamente desacreditada: si la *Sintaxis matemática* y la *Geografía* de Tolomeo abrieron la historia de la cosmología del Renacimiento, los *Principios matemáticos* de Newton señalaron su cierre e inauguraron la nueva era de la ciencia y la astronomía modernas.

A partir de la segunda edición, el texto finaliza con un *Escolio general* que infiere una explicación racional de la existencia de un *Ser superior* organizador del mundo, y es muy conocido por la sentencia *Hypotheses non fingo*, o *Yo no imagino hipótesis*, en referencia a la metodología racional de este genio. Newton llegó a conocer tres ediciones de sus *Principia*: la primera en 1.687 con una tirada de uno 400 ejemplares; las dos siguientes fueron corregidas y ampliadas por él mismo, una en 1.713 y luego la de 1.726. La traducción al inglés de Andrew Motte apareció en 1.729, después del fallecimiento de Newton; mientras que la edición en francés se publicó en 1.756.[4]

El Problema de los tres cuerpos y el Centro de masa común, o Baricentro

Las leyes de Newton posibilitan describir, calcular y predecir con suficiente exactitud los movimientos orbitales de cualquier astro, bien sea un planeta, un satélite natural, un cometa o un asteroide; o también las trayectorias de artefactos manufacturados por el hombre, como un satélite artificial, un cohete o una nave espacial. Pero sus teorías y ecuaciones funcionan fácil y perfectamente cuando se trata solamente de dos cuerpos, como el sistema Tierra-Luna. Porque para el caso de tres o más cuerpos la situación se hace bastante compleja dada la cantidad de fuerzas y movimientos involucrados; lo cual da origen a lo que normalmente se conoce como el *Problema de los tres cuerpos*, y que mantuvo bien ocupados a los astrónomos, matemáticos y físicos de la época.

Cuando dos cuerpos de magnitud desigual, tales como la Tierra y la Luna, interactúan gravitatoriamente entre sí, el centro de gravedad común del sistema, conocido como *Baricentro*, se encuentra a una distancia de ambos inversamente proporcional a sus respectivas masas, y la atracción de cada uno hace que el otro gire en torno a este centro de gravedad. De modo que la Luna, que es el cuerpo más pequeño y se encuentra a la mayor distancia del baricentro del sistema Tierra-Luna, describe una órbita mayor y que necesariamente incluye la descrita por la Tierra en torno al mismo punto. Por una razón similar el Sol, siendo inmensamente mayor que todos los planetas que lo circundan, realiza un movimiento en torno al centro de masa común del Sistema solar en su conjunto, movimiento que es considerablemente pequeño cuando se lo compara con el movimiento que realiza cualquiera de los planetas.

Las investigaciones de Newton habían demostrado claramente que era un resultado obligatorio de su ley de gravitación que, excluyéndose la atracción de los otros cuerpos del sistema, la órbita de cualquier astro que gira alrededor del baricentro debería ser una elipse tanto en términos físicos como matemáticos. Pero reiteradas y precisas observaciones han mostrado que esta no es la figura de la órbita lunar, ni la de ningún planeta, ni la del centro de gravedad común de un planeta y sus satélites. De hecho, el denominado problema de los Tres Cuerpos, cuando se considera en toda su extensión, presenta dificultades que todas las herramientas matemáticas de análisis moderno no son capaces de superar. Pero dichas dificultades se pueden minimizar considerablemente al suponer que uno de los tres cuerpos involucrados tiene una masa muy superior a cualquiera de los otros, como es el caso del Sol comparado con los planetas; o que está muy remoto

en comparación con la distancia de los otros, como es la distancia del Sol comparada con la distancia de la Luna a la Tierra.

Los movimientos de la Luna según la física newtoniana

Cuando Newton estudió la tercera ley del movimiento celeste de Kepler, él pudo demostrar que los movimientos planetarios que la obedecen podrían explicarse por una acción del Sol suponiendo que el astro Rey atrae a los planetas con una fuerza inversamente proporcional al cuadrado de las respectivas distancias. Entonces era natural preguntarse si la Tierra ejercería una fuerza similar sobre nuestro satélite, e investigar si dicha fuerza era de la magnitud necesaria para mantener a la Luna en su órbita: se le ocurrió al gran físico que una fuerza similar a la que hace que un cuerpo caiga sobre la Tierra, al desviar continuamente a nuestro satélite de su trayectoria lineal natural, podría obligarlo a girar en torno a ella. De esta forma el físico descubrió que la Luna durante su movimiento alrededor de la Tierra, para permanecerse en su órbita, tenía que moverse por cada minuto de tiempo a través de una distancia de 13 pies. Luego, razonando sobre la distancia que un cuerpo recorre cuando cae libremente durante un minuto en la superficie terrestre, y aplicando la regla del cuadrado inverso, descubrió que por esta causa la Luna se desviaría 15 pies. Un científico menos riguroso habría estado satisfecho con los resultados del análisis, pero Newton en cambio creyó que la discrepancia entre los dos números era demasiado grande y abandonó entonces la investigación por un tiempo. Como unidad de medida para la longitud el pie equivale a 30,48 cm.

Y mientras tanto el astrónomo y sacerdote francés Jean Picard (1.620 - 1.682) realizaba en 1.670 una medición mucho más precisa de un grado de latitud, proporcionando así una medida mucho más exacta para el diámetro de la Tierra: 12.658 Km, con un margen de error solamente del 0,66%; y al mismo tiempo facilitaría una confirmación experimental de la teoría newtoniana de la Gravitación Universal. Poco después Newton entabló una discusión con el enciclopédico Secretario de la *Royal Society Robert Hooke*, gran rival suyo, sobre la curva que describe un cuerpo que cae desde cierta altura; lo cual indujo a Newton a reexaminar aquel problema de la Luna que anteriormente abandonó sin resolver satisfactoriamente. Como ahora disponía de un valor mucho más preciso para el diámetro terrestre que el utilizado en sus primeros cálculos, estableció la perfecta igualdad de los dos resultados, probando así que su hipótesis era válida: es la fuerza de gravedad terrestre la que sostiene a la Luna en su respectiva órbita elíptica.

Pero tal vez la mayor importancia en las aplicaciones de la ley newtoniana de gravitación está relacionada con ciertas irregularidades en los movimientos de los cuerpos celestes, y más específicamente de la Luna. En su trayectoria alrededor del planeta, nuestro satélite está dirigido principalmente por la gran atracción gravitatoria de nuestro globo terráqueo. Si no hubiera otro cuerpo en el universo, entonces el centro de la Luna debería describir necesariamente una elipse, estando ubicado el centro de nuestro planeta en un foco de la misma. Pero si consideramos ahora al astro Rey y su influencia gravitatoria sobre la Luna, veríamos que el movimiento del globo lunar no tendría tal simplicidad. Con su gran poder gravitacional, el Sol atrae tanto a la Luna como a la Tierra aunque en diferentes proporciones, porque una misma fuerza influencia más drásticamente a un cuerpo de pequeña que a uno de gran masa. El resultado final es que, dada su menor masa, el movimiento del satélite se ve más drásticamente afectado por la influencia gravitatoria del astro Rey en comparación con nuestro planeta: la forma de la trayectoria lunar no es exactamente una elipse, ni la Tierra está exactamente en algún foco. Este es el tema central del Problema de los tres cuerpos, y fue de los mayores aportes que realizó Newton a la comprensión definitiva del movimiento lunar.

Considerando la gran perturbación gravitatoria solar sobre la trayectoria de la Luna, Newton procedió a estimar las importantes desigualdades del movimiento satelital; demostró que sus ápsides avanzan y sus nodos retroceden con referencia a su órbita; hechos ya conocidos y establecidos por los registros históricos y por la observación directa, pero que aún no habían sido explicados satisfactoriamente. Con sus análisis Newton estableció que la parte de la fuerza gravitacional del Sol, F_g, que ejerce efectos perturbadores y conduce a las dos primeras desigualdades del movimiento lunar, la *Ecuación del centro*, descubierta por

Hiparco, y la *Evección*, descubierta por Tolomeo, es la componente radial F_{gr}; aunque él no entró a realizar ningún cálculo sobre dichos efectos.

Con respecto a la desigualdad del movimiento lunar que se llama *Variación*, y que fue descubierta por Tycho Brahe, es descrita por Newton en el tercer libro como dependiente de aquella porción de la fuerza de atracción solar que actúa sobre la Luna en una dirección tangente a su camino alrededor de la Tierra, F_{gt}. Esta fuerza es máxima y acelera y retarda alternativamente el movimiento lunar en los diferentes cuadrantes de su órbita, y se reduce a cero en las conjunciones y oposiciones porque la componente tangencial es cero y entonces toda la atracción del Sol actúa perpendicularmente, o sea en dirección radial sobre el globo lunar. También es cero en las cuadraturas, ya que allí la componente tangencial de la atracción solar es igual a la atracción ejercida sobre la Tierra por el Sol; en consecuencia, no hay diferencia en la perturbación del movimiento de la Luna en relación con el de la Tierra. Pero la influencia de aquella fuerza tangencial es mayor cuando la Luna está justo en los octantes, o sea a 45 grados de los puntos de sizigia y cuadratura, donde la variación del movimiento lunar asciende casi a 35' 42''. Newton la evaluó en 85' 10'', pero se equivocó al suponer que la Tierra está en el centro de la órbita elíptica de la Luna, y al no considerar la consecuencia que surge de la elipticidad de la órbita terrestre.

Una cuarta desigualdad del movimiento de la luna, que fue descubierta por Kepler y se llama *Ecuación anual*, Newton la explicó argumentando que surge de las variaciones en la dimensión de la órbita lunar causadas por los diferentes grados de atracción solar sobre la Tierra en diferentes posiciones, según el planeta esté más cerca o más lejos del Sol de acuerdo a la elipticidad de su órbita. Así, cuando la Tierra está en perihelio y la Luna en sizigia, la atracción mayor del Sol causa un aumento correspondiente en el tamaño del eje principal de la órbita elíptica del globo lunar; y en el afelio ocurre un efecto contrario por la atracción solar menor. Pero el satélite se mueve más despacio cuando su órbita se expande y entonces se aleja de la Tierra, y más rápido cuando dicha órbita se contrae y la Luna se aproxima al planeta.

Estas *cuatro desigualdades* del movimiento de la Luna son las que se han descubierto mediante las observaciones; pero la teoría de la gravitación nos ha hecho conocer otras más, que probablemente nunca hubieran existido sin la fuerza de gravedad; de estas Newton mencionó una que él denominó la *Ecuación semestral*, y mostró que surge de las diferentes posiciones asumidas por la línea de los nodos lunares.

Fuerza gravitatoria lunar y las mareas oceánicas

Newton también dio una explicación de las mareas oceánicas, ya conjeturadas pero no demostradas ni evaluadas por sus predecesores, y mostró que ellas son causadas por las atracciones gravitatorias solares y lunares sobre las masas líquidas del planeta. Incluso en los tiempos antiguos había acuerdo en que las mareas estaban relacionadas con la posición del satélite; se sabía que las mareas eran especialmente altas durante la luna llena o durante la luna nueva, y esta circunstancia obviamente apuntaba a la existencia de alguna conexión entre el globo lunar y estos movimientos del agua terrestre.

Aunque en cuanto a la naturaleza de esa conexión nadie tenía alguna concepción precisa, hasta que Newton anunció las *Leyes del movimiento* y la *Ley de gravitación universal*. Así como la Tierra ejerce una fuerza de atracción sobre el globo lunar, éste mediante el principio de reacción ejerce a su vez una fuerza de atracción sobre nuestro planeta, lo que da cuenta del movimiento del agua que fluye libremente en los océanos: el agua es atraída hacia el lado de la Tierra que queda frente a la Luna; es lo que se llama marea alta o pleamar.

El genio dejó perfectamente claro que el ascenso y la bajada del líquido oceánico eran simplemente una consecuencia del poder atractivo que ejercía la Luna sobre los océanos que yacen sobre nuestro globo terráqueo. Argumentó adicionalmente que hasta cierto punto el Sol también produce mareas; y fue capaz de explicar cómo es que cuando el astro Rey y el satélite conspiran el resultado conjunto es producir mareas especialmente altas, conocidas como *Mareas vivas*; mientras que si la acción solar es débil y al mismo tiempo la fuerza lunar es fuerte, entonces ocurre el fenómeno de las *Mareas muertas*.

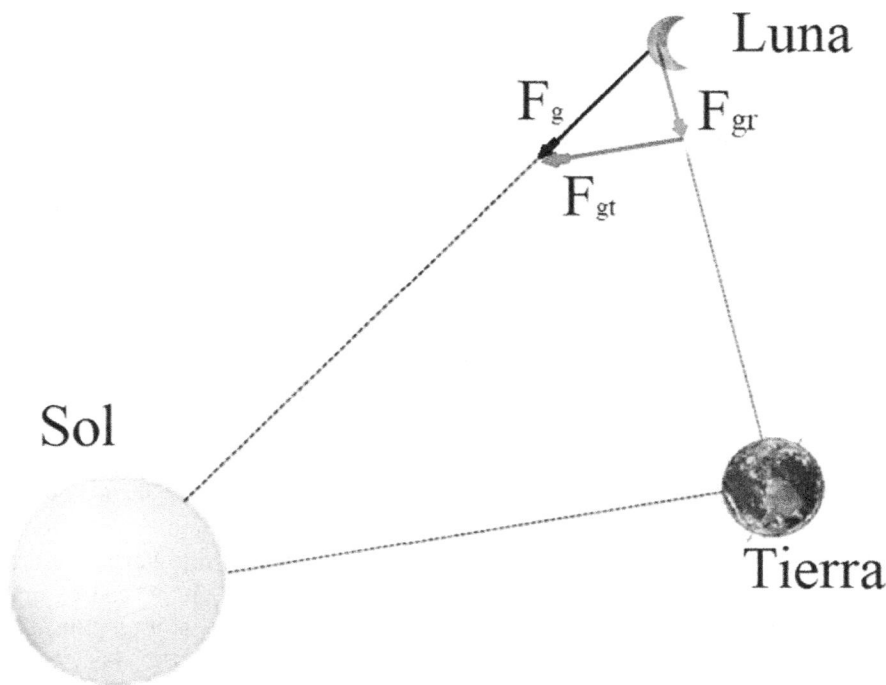

Imagen 7.3
El Problema de los tres cuerpos y el Sistema Sol-Tierra-Luna

Isaac Newton estableció que las desigualdades en el movimiento lunar conocidas como la *Ecuación del centro* y la *Evección*, son causadas por la componente radial de la fuerza gravitatoria solar F_{gr}; mientras que la *Variación* es causada por la componente tangencial F_{gt}.

183

El físico inglés estableció que debido al movimiento orbital del satélite alrededor de la Tierra, los dos flujos de marea tienen lugar con un retraso promedio de aproximadamente 50 minutos por día, un resultado que concuerda bien con la observación; también concluyó que el efecto gravitatorio lunar era el más grande, dado que la Luna está más cerca de la Tierra; y adicionalmente determinó que cuando las atracciones solares y lunares se suman, las mareas son las más altas. Comparando las magnitudes de elevación de las mareas debidas al Sol y la Luna, el físico procedió a derivar la masa del satélite en función de la del astro Rey y, en consecuencia, en función de la masa de la Tierra; pero, aunque novedoso y notable, el método proporcionó un valor aproximadamente dos veces más grande que el aceptado hoy; lo cual se debe a que su teoría de las mareas se fundamentaba en ciertas premisas que luego tuvieron que ser modificadas. Después de este gran descubrimiento de Newton, fue posible por primera vez determinar las masas de ciertos cuerpos celestes, comparando las atracciones gravitatorias en otros cuerpos con la atracción entre la Tierra y la Luna.

Fuerza gravitatoria lunar y el movimiento del eje terrestre

Durante sus desarrollos teóricos, Newton percibió que cada astro debería perturbar gravitatoriamente el movimiento de los demás, y de esa manera pudo dar cuenta satisfactoria de ciertos fenómenos que habían dejado perplejos a todos los investigadores precedentes.

El fenómeno de la *Precesión de los equinoccios*, tan misterioso hasta ese momento, fue explicado por Newton como debido a las fuerzas atractivas del Sol y de la Luna sobre la esfera de la Tierra ensanchada en el ecuador: con una maravillosa percepción, el físico se percató de que la atracción gravitatoria tanto del astro Rey como del satélite sobre la abultada materia alrededor del ecuador terrestre, obligarían al eje de la Tierra a variar su orientación y a tener un lento movimiento cónico en el espacio, que es conocido como *Precesión del eje terrestre*, y que tiene las mismas características generales que el de la *Precesión de los equinoccio*s. Para este movimiento Newton obtuvo un dato teórico que

concuerda bien con el valor observado; pero esta concordancia se debe a la compensación accidental de algunos errores derivados del conocimiento imperfecto de nuestro planeta, de la distancia del Sol y de la masa de la Luna.

Dicho fenómeno se puede explicar de esta forma: Dado que la Tierra no es una esfera perfecta, sino que es elongada y presenta protuberancias en su zona ecuatorial, las fuerzas gravitatorias del satélite y del astro Rey ejercen sobre dichas protuberancias unos efectos de atracción que cambian continuamente la dirección del eje de la Tierra y, por consiguiente, el punto del espacio al cual se dirige dicho eje debe estar cambiando permanentemente.

Newton determinó teóricamente el valor promedio para la variación angular en la orientación del eje terrestre en el espacio, y expresó que la parte debida a la atracción solar es de aproximadamente 9'' de arco por año, mientras que aquella parte debida a la atracción general de la Luna es casi de 41'', por lo tanto la acción conjunta se hace aproximadamente igual a 50'' por año, o sea 1° cada 72 años. Con lo que el eje terrestre describe un círculo completo alrededor del polo de la eclíptica y le toma aproximadamente 25.000 años para completar su revolución. De momento, el eje terrestre apunta hacia la que conocemos como Estrella polar, o *Polaris*, pero conforme pase el tiempo señalará hacia diferentes estrellas; por ejemplo, en unos 12.000 años estará dirigido hacia la brillante estrella Vega.

Por otra parte, la acción gravitatoria de las luminarias sobre las regiones ecuatoriales de la Tierra produce, adicionalmente, cambios en la oblicuidad o grado de inclinación del eje terrestre con respecto a la eclíptica; y la intensidad de la atracción lunar es, nuevamente, más fuerte que la del Sol. Aquel misterioso movimiento por medio del cual el eje de la Tierra se balancea entre las estrellas fijas, había sido durante mucho tiempo un enigma sin resolver. Pero Newton demostró que la influencia gravitatoria de la Luna sobre la Tierra sería más sentida en sus prominencias ecuatoriales, provocando así una oscilación, una variación cíclica del ángulo de inclinación del eje terrestre, que es conocida como *Nutación*, y que es la responsable de este desplazamiento aparente de las estrellas remotas.

Ole Christensen Rømer: las lunas y la velocidad de la luz

Otro astrónomo brillante de esta época fue el danés Ole Christensen Rømer (1.644 - 1.710), quien ingresó en 1.672 a la Academia de Ciencias de París, y pasó siete años en el Observatorio después de su fundación. Fue en París en 1.676 que hizo su gran contribución no solo a la física sino también a la filosofía natural, por ser la primera persona en determinar la *Velocidad de la luz* con un valor muy cercano de 210.606 kilómetros por segundo. El trabajo de Rømer que a continuación se describe es un buen indicativo del importante papel que han jugado las lunas y sus eclipses en el desarrollo de la cosmología moderna.

Al examinar las extensas observaciones y registros de *Cassini* sobre el planeta Júpiter, Rømer notó que la duración de los eclipses de sus lunas, o sea el tiempo transcurrido entre la desaparición del satélite detrás del disco del planeta y su posterior resurgimiento por el otro extremo, variaba de tal forma que era más breve cuando la Tierra se acercaba al máximo a Júpiter, y duraba más cuando nuestro planeta se retiraba también al máximo de dicho planeta. Efectivamente, él se dio cuenta de que esto sucedía porque la velocidad de la luz era finita, y no, como se había pensado anteriormente, infinita: la luz proveniente de Júpiter tiene una distancia más corta que viajar cuando la Tierra está más cerca de aquel planeta que cuando está más retirada, y por tal motivo la duración de los eclipses de las lunas jovianas, cuando se contemplan desde los extremos de la órbita terrestre, parecen variar. Concentrándose en la duración de los eclipses del satélite Ío según las anteriores condiciones, una noche de 1.676 este astrónomo determinó que la luz tardaba unos 11 minutos en cruzar la distancia Sol-Tierra, que para su época se tomaba como 139 millones de kilómetros de acuerdo a lo establecido por *Cassini* cuatro años antes; aunque las estimaciones modernas se aproximan más a los 8,33 minutos. Así, *Rømer* obtuvo un valor de 210.606 kilómetros por segundo para la velocidad de la luz; en comparación el valor moderno aceptado es de 300.000 kilómetros por segundo.

Edmund Halley

Una vez establecida y aceptada la teoría científica del universo heliocéntrico durante el siglo XVII, los astrónomos continuaron prestándole un especial interés a la Luna y sus eclipses con el propósito de comprender y predecir tales fenómenos con mayor precisión. El astrónomo, matemático y físico inglés *Edmund Halley* (1.656 - 1.742) tenía sesenta y cuatro años cuando en 1.720 llegó a ser director del Real Observatorio de *Greenwich* en Inglaterra, y aun así emprendió de inmediato una serie de observaciones lunares para abarcar toda una revolución de sus nodos, más de dieciocho años, lo que lo condujo a una asombrosa conclusión.

El período de la órbita lunar se conoce actualmente con buena precisión, y por medio de registros antiguos sobre eclipses también se puede determinar para unos dos mil años atrás. Al estudiar el movimiento del satélite, *Halley* descubrió que el período que la Luna requiere para llevar a cabo cada una de sus revoluciones alrededor de la Tierra, el mes sinódico, ha ido disminuyendo constantemente, aunque sin duda muy lentamente también. La variaciones así producidas no son apreciables cuando solo se consideran intervalos de tiempo pequeños, pero se vuelven muy evidentes cuando tenemos que tratar con intervalos de miles de años. Este fenómeno se denomina *Aceleración secular del movimiento lunar*, y el efecto que produce puede ser visualizado así: Si suponemos que a lo largo de todo tiempo la Luna ha girado alrededor de la Tierra exactamente en el mismo período que tiene en este momento, y si basados en esta suposición calculamos por regresión dónde debía haber estado el satélite hace unos dos mil años atrás, obtendremos una posición que los registros sobre eclipses antiguos muestran como diferente de aquella en la que la Luna estuvo realmente situada en aquel tiempo. La diferencia entre la posición en la que se habría encontrado el satélite hace dos mil años si no existiera la Aceleración secular y la posición en la que realmente se encontraba la Luna según aquellos registros, asciende aproximadamente a un arco en el cielo equivalente un grado, esto es dos veces el diámetro aparente de la Luna: una discrepancia muy grande. El término secular se aplica a los procesos cronometrados en siglos; o sea, fenómenos de muy larga duración.

Para 1.695 *Halley* fue el primero en darse cuenta de que los tiempos y lugares reportados por los registros de eclipses antiguos no se correlacionaban bien con los cálculos retrospectivos de su época. Comparando las posiciones de la Luna deducidas de las observaciones de los babilonios, de las de Hiparco y de Tolomeo con las obtenidas de la astronomía moderna, el *Dr. Halley* descubrió que el movimiento medio del satélite se aceleraba constantemente a razón de aproximadamente un grado en dos mil años. En su tiempo generalmente se creía que esta aceleración, y la consecuente disminución del período orbital y de la distancia media de la Luna al planeta, continuarían hasta que el satélite se aproximara lo suficiente y finalmente chocara contra la Tierra. En algunos círculos sociales se creía que "la Luna se estaba cayendo", y se pensaba entonces que la humanidad y sus creaciones serían destruidas y que el planeta giraría alrededor del astro Rey sin un satélite.

Adicionalmente, en medio de sus observaciones en 1.731, *Edmund Halley* reconoció el potencial del método de los eclipses lunares para proporcionar una solución al problema de medición de la longitud geográfica en la superficie terrestre. Pero es más ampliamente recordado por su aplicación por primera vez en 1.705 de las teorías newtonianas al cometa observado en 1.682, que ahora lleva su nombre, obteniendo una órbita elíptica y pronosticando su retorno alrededor de 1.757; fallando por pocos meses porque fue realmente contemplado de nuevo a finales de 1.758.

James Bradley

El clérigo y astrónomo inglés *James Bradley* (1.693 - 1.762) fue profesor de astronomía en *Oxford* y posteriormente en el Observatorio de *Greenwich*; y en 1.742 sucedió a *Edmund Halley* y de esta manera se convirtió en el tercer astrónomo real. A partir de observaciones que cubrieron una revolución completa de los nodos de la órbita lunar, realizadas entre los años1.727 y 1748, determinó que las posiciones de ciertas estrellas parecían cambiar con el tiempo. Cinco años más tarde él encontró una explicación fundamentada en principios ya establecidos en la física newtoniana: el eje de la Tierra se balancea como resultado de la atracción gravitacional de la Luna sobre la protuberancia ecuatorial del planeta. A este balanceo, actualmente

denominado *Nutación*, se debe el aparente desplazamiento de las estrellas, las cuales parecen describir una diminuta elipse a lo largo de su posición media en un período de aproximadamente 18,6 años, el mismo periodo del movimiento de los nodos lunares. Este gran descubrimiento de Bradley sobre el aparente desplazamiento de las estrellas se constituye en una buena evidencia sobre la validez de la teoría gravitatoria newtoniana.

Richard Dunthorne

Richard Dunthorne (1.711 - 1.775) fue un astrónomo y topógrafo británico; famoso por realizar importantes contribuciones a los procedimientos del cálculo de la longitud geográfica en alta mar utilizando Tablas de las posiciones lunares en el firmamento; tablas tradicionalmente conocidas como *Efemérides*.

En 1.739 Dunthorne publicó unas efemérides bajo el título de *Astronomía Práctica de la Luna*. La obra fue derivada a partir de la teoría lunar de Isaac Newton, y así pudo elaborar una comprobación de la teoría newtoniana con respecto a los registros experimentales; y basándose en sus conclusiones propuso algunos ajustes en los términos numéricos de dicha teoría.

Uno de los problemas más difíciles que confrontaban los astrónomos del siglo XVIII, y que actuó como un constante estímulo para el progreso de la astronomía, tenía que ver con una desigualdad en el movimiento de la Luna. El movimiento medio del satélite parece invariable cuando se promedia a lo largo de un periodo de tiempo razonablemente largo, por ejemplo un siglo, pero no es constante cuando se consideran periodos mucho más largos, sino que parece acelerarse. Esto lo sospechó por primera vez *Halley* hacia 1.695 con base en una comparación que hizo entre unos registros antiguos de eclipses y las cifras que las mejores tablas modernas daban para los mismos eclipses. Posteriormente, en 1.749 *Dunthorne* retomó el tema y agregó datos antiguos adicionales para confirmar las sospechas de Halley; y recurriendo a refinamientos en la precisión de las mediciones astronómicas, elaboró una estimación cuantitativa para el valor absoluto de la aceleración aparente del movimiento lunar y obtuvo un valor extremadamente pequeño, dieciocho veces inferior al hallado anteriormente por *Halley*: solamente de diez segundos de arco por siglo. Más adelante otros astrónomos como *Mayer* y *Lalande* le calcularon cifras entre 7'' y 10''.

Otras obras publicadas por Dunthorne fueron: *Sobre el movimiento de la Luna*, de 1.746, *Sobre la aceleración de la Luna*, de 1.749, *Respecto a los cometas*, de 1.751; y finalmente en 1.762 unas efemérides de los satélites de Júpiter.

Euler, Clairaut, D'Alembert y la aceleración del movimiento lunar

Leonhard Paul Euler

Leonhard Paul Euler (1.707 - 1.783) fue un matemático, físico y filósofo suizo. Se le considera el principal matemático del siglo XVIII y es muy conocido por el número de *Euler*, *e*, involucrado en muchas fórmulas de cálculo y de física. Aplicó con mucho éxito sus herramientas analíticas tanto a los problemas de mecánica clásica y también a los movimientos de los astros o mecánica celeste. Su trabajo en astronomía incluyó cuestiones como la determinación con gran exactitud de las órbitas de los cometas y de otros cuerpos celestes, y el cálculo de la paralaje solar.

Parece que *Euler* fue el primero en notar que como consecuencia de la *Ley de la gravitación universal*, no solamente los planetas describen elipses alrededor del Sol, sino que tanto el astro Rey como sus planetas orbitan juntos en una trayectoria elíptica alrededor de su *Centro de masa común*, o *Baricentro*; y que este principio también es válido para un planeta y sus respectivos satélites. Según esto, el centro de masa común del sistema Tierra-Luna describe una órbita elíptica en torno al Sol y en el mismo plano de la eclíptica; por lo cual, el centro de la Tierra estará arriba o abajo de tal plano dependiendo de si el centro del satélite, cuya órbita a su vez se encuentra inclinada respecto a la eclíptica, está por debajo o por encima del mismo plano. Adicionalmente, este gran matemático abordó el difícil tema del movimiento lunar enfocándolo desde la teoría del problema de los tres cuerpos. Sus resultados y conclusiones las presentó en su obra *Teoría del movimiento de la Luna que exhibe todas sus irregularidades*, publicada en San Petersburgo en 1.753.

Euler dedicó mucha labor al problema de los tres cuerpos, así como al problema de la perturbación de las órbitas planetarias y lunares, lo cual es esencialmente lo mismo. El escribió varios textos relativos a la teoría del movimiento lunar: *Consideraciones para completar la teoría del movimiento de la Luna y especialmente de su variación*, de 1.763; su más grande trabajo sobre el satélite apareció en 1.772 bajo el título *Teoría del movimiento de la Luna*; mientras que *Sobre la Teoría de la Luna que se llevará a un nivel superior de perfección* es de 1.775; y su última obra en este tema fue *La mejora de las tablas lunares mediante observaciones de los eclipse lunares*, de 1.862.

En 1.770 la Academia francesa ofreció un premio a quien encontrara la causa física del fenómeno de la *Aceleración secular de la Luna*; el cual fue ganado por *Euler* y su hijo *Johan Albrecht*. Sin embargo, ambos habían demostrado que la aceleración secular del satélite no podía ser explicada por las fuerzas gravitacionales de Newton. Y aquí una vez más ocurría una crisis en torno a la ciencia newtoniana, por lo que se propuso que este fuera el mismo tema para el premio de 1.772 de la Academia francesa. El premio volvió a recaer en *Euler*, pero ahora compartido con el astrónomo *Lagrange*.

Finalmente *Euler* llevó a cabo importantes contribuciones en el área de la óptica; y sus trabajos desarrollados durante la década de 1.740 ayudaron a que la nueva teoría propuesta por *Christian Huygens* sobre la naturaleza ondulatoria de la luz se convirtiese en la predominante, hasta el posterior advenimiento de la moderna *Teoría cuántica de la luz*.

Alexis Claude Clairaut

Alexis Claude Clairaut (1.713 - 1.765), fue un matemático y astrónomo parisino. Hijo de un profesor de matemáticas quien sería su tutor; Clairaut muy temprano llegó a ser considerado un niño prodigio: a sus trece años expuso ante la Academia de Ciencias Francesa un resumen de las propiedades de cuatro curvas que había descubierto. Posteriormente, y tras la publicación en 1.731 de un tratado sobre figuras de doble curvatura, fue admitido en la Academia francesa.

Tratando de comprender y explicar los complicados movimientos lunares, Clairaut logró desarrollar una ingeniosa solución aproximada para el *Problema de los tres cuerpos*; y en 1.750 fue recompensado con el premio de la Academia Rusa de Ciencias por su ensayo *Théorie de la Lune*, una obra esencialmente newtoniana en su naturaleza y contenido.

Jean le Rond D'Alembert

Jean le Rond D'Alembert (1.717 - 1.783) fue un enciclopedista, filósofo, físico y matemático; como *Clairaut* igualmente parisino. Estudió el problema de los tres cuerpos concentrándose en la inestabilidad del sistema y en la dificultad para encontrar las ecuaciones de las trayectorias. También se dedicó al problema de la precesión de los equinoccios con su desplazamiento de las estaciones, y al de la nutación del eje de la Tierra; los cuales abordó desde la perspectiva matemática y física.

En el *Problema de los tres cuerpos*, y en particular en la teoría de la Luna, las investigaciones de *D'Alembert* lo llevaron a oponerse duramente a *Euler* y *Clairaut*, y la intensa discusión sirvió para mejorar el trabajo de todos estos científicos. Ellos trabajaron al mismo tiempo en dichas cuestiones, aunque casi de forma independiente, aplicándolas en particular al trio Sol-Tierra- Luna y encontrando las mismas dificultades que había enfrentado Newton. Finalmente, *D'Alember*t obtuvo resultados aún más precisos y publicó una teoría completa para el satélite, provista de tablas, en el primer volumen de sus *Investigaciones sobre diferentes puntos importantes del sistema del mundo*, de 1.754.

Siguiendo la física newtoniana, *Clairaut* y *D'Alembert* determinaron teóricamente un valor de unos 18 años para el periodo de revolución del perigeo lunar, básicamente el doble de lo obtenido a partir de datos observacionales; entonces por largo tiempo *Euler* y otros científicos pensaron que la única solución era hacer ajustes a la ley de la gravitación establecida por Newton. Pero *Clairaut* encontró en 1.749 un error en el método de aproximaciones que todos habían estado utilizando; un hecho que resultó confortante porque *Clairaut* y *D'Alembert* pudieron demostrar así que las teorías sobre la dinámica y la gravitación universal newtonianas habían pasado exitosamente una rigurosa prueba. *Euler* no estuvo de acuerdo al principio, y por eso escribió un tratado sobre la teoría lunar: *Teoría del movimiento de la Luna que muestra todas sus desigualdades*, publicado en 1.753 y que incluyó un método para una solución aproximada del problema de los tres cuerpos, en este caso aplicado al sistema Sol Tierra Luna.

Euler, Clairaut y *D'Alembert* fueron los primeros matemáticos y astrónomos en avanzar la teoría lunar más allá del punto alcanzado por Newton, y los tres enviaron independientemente memorias de sus trabajos a la Academia de Ciencias de París.

Tobías Mayer y la libración lunar

Tobías Mayer (1.723 - 1.762) fue un cartógrafo y astrónomo alemán autodidacta; fue director del Observatorio de Gotinga y profesor de matemáticas en la Universidad de Gotinga desde 1.750. *Mayer* hizo estudios teóricos y prácticos sobre la Luna para contribuir a la solución del problema de la longitud geográfica, y también para analizar la superficie física del satélite. A partir de los trabajos teóricos de *Euler*, él comparó las tablas lunares de este último con sus propias ervaciones y publicó *Nuevas Tablas lunare*s o *Efemérides* en 1.752, junto con instrucciones para su uso en la determinación de la Longitud geográfica en el mar; las cuales lo hicieron acreedor del premio entregado por la Junta de Longitud en Londres de 1.755. Igualmente, publicó un primer Mapa lunar con coordenadas que señalizaban las respectivas posiciones en la Luna mediante las líneas de latitud, paralelos, y de longitud, meridianos; con lo que dejó obsoletos a todos los mapas anteriores de nuestro satélite.

Mayer, en su obra *Theoria lunae juxta systema Newtonianum* de 1.767, también investigó los elementos de la órbita lunar mediante la teoría newtoniana de la gravitación, y logró obtener valores correctos de su inclinación a la eclíptica y para los movimientos de los nodos y del apogeo. Finalmente, *Mayer* desarrolló un procedimiento algebraico para calcular el fenómeno de la Libración lunar que proporcionaba una magnífica precisión.

Libración Lunar

Dado que el movimiento de rotación del satélite sobre su propio eje está sincronizado con su movimiento de traslación alrededor del globo terráqueo, se tiene que el hemisferio o el lado de la Luna que podemos ver desde la Tierra es siempre el mismo. Lo que implica que un observador terrestre solamente podría contemplar un constante 50% de la superficie lunar. Pero por otra parte, como la órbita lunar es excéntrica respecto a la Tierra y el eje de rotación del satélite está inclinado con respecto a su plano orbital, se produce un fenómeno conocido como *Libración lunar* y que consiste en la variación del área lunar cubierta por el ángulo de visibilidad entre los dos astros, tanto en longitud como en latitud. Este hecho nos posibilita ver desde nuestro planeta algo más de la mitad de la superficie lunar; de hecho, un observador terrestre podrá contemplar hasta un 59% de la superficie del satélite al cabo de múltiples observaciones sucesivas.

La libración total de la Luna es una sumatoria de tres componentes; la más importante es la libración en longitud causada por la órbita elíptica, y por lo tanto excéntrica, de la Luna alrededor de la Tierra. Por otra parte, la libración en latitud se debe la pequeña inclinación del eje de rotación de la Luna con respecto al plano de su órbita en torno al planeta; y finalmente, la libración diurna se manifiesta debido a la rotación de la Tierra, que desplaza el ángulo de visibilidad del observador, la perspectiva, con respecto al satélite.

Joseph-Louis de Lagrange

Joseph-Louis de Lagrange (1.736 - 1.813) fue un matemático, astrónomo y físico italiano, nacionalizado en Francia en 1.787. Realizó grandes avances en las matemáticas, fue el autor de novedosos trabajos sobre astronomía y contribuyó con unos doscientos escritos a las Academias de Turín, Berlín, y París.

La mayoría de sus trabajos enviados a París se relacionaban con asuntos astronómicos, fueron debidamente premiados, y entre ellos cabe citar su ensayo sobre el problema de los tres cuerpos de 1.772, su trabajo sobre la ecuación secular de la Luna de 1.773, su texto de 1.764 sobre la libración de la Luna, y una explicación acerca de por qué el satélite siempre ofrece la misma cara hacia la Tierra. Adicionalmente publicó un artículo sobre el sistema del planeta Júpiter presentado en 1.766; y finalmente un tratado sobre las perturbaciones cometarias de 1.778.

Como ya se mencionó, en 1.772 *Lagrange* compartió con *Euler* el premio de la Academia Francesa por un trabajo sobre el problema del

movimiento lunar. En su texto, *Euler* argumentó que la teoría gravitatoria no podía ofrecer una explicación para la aceleración secular del globo lunar, sino que debía existir alguna clase de fluido etéreo en el espacio que ofrecía resistencia tanto al movimiento del satélite como al del planeta. Por otra parte, *Lagrange* planteó una nueva solución para el problema de los tres cuerpos, pero no para el fenómeno de la aceleración secular del satélite. La Academia Francesa nuevamente ofreció un premio en 1.774 para la solución de aquel fenómeno lunar, el cual fue ganado nuevamente por el matemático Lagrange por su argumentación sobre la manera en que la forma de la Luna determina su propio movimiento. Pero de todas formas, su trabajo no explicaba la aceleración secular.

Pierre-Simón Laplace y la Mecánica celeste

Pierre-Simón Laplace (1.749 - 1.827) fue un físico, matemático y astrónomo francés. Un gran continuador de la física clásica newtoniana, de la mecánica celeste y también de la *Teoría nebular* sobre la formación del Sistema Solar propuesta inicialmente por *Descartes* en 1.644.

En 1.786 *Laplace* elaboró un análisis teórico fundamentándose en las perturbaciones de la excentricidad de la órbita terrestre y proponiendo que el movimiento medio de la Luna debería acelerarse según aquellas perturbaciones. Sus cálculos iniciales representaron todo el efecto y por lo tanto parecía haber unido en su teoría tanto las observaciones de su época como otras más antiguas.

La obra más influyente del astrónomo francés *Pierre-Simón Laplace* fue escrita entre 1.799 y 1.825, en 5 volúmenes y denominada *Traité de mécanique céleste*, o *Tratado de Mecánica celeste*; y en ella retomó algunos fenómenos pendientes de explicar por la física de Newton, tales como los movimientos anómalos que seguían sin solución: el planeta Saturno parecía frenarse poco a poco abordando una órbita más grande, más retirada del Sol; mientras que Júpiter y nuestra Luna mostraban un movimiento acelerado, abordando órbitas más pequeñas, más internas. Si estas tendencias continuaban indefinidamente, como lo indicaban los milenarios registros, Saturno finalmente se escaparía del Sistema Solar, Júpiter se precipitaría sobre el Sol y la Luna sobre la Tierra. Pero en 1.785 *Laplace*

189

demostró que la aceleración de Júpiter y el frenado de Saturno no eran movimientos lineales, continuos ni absolutos, sino oscilatorios y por lo tanto también eran aparentes; y que estos fenómenos se debían a la variable posición relativa de tales planetas con respecto al astro Rey.

También se deben a Laplace otros descubrimientos relacionados con la teoría gravitacional. Por ejemplo, él encontró una relación entre la forma de la Tierra y ciertas irregularidades en el movimiento de la Luna; así mismo, introdujo la rotación de la Tierra en la teoría de las mareas, que anteriormente se había ignorado a este respecto, y finalmente, él obtuvo un conjunto completo de ecuaciones diferenciales para la resolución de dicho problema.

La Mecánica celeste, el movimiento lunar y un engaño astronómico

El trabajo fundamental de Laplace es su *Tratado de mecánica ce*leste, donde expone las expresiones matemáticas para el cálculo de los movimientos de los cuerpos celestes.   En general, la obra contiene las teorías y los métodos para el cálculo de los movimientos de traslación y rotación de los planetas, en particular de Júpiter y Saturno, y de sus lunas. La obra también trata sobre las principales discrepancias en los movimientos de los planetas que parecían contradecir la ley newtoniana de la gravedad; y sobre la forma y el movimiento de los anillos de Saturno y su permanencia en el plano del ecuador del planeta. Finalmente, también expone la teoría de las mareas, la libración de la Luna y la precesión de los equinoccios. Actualmente por Mecánica celeste se entiende aquella rama de la astronomía que tiene por objeto el estudio y la determinación de los movimientos de los cuerpos celestes considerando las interacciones gravitatorias entre todos ellos.

Si exceptuando la Tierra y su satélite ningún otro cuerpo estuviera presente en el universo, muy seguramente el movimiento del globo lunar nunca habría exhibido el fenómeno observado de su aceleración secular y la órbita lunar habría permanecido para siempre inalterada. Pero es muy conocido que la presencia del astro Rey ejerce una influencia gravitatoria perturbadora sobre los movimientos del satélite. En cada revolución la Luna

se aparta continuamente por la acción del Sol de aquel lugar que de otro modo habría ocupado; dichas   irregularidades   se   conocen   como   las *Desigualdades* o *Perturbaciones de la órbita lunar* y se han estudiado desde la antigüedad. Pero a quienes investigaron por primera vez el fenómeno de la aceleración lunar les pareció que no podía explicarse como una consecuencia de la perturbación gravitatoria solar, y al no encontrar los astrónomos ningún otro agente competente para producir tales efectos, el fenómeno continuó siendo un enigma sin resolver durante mucho tiempo. Entonces, a fines del siglo XIX el ilustre matemático francés *Laplace* emprendió una nueva investigación sobre el famoso problema de la aceleración lunar, y fue recompensado con un éxito que por mucho tiempo pareció como bastante completo y merecido.

Cuando *Laplace* comenzó a estudiar la supuesta aceleración en el movimiento de la Luna, lo primero que hizo fue descartar las afirmaciones de los escépticos que sostenían que la evidencia histórica no era confiable, y aquel otro argumento de que el fenómeno era solamente una ilusión provocada por la desaceleración de la rotación de la Tierra a causa de la fricción. Si este fuera el caso, se preguntaba, entonces por qué los movimientos medios de los planetas no se incrementaban también? La propuesta de *Euler* de un fluido etéreo tampoco la aceptó, ya que carecía de pruebas. En conclusión, él emprendió el problema del movimiento lunar tal como se encontraba tres generaciones antes.

De las numerosas perturbaciones que afectan el movimiento de nuestro satélite, todavía quedaba por explicar la aparente aceleración de su movimiento promedio y la consecuente disminución en la duración del mes lunar. *Halley* lo había sospechado primero a partir de una comparación de antiguas observaciones babilónicas, de las registradas por Hiparco, de observaciones reportadas por *Al-Battani* y de otras modernas. Según lo determinaron algunos astrónomos, la velocidad angular del satélite aumenta diez segundos de arco, 10", cada siglo. Como en aquel tiempo el fenómeno no podía explicarse por las teorías gravitatorias de Newton, *Laplace* supuso primero que la gravedad no se transmitía de un cuerpo a otro instantáneamente, sino como lo hacían el sonido y la luz: en un tiempo finito. Seguidamente demostró que esta hipótesis podría resultar en una aceleración secular de la Luna, pero solo si la velocidad de transmisión de la gravedad fuera ocho millones de veces mayor que la velocidad de la luz.

Laplace no se sintió muy satisfecho con aquella solución pues, como la del éter, no tenía evidencias físicas que la apoyaran. Pero durante sus observaciones y estudios sobre los satélites de Júpiter, él determinó que las variaciones seculares en la excentricidad de la órbita de este planeta causan una variación secular en los movimientos medios de sus satélites. Adicionalmente, en 1.787 encontró que la forma de la órbita terrestre estaba cambiando de manera similar al planeta Júpiter: la excentricidad de su órbita elíptica estaba decreciendo, y esto probablemente tenía conexión con el gradual acortamiento de la duración del mes lunar. Aplicó todos estos resultados al movimiento de la Luna y pudo descubrir que la aceleración lunar observada por los astrónomos era en realidad solo un fenómeno aparente que tenía como causa real la variación secular de la excentricidad de la órbita terrestre. Desarrolló la expresión teórica para la aceleración secular del movimiento lunar y encontró una cifra de aproximadamente 10,2"; y adicionalmente demostró que después de unos 24.000 años el cambio secular en la excentricidad de la órbita terrestre se revertiría, el satélite aparentemente se desaceleraría y la duración del mes lunar empezaría entonces a crecer nuevamente.

Por lo tanto, las hipótesis que había empleado en la teoría de los satélites de Júpiter fueron aplicadas al nuestro y, dado que las causas son las atracciones combinadas del Sol y los planetas sobre la Luna, descubrió que resultaba una desigualdad secular no solo del movimiento del satélite, sino también del movimiento de los nodos y del perigeo de su órbita; por lo cual en la actualidad el primero se aumenta y los otros dos disminuyen. Al probar que el efecto real de la variación de la excentricidad de la órbita terrestre era exactamente la aceleración que se había observado en el movimiento medio de la Luna, derrocó lo que era en ese momento la última barrera para la aplicación universal de las teorías newtonianas como la explicación física de todos los movimientos celestes.

En su desarrollo teórico Laplace consideró que el período orbital lunar está directamente relacionado con la influencia gravitatoria solar; y entonces, de existir alguna alteración continua en la magnitud de la potencia del efecto perturbador solar, existiría una correspondiente alteración también continua en el período orbital lunar. Considerando esto, en su época *Laplace* entendió que si pudiera descubrir cualquier cambio continuo en la capacidad del astro Rey para perturbar al satélite, entonces hallaría una justificación causal para un cambio continuo en el período del movimiento satelital.

La capacidad del astro Rey para perturbar el sistema Tierra-Luna está obviamente relacionada con la distancia del mismo sistema al Sol. Si nuestro planeta se moviera en una trayectoria de dimensiones permanentemente constantes, el poder perturbador del astro Rey no mostraría ninguna variación del tipo esperado. Pero, por el contrario, si la órbita terrestre tuviera alguna alteración en su forma o tamaño, ello induciría cambios en la distancia entre la Tierra y el Sol, los cuales serían el agente deseado para producir la variación observada en el movimiento lunar. Ahora bien, se conoce que la Tierra se traslada en una órbita que estrictamente es una elipse, la cual permanecería eternamente inalterada si la Tierra fuera el único planeta que gira alrededor del Sol. Sin embargo, nuestro planeta es solamente uno de un buen número de astros que circulan alrededor del astro Rey. Todos estos cuerpos celestes se atraen mutuamente por la acción gravitatoria y, como consecuencia, sus órbitas son también mutuamente afectadas y así modifican la simple forma elíptica que de otro modo tendrían. En conclusión, el movimiento de los astros no es estrictamente hablando en una órbita elíptica. Pero podemos asumir que es así, siempre que admitamos que la elipse está transformándose y variando sus dimensiones paulatinamente: la elipticidad de las órbitas planetarias es variable.

Es una característica notable de los efectos perturbadores provocados por la atracción gravitatoria de los planetas, que la elipse en la que la Tierra está en movimiento conserva siempre invariable su eje mayor en todo momento. En todos los demás aspectos la elipse cambia continuamente: altera su posición y cambia su excentricidad, su forma. Por lo tanto, en el transcurso del tiempo la forma de la trayectoria que describe nuestro planeta puede en algún instante estar aproximándose más a un círculo, mientras que en otro momento puede estar diferenciándose más de aquella forma circular.

Estas alteraciones ocurren con extrema lentitud y son muy pequeñas en cantidad, pero están en progreso incesante y pueden ser evaluadas con precisión. Durante los milenios pasados, en la actualidad y así también como en los milenios por venir, la excentricidad de la órbita terrestre está disminuyendo, y por tal motivo la órbita descrita cada año por nuestro planeta es cada vez más circular. Pero se tiene que aclarar que la longitud del eje mayor de dicha trayectoria elíptica no se altera bajo ninguna circunstancia y, en consecuencia, el tamaño de la trayectoria que nuestro planeta describe alrededor del astro Rey está aumentando gradualmente. Como conclusión: tenemos que en el presente la distancia promedio entre la Tierra y el Sol es cada vez mayor como consecuencia de las perturbaciones que nuestro planeta experimenta por la atracción gravitatoria de los demás planetas del sistema.

La eficiencia de la fuerza gravitatoria solar para perturbar el movimiento del globo lunar depende de la distancia del sistema Tierra-Luna al Sol, y como el valor de dicha distancia está gradualmente aumentando, como lo demuestran los registros milenarios, se deduce forzosamente que la capacidad del astro Rey para perturbar el movimiento satelital debe ir también disminuyendo paulatinamente. Así que *Laplace* dedujo que la órbita del satélite también debería estar disminuyendo gradualmente: la Luna estaría acercándose más a la Tierra debido a las alteraciones en la excentricidad de la órbita terrestre producidas por la atracción de los otros planetas. Aunque la variación en la posición de la Luna es extremadamente pequeña y el efecto consecuente en acelerar el movimiento satelital es muy leve, este no es el caso cuando se trata de grandes períodos de tiempo, muchos siglos. *Laplace* sabía que tan fuerte era la eficiencia de los planetas en la alteración de las dimensiones de la órbita terrestre, y con ello pudo determinar los cambios que se propagarían en el movimiento del satélite. Así se convenció de que la aceleración del movimiento lunar, tal como lo indicaban los registros sobre las observaciones de los antiguos eclipses conservados, podía explicarse por completo como consecuencia de perturbación gravitatoria planetaria. En su época esto fue considerado como un gran logro del método científico: a menos que hubiera alguna explicación racional para la aceleración secular lunar, la aceptación generalizada de la validez de la *Ley de la gravitación universal* habría sido seriamente bloqueada. A partir de este momento, y durante casi setenta años, nadie cuestionó la veracidad de los argumentos de *Laplace*.

Laplace encontró que los valores de estas desigualdades determinados por la teoría se correspondían bien con los deducidos de las observaciones de los antiguos eclipses registrados por Hiparco y Tolomeo. Según él, los períodos en que estas desigualdades se compensan a sí mismas son inmensos, pero la opinión de que la Luna en algún momento entrará en contacto con la Tierra debería ya abandonarse; porque debido a un futuro cambio en las configuraciones de los cuerpos perturbadores, directa y consecuentemente los efectos ocurrirían al contrario de lo que ahora se observa y la Luna se alejaría entonces del planeta; y ocurriría así hasta que un nuevo cambio volviera a invertir el orden de los movimientos, y no habría ninguna razón para creer que este ciclo terminaría algún día.

Entonces, el astrónomo francés estableció en 1.787 que el supuesto movimiento anómalo de nuestro satélite, su *Aceleración secular*, también era cíclico y aparente. Las milenarias observaciones y sus respectivos registros habían engañado y habían hecho creer a los astrónomos hasta entonces que dichas variaciones de los movimientos celestes eran lineales, continuas e infinitas. La de Laplace fue una excelente deducción en su época, aunque investigaciones posteriores modificaron los resultados y aportaron nuevos elementos a la explicación completa de estas desigualdades del movimiento lunar.

John Couch Adams corrige a Laplace

Cuando *Lagrange* leyó el documento de *Laplace* en donde se anunciaban sus descubrimientos, retomó su propio trabajo de 1.783 y encontró algunos errores, los resolvió y esto condujo a que sus cálculos concordaran casi exactamente con los resultados de *Laplace*. Mucho tiempo después, el matemático y astrónomo inglés *John Couch Adams* (1.819 - 1.892), codescubridor en Septiembre de 1.846 del planeta Neptuno, demostró que la teoría de *Laplace* no podía explicar en su totalidad el fenómeno que pretendía resolver; pero durante largo tiempo la hazaña de *Laplace* fue considerada como un máximo logro de la astronomía dinámica, de la mecánica celeste.

Al emprender un nuevo estudio para el mismo problema, el astrónomo *John C. Adams* descubrió que *Laplace* no había sido suficientemente riguroso en sus desarrollos, y que en consecuencia, había errores considerables en el resultado de su análisis: se asignaba un valor a la influencia planetaria sobre el movimiento del satélite dos veces mayor al real. El problema era meramente matemático y los cálculos se repitieron por parte de buena cantidad de profesionales, y finalmente se admitió universalmente que *Adam*s había corregido al astrónomo francés en un tema muy fundamental de la *Mecánica celeste*.

Entonces, un asunto aún pendiente por clarificar es por qué el período de revolución del globo lunar es ahora aparentemente más corto que algunos siglos atrás y su movimiento parece acelerarse. Así que, si expresáramos la duración de tal período lunar en términos de las rotaciones de la Tierra alrededor de su eje, es decir en términos de días y horas, entonces nos encontraríamos con que la Luna demanda actualmente un número menor de rotaciones terrestres para completar cada una de sus respectivas revoluciones alrededor del planeta que las requeridas anteriormente para lo mismo. Obviamente, esto puede explicarse argumentando que el satélite se mueve ahora más rápido que milenios atrás, que es lo que supone la teoría de la aceleración secular. Pero es evidente que se puede concebir una explicación de un tipo completamente diferente para establecer otra causa para el mismo fenómeno: Si el período de la rotación terrestre, el día, por algún motivo estuviera aumentando, la Luna aun moviéndose al mismo ritmo que siempre, sin modificar su período orbital, requerirá un número menor de días terrestres para realizar cada una de sus revoluciones.

Es interesante notar que existe una justificación física para este aumento del período de rotación terrestre y la consecuente disminución del ritmo de rotación de nuestro planeta: las mareas que fluyen, suben y bajan sobre la Tierra, ejercen una acción similar a la de un "freno" sobre este globo giratorio, y no cabe duda de que lenta y paulatinamente están reduciendo su velocidad de giro y alargando así la duración del día terrestre. En consecuencia, se tiene que es esta acción de las mareas la que produce el efecto suplementario necesario para completar la sustentación física de la aceleración lunar.

Como conclusión, podemos argumentar que el fenómeno conocido como *Aceleración secular del movimiento satelital* es el resultado de ambas causas actuando conjuntamente. La primera de ellas es la que fue descubierta por el matemático astrónomo *Laplace* y según la cual las perturbaciones provocadas por los demás planetas sobre la trayectoria elíptica del nuestro, afectan indirectamente el movimiento lunar, aunque él sobreestimó la magnitud de su influencia. La otra causa para la aceleración del movimiento del globo lunar es más aparente que real: no es que el satélite se mueva más rápidamente ni que el tamaño de su órbita esté decreciendo y acercándose cada día más a la Tierra; sino que nuestro reloj, la revolución terrestre, lleva ahora un ritmo más lento y, siendo así, está perdiendo tiempo. ¡Puede aparecernos que ahora la Luna camina más de prisa, cuando en realidad es la Tierra la que va más despacio!

William Herschel, descubridor de un planeta y de muchas lunas

Friedrich Wilhelm Herschel (1.738 - 1.822) nació en *Hannover*, Sacro Imperio Romano Germánico, actual Alemania, donde por una arraigada tradición familiar estudió música. Pero estando muy joven debió abandonar su patria en 1.757 a causa de la ocupación francesa de *Hannover* dentro del marco de la Guerra de los Siete años; emigró entonces a Inglaterra donde profundizó sus estudios musicales: primero llegó a ser profesor, luego organista en *Halifax* y posteriormente director de orquesta de *Bath* en 1.766.

Su interés por la astronomía comenzó a una edad relativamente tardía, a sus 35 años en 1.773; pero lo hizo con una gran pasión y en la modalidad de autodidacta: comprando y leyendo libros sobre el tema. Muy pronto comprendió la enorme ventaja de los telescopios reflectores, a base de espejos, sobre los refractores fundamentados en lentes. Combinando sus habilidades matemáticas y manuales, aprendió a calcular, fabricar y pulir los más perfectos y poderosos espejos metálicos de la época, con los cuales diseñó, calculó, y construyó sus propios telescopios que llegaron a ser los mejores del mundo en su momento. Y con ellos realizaría trascendentales descubrimientos astronómicos: descubrió un poco más de 2.500 nuevos objetos del espacio profundo, contando cúmulos globulares, nebulosas y galaxias; y en cuanto a nuestro Sistema solar, él comprendió que se estaba desplazando hacia la constelación de Hércules; también descubrió un planeta y muchas lunas y cometas.

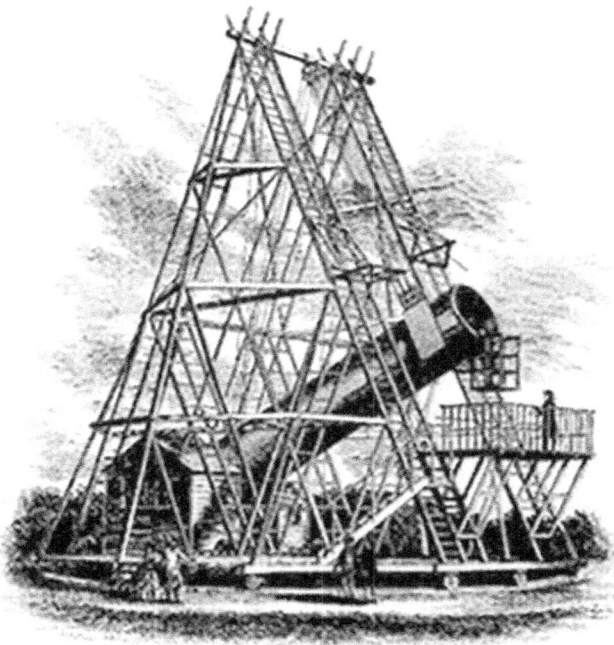

Imagen 7.4
El telescopio de 40 pies de *William Herschel* en 1.789

Con los telescopios construidos por el mismo, *Herschel* descubrió en Marzo de 1.781 el planeta Urano; y posteriormente descubrió también varias lunas de Urano y de Saturno.

El 13 de Marzo de 1.781 *Herschel* adquirió gran reputación debido al primer descubrimiento de un planeta desde la antigüedad: Urano. Aunque había sido observado en muchas ocasiones desde 1.690, generalmente era confundido y tratado como una estrella. Incluso el mismo Herschel lo consideró al principio como un cometa, pero muy pronto todos los astrónomos que evaluaron sistemáticamente el descubrimiento estuvieron de acuerdo en que existía un nuevo planeta en el Sistema solar y situado al doble de la distancia que Saturno. Hecho por el cual *Herschel* fue galardonado por la *Royal Society* de Londres con la medalla *Copley*, y adicionalmente el Rey Jorge III de Gran Bretaña lo nombró astrónomo real en 1.782. Sucesos estos que propiciaron que el astrónomo se radicara definitivamente en Inglaterra y adquiriera dicha nacionalidad.

Seis años más tarde, el 11 de Enero de 1.787 *Herschel* descubrió las dos primeras y más grandes lunas del planeta Urano: Titania y Oberón. Posteriormente, en 1.789, este astrónomo logró completar la construcción de su más grande y poderoso telescopio, que por la longitud de su tubo pasó a ser conocido como *Telescopio de 40 pies*, el cual fue el mayor del mundo en su momento. El instrumento estaba conformado por un gigante espejo metálico de 1,2 metros de diámetro y 12,2 metros de distancia focal. Con él descubrió el 28 de Agosto de 1.789 la sexta luna de Saturno, posteriormente denominada Encélado. Unos días después, el 17 de Septiembre visualizó por primera vez la séptima luna de aquel planeta, hoy conocida como Mimas. Durante unos sesenta años el Telescopio de 40 pies de Herschel mantuvo la marca de ser el mayor telescopio del mundo, hasta 1.848 cuando fue superado por el *Leviatán* de *William Par*sons.

Asaph Hall

Asaph Hall (1.829 - 1.907) fue un astrónomo estadounidense de *Connecticut*. Por ser hijo de una familia pobre, a la muerte de su padre tuvo que trabajar inicialmente como carpintero. Posteriormente fue el ayudante del astrónomo *William C. Bond* en el *Harvard College Observatory* en *Cambridge, Massachusetts*, desde 1.857; y continúo los estudios de astronomía por su propia cuenta. Seguidamente fue nombrado director del Observatorio Naval de *Washington* en 1.863, donde con la ayuda del gran telescopio refractor de 66 cm de diámetro descubrió en Agosto de 1.877 los dos diminutos satélites naturales del planeta Marte, denominados *Deimos* y *Fobos*. Su fama como astrónomo creció y finalmente en 1.895 llega a ser profesor de astronomía en la Universidad Harvard.

William Parsons y su *Leviatán*

William Parsons (1.800 - 1.867), también conocido como *Lord Rosse III*, fue un astrónomo angloirlandés que construyó varios telescopios. Nació en *York*, Inglaterra; estudió inicialmente en el *Trinity College* de Dublín, Irlanda, y seguidamente en el *Magdalen College* de la Universidad de *Oxford* donde se graduó en matemáticas en 1.822; pero prontamente llegó a ser un notable astrónomo aficionado.

Interesado por la astronomía e inspirado en los espejos metálicos desarrolladas por *Herschel*, *Parsons* inició una serie de experimentos de fundición y pulimiento del metal de espejos, que consiste en una aleación de cobre y estaño. Inicialmente construyó telescopios de 48 y 90 cm de diámetro, con los que pudo realizar abundantes observaciones de bastante calidad.

Durante la década de 1.840 empezó a construir en el Castillo de *Birr* en *Parsonstown*, Irlanda, el famoso *Leviatán de Parsonstown*: un gigantesco telescopio reflector que tenía un espejo metálico de 183 cm de diámetro y de 13 cm de espesor, con una distancia focal de 16 m y de tres toneladas de peso, y que fue ensamblado en un tubo de 16,5 m de largo para un peso total del telescopio ya terminado de 12 toneladas. La construcción del Leviatán comenzó en 1.842 y se utilizó por primera vez en 1.845. Con él, *Parsons* contempló y catalogó un gran número de nebulosas, algunas de las cuales luego serían reconocidas como galaxias; y tomó algunas de las primeras fotografías de la Luna. Una de las últimas aplicaciones del instrumento en astronomía fue en Agosto de 1.877 cuando verificó la existencia de los dos pequeños satélites del planeta Marte, inicialmente descubiertos por el astrónomo *Asaph Hall*. Hasta principios del siglo XX, cuando fue reemplazado en 1.917 por el telescopio *Hooker* de 254 de cm diámetro en el Observatorio *Mount Wilson*, fue el telescopio más grande del mundo en términos de tamaño de apertura. El *Leviatán* aparece mencionado en la novela de ciencia ficción titulada *De la Tierra a la Luna*, escrita por Julio Verne en 1.865 y quien lo califica como el mayor telescopio del mundo en su época.

William Lassell, Neptuno y las nuevas lunas

La existencia del octavo planeta, Neptuno, fue predicha de forma independiente, teórica y científicamente por los matemáticos y astrónomos *John Couch Adams*, inglés, y *Urbain Le Verrier*, francés; quienes trataban de explicar las perturbaciones observadas en la órbita del planeta Urano. Siguiendo las indicaciones de *Le Verrier*, Neptuno fue finalmente descubierto el 23 Septiembre de 1.846 por el astrónomo alemán *Johann Galle* y su estudiante *Heinrich D'arrest*.

Imagen 7.5

La Luna vista por el telescopio de lord Rosse, 1.856

Representación de la Luna vista a través de uno de los telescopios Lord Rosse III, y presentada en el libro: *The Moon hoax: or, A discovery that the moon has a vast population of human beings*, de 1.859.

William Lassell (1.799 - 1.880) fue un astrónomo aficionado autodidacta quien, como *Herschel* y *Parsons*, fabricaba sus propios espejos y telescopios y con ellos realizó muchos e importantes descubrimientos. Muy interesado en el recién descubierto planeta Neptuno, la noche del 10 de Octubre de 1.846 dirigió uno de sus telescopios al cielo y pronto descubrió la mayor luna de aquel planeta, posteriormente denominada Tritón, y se dedicó a estudiar tanto su órbita como su apariencia y brillo.

Posteriormente se concentró en Saturno, y en la noche del 18 de Septiembre de 1.848 visualizó una pequeña lunita orbitándolo. Por coincidencia, el satélite había sido observado simultáneamente por el astrónomo norteamericano *William C. Bond*, por lo que los méritos del descubrimiento tuvieron que ser compartidos; un tiempo después la luna fue bautizada como Hiperión. Tales descubrimientos lo entusiasmaron e indujeron a dedicarse de lleno a la astronomía. El 24 de octubre de 1.851 descubrió simultáneamente dos nuevas lunas de Urano: Ariel y Umbriel.

Simon Newcomb

Simon Newcomb[5] (1.835 - 1.909) fue un matemático y astrónomo canadiense nacionalizado en los EE.UU. Básicamente no tuvo educación formal debido a la falta de recursos económicos; y de joven tuvo varios empleos y se hizo autodidacta en astronomía. Posteriormente solicitó empleo en la *Oficina de Almanaque Náutico de América*, con sede en *Cambridge, Massachusetts*, donde llegó a ser prácticamente una *computadora humana* en 1.857. La principal función que tuvo que realizar allí fue elaborar nuevas tablas astronómicas, o efemérides, para ser utilizadas en la navegación marítima. Paralelamente se matriculó en la *Lawrence Scientific School* de la Universidad de Harvard y se graduó en 1.858.

A causa de la Guerra civil estadounidense iniciada en Abril de 1.861, varios profesores de matemáticas de la Marina de los Estados Unidos renunciaron; y en ese mismo año *Newcomb* fue nombrado profesor de matemáticas y astrónomo en el *Observatorio Naval de Washington* para cubrir una de tales vacantes. Pasó algo más de 10 años allí determinando las posiciones de los objetos celestes con los modestos instrumentos existentes, y durante dos años más con un nuevo telescopio refractor de 26 pulgadas. Se interesó particularmente por la teoría involucrada en las órbitas de los planetas y de la Luna y, con sus enormes facultades para el cómputo, buscó mejorar sus posiciones teóricas mediante el cálculo de las perturbaciones en sus órbitas, causadas por la atracción gravitacional de otros cuerpos.

Llegó a ser un gran especialista en mecánica celeste, realizó los cálculos precisos de una gran cantidad de parámetros orbitales concernientes a casi todos los cuerpos del Sistema Solar, y se convirtió en el principal compilador de uno de los calendarios de efemérides astronómicas más relevantes. Adicionalmente, utilizó algunos datos sobre eclipses del astrónomo *Ibn Yünus* para determinar la aceleración secular de la Luna.

Las tablas para los movimientos de la Luna que existían en su época habían sido compiladas en 1.857 por el astrónomo danés *Peter A. Hansen* (1.795 - 1.874), un especialista en el cálculo de las posiciones lunares a partir de la teoría gravitatoria; y estaba muy claro que el satélite se estaba desviando de la posición predicha en dichas tablas. *Hansen* había utilizado observaciones que databan de 1.750 para compilar sus tablas, pero *Newcomb* consideró que el uso de observaciones más antiguas sería muy valioso. Cuando *Simon Newcomb* estudió los datos observacionales anteriores a 1.750, descubrió que las tablas de *Hansen* eran muy erróneas para períodos anteriores a tal fecha. Por tal motivo se dedicó a realizar mediciones más precisas sobre la Luna para determinar bien su trayectoria, utilizó datos sobre eclipses lunares antiguos para determinar su aceleración secular, con lo que obtuvo las perturbaciones experimentadas por nuestro satélite a lo largo de los siglos. Por su trabajo durante este período sobre el movimiento del satélite, y también sobre Urano y Neptuno, él fue galardonado con la Medalla de Oro de la *Royal Astronomical Society* en 1.874; adquirió gran reputación como astrónomo y se le ofreció el puesto de Director del Observatorio de la Universidad de Harvard en 1.875; pero lo rechazó ya que su gran pasión realmente estaba en el cálculo y el desarrollo de teorías matemáticas para explicar los datos observacionales.

Simon Newcomb, el autodidacta, fue posteriormente nombrado profesor de matemáticas y astronomía en la Universidad *Johns Hopkins* en 1.884, ocupando este cargo hasta 1.893; y paralelamente fue editor del *American Journal of Mathematics* durante la mayor parte del período de 1.885 a 1.900. También se desempeñó como presidente de la *American Mathematical Society* desde 1.897 hasta 1.898; y fue miembro fundador y primer presidente entre 1.899 y 1.905 de la *American Astronomical Society*.

Teoría lunar moderna: Gravedad en acción

Las mareas oceánicas y el verdadero movimiento lunar

Los avances teóricos de la década de 1.780 respaldaron la idea de que el Sistema Solar era bastante equilibrado, que había evolucionado a su estado estable del momento y estaba sujeto únicamente a oscilaciones autocompensantes. Hacia fines de 1.787 *Laplace* anunció la resolución faltante para la última principal anomalía en la astronomía teórica de la época: la aparente *Aceleración secular en el movimiento Lunar*. La cual, argumentó él, era el resultado de una perturbación indirecta originada en la continua disminución de la excentricidad de la órbita terrestre y que conduce a una pequeña disminución en el componente radial de la fuerza gravitatoria que el Sol ejerce sobre nuestro satélite. Pero, como lo predice la teoría de las perturbaciones planetarias, dichos fenómenos son oscilatorios, cíclicos, y en el futuro el efecto se revertiría y la excentricidad orbital de la Tierra comenzaría nuevamente a aumentar mientras que la Luna se desaceleraría. Pero en 1.854 *John C. Adams* demostró que la derivación de *Laplac*e era parcialmente errónea: pues él solamente había logrado explicar la mitad de la aparente aceleración secular de la Luna. El resto se atribuiría eventualmente a la desaceleración del ritmo de rotación de la Tierra por la fricción debida a la acción de las mareas oceánicas; lo cual constituye el efecto que *Laplac*e había descartado anteriormente por considerarlo insignificante. De hecho, la ralentización de la rotación de la Tierra es tal que conduce a una aceleración aparente considerablemente mayor de la Luna, pero se ve contrarrestada por el ascenso del satélite hacia una órbita cada vez más alta, debido también a las mareas.

Considerando nuevamente la disposición general y la interacción gravitatoria del sistema Tierra-Luna, hemos descrito ya el fenómeno de las Mareas oceánicas como el elevamiento de las masas de agua debido mayoritariamente a la atracción gravitatoria lunar; y recordando que nuestro planeta es alargado, elongado o abultado en su región ecuatorial, se tiene que la fuerza gravitatoria ejercida por el satélite se siente más intensamente en estas áreas abultadas. Ahora bien, debido a la inercia generada por el movimiento de rotación de nuestro planeta, se tiene que estas deformaciones o abultamientos de la materia terrestre no están alineados con la recta que une los centros de los dos astros, sino que están desviados alguna distancia respecto a ella. Esto trae una consecuencia muy importante para la dinámica del sistema: Entre la Tierra y la Luna actúa un *Torque* o *Momento de fuerza* que está dado por la intensidad de la fuerza gravitatoria lunar y la distancia que se desvían los abultamientos ecuatoriales respecto a la línea central Tierra-Luna; y que es sentido de manera diferente por los dos astros. (Ver Imagen 7.6.)

Para nuestro planeta se tiene que el efecto directo de dicho torque es retardar o desacelerar su movimiento de rotación sobre su eje, y en consecuencia la duración del periodo de rotación se aumenta: el día terrestre se hace más largo, aunque sea en fracciones de segundo. Pero el efecto de este torque es bien diferente sobre nuestro satélite dado que lo que hace es impulsarlo, tirarlo, o mejor dicho, expulsarlo hacia una órbita cada vez más grande y distante de la Tierra; y en consecuencia su período orbital aumenta, su velocidad angular disminuyen y el satélite se desacelera en su movimiento orbital.

Los complicados fenómenos anteriores se comprenden mucho más fácilmente si se describen en términos energéticos. Aunque ambos cuerpos están interactuando gravitatoriamente y están intercambiando energía, al igual que en todo sistema físico cerrado, tanto la energía total como el momento angular se conservan constantes para todo el sistema. Pero se debe considerar que una gran parte de la energía perdida por la Tierra se disipa en forma de calor generado por la fricción entre las aguas y la corteza terrestre. De esta manera, la Tierra transfiere solamente una parte de su energía cinética de rotación y de su momento angular al movimiento orbital de la Luna, con lo que el satélite

197

aumenta su energía potencial trasladándose a una órbita superior, ¡alejándose de su planeta! Y por lo tanto, aplicando la *Tercera ley de Kepler*, su período orbital y su velocidad angular disminuyen. Como resultado final, ambos cuerpos se desaceleran, la Tierra en su movimiento de rotación sobre su eje y la Luna en su movimiento de traslación en torno al planeta. La energía cinética y la velocidad real de traslación del satélite disminuyen, y como contrapartida su energía potencial, su distancia a la Tierra, aumenta.

Además de los cambios en la excentricidad de la órbita terrestre provocados por las perturbaciones gravitatorias planetarias, tal como fue establecido inicialmente por *Laplace* y corregido por *John C. Adams* después, hay dos efectos de marea que influencian el movimiento satelital. En primer lugar, hay una disminución real de la velocidad angular del movimiento orbital de la Luna, debido al intercambio de energía y de momento angular entre la Tierra y nuestro satélite causado por las mareas. Esto aumenta el momento angular de la Luna alrededor de la Tierra y el satélite se traslada a una órbita más alta, con un período más corto como ya se ha explicado.

En segundo lugar, existe un aumento aparente en la velocidad angular de movimiento orbital de la Luna, cuando se mide en términos de *Tiempo solar medio*, y que surge de la pérdida de momento angular de la Tierra y el consiguiente aumento de la duración del día; y este último constituye el fenómeno ampliamente observado, que mucho desafió a los físicos y matemáticos, y que tanto desconcertó a los astrónomos del pasado.

Todo el fenómeno anterior se conoce como *Aceleración de marea* y es uno de los ejemplos en la dinámica del Sistema Solar de la llamada *Perturbación secular de una órbita*: una perturbación real que crece de manera continuada en el tiempo, que no es cíclica sino lineal. En el caso Tierra-Luna obliga al sistema a autorregularse para mantenerse estable, dando lugar con ello a dos grandes consecuencias: la rotación terrestre se desacelera progresivamente y la Luna se aleja de la Tierra también progresivamente. La *Aceleración de marea* es un efecto originado por la *Fuerza gravitatoria* que es ejercida por un satélite natural en órbita sobre un planeta primario y que se manifiesta como una *Fuerza de marea*.

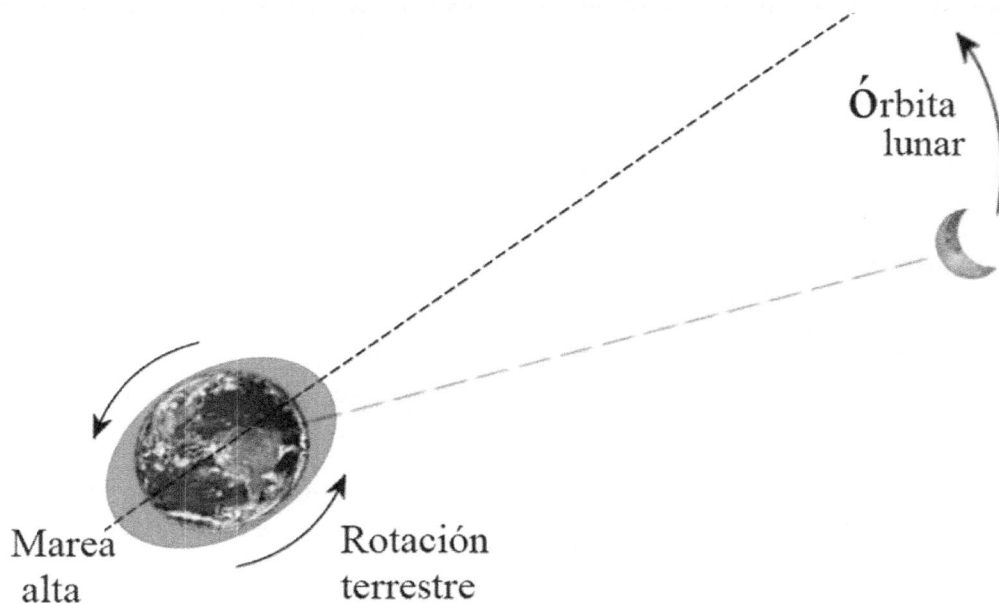

Imagen 7.6 Sistema Tierra - Luna: Mareas y Torque
Debido a la inercia generada por la rotación terrestre, el eje de las mareas altas está desviado, adelantado con respecto a la línea que une los centros de los dos astros, y esto origina un torque que altera la dinámica del sistema.

Dicha aceleración es comúnmente negativa a causa de la disminución gradual de la velocidad de rotación del objeto primario, y al alejamiento progresivo del satélite con la consecuente disminución en su velocidad orbital. El proceso global finalmente conduce al fenómeno conocido como *Acoplamiento de m*area o *Anclaje mareal*, y según el cual un cuerpo celeste pequeño que orbita alrededor de otro más grande, tiene siempre una misma cara dirigida hacia el cuerpo al que está orbitando. Que es exactamente lo que se observa en el sistema Luna - Tierra.

La mayoría de las mejoras en las teorías newtonianas sobre los movimientos celestes, y especialmente el de la Luna, se hicieron en forma de muy laboriosos y voluminosos cálculos infinitesimales, algebraicos y trigonométricos; y apoyados también en voluminosas mediciones observacionales. Los teóricos del movimiento satelital hasta mediados del siglo XVIII expresaron las perturbaciones de la posición de la Luna usando alrededor de 25 a 30 términos matemáticos y trigonométricos. Pero los desarrollos durante los siglos XIX y XX dieron lugar a formulaciones muy diferentes para el problema, y el número de términos necesarios para expresar la posición de la Luna con los niveles de precisión deseados a principios del siglo XX llegó a alcanzar hasta 1.400.

A partir de la segunda mitad del siglo XX la *Teoría lunar moderna* se ha desarrollado aún más y de una manera diferente, debido fundamentalmente a tres elementos: el desarrollo de nuevos métodos numéricos de integración, el uso de la computación digital automática para tales cálculos y finalmente debido a los modernos tipos de instrumentos, métodos experimentales y datos de observación, que proporcionan un nivel de precisión nunca antes logrado. Así, después de las misiones tripuladas a la Luna el número de términos matemáticos necesarios para describir el movimiento satelital mediante los métodos de integraciones numéricas modernas, empleando computadores digitales y de acuerdo a la precisión de los resultados de los experimentos realizados en la superficie del satélite, especialmente el Experimento Lunar de Alcance Laser, es de varios miles.

La Luna en el ámbito popular

Pero Selene no solamente ha capturado el interés de astrónomos, físicos y matemáticos de todos los tiempos; sino que ha cautivado siempre, y con mucha magia, a intelectuales como poetas, novelistas, fotógrafos y productores de cine; y también a todo el público en general.

Desde fechas inmemoriales la Luna ha estado siempre presente en la literatura en general y en la *Ciencia ficción* en particular. Si recordamos a Johannes Kepler, la literatura, aquel ámbito dentro del cual todo se hace posible, fue la que primero planteó las posibilidades de vida, viajes y presencia humana en aquel mundo selenita.

John Wilkins (1.614 - 1.672) fue un religioso, naturalista y ensayista inglés. En su obra *The Discovery of a World in the Moon*, o *El descubrimiento de un mundo en la Luna*, editada en Londres en 1.638, él planteó la posibilidad de construcción de una nave con la capacidad de salir al espacio exterior. Es un pequeño libro mediante el cual *Wilkins* ayudó a popularizar en Inglaterra la nueva ciencia de la Astronomía.

En la obra, basada particularmente en los recientes descubrimientos de Galileo en 1.610 con sus telescopios y en el *Somnium* de Johann Kepler editada en 1634, *Wilkins* abarca una amplia gama de especulaciones sobre la naturaleza del satélite y las características lunares visibles, reveladas con sorprendentes detalles mediante los nuevos telescopios; igualmente especula sobre los posibles habitantes de Luna y los potenciales medios para viajar allí.

Jules Gabriel Verne (1.828 - 1.905), o Julio Verne, fue un escritor, poeta y dramaturgo francés; muy célebre por ser el precursor de las modernas *Novelas de aventuras* y del género de *Ciencia ficción* moderna.

Su obra *De la Terre à la Lune Trajet direct en 97 heures*, o *De la Tierra a la Luna directo en 97 hora*s, de Octubre de 1.865, es una novela escrita en una apasionante mezcla entre ciencia, ficción y sátira. En su trasfondo la obra es una especie de sátira al estereotipo estadounidense de la época; pero en su contenido más importante constituye un primer intento serio por describir con rigurosidad científica los problemas que se deben considerar y resolver con el propósito de enviar exitosamente una nave tripulada a la Luna.

Su otra novela titulada *Autour de la Lune*, o *Alrededor de la Luna*, fue publicada en Enero de 1.870. En esta obra el autor narra con lujo de detalles las peripecias y aventuras de los tres exploradores instalados dentro de una nave en forma de bala de cañón hueca y gigante, que los transporta primero hacia la Luna y luego de regreso a la Tierra. Las dos novelas fueron posteriormente editadas juntas en Septiembre de 1.872. Sin lugar a dudas, los relatos más destacados en torno al satélite son estas dos obras de la literatura universal pertenecientes a Julio Verne y publicadas prácticamente un siglo antes del verdadero viaje a la Luna.

Herbert George Wells (1.866 - 1.946) fue un filósofo, historiador, escritor y novelista británico. Fue el autor de la novela ficcional *The first men in the moon*, o *Los primeros hombres en la Luna*; escrita en 1.901. El texto relata el viaje al globo lunar realizado en virtud de una sustancia anti-gravitatoria nombrada Cavorita, un compuesto a base de Helio y metales fundidos que fue inventada por el brillante y excéntrico científico *Dr. Cavor*. Su compañero de aventura es el arruinado empresario *Mr. Bedford*; y con la sustancia recién inventada recubren una rudimentaria nave espacial, que de este modo pierde su peso y entonces asciende rápidamente en dirección al globo lunar. Al llegar a su destino, los viajeros descubren que el satélite está habitado por una civilización extraterrestre, que habita en las cavernas del subsuelo y a quienes dan el nombre de *Selenita*s.

La Cinematografía es   un   arte   relativamente nuevo. En Febrero de 1. 895 los hermanos franceses *Auguste* y *Louis Lumière* lograron   patentar exitosamente el   aparato ahora conocido como *Cinematógra*fo; e inmediatamente empezaron a rodar sus primeras películas. Y justamente empezando el nuevo siglo XX, Selene capturó el entusiasmo y la imaginación de los productores de cine.

Georges Méliès (1.861 - 1.938) fue un ilusionista y un prolífico cineasta francés, muy famoso por introducir muchas innovaciones en los albores de la cinematografía.

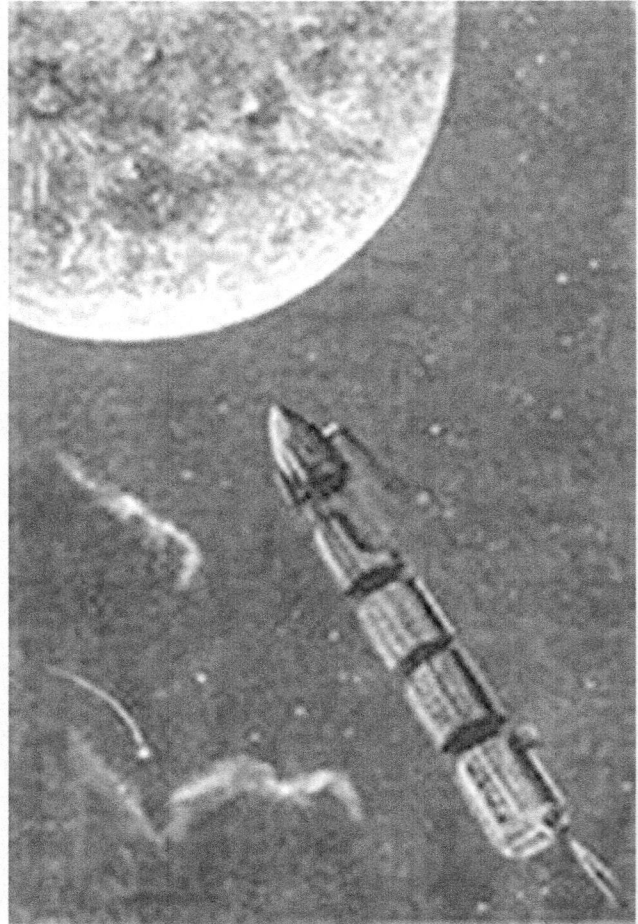

a)

Imagen 7.7
La Luna en el ámbito popular

a) Ilustración de la novela *De la Tierra a la Luna* de Julio Verne dibujada por Henri de Montaut en 1.868.

Le Voyage dans la Lune, o *Viaje a la Luna*, es una película de ciencia ficción francesa de 1.902, muda y en blanco y negro, con un guion escrito y dirigido por *Georges Méliès*. Fue en cierto modo el primer filme de ciencia ficción de la historia del cine y sigue siendo bastante popular: La escena de la cara de la Luna recibiendo el impacto de un cohete espacial disparado desde la Tierra es una de las más conocidas de la historia del cine. El guion está fundamentado en dos famosas novelas: *De la Tierra a la Luna* de Julio Verne, y *Los primeros hombres en la Luna* de *H. G. Wells*. Posteriormente, en 1.907 *Méliès* presentó *L'éclipse du soleil en pleine lune*, o *El eclipse de Sol en Luna llena*, también muda y en blanco y negro.

Con todo lo expuesto hasta aquí en estos siete capítulos, la humanidad ya tiene claramente establecida la distancia, la dirección y la velocidad de nuestro satélite en su movimiento orbital. Para realmente viajar hasta él, solamente queda por construir los cohetes y las naves espaciales, y encontrar a los voluntarios para el viaje. Lo que constituye el tema central del próximo capítulo.

Imagen 7.7
La Luna en el ámbito popular

b) Fotograma de la película
Viaje a la Luna de *Georges
Méliès* de 1.902.

b)

201

Citas Bibliográficas

[1] Hervás y Panduro, Lorenzo. *Viaje estático al mundo planetario* Tomo II   Madrid: Imprenta de Aznar. 1.793.
Internet   Archive.
https://archive.org/details/viageestticoalm00pandgoog/page/n8

[2] Internet Archive: Freeditorial. Julio Verne. *De la Tierra a   la   Luna.*
https://archive.org/details/de_la_tierra_a_la_luna

[3] Internet Archive. James Roy Newman. The World of Mathematics, Volumen 1. New York: Simon and Schuster,   1.956.   Pag   257.
https://archive.org/details/world1ofmathemati00newm
Abetti, Giorgio. *The history of astronomy.*   London: Sidgwick and Jackson. 1954.

[4] Unilider Biblioteca Digital. Newton, Isaac, Sir.
Principios matemáticos de la filosofía natural.
https://www.unilider.edu.mx/principios-matematicos-de-la-filosofia-natural/
Internet Archive. Newton, Isaac, Sir. *Mathematical principles of natural philosophy.*

https://archive.org/search.php?query=Mathematical%20principles%20of%20natural%20philosophy
Biblioteca Digital Mundial. Philosophiae naturalis principia   mathematica.
https://www.wdl.org/es/item/17842/

[5] MacTutor History of Mathematics archive. Simon Newcomb: http://www-groups.dcs.st-and.ac.uk/history/Biographies/Newcomb.html

Capítulo 8
Siglo XX:
Guerras, Carrera espacial
Y misiones tripuladas a la Luna

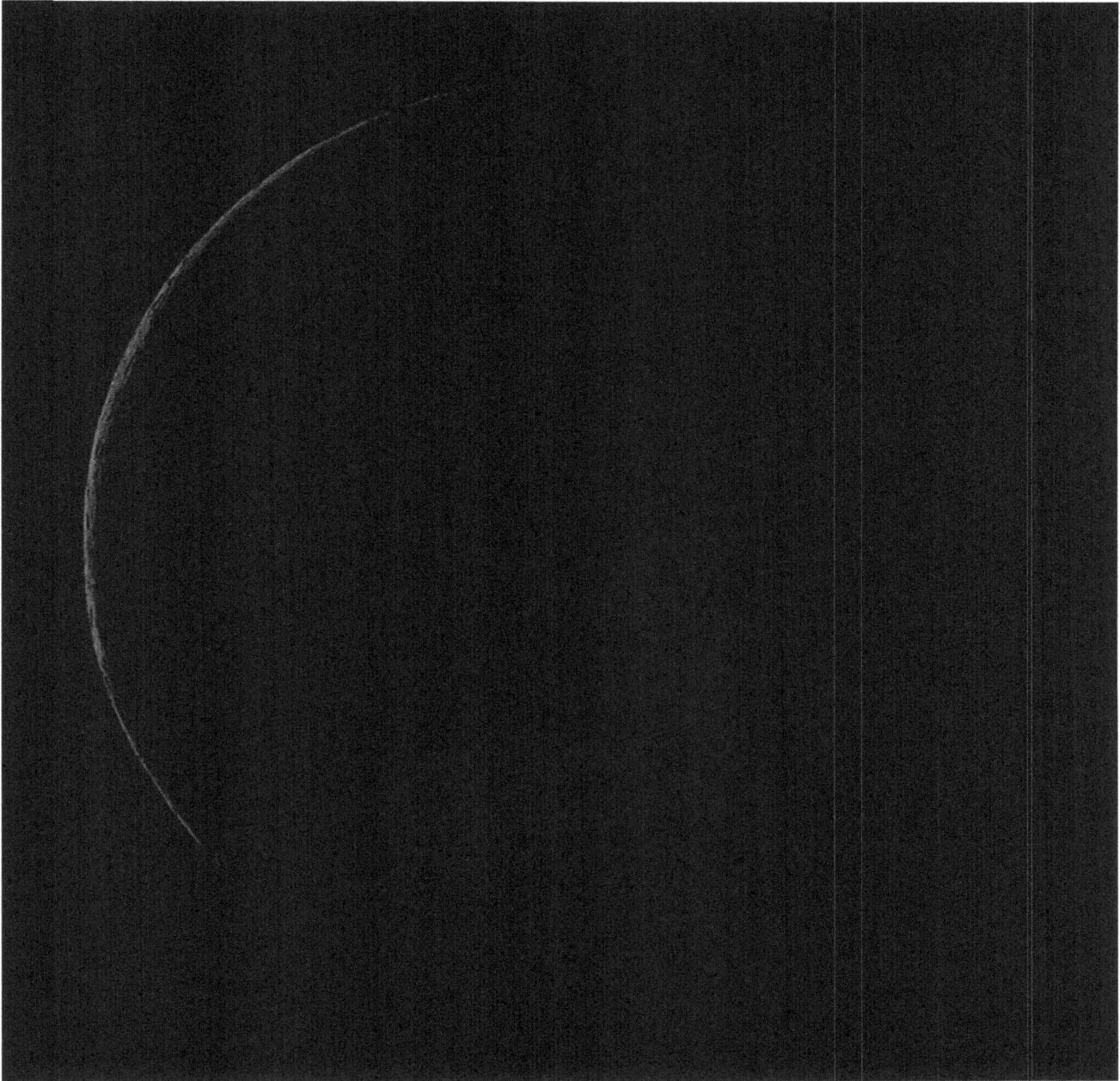

Nuestro satélite como se podía apreciar desde la Tierra el Miércoles 14 de Febrero de 2.018 a las 16:00 TUC, 28 días y 13,5 horas después del Novilunio, alcanzándose a ver un 1,4 % de su hemisferio iluminado. Ahora, al final de su ciclo mensual, la visibilidad del satélite ha caído a niveles mínimos, en las próximas horas no podremos ver ninguna parte iluminada de la Luna; un mes lunar terminará, pero comenzará otro y la fase de la Luna Nueva pronto se alcanzará nuevamente.

Cortesía de NASA's Scientific Visualization Studio: https://svs.gsfc.nasa.gov/4604

"Había llegado el primero de Diciembre, día decisivo porque si la partida del proyectil no se efectuaba aquella misma noche, a las diez y cuarenta y seis minutos y cuarenta segundos, más de dieciocho años tendrían que transcurrir antes de que la Luna se volviese a presentar en las mismas condiciones simultáneas de cenit y perigeo. El tiempo era magnífico. A pesar de aproximarse el invierno, el Sol resplandecía y bañaba con sus radiantes efluvios la Tierra, de la cual tres de sus habitantes iban a abandonar en busca de un nuevo mundo."

De la Tierra a la Luna trayecto directo en 97 horas. (1.865)[1]
Julio Verne (1.828 - 1.905)

"Sin embargo, a eso de las siete se disipó de pronto aquel pesado silencio. La Luna apareció en el horizonte, su aparición fue saludada por millares de hurras; había acudido puntualmente a la cita. Los clamores subían al cielo; los aplausos partieron de todos los puntos; y entretanto la blanca Febe, brillando pacíficamente en un cielo admirable, acariciaba la multitud con sus rayos más afectuosos. En aquel momento se presentaron los intrépidos viajeros"

De la Tierra a la Luna trayecto directo en 97 horas. (1.865)

"Inmediatamente Murchison, apretando con el dedo el interruptor del aparato, estableció la corriente y lanzó la chispa eléctrica al fondo del Columbiad. Una detonación espantosa, inaudita, sobrehumana, de la que no hay estruendo alguno que pueda dar la más débil idea, ni los estallidos del rayo, ni el estrépito de las erupciones, se produjo instantáneamente. Un haz inmenso de fuego salió de las entrañas de la Tierra como de un cráter. El suelo se levantó, y apenas hubo uno que otro espectador que pudiera entrever un instante el proyectil hendiendo victoriosamente el aire en medio de inflamados vapores."

De la Tierra a la Luna trayecto directo en 97 horas. (1.865)

El agridulce siglo XX

Las primeras décadas

La historia científico tecnológica del siglo XX debe estudiarse retrocediendo un poco hacia el siglo precedente; y debe estar centralizada en el desarrollo de los combustibles, que son uno de sus rasgos fundamentales, al menos hasta el advenimiento de la era electrónica digital. Desde tiempos prehistóricos los combustibles sólidos, carbones vegetales y minerales, fueron los que proveyeron la energía demandada por las sociedades humanas. Pero esto cambiaría hacia la segunda mitad del siglo XIX cuando empezaron a desarrollarse procesos químicos para la producción a gran escala de combustibles líquidos derivados de petróleo; los cuales inicialmente estuvieron dedicados mayoritariamente al alumbrado tanto público como privado: uno de los íconos más dicientes del siglo decimonono es la lámpara de petróleo.

También, paralelamente durante la segunda mitad del siglo XIX se presentó un gran auge en la fundamentación teórica, el diseño y la construcción del motor de combustión interna a base de combustibles líquidos; el cual sería incorporado, durante la primera década del vigésimo siglo, a dos inventos que llegarían a convertirse en los máximos símbolos del siglo XX: el automóvil y el avión.

En los planos filosófico, físico y cosmológico la entrada de este nuevo siglo XX trajo también importantísimas innovaciones. En 1.905 el joven físico alemán de origen judío Albert Einstein publicó su *Teoría de la relatividad especial*; y diez años más tarde la extiende y amplía para dar origen a su nueva *Teoría general de la relatividad*. Dichas teorías fueron desarrolladas por el físico para incluir el carácter relativo entre el tiempo y el espacio, gran ausente en la física clásica newtoniana; y de esta manera dar cuenta de algunas inconsistencias cosmológicas manifiestas en esta última teoría; particularmente en el caso del movimiento de los astros.

Resultaría inaceptable efectuar una exposición sobre la Luna y los eclipses, y no hacer referencia al que es catalogado como el más famoso de la historia: el eclipse solar de *Albert Einstein*. Este físico alemán publicó en 1.915 la Teoría general de la relatividad, con la cual inauguró la era moderna de la cosmología y en la que reformuló por completo el concepto de *Gravedad* introducido anteriormente por *Newton*. Ahora *Einstein* explicó la interacción gravitatoria en términos de una deformación o curvatura del continuo espacio-tiempo, que es debida a la presencia de cuerpos muy masivos, tales como las estrellas o soles; y al mismo tiempo estableció que la luz está sujeta a los efectos gravitacionales precisamente de la misma manera que la materia ordinaria. Esto quiere decir que, en presencia de una masa considerable, cualquier cosa que pase por el espacio-tiempo, incluida la luz, deberá experimentar un cambio de trayectoria debido a aquella deformación: los rayos de luz se desplazan siguiendo siempre dicha curvatura del espacio-tiempo. Como conclusión, los rayos lumínicos provenientes de estrellas remotas y que pasan cerca del Sol, seguirían una trayectoria curva tal que, contemplados dese la Tierra, parecieran venir desde una ubicación diferente a la real. Cuantificando la idea, la teoría general de la relatividad de *Einstein* predice una desviación de 1.75 segundos de arco, dos veces mayor que la pronosticada por la teoría gravitatoria de *Newton*.

Una verificación experimental del citado fenómeno resultaría imposible a plena luz del día; pero una oportunidad excepcional para hacerlo sería durante un eclipse total del Sol en Mayo 29 de 1.919. Para tal efecto, la Real Sociedad Astronómica delega a los astrónomos *Frank W. Dyson* y *Arthur S. Eddington* la organización de dos expediciones de observación y toma de datos con los cuales evaluar las teorías relativistas de *Einstein*. Los dos lugares seleccionados fueron la localidad de Sobral al noreste de Brasil, y la isla de Príncipe en el Golfo de Guinea, por estar ubicados justo en la línea donde se vería el fenómeno en toda su magnitud. El eclipse tuvo una duración de 6 min y 50 segundos, y durante este lapso se logró medir la posición de 12 estrellas, con errores inferiores al 6%. Los datos obtenidos confirmaron que los rayos lumínicos, al pasar muy cerca de nuestro Sol, siguieron una trayectoria curva, y por lo tanto también confirmaron las predicciones relativistas de Einstein: dichos datos fueron considerados en su época como una contundente prueba de la validez de la teoría de la relatividad general frente a la física newtoniana.[2] Este resultado fue corroborado reiterativamente por diferentes observatorios astronómicos mediante mediciones realizadas durante los eclipses totales de Sol de 1.922, 1.929,1.952 y finalmente el de Junio 30 de 1.973. El encorvamiento de la luz alrededor de objetos masivos ahora se conoce como *Lentes gravitacionales*, y se ha convertido en una importante herramienta en astrofísica, muy utilizada para la detección de objetos muy lejanos, tales como exoplanetas, e incluso para la detección de materia oscura.

Con todo lo anterior, los combustibles líquidos, el automóvil, el avión y las nuevas teorías científicas, tenemos que las dos primeras décadas del nuevo siglo XX fueron de carácter alegre, dulce. Pero esta alegría durarían más bien muy poco, porque prontamente se manifestaría el carácter agrio de la centuria: las fatídicas guerras.

El siglo de las guerras mundiales

Los ciudadanos del mundo de la primera mitad de este siglo tuvieron que presenciar dos cruentas e inhumanas guerras mundiales. La Primera Guerra Mundial, también denominada Gran Guerra, ocurrió en Europa entre el 28 de Julio de 1.914 y el 11 de Noviembre de 1.918. La Segunda Guerra Mundial se desató también en Europa entre el 1 de Septiembre de 1.939 y duraría hasta el 14 de Agosto de 1.945; a la fecha esta última es la mayor contienda bélica de la Historia, de alcance verdaderamente universal. Junto a las grandes potencias se vieron involucradas la mayor parte de las naciones del mundo repartidas en dos grandes alianzas militares: los *Países Aliados*,

con el Reino Unido, los Estados Unidos, la Unión Soviética y China a la cabeza de una larga lista de países; y las *Potencias del Eje* a la que pertenecieron principalmente Alemania, el Imperio del Japón y el Reino de Italia.

Las características de las causas de dichas guerras son muy similares, tanto que algunos historiadores argumentan que se trata de una misma guerra pero con un interludio, un descanso de veinte años. Pero, para los propósitos de este texto, lo que ahora nos interesa son algunas de las consecuencias de la Segunda guerra mundial: la Guerra Fría, la Carrera armamentista nuclear y la Carrera espacial.

Inmediatamente finalizada la Segunda guerra mundial, queda claramente de manifiesto que el mundo ahora se divide en dos grandes bloques político económicos: el occidental, capitalista y liderado por Estados Unidos; y el bloque oriental, comunista y a la cabeza de la Unión de Repúblicas Socialistas Soviéticas, URSS. Estas dos naciones surgen como las dos máximas potencias del período de postguerra, y entre ellas se desata un tenaz enfrentamiento en los aspectos político, económico, social, científico, tecnológico, militar y armamentístico; y mediante el cual cada una de las grandes potencias busca imponer su poderío sobre la otra, e implantar su modelo político económico de gobierno en todo el planeta. Enfrentamiento político económico que ha recibido el nombre de *Guerra fría*, y que tuvo sus inicios en 1.945 y duró hasta la disolución definitiva de la URSS, la cual ocurrió entre los años de1.989 con la caída del muro de Berlín y 1.991 con el golpe de Estado en la URSS.

El componente más importante de aquella Guerra fría fue la *Carrera armamentista*, mediante la cual cada una de las potencias buscaba incrementar al máximo la variedad, cantidad y calidad de su inventario de armamento militar; involucrando tanto aquellas armas de combate tradicional, como las no convencionales, incluyendo en esta últimas las armas de exterminio masivo como las químicas y las nucleares. Aunque el proceso no llegó a desencadenar en un enfrentamiento militar directo entre las dos potencias, la paz mundial sí estuvo permanentemente seriamente amenazada; hasta el punto de que en algunos medios se planteaba la posibilidad de una autodestrucción de la humanidad.

Brevísima historia del cohete

Es un dato muy difundido que la pólvora fue un invento o desarrollo de los antiguos alquimistas chinos entre los siglos VII y IX d. C.; y que sus aplicaciones más primitivas fueron de carácter inofensivo, como la animación de ceremonias religiosas, algo similar a lo que hoy denominamos fuegos artificiales. Pero no pasaría mucho tiempo antes de que los generales chinos le encontraran su gran potencial dentro de las artes militares; pronto aparecieron las *flechas de fuego*, bombas y cañones fundamentados en la pólvora.

También prontamente las nuevas armas militares alcanzarían importancia en todo el continente asiático. En la India, y durante las Guerras anglo-mysore de finales del siglo XVIII, las tropas del Sultán Fateh Ali Tipu del Reino de Mysore, considerado un pionero en el uso de artillería de cohetes, usaron exitosamente en 1.782 cohetes metálicos propulsados con pólvora contra los ejércitos británicos. Éstos, impresionados, mostraron un gran interés en tan novedosa tecnología, la copiaron, la llevaron a Europa, y la rediseñaron y mejoraron considerablemente; con lo que el uso de cohetes a base de pólvora y con propósitos militares se extendió rápidamente por toda Europa en los tiempos venideros.

Para los inicios del siglo XX la tecnología de los cohetes llega a ser de conocimiento universal: Durante los años 1.920 se realizaron investigaciones y desarrollos tecnológicos importantes en Europa, Asia, Rusia, y en los Estados Unidos. En este último país el ingeniero Robert H. Goddard lanzó el primer cohete a base de combustible líquido el 16 de Marzo de 1.926; demostrando que los propulsores líquidos eran una opción bastante viable. Por otra parte, en Alemania durante la década de 1.930 la *Asociación para la Navegación Espacial* realizó las primeras pruebas con cohetes a base de combustibles líquidos.

En Alemania, durante la Segunda guerra mundial, se diseñó y construyó el famoso *Cohete V2* bajo la dirección del ingeniero mecánico y aeroespacial alemán Wernher von Braun. Desde Septiembre de 1.944 hasta Marzo de 1.945 las Fuerzas Armadas Alemanes, *Wehrmacht*, lanzaron contra territorio aliado varios miles de ellos, la mayoría se dirigieron contra Londres en Inglaterra y Amberes en Bélgica. Dicho cohete es considerado como el primer *Misil balístico* de largo alcance del mundo, y el primer artefacto humano documentado que efectuó un vuelo suborbital; y, por lo tanto, también es el precursor de todos los cohetes modernos, incluyendo los empleados en los programas espaciales tanto de la Unión Soviética como de los de Estados Unidos.

La Carrera Espacial

Durante el transcurso de la carrera armamentista, las potencias pronto se dieron cuenta de que la presencia y el dominio militar en el espacio era un factor crucial, ineludible para lograr una supremacía universal completa y duradera. Por tal motivo enfocaron su atención y destinaron grandes recursos financieros, humanos, científicos y tecnológicos con el propósito de lograr, cada una por su lado, la supremacía y el control absoluto del espacio con marcados propósitos político económicos.

Por *Carrera Espacial* se entiende una serie de eventos realizados por las dos grandes potencias en el campo aeroespacial y durante el período de tiempo entre 1.957 y 1.975; el cual se enmarcó dentro de otro período mayor conocido como *Carrera armamentista*, que a su vez tiene sus orígenes en la *Guerra Fría* provocada por el desenlace de la *Segunda Guerra Mundial*. Dicha Carrera espacial se caracterizó por una fuerte competitividad científica y tecnológica entre los Estados Unidos y la Unión Soviética, con miras a obtener el dominio tecnológico y militar en el espacio, la primacía en la exploración espacial y garantizar la presencia humana en el espacio.

Durante su desarrollo los primeros grandes éxitos los obtuvo la Unión Soviética en Octubre de 1.957 con el *Sputnik 1*, el primer satélite artificial en orbitar la Tierra; hecho que normalmente se considera como el provocador de la carrera espacial. Y luego en 1.959 con una serie de sondas espaciales no tripuladas denominadas *Luna*[3], cuyos principales logros fueron: primer vehículo en escapar de la gravedad terrestre e ingresar en órbita solar, primer impacto de un vehículo espacial sobre la superficie lunar, primera comunicación de telemetría desde y hacia la Tierra, primer sobrevuelo lunar con éxito y primeras fotografías de la cara oculta del satélite. Pero el éxito que más fama le dio a la Unión Soviética fue colocar al primer hombre en el espacio el 12 de Abril de 1.961: el cosmonauta Yuri Gagarin orbitó la Tierra a una altitud de 315 km y en aproximadamente 108 minutos en la cápsula espacial *Vostok 1*, para seguidamente aterrizar a salvo. Finalmente, los rusos lograron el primer alunizaje no tripulado en 1.966 con la sonda *Luna 9*, la cual transmitió a la Tierra imágenes de la superficie satelital.

Una definición sencilla de *Sonda espacial* es que consiste en un artefacto con sistemas de energía, propulsión, instrumentación y comunicación propios, que luego de ser lanzado al espacio exterior con el auxilio de un cohete, es capaz de volar de manera teledirigida desde un centro de operaciones en la Tierra hasta alcanzar su objetivo final en el espacio. Por otra parte, un *satélite artificial* es una sonda espacial insertada intencionalmente y por tiempo indefinido en la órbita de algún cuerpo celeste.

Los primeros éxitos de los Estados Unidos se iniciaron el 31 de Enero de 1.958 con su primer satélite artificial terrestre, el *Explorer 1*. Posteriormente, 23 días después del primer vuelo orbital de Gagarin, el 5 de Mayo de 1.961 colocaron al primer astronauta americano, Alan Shepard, en el espacio mediante un vuelo suborbital terrestre en la cápsula *Mercury Redstone 3*. En 1.962 por primera vez una sonda espacial sobrevoló otro planeta: la sonda *Mariner 2* pasó a 34.800 km de Venus y escaneó su superficie; seguidamente, en 1.964 el planeta Marte es sobrevolado por primera vez por la sonda *Mariner 4*, la cual tomó imágenes de primer plano del mismo. Continuando son su programa espacial, en 1.967 los americanos realizaron con la sonda *Surveyor 5* su primer alunizaje no tripulado, con transmisión de imágenes y análisis del terreno; y al año siguiente efectuaron la primera misión orbital tripulada a la Luna con la misión *Apolo 8*. Pero el mayor éxito de toda la historia de la exploración espacial lo obtuvieron los Estados Unidos el 20 de Julio de 1.969 con la misión *Apolo 11*, el *primer alunizaje tripulado* y los primeros hombres en caminar sobre la Luna: Neil Armstrong, secundado por Edwin E. Aldrin. Hasta el año 1.971 los americanos realizaron un total de seis alunizajes tripulados exitosos para un total de 12 hombres que "han tenido los pies" no solo en la Tierra, sino también en la Luna.[4]

La carrera espacial se entiende por terminada en 1.975 cuando las relaciones entre las dos potencias se relajan y se realizó entonces la primera misión conjunta entre la *Agencia Espacial Americana*, NASA, y la *Agencia Espacial Soviética*: una nave americana *Apolo* y una soviética *Soyuz* se acoplaron en el espacio y sus ocupantes realizaron labores conjuntas. Pero, por inercia y entusiasmo, las misiones espaciales y la exploración espacial continuaron en un ambiente menos tenso.

Orbitando la Tierra: Primeros hombres en el espacio

En un principio los cohetes fueron diseñados específicamente para aplicaciones militares y son llamados tradicionalmente Misiles balísticos. Pero durante la carrera espacial los rusos y los estadounidenses pusieron en marcha sus respectivos programas espaciales que se fundamentaron en cohetes rediseñados para aplicaciones propias de la astronáutica y la exploración espacial, los cuales

210

ahora se conocen como Cohetes espaciales, o también Vehículos de lanzamiento.

De las series de cohetes diseñados y construidos en Estados Unidos sobresalen el Vanguard, el Redstone, el Atlas; y las series Delta, Titán y Saturno; de estos últimos el Saturno V fue el mayor cohete de todos los tiempos y él hizo posible el programa lunar Apolo norteamericano. Por otra parte, en la Unión soviética los cohetes más conocidos son los de las series Protón y Vostok.

La ventaja científica tecnológica de la Unión soviética sobre los americanos se acentuó considerablemente el 12 de Abril de 1.961 cuando aquella logró colocar al primer hombre en el espacio mediante su *Programa espacial Vostok*: el cosmonauta *Yuri Gagarin* orbitó la Tierra en la cápsula espacial *Vostok 1*, la cual ascendió a una altitud máxima de 315 km y dio una vuelta al planeta en un vuelo que, increíblemente para la época, duró 108 minutos. Igualmente increíble para casi todo el mundo fue que le cosmonauta realizara tal proeza y lograra regresar sano y salvo a la Tierra.

Dos años después del logro de Gagarin y dentro del programa Vostok, otra gran hazaña de los soviéticos fue la realizada por el cosmonauta Valeri F. Bykovski, quien el 14 de Junio de 1.963 orbitó la Tierra 81 veces en la cápsula espacial *Vostok 5*, en un lapso de 120 horas, o cinco días. A continuación, en Junio 16 de 1.963 la ingeniera y cosmonauta rusa *Valentina Tereshkova* se convirtió en la primera mujer que voló al espacio: tripulando la nave *Vostok 6* ella dio un total de 48 vueltas alrededor del planeta en una misión de tres días. Posteriormente, en Marzo de 1.965 el cosmonauta soviético *Alekséi A. Leónov* realizó la primera caminata espacial pasando 12 minutos fuera de la nave espacial *Vosjod 2*; una auténtica proeza para dicha época.

Pero los norteamericanos pronto igualaron a los soviéticos en el desarrollo de la tecnología espacial. Con miras a hacerle frente al gran desafío soviético, el 29 de Julio de 1.958 se aprobó en Estados Unidos la *National Aeronautics and Space Act*, o Ley Nacional del Espacio y la Aeronáutica. Mediante este acto se clausuraba el anterior *National Advisory Committee for Aeronau*tics, NACA, y al mismo tiempo se creaba la actual *National Aeronautics and Space Administration*, NASA, o Agencia Nacional de la Aeronáutica y del Espacio. Esta agencia se encargaría del diseño, planeación y ejecución de todos los programas americanos futuros de exploración espacial.

El Proyecto *Mercury*

Diseñado y desarrollado entre 1.961 y 1.963 dentro los marcos generales de la Guerra fría y de la Carrera espacial, el primer programa espacial tripulado de los Estados Unidos recibió el nombre de *Mercury Proyect*; el cual constituyó la respuesta americana ante el notable liderazgo de la Unión Soviética en dicha Carrera espacial, y que empezó un año después de que dicha nación pusiera al primer satélite en el espacio, el *Sputnik* 1. El proyecto se inició en Agosto de 1.959 con una serie de vuelos de prueba sin tripulación humana; y finalizó en Noviembre de 1.961 con un vuelo orbital de un chimpancé llamado *Enos*, con una duración de 1 hora y 28,5 minutos y que terminó exitosamente. Los viajes tripulados se iniciaron en Mayo 5 de 1.961 con una serie de seis misiones exitosas que llevaron a los primeros americanos al espacio, y terminaron en Mayo 16 de 1.963.

De este proyecto *Mercury* dos misiones adquirieron gran importancia histórica: el 5 de Mayo de 1.961 el astronauta *Alan Shepard* se convirtió en el primer estadounidense en realizar un vuelo suborbital en su cápsula espacial *Freedom 7* propulsada por el cohete *Redstone III*, y la cual alcanzó una altitud de 187 kilómetros sobre la superficie terrestre en un vuelo que duró 15,5 minutos. Posteriormente, el 20 de Febrero de 1.962 el astronauta *John H. Glenn Jr.* fue el primer estadounidense en orbitar alrededor la Tierra en su cápsula espacial *Friendship 7* propulsada por el cohete *Atlas VI*, la cual alcanzó una altitud máxima de 260 Km y realizó tres órbitas a la Tierra con un período orbital de 88,5 minutos, para una duración total de 4 horas 55 minutos y 23 segundos en la misión.

Los objetivos primordiales del Proyecto *Mercury* fueron los siguientes: Colocar una nave espacial tripulada en vuelo orbital alrededor de la Tierra, investigar las capacidades de rendimiento del hombre para funcionar en el desconocido entorno espacial, y desarrollar tecnologías para recuperar tanto a los tripulantes como las naves espaciales de manera segura. Dichos objetivos fueron cumplidos y por esta razón el proyecto es considerado muy exitoso.[5]

El Programa *Gemini*

El segundo programa espacial tripulado desarrollado por los Estados Unidos fue el Programa *Gemini*, el cual fue oficialmente anunciado al público el 3 de Enero de 1.962. Su nombre proviene de su tripulación de dos hombres y de la tercera constelación del Zodíaco y sus estrellas gemelas, *Casto*r y *Pollux*. *Gemini* involucró 12 misiones incluyendo dos vuelos no tripulados de prueba de naves y maquinaria. Sus principales objetivos fueron: someter a los hombres y sus equipos al vuelo espacial de hasta dos semanas de duración; efectuar un encuentro espacial, acoplar dos vehículos en órbita y maniobrar el conjunto utilizando el sistema de propulsión del vehículo objetivo; y finalmente, perfeccionar los métodos de entrar en la atmósfera y aterrizar en un punto preseleccionado en Tierra.

El propósito fundamental del programa *Gemini* fue desarrollar técnicas para el encuentro y acoplamiento espacial entre dos naves; maniobra conocida como *rendezvous* y que sería muy importante durante las futuras misiones espaciales tripuladas a la Luna. La cápsula objetivo de reencuentro y acoplamiento era una *Agena* no tripulada, la cual consistía en la etapa superior de algunos cohetes, y que era lanzada adelante de la Cápsula Gemini. Los cohetes de lanzamiento para estas misiones fueron los *Titán II*.

El programa consistió en total de doce misiones, las dos primeras no tripuladas, y cubrió unos treinta meses y unas mil horas de vuelo. Como las más notables de estas misiones cabe destacar: en primer lugar la *Gemini 4* del 3 de Junio de 1.965, puesta en órbita por un cohete *Titán II* y que tuvo una duración de 4 días 1 hora y 56 minutos en el espacio, y realizó un total de 62 órbitas a una altura máxima de 282 km. Sus tripulantes fueron *James McDivitt* y *Edward White*, este último realizó el primer paseo espacial de Estados Unidos con una duración de 22 minutos. Y seguidamente la misión *Gemini 8* del 16 de Marzo de 1.966, también lanzada por un cohete *Titán II*, con una duración de 10 horas 41 minutos y 26 minutos, realizó un total de seis órbitas a una altura máxima de 272 km. Con sus dos tripulantes *Neil Armstrong* y *David Scott*, en esta misión ocurrió el primer acoplamiento de una cápsula espacial *Gemini* con otra nave no tripulada, una *Agena*; esta misión también implicó el primer aterrizaje de emergencia de una nave estadounidense tripulada.

La importancia de las misiones *Gemini* radicó en que se incrementó a dos el número de tripulantes y se extendió la duración de las misiones hasta dos semanas; con lo que se preparó a los astronautas estadounidenses para vivir, trabajar y dormir en el espacio en condiciones más extremas. Igualmente, en el transcurso de estas misiones se efectuaron las primeras caminatas espaciales norteamericanas con sus respectivas Actividades Extra Vehiculares, AEV, que eran indispensables para las futuras misiones lunares. Como legados importantes de las misiones *Gemini*, se tiene que ellas hicieron rutinarias y seguras las operaciones de encuentro y acoplamiento entre naves espaciales en vuelo, y también lograron que los astronautas pudieran llevar en el espacio una vida segura y sin mayores complicaciones durante periodos apreciables de tiempo.

Primeras misiones lunares no tripuladas

Programa espacial soviético

En Enero de 1.959 la sonda espacial soviética *Luna 1* pasó a la historia como la primera sonda espacial en escapar de la gravedad terrestre, realizar con éxito un sobrevuelo a 6.000 kms de la superficie lunar y finalmente ingresar en órbita solar. Igualmente, se realizaron el primer encendido de un cohete en órbita terrestre y la primera comunicación de telemetría desde y hacia fuera de la Tierra. Por otra parte, la sonda *Luna 2* fue la primera nave espacial que llegó a la superficie lunar e impactó cerca de la planicie *Mare Serenitatis* en Septiembre de 1.959. Finalmente, en Enero de 1.966 la sonda *Luna 9* efectuó el primer alunizaje no tripulado y debidamente controlado, alunizando en la planicie *Oceanus Procellarum* y logrando tomar las primeras imágenes de la superficie de la Luna desde el mismo terreno.

Programa espacial norteamericano

Sondas *Ranger*: Espías y proyectiles lunares

El programa *Ranger* fue una serie de misiones espaciales no tripuladas de los Estados Unidos en la década de 1.960. Tenía los propósitos de conseguir una trayectoria de impacto lunar, obtener las primeras imágenes de primer plano de la superficie satelital y transmitirlas a la Tierra antes de que la nave espacial se destruyera al ser estrellada intencionalmente contra la superficie lunar. Sin embargo, una serie de contratiempos condujeron al fracaso de los seis primeros vuelos.

La *Ranger 7* fue lanzada el 28 de Julio de 1.964, fue la primera misión completamente exitosa del programa *Ranger*, y la primera sonda espacial norteamericana en transmitir exitosamente a la Tierra imágenes cercanas de la superficie lunar. A parte de transmitir algunas secuencias de video, también transmitió más de 4.300 fotografías durante los últimos 17 minutos previos al impacto. Después de 68,6 horas de vuelo, la nave espacial fue estrellada intencionalmente a 2,6 km por segundo contra la superficie satelital.

Las otras dos misiones exitosas de este programa fueron la *Ranger 8* lanzada el 17 de Febrero de 1.965, y la *Ranger 9* lanzada el 21 de Marzo del mismo año. Las imágenes y videos obtenidos por el programa *Ranger* fueron transmitidas en vivo por televisión a millones de televidentes en todo los Estados Unidos; y ellas sirvieron para seleccionar los respectivos sitios de alunizaje para las futuras misiones Apolo, y también se usaron para otros estudios científicos.

Lunar Orbiter: Los primeros satélites de nuestro satélite

Después de los éxitos de aquellas misiones espaciales iniciales, el nuevo programa exitoso de los norteamericanos se denominó *Lunar Orbiter*; u Orbitador Lunar, y consistió en diseñar, construir y operar sondas espaciales que pudieran llegar a convertirse en los primeros satélites artificiales de la Luna. El programa tenía dos objetivos principales: tomar las primeras fotografías desde la órbita lunar tratando de cubrir la totalidad de su área, y proporcionar elementos de juicio para seleccionar los sitios de alunizaje de las futuras misiones tripuladas Apolo. El programa comprendió una serie de cinco misiones lunares no tripuladas exitosas lanzadas desde 1.966 hasta 1.967; para todas ellas se utilizaron los vehículos de lanzamiento o cohete multietapa *Atlas-Agena-D*.

Las primeras tres misiones tuvieron orbitas de baja altitud y se dedicaron a tomar imágenes de 20 posibles sitios para futuros alunizajes tripulados, seleccionados previamente a partir de observaciones basadas en la Tierra. Algunos hechos relevantes de las dos primeras misiones son los siguientes:

213

Lanzada el 10 de Agosto de 1.966, la sonda espacial *Lunar Orbiter 1* fue la primera en convertirse en un satélite artificial americano de la Luna, orbitándola a una altura máxima de 1.867 km. La duración nominal de la misión era de un año, pero debido a fallas técnicas solamente duró 80 días y se estrelló en la superficie lunar en el lado oculto el 29 de Octubre de 1.966 durante su 577ª órbita. Aun así, la sonda logró tomar un total de 42 marcos de alta resolución y 187 de resolución media que cubrieron más de 5 millones de kilómetros cuadrados de la superficie de la Luna y que se transmitieron a la Tierra, logrando aproximadamente el 75% de la misión prevista.

La *Lunar Orbiter 2* fue lanzada el 6 Noviembre de 1.966, estuvo activa durante 339 días dando un total de 2.346 orbitas a nuestro satélite; adquirió datos fotográficos del 18 al 25 de Noviembre de 1.966; se devolvieron a la Tierra 609 fotogramas de alta resolución y 208 de resolución media. Estos incluyen una espectacular imagen del cráter lunar Copérnico, que fue catalogada por los medios de comunicación como una de las mejores imágenes del siglo. La nave orbitó a la Luna a una altura máxima de 3.598 kilómetros hasta que impactó sobre la superficie el 11 de Octubre de 1.967.

La cuarta y quinta misiones se dedicaron a objetivos científicos más amplios y volaron en órbitas polares de gran altitud. La *Lunar Orbiter 4* fotografió todo el lado cercano y el nueve por ciento del lado lunar opuesto; mientras que la *Lunar Orbiter 5* terminó de cubrir el lado lejano, o *Lado oculto de la Luna*, y adicionalmente tomó imágenes de media y alta resolución de otras 36 áreas preseleccionadas. En síntesis, el 99 por ciento de la superficie satelital ser mapeó a partir de fotografías tomadas con muy buena resolución.

Finalmente y como si fuera poco, durante estas misiones se logró tomar las primeras fotografías de la Tierra completa desde el espacio: el 8 de Agosto de 1.967 la *Lunar Orbiter 5* logró la primera imagen que abarca todo un hemisferio de nuestro planeta desde la órbita lunar.

Programa *Surveyor*: Primeros alunizajes controlados y primeros topógrafos lunares

Después de las *Lunar Orbiter*, el Programa *Surveyor*, que al español se traduce como topógrafo, fue el tercer y último programa norteamericano de sondas lunares automáticas no tripuladas. Estas misiones tenían capacidad de alunizaje, o descenso controlado y seguro sobre la superficie del satélite; y también capacidad de excavación del suelo, recolección de muestras y el posterior análisis químico de las mismas; adicionalmente tenían capacidad fílmica y fotográfica.

El programa consistió de siete misiones de las cuales cinco fueron exitosas, y se desarrolló entre el 31 de Mayo de 1.966 y el 7 de Enero de 1.968. Sus objetivos fundamentales fueron: desarrollar y evaluar tecnologías que posibilitaran realizar alunizajes debidamente controlados, de tal manera que la sonda pudiera funcionar a manera de *Base lunar robótica*; y que adicionalmente posibilitaran efectuar excavaciones y análisis físico químicos de la superficie lunar para obtener información geológica básica del satélite que pudiera ser útil en las futuras misiones del Programa Apolo. Ninguna de las misiones incluía regresar las sondas a la Tierra; por lo cual las siete naves espaciales, o sus restos, todavía están en la Luna.

El módulo lunar de aterrizaje suave *Surveyor 1* se lanzó el 30 de Mayo de 1.966 y alunizó controladamente en la región conocida como *Ocean of Storms*, Océano de las tormentas, el 2 de Junio siguiente; convirtiéndose en la primera sonda norteamericana en hacer un aterrizaje suave y exitoso sobre cualquier otro cuerpo extraterrestre; y tan solo cuatro meses después del primer alunizaje de la sonda *Luna 9* de la Unión Soviética. Este módulo alunizaje suave recopiló datos sobre la superficie lunar que se necesitarían para los alunizajes de las futuras misiones tripuladas Apolo de 1.969: transmitió 11.237 fotos fijas de la superficie lunar a la Tierra utilizando una cámara de televisión y un sofisticado sistema de radio-telemetría. El logro más importante de esta misión fue haber establecido que la superficie lunar puede soportar tanto a las naves espaciales como a los hombres.

Después de que el *Surveyor 2* fracasó y se estrelló contra la Luna el 23 de Septiembre de 1.966; fue lanzado el *Surveyor 3* el 17 de Abril de 1.967, el cual alunizó el 20 de Abril del mismo año en el área *Mare Cognitum* del *Ocean of Storms*; y seguidamente transmitió 6.315 imágenes de TV a la Tierra. Esta misión fue la primera que llevó una cuchara excavadora para muestreo del suelo lunar, la cual estaba montada en un brazo robótico impulsado por un motor eléctrico. La cuchara fue utilizada para cavar cuatro trincheras en el suelo lunar, de hasta18 centímetros de profundidad; esta fue la primera sonda espacial que hiciera esto en cualquier cuerpo extraterrestre. Las muestras de tierra de las trincheras se colocaron frente a las cámaras de televisión de la sonda para ser fotografiadas y transmitir las imágenes a la Tierra. Cuando la primera noche lunar, equivalente a 14 días terrestres o alrededor de 336 horas, llegó el 3 de Mayo de 1.967, el *Surveyor 3* fue apagado porque sus paneles solares ya no producían electricidad; y al siguiente amanecer lunar la sonda no pudo ser reactivada debido a las temperaturas extremadamente frías que había experimentado. Esto resultó en contraste con el *Surveyor 1* que pudo ser reactivado dos veces después de las largas y congelantes noches lunares, pero nunca más.

El 19 de Noviembre de 1.969 el Módulo lunar de la misión Apolo 12 alunizó a unos 180 metros de la sonda *Surveyor 3*, y sus tripulantes le tomaron fotografías y removieron casi 10 kilos de sus componentes, incluyendo la cámara de televisión, con el propósito de regresarlas a la Tierra y ser evaluados.

La sonda *Surveyor 4* también fracasó y se estrelló contra el satélite el 17 de Julio de 1.967; pero las misiones 5, 6 y 7 fueron exitosas. La *Surveyor 5* realizó el primer análisis químico *in situ* de la superficie lunar, descubrió que la roca satelital tiene una composición basáltica similar a la de nuestro planeta, e hizo el primer reinicio del motor de un cohete en la Luna. El módulo lunar *Surveyor 6* realizó el primer ascenso desde el terreno lunar y el primer vuelo con movimiento controlado sobre la superficie de la Luna. Finalmente, el *Surveyor 7* realizó actividades muy similares a las sondas predecesoras, pero en regiones de la superficie satelital muy diferentes.

El programa espacial tripulado *Apolo*

Con todo lo expuesto hasta aquí, podemos apreciar que la Unión soviética llevó la delantera en buena parte de las misiones lunares no tripuladas: primer orbitador, primer alunizaje y primera imágenes de la superficie del satélite. Pero esta nación no pasó de ahí: ni la Unión soviética ni algún otro país, exceptuando a los Estados Unidos, ha logrado hasta este año 2.019 realizar alguna misión tripulada exitosa a la Luna. Por lo que en este capítulo solo queda por exponer el programa espacial tripulado estadounidense.

Objetivos generales

El programa espacial estadounidense *Apolo* fue diseñado durante la década de 1.960 para alunizar humanos, realizar una corta estancia en la superficie satelital y seguidamente regresarlos a salvo a la Tierra; todo lo anterior de acuerdo al objetivo nacional propuesto por el presidente *John F. Kennedy* en un discurso ante el Congreso el 25 de Mayo de 1.961. Otros objetivos generales del programa fueron: desarrollar las tecnologías necesarias para satisfacer otros intereses nacionales en el espacio, alcanzar la preeminencia en el espacio para los Estados Unidos, desarrollar la capacidad del hombre para trabajar en el entorno lunar y llevar a cabo un programa de exploración científica de la Luna. El programa recibió su nombre del polifacético dios olímpico greco romano de la belleza, la música, la luz y del Sol.

Objetivos específicos

Los objetivos específicos de la exploración lunar fueron establecidos considerando que el estudio del proceso geológico de su evolución es de gran importancia, que su ambiente peculiar libre de atmósfera proporciona una observación de nuestro Sistema Solar sin obstrucciones, y por último que la proximidad de la Luna a la Tierra la convierte en el primer paso lógico para la futura exploración tripulada de nuestro Sistema Solar en su conjunto.

Así que los objetivos específicos de la exploración humana de nuestro satélite fueron establecidos como: Obtener información para determinar el ambiente, la composición y las propiedades físicas y geológicas de la Luna; determinar si las características únicas del satélite se pueden utilizar para establecer observatorios y laboratorios de investigaciones científicas a largo plazo; y determinar si los recursos naturales de nuestro satélite podrían usarse para operaciones lunares extendidas y para la exploración interplanetaria futura. Los resultados y el conocimiento logrado en estas misiones permitieron obtener una comprensión más profunda de la Luna; así como también proporcionaron buena información sobre la historia y la secuencia evolutiva de los respectivos procesos involucrados en la formación de nuestro Sistema Solar.[6]

Componentes y estructura general de las misiones *Apolo*

Esquemas o conceptos generales de operación y funcionamiento

Una vez establecidos los objetivos del programa espacial estadounidense, los planificadores de las misiones *Apolo* se enfrentaron al desafío de diseñar una nave espacial que pudiera cumplir con ellos y que a la vez minimizara las exigencias en capacidades para los astronautas y los riesgos para la vida humana; así como también minimizara las exigencias tecnológicas y los respectivos costos económicos de todo el programa.

Entre cuatro posibles esquemas o configuraciones de vuelo para las misiones, la *Lunar Orbit Rendezvous,* o *Encuentro Orbital Lunar,* resultó ser la configuración seleccionada y la cual logró cumplir con los objetivos en la misión *Apolo 11* del 24 de Julio de 1.969: un solo cohete *Saturno V* lanzó una nave espacial de 44.100 kilogramos que estaba compuesta por una nave nodriza de 28.900 kg, la cual permaneció esperando en órbita alrededor de la Luna; mientras que un módulo de alunizaje de dos etapas y de unos 15.200 kg descendió a dos astronautas a la superficie satelital, los esperó y posteriormente ascendió y regresó a acoplarse nuevamente con la nave nodriza, para finalmente ser descartado después. Alunizar solo una parte de la nave espacial y devolver una parte aún más pequeña de solo 4.600 kg a la órbita lunar, minimizó tanto la masa total como el costo económico para el lanzamiento desde la Tierra; pero este fue el último esquema considerado debido a los altos riesgos involucrados durante las fases de encuentro y acople espacial.

En aeronáutica la palabra de origen francés *Rendezvous* se traduce al español como encuentro y acoplamiento en pleno vuelo de dos naves en el espacio con el propósito de funcionar como una sola. Así mismo, el esquema de vuelo denominado *Encuentro Orbital Lunar* es un procedimiento o maniobra para enviar una nave modular tripulada a la Luna; la cual, al ingresar en la órbita satelital, primero debe realizar un rendezvous o encuentro y acople espacial de dos de sus módulos antes de efectuar el alunizaje propiamente dicho. Este procedimiento tenía la ventaja de permitir que el Módulo lunar se usara como un posible bote salvavidas si hubiere alguna falla en el Módulo de comando.

Astronaves: Módulos y Cápsulas espaciales[7]

Una vez que la propuesta de alunizaje del presidente Kennedy se hizo oficial, comenzó el diseño detallado de un *Módulo de comando y servicio*, MCS, para las misiones *Apolo*. La elección final de *Ecuentro Orbital Lunar* determinó el rol del MCS como un transbordador translunar; cuya función sería transportar una nueva nave espacial, el Módulo lunar, ML, que llevaría a dos hombres a la superficie lunar, los esperaría y seguidamente los devolvería al MCS en la órbita satelital.

Las naves del programa espacial Apolo no fueron diseñadas ni construidas en una sola pieza, sino que el esquema dominante fueron las naves modulares: una compleja astronave que implicaba hasta cuatro módulos que podían funcionar bien fuera de manera autónoma e independiente, o como un ensamblaje de unos con otros formando otra nave con características y funciones diferentes.

Módulo de Comando y Servicio, MCS

El Módulo de Comando y Servicio funcionaba como una nave nodriza que transportaba tres sistemas independientes pero que al mismo tiempo podían ensamblarse entre sí: el *Módulo de Servicio*, el *Módulo de Comando* y la cápsula espacial o *Módulo Lunar Apolo*. El MCS transportaba los astronautas hasta la órbita lunar, los esperaba allí y posteriormente los ponía en trayectoria de regreso a la Tierra. Estaba conformado por dos unidades: El Módulo de servicio de forma cilíndrica contenía sistemas de almacenamiento para varios elementos consumibles necesarios durante una misión, y que proporcionaban la propulsión y la energía eléctrica necesarios. El Módulo de Comando de forma cónica era una cabina que albergaba a la tripulación de tres astronautas y transportaba el equipo necesario para el reingreso atmosférico y el amarizaje al regresar al planeta. Una serie de conexiones umbilicales transferían la potencia y los consumibles entre los dos módulos: durante el viaje de retorno, y justo antes de reingresar, dichas conexiones se cortaban y

el Módulo de servicio se desconectaba completamente y se permitía que, por fricción y recalentamiento, se quemara en la atmósfera terrestre.

Un motor del sistema de servicio de propulsión era utilizado durante los vuelos para colocar la nave espacial *Apolo* adentro y afuera de la órbita lunar, y también para las correcciones a mitad de camino entre la Tierra y la Luna.

El MCS hizo un total de nueve vuelos tripulados a la Luna, seis de ellos involucraron alunizajes exitosos. Después del programa lunar *Apolo* el MCS fue utilizado como transbordador de la tripulación para el programa Skylab, y también del proyecto de prueba Apolo-Soyuz en 1.975, en el que una nave espacial estadounidense se reunió y atracó con una nave soviética Soyuz en órbita terrestre; hecho que básicamente marcó el final de la Guerra fría.

Módulo de Comando, MC

El Módulo de Comando, MC, fue la cabina con forma de tronco de cono para la tripulación, fue diseñado para transportar a tres astronautas desde el lanzamiento hasta alcanzar la órbita lunar, y posteriormente de regreso a un océano en la Tierra. El *Compartimiento delantero* contenía dos sistemas de control a reacción para controlar su posición y dirigir su camino de entrada atmosférica; un túnel de acoplamiento y los componentes del sistema de amarizaje, también llevaba paracaídas para amortiguar esta última operación. El *Compartimiento central o de la tripulación* era un recipiente interno a presión y era su único espacio habitable; tenía un volumen interior de 6,2 m^3 y albergaba los alojamientos para sus ocupantes: tres sofás para astronauta estaban alineados mirando hacia adelante en el centro del compartimiento. También contenía los paneles de control y las pantallas principales, las bahías de los equipos, los sistemas de guía y navegación, los armarios de alimentos y equipos, el sistema de gestión de desechos y el túnel de atraque, entre otros componentes. La última sección, el *Compartimiento de popa*, contenía 10 motores de control de reacción y sus tanques propulsores relacionados, tanques de agua dulce y los cables umbilicales para la interconexión con los otros módulos.

En números, el Modulo de comando tenía un diámetro de 3,91 m en la base y 3,48 m de alto, para un volumen total de 10,4 m^3, de los cuales 6,2 m^3 estaban acondicionados para mantener con vida a los tres astronautas; pesaba aproximadamente 5.560 kg.

Un escudo térmico ablativo, o coraza aislante térmica, ubicado en el exterior del MC protegía la cápsula del abrasador calor generado por la fricción con la atmósfera terrestre durante la reentrada al planeta, calor que era suficiente para fundir la mayoría de metales; este material absorbía y desviaba el intenso calor del proceso, y quedaba carbonizado y casi derretido.

Módulo de Servicio, MS

Un Módulo de Servicio cilíndrico, MS, contenía un motor de propulsión de servicio, un sistema de control a reacción con sus respectivos compuestos propulsores, así como un sistema de generación de energía a base de celdas de combustible que funcionaban a base de hidrógeno y oxígeno líquidos; y también soportaba el Módulo de comando. Se utilizaba una antena de banda S de alta ganancia para las comunicaciones de larga distancia en los vuelos lunares. El Módulo de servicio se descartaba justo antes de reingresar a la atmosfera terrestre. Las dimensiones de este módulo eran de 7,5 m de largo y 3,91 m de diámetro; la versión inicial para la misión lunar pesaba aproximadamente 23.300 kg con combustible completo.

El MS se ensamblaba con el MC utilizando tres amarres de tensión y seis almohadillas de compresión; y así permanecían juntos durante la mayor parte de la misión hasta que era liberado y descartado justo antes de volver a entrar en la atmósfera terrestre. Después de liberado, los propulsores de popa del MS se disparaban

continuamente para alejarlo del MC y asegurar que siguiera una trayectoria diferente a la del MC, y evitar así una desastrosa colisión.

Módulo Lunar, ML

El Módulo Lunar, ML, fue diseñado para descender desde la órbita lunar hasta alunizar con dos astronautas, permanecer en la superficie satelital por un tiempo y posteriormente llevarlos de regreso a la misma órbita para encontrarse y acoplarse nuevamente con el Módulo de Comando. No fue diseñado para volar a través de la atmósfera terrestre o regresar por si solo a la Tierra, su fuselaje fue diseñado totalmente sin consideraciones aerodinámicas, y era de una construcción extremadamente liviana. Consistió en dos etapas independientes pero ensamblables: una para el descenso a la superficie lunar y otra para el respectivo ascenso y acoplamiento con el MC en órbita satelital; cada una con sus propios motores. La etapa de descenso contenía almacenamiento para el propelente de descenso, los consumibles para una estancia de dos astronautas durante unas 34 horas en la superficie del satélite, y el equipo para la exploración del terreno. La etapa de ascenso contenía la cabina de la tripulación, el propulsor de ascenso y un sistema de control a reacción. Una escotilla delantera proporcionaba acceso desde y hacia la superficie lunar, mientras que una escotilla superior y un puerto de acoplamiento proporcionaban acceso desde y hacia el Módulo de comando.

Las misiones *Apolo* requerían que el ML se acoplara con el MCS al comienzo de las maniobras de descenso y al final del ascenso lunar; el mecanismo de acoplamiento era un sistema que consistía en una sonda ubicada en la nariz del MCS, que se conectaba con un embudo de ensamble ubicado en el Módulo Lunar. El modelo inicial de ML pesaba aproximadamente 15.100 kg; pero un Módulo lunar ampliado, para misiones más duraderas, pesaba más de 16.400 kg y permitía estancias de hasta 3 días en la superficie satelital.

Sistema de lanzamiento y escape de emergencia

Las naves *Apolo* tenían un Sistema de Lanzamiento y Escape de emergencia, SLE, cuyo objetivo era abortar la misión retirando el Módulo de comando con la cabina de la tripulación del vehículo de lanzamiento en caso de emergencia, como un incendio en la plataforma antes del lanzamiento, falla en los sistemas de control o falla probable del vehículo de lanzamiento que condujera a una explosión inminente.

Cuando se activaba el SLE, se disparaba un pequeño cohete de escape a base de combustible sólido y se activaba un sistema para dirigir el Módulo de Comando afuera de la trayectoria de un cohete principal en problemas. Si la emergencia ocurría en la plataforma de lanzamiento, el SLE elevaría el MC a una altura suficientemente segura, y seguidamente el SLE se desecharía para permitir que los paracaídas de recuperación se desplegasen de forma segura antes de entrar en contacto con el suelo.

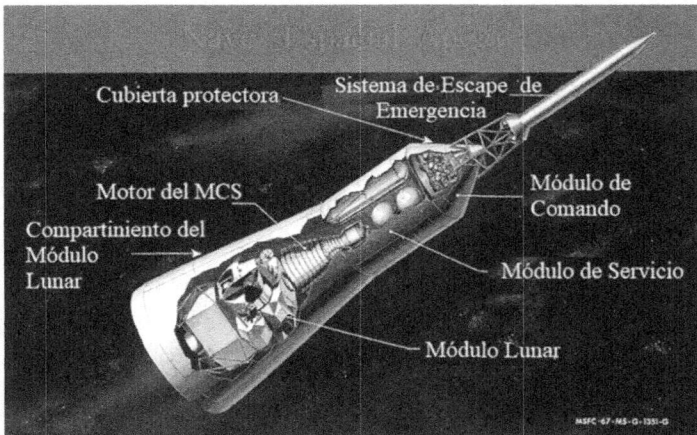

Imagen 8.1
Diagrama general de una Nave Espacial Apolo

En ausencia de una emergencia, el SLE se descartaba rutinariamente unos 20 o 30 segundos después del encendido de la segunda etapa del cohete principal de lanzamiento. El SLE fue siempre llevado pero nunca utilizado en cuatro vuelos *Apolo* no tripulados, ni en los demás vuelos tripulados *Apolo*.

Sistemas de comunicación

Las comunicaciones de corto alcance entre el MCS y el Módulo Lunar emplearon dos antenas de frecuencia muy alta, VHF, instaladas en el MS.

Una antena de alta ganancia de banda S unificada direccionable para comunicaciones de largo alcance con la Tierra estaba montada en el mamparo de popa del MCS. Se utilizaron cuatro antenas de banda S omnidireccionales en el MC para cuando la posición del MCS impedía que la antena de gran ganancia apuntara a la Tierra.

Computadores a la Luna

El Computador *Apolo* de Navegación, CAN, fue un computador digital diseñado y construido por el Laboratorio de Instrumentación del *Massachusetts Institute of Technology*, MIT, a principios de la década de 1.960 especialmente para el programa espacial *Apolo*; y el cual fue instalado a bordo tanto del Módulo de Comando como del Módulo Lunar *Apolo*. El dispositivo fue una de las primeras computadoras basadas en circuitos integrados, y proporcionó las interfaces electrónicas e informáticas para controlar y guiar la nave espacial en pleno vuelo. La mayoría del software en el CAN se almacenó en una memoria especial de solo lectura, aunque también había una pequeña cantidad de memoria de lectura y escritura disponible. La tripulación se comunicó con la computadora *Apolo* a través de una interfaz de usuario que consistía en un teclado de estilo calculadora, pantallas numéricas y de una serie de luces indicadoras. Los comandos se ingresaron numéricamente como números de dos dígitos: representando un Verbo y un Sustantivo.

Su papel en el programa espacial Apolo fue proporcionar la capacidad de cómputo demandada para controlar la orientación y la navegación tanto del Módulo de comando como del Módulo lunar. Fue utilizado por primera vez en Agosto 1.966 y, con excepción del Apolo 8 que no llevaba un módulo lunar, cada misión Apolo llevaba dos de estos computadores, uno en el Módulo de comando y otro en el Módulo lunar; constituyendo en cada caso el sistema de guía, navegación y control. El CAN estuvo en servicio hasta Julio de 1.975.

Sistema de amarizaje y recuperación de los astronautas

El Acuatizaje o *Splashdown* es un proceso aeronáutico para descender y estacionar intencional y controladamente una nave espacial mediante paracaídas sobre un cuerpo de agua, normalmente un mar; de una manera muy similar a un aterrizaje en el suelo. Un acuatizaje se logra tras haber efectuado una disminución en la altitud del vuelo, haber reducido la velocidad y logrado un determinado ángulo de inclinación para entonces seguir un patrón de planeo y de aproximación al lugar exacto de amarizaje, ya sea en la superficie de un río, de un lago o en el mar. Un diseño especial y las propiedades físicas del agua amortiguan suficientemente el impacto de la nave espacial como para que no haya necesidad de un cohete de frenado. Esta operación no debe confundirse con un accidente aeronáutico o acuatizaje descontrolado.

El Sistema de amarizaje del MC consistía en tres paracaídas principales, dos paracaídas tipo drogue, de frenado o desaceleración, tres paracaídas piloto para desplegar la red eléctrica, tres bolsas de inflación para enderezar la cápsula en el mar si fuera necesario, un cable de recuperación del mar, un marcador de tinta y un nadador umbilical. A 7,3 km de altura se desprendía el escudo térmico delantero utilizando cuatro muelles de compresión de gas presurizado. Los paracaídas drogue eran desplegados para reducir la velocidad de la nave a 201 kilómetros por hora. A 3,3 km los drogue se descartaban y se

desplegaban los paracaídas piloto, los cuales reducían la velocidad del MC a 35 kilómetros por hora para el amarizaje. La porción de la cápsula que primero entraba en contacto con la superficie del agua contenía cuatro costillas elásticas para mitigar aún más la fuerza del impacto.

Una vez realizado el acuatizaje, se precedía a rescatar los astronautas mediante un helicóptero. La misión *Apolo 11* fue universalmente la primera en realizar un alunizaje tripulado y marcó la primera vez que los humanos caminaron sobre la superficie de otro cuerpo celeste. La posibilidad de que los astronautas trajeran gérmenes o *microorganismos lunares* peligrosos a la Tierra era remota, pero no del todo imposible. Para detectar y contener cualquier posible contaminante, los astronautas se ponían prendas especiales de aislamiento biológico y a su regreso eran escoltados hasta una instalación móvil de cuarentena.

La *Instalación móvil de cuarentena* es un remolque tipo *Airstream* adecuado y utilizado por la NASA para poner en cuarentena durante un período de 21 días a los astronautas que regresaban de las misiones lunares *Apolo*. Su propósito era evitar la propagación de cualquier contaminante de origen espacial o lunar, aunque la existencia de tales contagios se consideró poco probable. Funcionó manteniendo una presión más baja dentro y filtrando cualquier aire ventilado. Estaba conformado por espacios adecuados para vivir, comer y dormir, así como equipos de comunicación que los astronautas solían utilizar para conversar con sus familias. Los remolques albergaban a los tres tripulantes, además de un médico con sus respectivas dotaciones, y un asistente para limpiar y cocinar.

Cohetes portadores o vehículos de lanzamiento

Finalizando ya el año 1.944, era obvio que Alemania no lograría la victoria en la guerra, por lo que el ingeniero aeroespacial alemán Wernher Von Braun, pensando en su futuro, contactó a los países Aliados y se rindió junto con casi 500 científicos de su equipo ante las fuerzas militares estadounidenses, entregando también sus diseños aeronáuticos y varios cohetes de prueba. Von Braun fue trasladado a los Estados Unidos donde prontamente obtuvo dicha nacionalidad el 14 de Abril de 1.955 y se incorporó a trabajar con la Fuerza aérea estadounidense. Posteriormente fue transferido del Ejército a la NASA y nombrado director del Centro de Vuelos Espaciales Marshall; allí sería el principal diseñador de la familia de cohetes *Saturno* para las misiones espaciales Apolo, que durante los años de 1.969 y 1.972 llevarían a los estadounidenses a la Luna.

El desarrollo de los cohetes Saturnoo involucró básicamente cuatro series funcionales: *Little Joe II*, *Saturno I*, *Saturno IB*, y finalmente el *Saturno V*.

El Cohete *Saturno V*

La historia del cohete lunar Saturno-V es la historia del desarrollo de los cohetes; la cual comenzó en Alemania durante la Segunda Guerra Mundial con el desarrollo del misil V-2; y continuó en Estados Unidos con el desarrollo de los cohetes *Redstone*, *Júpiter* y *Saturno-1*. Este fue el trabajo del equipo von Braun en el Arsenal del Ejército en *Redstone Test Center*, más tarde el Centro de vuelo espacial *Marshall*, en *Huntsville, Alabama*.

La NASA juzgó que sería más fácil entrar a producir los cohetes *Saturno* ya que muchos de los componentes estaban diseñados para ser transportados por aire; por lo que se requería solo una nueva fábrica. El *Saturno C-5*, más tarde denominado *Saturno V* y la más poderosa de las configuraciones, fue seleccionado como el diseño más adecuado para las misiones espaciales *Apolo* durante la exploración de la Luna, por estar clasificado para transportar seres humanos. El vehículo súper pesado de lanzamiento de tres etapas funcionaba con combustible líquido, fue utilizado

por la NASA entre 1.967 y 1.973. Posteriormente fue utilizado para lanzar la *Skylab*, la primera estación espacial estadounidense. El nombre de *Saturno* se debe a una propuesta del ingeniero von Braun en 1.958 como un sucesor lógico de la serie anterior de cohetes *Júpiter*, así también como remembranza a la poderosa posición de aquel dios romano.

El cohete *Saturno V* de tres etapas fue diseñado para enviar a nuestro satélite un MCS con su respectivo ML tripulado, y el conjunto completamente aprovisionado. Tenía 10,1 m de diámetro y medía 110,6 m de altura. Completamente cargado, incluyendo el combustible, el *Saturno V* pesaba 2.950.000 kg, con una carga útil para la misión lunar de 48.600 kg. La primera etapa, denominada *S-IC*, medía 42 metros de alto y 10 metros de diámetro, pesaba más de 2.300.000 de kg y proveía el empuje necesario para conseguir los primeros 67 km de ascenso; funcionaba con petróleo refinado-1 y oxígeno líquido. Durante el lanzamiento esta primera fase S-IC encendía sus motores durante 168 segundos, y al momento de la separación el vehículo estaba a una altitud de aproximadamente 67 km y se movía a una velocidad aproximada de 2.300 m/s.

La segunda fase, conocida como *S-II*, medía 24,5 metros de altura y 10 metros de diámetro, pesaba unos 500.000 kgs y su función era acelerar la nave Apolo a través de la atmósfera superior. Finalmente, la tercera etapa, *S-IVB*, medía 17,8 m de alto y 6,6 m diámetro, y pesaba unos 119.000 kgs completamente abastecida. Para las misiones lunares era necesario encender esta última etapa dos veces: primero durante unos 2,5 minutos para la inserción en la órbita terrestre después de la separación de la segunda etapa, y finalmente durante unos 6 minutos para la inyección translunar. Estas dos fases funcionaban a base de hidrógeno y oxígeno líquidos.

Los cohetes *Saturno* V fueron utilizados en trece misiones espaciales lanzadas desde el Centro Espacial Kennedy en la Florida, sin ninguna pérdida de tripulación o de carga útil. Los vehículos de lanzamiento *Saturno V* y sus misiones fueron designados con un número de serie AS-500, AS indica *Apolo-Saturno* y el 5 indica *Saturno* V. Hasta el año 2.018 sigue siendo el cohete más alto, más pesado, más poderoso, con un impulso total más grande alcanzado y con la mayor carga útil que ha lanzado naves tripuladas al espacio exterior.

Plataformas de lanzamiento de las Misiones espaciales

Casi un mes antes de la propuesta del presidente J.F. Kennedy, solamente un estadounidense había volado al espacio y ninguno había realizado vuelo orbital terrestre. En algunos sectores había dudas de que la NASA pudiera cumplir la ambiciosa meta. Pero la aprobación por parte del Congreso de la propuesta presidencial llevó al desarrollo del programa Apolo, que requirió una expansión masiva de las instalaciones de operación de la Agencia.

La NASA estableció el 1 de Julio de 1.960 el *Centro Marshall para Vuelos Espaciales*, en Huntsville, Alabama, como el centro de investigación sobre propulsión de cohetes y naves espaciales norteamericanas. La primera tarea del Centro Marshall fue desarrollar los vehículos pesados de lanzamiento *Saturno* para el programa lunar *Apolo*.

Para aquella fecha era manifiesto que el programa *Apolo* superaría las capacidades de las instalaciones de lanzamiento de Cabo Cañaveral en la Florida: se necesitaría una instalación aún más grande para el gigantesco cohete requerido para las misiones lunares tripuladas; por lo tanto se diseñó un Centro de Operaciones de Lanzamiento cuya construcción comenzó en Noviembre de 1.962. Pero tras la trágica muerte de *Kennedy* el 22 de Noviembre de 1.963, el presidente sucesor *Lyndon B. Johnson* ordenó el 29 de Noviembre bautizar tal centro en honor a Kennedy. Nació así el *Kennedy Space Center*, Centro Espacial Kennedy, situado en la costa este de

Florida, y que desde Diciembre de 1.968 ha sido el principal centro de lanzamiento de vuelos espaciales tripulados de la NASA.

Cuando en el Centro Espacial Kennedy se construyó el complejo de lanzamiento para el programa lunar *Apolo*, se designó como *Complejo de Lanzamiento 39* y fue diseñado para manejar los lanzamientos del gigantesco cohete *Saturno V*; en ese momento el cohete más grande y más poderoso que se había diseñado y que era indispensable para lanzar las naves Apolo a la Luna. Las operaciones de lanzamiento de los programas *Apolo*, *Skylab* y *Space Shuttle* se llevaron a cabo desde el *Complejo de Lanzamiento 39* perteneciente al Centro Espacial Kennedy.

Imagen 8.2
Cohete Saturno V en acción
Instante de ignición de motores y despegue del Cohete Saturno V durante el lanzamiento de la misión tripulada Apolo 11 desde el Complejo de lanzamiento 39 del Centro Espacial Kennedy el 16 de Julio de 1.969 a las 13:32 TUC .

También estaba claro que la NASA pronto superaría su capacidad para administrar y controlar las misiones desde sus instalaciones de la Estación de la Fuerza Aérea de Cabo Cañaveral en Florida, por lo que se desarrollaría un nuevo Centro de Control de la Misión en el Centro Marshall. Para tal propósito se creó en Noviembre de 1.961 el Centro de naves espaciales tripuladas donde se llevarían a cabo las investigaciones, los desarrollos y las capacitaciones de personal para vuelos espaciales tripulados. Posteriormente dicho centro fue renombrado en Febrero de 1.973 como el *Johnson Space Center*, en honor del difunto presidente estadounidense *Lyndon B. Johnson*.

Misiones *Apolo* experimentales no tripuladas

Entre los años 1.961 y 1.968 los vehículos de lanzamiento *Saturno* y los componentes de las naves espaciales *Apolo* fueron puestos a prueba y evaluados en vuelos experimentales no tripulados.

Existe alguna incongruencia en la denominación de los tres primeros vuelos no tripulados *Apolo-Saturno*, AS, o también en los vuelos *Apolo*; lo cual se debe a que la misión AS-204 se renombró póstumamente a *Apolo 1*; aunque este vuelo tripulado debió haber seguido a los tres primeros vuelos no tripulados. Sin embargo, después del fatal incendio en el que murió toda la tripulación de la *AS-204* durante un ejercicio de prueba y entrenamiento, los vuelos no tripulados del programa *Apolo* que ya se habían dado por concluidos, se reanudaron para nuevamente poner a prueba tanto el vehículo de lanzamiento *Saturno V* como los demás componentes de la nave espacial Apolo. Así que estas misiones fueron designadas como *Apolo 4, 5 y 6*, y los tres primeros vuelos no tripulados se conocen como AS-201, AS-202 y AS-203. Con todo esto, la primera misión *Apolo* tripulada y exitosa fue *Apolo 7*.

Apolo 1

El 27 de Enero de 1.967 la tragedia golpeó seriamente al programa Apolo, casi frustrando completamente el objetivo del alunizar estadounidenses para el final de la década. La misión *AS-204* iba a ser la primera misión tripulada del programa espacial estadounidense *Apolo*; la cual estaba diseñada como la primera prueba de órbita terrestre baja para el Módulo de Comando y Servicio y planeada para el 21 de Febrero de 1.967. Pero la misión nunca pudo despegar dado que un incendio en la cabina durante una prueba de ensayo de lanzamiento el 27 de Enero destruyó el Módulo de Comando y terminó con la vida de los tres miembros de la tripulación: Piloto de Mando *Virgil I. Grissom*, Piloto Senior *Ed White* y Piloto *Roger B. Chaffee*. Posteriormente, esta misión *AS-204* fue renombrada póstumamente como *Apolo 1*.

Apolo 4

La misión *Apolo 4* constituyó el primer vuelo de prueba no tripulado del vehículo de lanzamiento *Saturno V*, y también fue el primero en ser lanzado desde el Centro Espacial John F. Kennedy en Florida, desde las instalaciones construidas especialmente para dicho cohete. La misión colocó un MCS en una órbita alta de la Tierra, y probó y calificó el escudo térmico disipador de calor del MC a la velocidad de reingreso a la atmósfera terrestre. Fue lanzada el 9 de Noviembre de 1.967, el vuelo tuvo una duración de 8 horas y 37 minutos y dio un total de tres órbitas completas a nuestro planeta con una altura máxima de 18.090 kilómetros. Fue una prueba completa en el sentido de que todas las etapas de los cohetes y de las naves espaciales fueron completamente funcionales durante el vuelo.

Apolo 5

La *Apolo 5* fue el primer vuelo no tripulado del *Módulo Lunar Apolo*, que posteriormente transportaría astronautas a la superficie lunar. Fue lanzada el 22 de Enero de 1.968 con un cohete *Saturno IB* en un vuelo orbital sobre la Tierra; y tuvo una duración de 11 horas y 10 minutos, completando un total de siete orbitas a una altura máxima de 214 kilómetros. Fue el primer vuelo de prueba no tripulado del Módulo Lunar en la órbita terrestre, con un propósito fundamental de probar el ML en un entorno espacial, en particular sus sistemas de motores de descenso y ascenso.

Apolo 6

Posteriormente, el 4 de Abril de 1.968 fue lanzada la misión no tripulada *Apolo 6*, la cual llevaba un MCS y una réplica de prueba del ML. El propósito fundamental de esta misión era lograr la etapa de *Inyección translunar*, ITL, incluyendo pruebas de aborto de la operación. En aeronáutica se denomina inyección translunar a una maniobra de propulsión utilizada para colocar una nave espacial en una trayectoria que la conducirá directamente a la Luna. El lugar de lanzamiento fue el Kennedy CL-39A, la misión tuvo una duración de 9 horas 57 minutos y 20 segundos y se completaron un total de tres órbitas terrestres, en un régimen de órbita altamente elíptica con una altura máxima de 22.533 kilómetros.

Los sistemas del vehículo de lanzamiento *Saturno V* experimentaron algunas irregularidades que se pudieron compensar debidamente. Pero el daño al motor de la tercera etapa fue más severo, impidiendo que la operación de inyección translunar pudiera realizarse. Aun así, los controladores de la misión pudieron usar el motor del Módulo de servicio para repetir básicamente el mismo perfil de vuelo de la *Apolo 4*. De todas formas, y basada en el buen desempeño de esta misión y en la identificación de soluciones satisfactorias para sus problemas, la NASA declaró que las misiones Apolo efectivamente estaban listas para ser lanzadas, cancelando entonces una cuarta prueba no tripulada.

Misiones *Apolo* tripuladas

Las misiones *Apolo* se desarrollaron entre los años 1.961 y 1.972; el primer vuelo tripulado exitoso fue realizado en 1.968 y lograron su objetivo fundamental de alunizaje tripulado en Julio de 1.969; muy a pesar del fatal incendio en la cabina del *Apolo 1* en 1.967 durante una prueba de lanzamiento, accidente en el que murió toda su tripulación.

Después del primer alunizaje exitoso, los programas para la exploración espacial y para los estudios de la geología lunar se extendieron hasta completar seis misiones tripuladas exitosas al satélite.

Perfil general y desarrollo de una misión lunar tripulada

La misión nominal planificada de alunizaje tripulado procedió según el siguiente perfil general de vuelo (Ver Imagen 8.3):

0) Selección de astronautas

Después de haber cumplido con todos los respectivos requisitos exigidos por la NASA en las convocatorias para astronautas, un total de treinta y dos hombres fueron escogidos como candidatos para volar en las misiones tripuladas del programa *Apolo*. Veinticuatro de ellos efectivamente llegaron a ser astronautas, abandonaron la gravedad y la órbita terrestre, y volaron alrededor de la Luna entre diciembre de 1.968 y diciembre de 1.972, tres de ellos dos veces. La mitad de estos 24 astronautas lograron efectivamente caminar sobre la superficie del satélite. Los astronautas para las misiones *Apolo* fueron elegidos principalmente entre los veteranos de los anteriores proyectos *Mercury* y *Gemini*; y todas las misiones fueron comandadas por veteranos de éstas últimas.

1) Lanzamiento

Durante el lanzamiento las tres etapas del cohete *Saturno V* funcionaron secuencialmente durante aproximadamente once minutos para lograr enviar la nave a una órbita terrestre circular de estacionamiento y a una altura aproximada de 190 km. La tercera etapa quemaba solamente una pequeña porción de su combustible para lograr dicha órbita.

2) Inyección translunar

Después de una o dos órbitas terrestres para verificar la adecuación de los sistemas de las naves espaciales, la tercera etapa S-IVB vuelve a encenderse durante aproximadamente 6 minutos para direccionar la nave espacial rumbo a la Luna.

Una inyección translunar, ITL, es una maniobra aeronáutica de propulsión que se utiliza para colocar una nave espacial, que inicialmente está en una órbita circular baja de estacionamiento alrededor de la Tierra, en una trayectoria que hará que llegue directamente a la Luna.

A medida que la nave espacial comienza a navegar en el arco de transferencia lunar, su trayectoria se aproxima a una órbita elíptica alrededor de la Tierra con un apogeo cerca del radio de la órbita lunar. El funcionamiento de los motores de propulsión está sincronizado para que la nave espacial alcance su apogeo a medida que se aproxima la Luna; finalmente, la nave entrará en la esfera de influencia gravitatoria del satélite. El viaje lunar demora entre 2 y 3 días. Las correcciones de rumbo a mitad de camino se realizan según sea necesario usando el motor del MS.

3) Transposición y acoplamiento

La transposición y acoplamiento fue una maniobra realizada durante las misiones tripuladas del programa Apolo. Implicaba la separación del Módulo de Comando y Servicio del adaptador que lo ataba a la tercera etapa del vehículo de lanzamiento Saturno V, entonces girarlo 180° para conectar su nariz al Modulo lunar y finalmente separar todo el conjunto así ensamblado de aquella plataforma superior de lanzamiento. La secuencia de operaciones era así:

Los paneles del Adaptador de Módulo Lunar se separan para liberar el MCS y exponer el ML. El piloto de Módulo de comando mueve el MCS a una distancia segura y lo gira 180°; seguidamente el piloto acopla el MCS con el ML y entonces retira toda la nave así ensamblada de la tercera etapa S-IVB, y esta última luego es descartada enviándola a la órbita solar.

4) Inserción en la órbita lunar

La nave espacial pasa aproximadamente a 110 km detrás de la Luna, y el motor del MS se enciende para frenarla y ponerla en una órbita lunar de 110 por 310 km, que pronto se torna circular a 110 km mediante un segundo accionar del motor.

5) Inserción en la órbita de descenso

Después de un período de descanso, el Comandante y el piloto de Módulo lunar se transfieren a este módulo, encienden sus sistemas y despliegan el engranaje de alunizaje. El MCS y ML se separan y a continuación la tripulación dirige al ML a una distancia segura y enciende el motor de descenso para la inserción de la órbita de descenso, que lo lleva a una distancia de unos 15 km de la superficie satelital.

6) Descenso y alunizaje controlado

En la mínima distancia a la superficie lunar, el motor de descenso es nuevamente encendido para comenzar la etapa final de alunizaje y el comandante se hace cargo del control manual para un alunizaje vertical debidamente controlado.

7) Estancia lunar: Inspección y Muestreo

El comandante y el piloto del Módulo lunar descienden a la superficie lunar, despliegan los respectivos equipos para los experimentos, realizan una o más actividades extravehiculares explorando el terreno, recolectando muestras y alternando con períodos de descanso.

8) La etapa de ascenso

La etapa de ascenso contenía la cabina de la tripulación con paneles de instrumentos y controles de vuelo, su propio motor del Sistema de propulsión ascendente y dos tanques con propelente para regresar a la órbita lunar y encontrarse y acoplarse con el Módulo de Comando y Servicio. También contenía un Sistema de Control a Reacción para el control de la posición y la dirección. Esta etapa asciende utilizando la etapa de descenso como plataforma de lanzamiento, la cual es abandonada en la superficie satelital.

9) Acoplamiento

Finalmente la etapa de ascenso del ML se reúne y se acopla con el MCS. El comandante y el piloto del ML se transfieren de vuelta al MC con las muestras de material lunar; seguidamente se desecha dicha etapa de ascenso para que finalmente entre fuera de órbita, caiga y se estrelle en la superficie lunar.

10) Inyección Trans-terrestre

El motor MS se enciende para poner el MCS en su camino de regreso a la Tierra. El Módulo de Servicio nunca fue concebido para volver a la Tierra; solo el Módulo de Comando fue diseñado aerodinámicamente para bajar con seguridad a través de la atmósfera terrestre. Todos los módulos de servicio volados se dejaron quemar en la atmósfera superior, y las piezas sin quemar cayeron en el Océano Pacífico.

El MS se descartaba justo antes de volver a entrar en la atmósfera de la tierra, y el MC giraba entonces 180° para poner su extremo romo hacia adelante y así ingresar a la atmósfera terrestre.

11) Reentrada atmosférica

Todos los vuelos espaciales son, incluido el mismo instante del lanzamiento, altamente riesgosos. Y, paradójicamente, el regreso a casa es probablemente la etapa más crítica, tensionante y riesgosa de estas misiones. Esto se debe a las altas velocidades a las que viajan dichas naves, y al espesor y la densidad relativamente grandes de la atmósfera terrestre.

La reentrada atmosférica es el ingreso la atmósfera de un planeta de naves provenientes bien sea desde el espacio exterior o desde vuelos suborbitales, lo que ocurre a unos 100 kms de altura en el caso terrestre. En aeronáutica se sobreentiende que el proceso de reentrada de vehículos espaciales es intencional y controlado, y que tiene el propósito de alcanzar la superficie de un planeta con seguridad y con su tripulación a salvo.

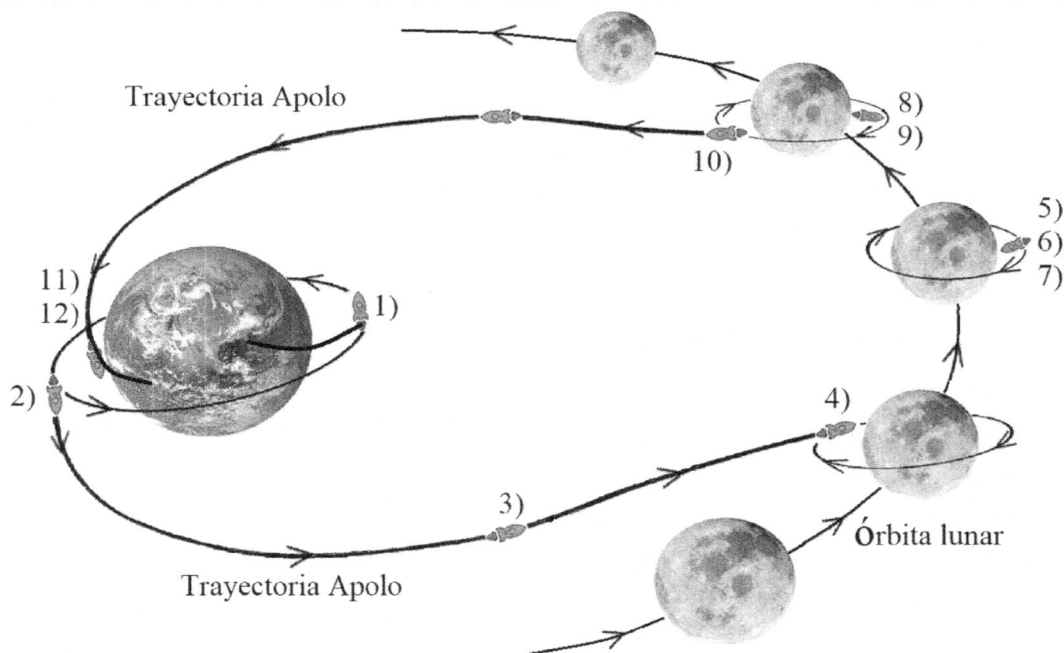

Imagen 8.3
Perfil general de una misión Apolo tripulada
Diagrama esquemático.

Los vehículos espaciales tripulados deben reducir sus velocidades hasta valores subsónicos antes de que se puedan desplegar los paracaídas. La cantidad requerida de combustible de cohete para desacelerar el vehículo sería casi igual a la cantidad utilizada para acelerarlo inicialmente durante el lanzamiento, y por lo tanto es muy poco práctico usar cohetes de retro propulsión para todo el procedimiento de reingreso al planeta. Así que la disipación atmosférica de calor es la única forma de gastar y reducir la energía cinética de las naves que regresan a la Tierra.

Dadas las características especiales de la atmósfera terrestre y las altas velocidades de las naves espaciales, se manifiesta considerablemente el fenómeno de la fricción entre las moléculas del aire y los materiales de construcción de la nave. Esto conduce a una drástica disminución de la velocidad del vehículo y a la consecuente transformación de la energía cinética de este en calor, lo que se conoce como *Calentamiento aerodinámico* y que si no se controla podría quemar, derretir y vaporizar la nave y sus tripulantes.

Desde el punto de vista aeronáutico, y para realizar el reingreso de manera segura, se tiene el concepto de *Corredor de reentrada* que consiste en un estrecho pasillo o conducto atmosférico, centralizado en un ángulo de incidencia de 6,2º y con un margen de error de solamente 0,7º, necesario para ingresar a la atmósfera terrestre de manera segura tanto para la nave como para sus tripulantes. Si el vehículo ingresara con un ángulo inferior, este rebotaría en las capas altas de la atmósfera, tomaría una trayectoria de fuga y se podría perder definitivamente. Si el ángulo de incidencia fuera superior, el choque físico debido a la resistencia atmosférica y el calentamiento aerodinámico debido a la fricción serían muy altos, tanto como para fundir la mayoría de metales y el vehículo espacial podría quemarse matando su tripulación. En la práctica, y para amortiguar en parte este calor y minimizar los riesgos, se reviste externamente la nave con un

Escudo protector hecho a base de materiales aislantes térmicos, o ablativos.

Durante la reentrada atmosférica en las misiones Apolo, la resistencia atmosférica desaceleraba al Módulo de comando y la calefacción aerodinámica lo rodeaba con una envoltura de aire ionizado supremamente caliente, lo cual daba origen a un apagón de las comunicaciones durante varios minutos. Finalmente, cuando la velocidad y la altura eran las indicadas, se desplegaban secuencialmente los sistemas de paracaídas, lo que hacía que el MC adquiera una velocidad suficientemente segura para amarizar en el océano.

12) Amarizaje y rescate

El método de *Splashdown*, o Amarizaje, fue utilizado para las misiones *Mercury*, *Gémini* y *Apolo*. En los primeros vuelos de Mercury un helicóptero conectaba un cable a la cápsula, la levantaba del agua y la llevaba a un barco cercano. Posteriormente todas las cápsulas espaciales tenían un collar de flotación, similar a una balsa salvavidas de goma, unido a la nave para aumentar su flotabilidad. Después de sujetar el collar de flotación, generalmente se abre una escotilla en la cápsula espacial y entonces los astronautas deciden si ser izados individualmente mediante un helicóptero para llevarlos al barco de recuperación, o quedarse dentro la nave espacial y así ser levantados a bordo del barco mediante una grúa. Posteriormente, los astronautas eran llevados a la Estación móvil de cuarentena.

Misiones *Apolo* tripuladas experimentales

Las misiones Apolo 7 y 9 fueron vuelos en órbita terrestre para probar los módulos de comando y lunar. Las *Apolo 8* y *10* probaron varios componentes y devolvieron fotografías de la superficie satelital mientras orbitaban la Luna. La misión *Apolo 13* no aterrizó en la Luna debido a una avería mecánica, pero también devolvió fotografías. Seis de las misiones, la 11, 12, 14, 15, 16 y la 17 lograron los objetivos primordiales de estas misiones tripuladas; las cuales recolectaron una gran cantidad de datos científicos y 381 kilogramos de muestras del suelo lunar. Los experimentos realizados allí incluyeron estudios sobre sísmica y mecánica del suelo, sobre campos magnéticos, experimentos de viento solar, flujo de calor y estudios sobre meteoritos lunares, etc.

Apolo 7

La *Apolo 7* fue el primer vuelo tripulado de la nave espacial *Apolo* y en órbita terrestre; sus objetivos principales fueron demostrar el funcionamiento del vehículo de lanzamiento *Saturno* y del Módulo de comando y servicio, evaluar el desempeño de la tripulación y del personal de apoyo a la misión; y demostrar la capacidad de encuentro y acoplamiento del MCS. La tripulación estaba conformada por los astronautas *Walter Schirra Jr*, *Donn Bisele* y *Walter Cunningham*, quienes deberían adicionalmente realizar dos experimentos fotográficos y tres experimentos médicos.

La *Apolo 7*, lanzada el 11 de Octubre de 1.968, fue un vuelo orbital terrestre de 10 días 20 horas y 9 minutos, completando un total de 163 órbitas a una altura máxima de 301 kilómetros. Durante esta misión se realizó la primera transmisión de televisión pública y en vivo de una misión espacial tripulada.

Apolo 8

La misión *Apolo 8* fue lanzada el 21 de Diciembre de 1.968, fue la segunda misión tripulada del Programa Espacial *Apolo* de los Estados Unidos y la primera misión tripulada en salir de la órbita terrestre, llegar a la Luna y orbitarla sin alunizar para finalmente regresar al planeta. La tripulación estuvo compuesta por tres astronautas: el veterano de *Gemini 7 Frank Borman* fue el Comandante, el Piloto del Módulo de Comando fue *James Lovell* también veterano de *Gemini 7*, y el astronauta novato *William Anders* como Piloto del ML. Ellos serían los primeros humanos en salir de la órbita terrestre, en ver a la figura completa de nuestro

planeta desde el espacio, en ver el amanecer de la Tierra desde la órbita lunar y, finalmente, los primeros en entrar en la influencia gravitatoria de otro cuerpo celeste y en ver el *Lado oculto de la Luna*.

Originalmente planeada como una segunda prueba del Módulo de Comando y del Módulo Lunar en una órbita terrestre elíptica a principios de 1.969, el perfil inicial de la misión fue cambiado en Agosto de 1.968 a uno más ambicioso de vuelo orbital lunar para probar solamente el MC, debido a que el ML aún no estaba listo para hacer su primer vuelo real.

La misión tuvo una duración total de 6 días y 3 horas, tardó 2 días y 21 horas para ingresar en la órbita lunar y en un lapso de 20 horas 10 minutos y 13 segundos logró completar diez revoluciones al satélite a una altura promedio de 112,4 kilómetros. Así, durante las celebraciones de Natividad en la Tierra, la tripulación pudo realizar una transmisión televisada de Nochebuena desde dicha órbita lunar, en la cual leyeron los diez primeros versos del bíblico *Libro del Génesis*. Dicha transmisión se convertiría en la más vista de la historia hasta entonces. La tripulación de Apolo 8 regresó a casa el 27 de Diciembre de 1.968 y amarizó en la parte norte del Océano Pacífico.[8]

Los objetivos de la misión *Apolo 8* incluyeron establecer un desempeño coordinado entre la tripulación, el Módulo de comando y servicio y las instalaciones de soporte. Otros propósitos eran ensayar y demostrar la inyección translunar, los sistemas de navegación y comunicación del MCS, la evaluación de las correcciones de curso a mitad de camino, etc. Se lograron todos los objetivos principales de la misión y los objetivos detallados de la prueba. Todos los sistemas de vehículos de lanzamiento y naves espaciales funcionaron de acuerdo con el plan.

Apolo 9

Apolo 9 fue el tercer vuelo tripulado de Apolo y el primero que también incluyó el Módulo Lunar. La tripulación estaba formada por el Comandante *James McDivitt*, el piloto de MC *David Scott* y el conductor de ML *Russell Schweickart*. La misión se lanzó desde el Centro de Lanzamiento 39 del Centro Espacial Kennedy el 3 de Marzo de 1.969.

Apolo 9 estaba compuesta por un Módulo de Comando, un Módulo de Servicio, un Módulo Lunar y una unidad de instrumentación. Fue lanzada por un cohete *Saturno V* que tenía sus respectivas tres etapas, S-IC, S-II y S-IVB. El MC servía como centro de comando, control y comunicaciones; y complementado por el MS proporcionaba todos los elementos de soporte de vida para los tres tripulantes. El Módulo de Comando permitía el acoplamiento con el ML y servía como un buque flotante en el mar. El MCS proporcionó la capacidad principal de propulsión y maniobrabilidad y fue descartado justo antes de la reinserción en la atmósfera terrestre del MC. El Módulo Lunar era un vehículo de dos etapas que acomodaba a dos hombres y podía transportarlos a la superficie lunar, tenía sus propios sistemas de propulsión, comunicación y soporte de vida.

El objetivo principal de *Apolo 9* era una prueba de ingeniería del primer Módulo Lunar en órbita terrestre y con tripulación, incluyendo su desempeño como una nave espacial independiente y autosuficiente para la realización de maniobras de encuentro y ensamble, simulando las operaciones que se realizarían en futuras misiones lunares reales. Otros objetivos concurrentes incluidos eran la comprobación general de los sistemas del vehículo de lanzamiento y de la nave espacial, y el desempeño de la tripulación y de los respectivos procedimientos. La misión fue lanzada el 3 de Marzo de 1.969, tuvo una duración de 10 días 1 hora y 54 segundos y dio 151 revoluciones a la Tierra a una altura promedio de 191 kilómetros. [9]

Apolo 10

La misión *Apolo 10* abarcó todos los aspectos de una misión lunar tripulada real, excepto el alunizaje; fue el primer vuelo de una nave espacial *Apolo* tripulada y completamente dotada para operar alrededor del satélite en una órbita circular de unos 130 kilómetros. Los objetivos fundamentales de esta misión eran demostrar el rendimiento del MCS y del ML en el campo gravitatorio lunar y evaluar allí los sistemas de navegación de dichos módulos. Para tal propósito se incluyó una órbita lunar programada de ocho horas del ML desacoplado, un descenso hasta unos 16,66 kilómetros de la superficie lunar y a continuación el respectivo ascenso para su reencuentro y acoplamiento con el MCS. Los datos pertinentes que se reunieron en este ensayo de alunizaje se relacionaron con el potencial gravitatorio lunar, que es indispensable para verificar y refinar los sistemas de control de vuelo lunar y las trayectorias programadas de ML. Todos los objetivos de la misión fueron logrados, incluyendo doce transmisiones de televisión a la Tierra.

La tripulación principal del *Apolo 10* estuvo compuesta por los veteranos astronautas de las misiones *Gemini*: Comandante *Thomas P. Stafford*, piloto del Módulo de Comando *John W. Young*, y *Eugene A. Cernan* como piloto del Módulo Lunar. La misión se lanzó desde el Centro de Lanzamiento 39 del Centro Espacial Kennedy el 18 de Mayo de 1.969 a una órbita circular de estacionamiento terrestre de 207 km; después de una órbita y media se produjo la inyección translunar. Las primeras transmisiones de TV en vivo y en color a la Tierra comenzaron tres horas después del lanzamiento.

La inserción en la órbita lunar ocurrió al cabo de 76 horas de iniciada la misión y al activarse el sistema de propulsión de servicio. Unas 4,5 horas después, y con un segundo accionar del motor, la órbita lunar del *Apolo 10* se tornó circular a aproximadamente 124 km; y a continuación se tomaron las primeras imágenes en color de la superficie satelital.

Aproximadamente a las 100 horas del lanzamiento, el 22 de Mayo, el ML se desacopló del MCS y voló brevemente en una órbita lunar estable de 120 por 129 kilómetros. Seguidamente, y para realizar una simulación del futuro alunizaje del *Apolo 11*, el motor de descenso del ML se accionó durante 27,4 segundos para llevarlo a una nueva órbita de 17,5 por 120 km. Unas ocho horas después de haberse separado, y tras algunas maniobras para probar los sistemas de control de vuelo, los motores de ascenso se activaron y el ML regresó para acoplarse con MCS y emprender así su viaje de retorno a casa.

La misión tuvo una duración total de 8 días 3 minutos y 23 segundos; el Módulo de Comando y Servicio estuvo en órbita lunar durante 61,6 horas y completó 31 revoluciones; mientras que el Módulo Lunar desacoplado realizó cuatro órbitas en torno a nuestro satélite y descendió a una altura mínima de 15,2 kilómetros. Básicamente todos los objetivos de la misión fueron cumplidos.[10]

Misiones *Apolo* de alunizaje tripulado

Después de todos aquellas misiones experimentales, no tripuladas y con tripulación, la agencia espacial norteamericana está ahora en posición de cumplir la propuesta del difunto presidente Kennedy de llevar humanos al satélite, alunizarlos y traerlos salvos de nuevo a casa.

Apolo 11: Los primeros humanos en la Luna

La misión *Apolo 11* fue la primera en la que los humanos descendieron a la superficie lunar, caminaron sobre ella y seguidamente regresaron salvos a la Tierra: El 20 de Julio de 1.969 dos astronautas, el Comandante de la misión *Neil A. Armstrong* y el piloto de Módulo Lunar *Edwin E. "Buzz" Aldrin Jr.*, alunizaron en dicho módulo en el *Mare Tranquilitatis*, el Mar de la Tranquilidad, en la Luna; mientras que el Módulo de Comando y Servicio con su piloto, el astronauta *Michael Collins*, los esperó en órbita lunar. Durante su estancia en la Luna, los astronautas realizaron experimentos científicos, tomaron fotografías y recolectaron muestras del terreno satelital.

Empecemos primero con los principales protagonistas, los astronautas con sus hazañas y sus logros; y dejemos para después a las maquinas con su funcionamiento y su desempeño. Empecemos también con la que sin duda alguna es la frase más famosa de la historia, que en su ingles original es: *"That's one small step for a man, one giant leap for mankind."*[11], y su traducción al español que es *Este es un pequeño paso para un hombre, un salto gigante para la humanidad*; la cual fue pronunciada por el astronauta estadounidense *Neil A. Armstrong* en la superficie lunar el 21 de Julio de 1.969 a las 02:56 TUC.

Neil Alden Armstrong[12]

Neil Alden Armstrong (5 de Agosto de 1.930 - 25 de Agosto de 2.012), el primer hombre en posar sus pies y en caminar sobre la superficie lunar, fue un ingeniero aeronáutico, piloto de pruebas, aviador militar y astronauta estadounidense.

Armstrong nació el 5 de Agosto de 1.930 en el condado estadounidense de *Auglaize*, en el estado de Ohio. El joven ingresó a estudiar ingeniería aeronáutica en 1.947 en la universidad pública de investigación *Purdue University* de *West Lafayette*, en Indiana. Y muy prontamente, en Enero de 1.949, fue llamado por la Marina de Estados Unidos para entrenamiento en vuelos en la *Naval Air Station Pensacola*, en Florida. Después de un rápido entrenamiento, en Agosto de 1.950 Armstrong recibió notificación de que ya era un aviador naval completamente calificado.

Una vez que realizó algunas misiones menores, a partir de Agosto de 1.951 Armstrong debió prestar sus servicios como aviador en la guerra de Corea, la cual había iniciado en Junio del año anterior; allí el joven piloto voló en un total de 78 misiones sumando 121 horas de vuelo, y fue galardonado varias veces. En septiembre de 1951 fue atacado por fuego antiaéreo mientras realizaba un bombardeo bajo, y se vio obligado a retirarse.

Después de su participación en la guerra de Corea y de haberse retirado de la Marina, Neil Armstrong regresó a la Universidad Purdue donde se graduó con un título de licenciatura en Ingeniería Aeronáutica en Enero de 1.955, y decidió convertirse en piloto de pruebas. Se presentó en la Estación de Vuelo de Alta Velocidad que el *National Advisory Committee for Aeronautics*, NACA, tenía en la Base de la Fuerza Aérea Edwards, a la cual ingresó a laborar en Julio de 1.955. Tras una larga lista de servicios como piloto de pruebas que incluye más de 200 modelos diferentes de aviones, *Neil Armstrong* se convirtió en un empleado de la *National Aeronautics and Space Administration*, NASA, cuando fue creada el en Octubre de 1.958.

En Abril de 1.962 la NASA abrió el concurso para seleccionar el segundo grupo de aspirantes a astronautas para el Proyecto *Gemini*, al cual podrían presentarse pilotos civiles de prueba debidamente calificados. Armstrong se presentó a la convocatoria y asistió a las respectivas pruebas y exámenes. La NASA anunció públicamente la selección del segundo grupo en una conferencia de prensa el 17 de Septiembre de 1.962, él fue uno de los dos pilotos civiles seleccionados para este grupo, el otro fue *Elliot See*. De volar aviones civiles y de combate, ahora Armstrong se convertiría en piloto de vuelos espaciales.

Después de haber formado parte de la tripulación suplente para la misión *Gemini 5* de Agosto de 1.965, *Neil Armstrong* fue asignado como Piloto comandante para la misión espacial *Gemini 8*, la cual fue lanzada el 16 de Marzo de 1.966 para un vuelo de seis órbitas terrestres a una altura mínima de 160 km. Armstrong se convirtió entonces en el primer piloto civil estadounidense en ir el espacio; casi tres años después de la soviética Valentina Tereshkova a bordo del *Vostok 6* del 16 de Junio de 1.963.

Posteriormente, una vez que Armstrong sirviera como comandante suplente para la misión *Apolo 8* del 21 de Diciembre de 1.968, la tripulación para la *Apolo 11* fue oficialmente anunciada el 9 de Enero de 1.969: Armstrong como Comandante general de la misión, el Piloto del Módulo Lunar sería *Buzz Aldrin* y Piloto del Módulo de Comando *Michael Collins*.

Poco después de su exitosa misión a la Luna, Armstrong anunció que no planeaba realizar más vuelos espaciales y renunció a la NASA en 1.971. Aceptó un puesto de docente en el Departamento de Ingeniería Aeroespacial de la Universidad de Cincinnati, donde fue Catedrático de Ingeniería Aeroespacial. Con el tiempo, completó su maestría presentando un informe sobre varios aspectos de las misiones Apolo, en lugar de una tesis sobre la simulación de vuelo hipersónico.

Después del accidente y fracaso de la misión *Apolo 13* en 1.970, *Armstrong* formó parte del equipo de investigación del mismo. Por otra parte, en 1.986 el presidente *Ronald Reagan* solicitó que *Armstrong* se uniera a la Comisión Rogers que investigaría el desastre del transbordador espacial *Challenger* ocurrido el 28 de Enero de aquel mismo año, y fue elegido como vicepresidente de la comisión. También el presidente Reagan lo designó para una comisión de catorce miembros que desarrollaría un plan para los vuelos espaciales civiles estadounidenses en el siglo XXI.

El 7 de Agosto de 2.012 el astronauta *Neil Armstrong* se sometió a una cirugía de baipás vascular, o derivación vascular, la cual tenía el propósito de resolver los problemas circulatorios debidos a varias arterias coronarias bloqueadas. Aunque en principio se estaba recuperando bien, pocas semanas después desarrolló complicaciones en el hospital y falleció el 25 de Agosto en *Cincinnati, Ohio*, a los 82 años. Conocida la noticia, las expresiones de sentimiento no se hicieron esperar, tanto desde el sector oficial como desde el privado. Las siguientes frases están incluidas en una declaración de la familia Armstrong:

"Neil fue nuestro amoroso esposo, padre, abuelo, hermano y amigo. Neil Armstrong también fue un

héroe estadounidense renuente que siempre creyó que solo estaba haciendo su trabajo. Sirvió a su Nación con orgullo, como piloto de pruebas, piloto de caza y astronauta. Siguió siendo un defensor de la aviación y la exploración a lo largo de su vida y nunca perdió su maravilla infantil en estas actividades. Para aquellos que pueden preguntar qué pueden hacer para honrar a Neil, tenemos una solicitud simple. Honra su ejemplo de servicio, su modestia y sus logros; y la próxima vez que salgas en una noche despejada y veas a la Luna sonreír, piensa en Neil Armstrong y guíñale."[13]

Edwin Eugene Aldrin Jr: Buzz Aldrin

Edwin Eugene Aldrin Jr (20 de Enero de 1.930), Buzz Aldrin, es un ingeniero estadounidense, piloto de comando en la Fuerza Aérea de los Estados Unidos, y ex astronauta de la misión Gemini 12 y en la misión Apolo 11 como Piloto de Módulo Lunar, en la cual fue el segundo hombre en caminar sobre nuestro satélite.

En 1.947 Buzz se graduó en la Montclair High School, en Nueva Jersey, y seguidamente ingresó a la Academia Militar de EE. UU en West Point, donde se graduó 1.951 con Licenciatura en Ciencias e ingeniería mecánica. Su padre, hombre de carrera militar y coronel de la Fuerza Aérea de EE. UU., alentó su interés en la aviación. Buzz ingresó oficialmente a la Fuerza Aérea de los Estados Unidos en 1.951 y comenzó el entrenamiento de combate ese mismo año. Inicialmente Aldrin fue piloto militar de combate y, al igual que Armstrong, participó en la Guerra de Corea; durante la cual la cuadrilla aérea en la que estaba Aldrin fue responsable de romper el récord de derribar aviones enemigos: durante un mes de combate eliminaron 61 MIG enemigos y castigaron a otros 57.

Terminada dicha guerra en 1.953, Buzz Aldrin regresó a su país y continuó vinculado a la Fuerza aérea. En 1.959 y bajo los auspicios del Instituto de Tecnología de la Fuerza Aérea, comenzó a trabajar como estudiante de posgrado en el Instituto de Tecnología de Massachusetts con la intención de obtener una maestría. En Enero de 1.963 obtuvo un doctorado en ciencias y astronáutica; con un a tesis relativa al rendezvous o encuentro y acople espacial de naves, y fue entonces asignado a la oficina de Gemini Target de la División de Sistemas Espaciales de la Fuerza Aérea en Los Ángeles. Allí fue parte de un tercer grupo de hombres seleccionados por la NASA para intentar iniciar los vuelos espaciales. Fue el primer astronauta con un doctorado y el encargado de crear técnicas de acoplamiento y encuentro para naves espaciales. También fue pionero en técnicas de entrenamiento bajo el agua para simular las caminatas espaciales, indispensable en las futuras misiones tripuladas.

Los astronautas Jim Lovell y Buzz Aldrin fueron designados el 17 de junio de 1966 como tripulantes principales para la misión Gemini 12, con Gordon Cooper y Gene Cernan como sus suplentes. Esa misión se llevó a cabo el 11 de Noviembre de 1966 y durante ella se realizó el cuarto acoplamiento con un vehículo objetivo Agena; además, Aldrin realizó tres AEV para un total de 5 horas y 30 minutos en paseos espaciales, el registro más largo y exitoso hasta esa fecha.

Seguidamente Aldrin fue asignado junto con Neil Armstrong y Fred W. Haise Jr. a la tripulación de reserva para la misión espacial Apolo 8. Finalmente, él fue asignado como piloto del Módulo Lunar para la histórica misión de alunizaje de la Apolo 11. El 21 de Julio de 1.969 pasó a la historia como el segundo hombre en caminar sobre la superficie de nuestro satélite, secundando al comandante de la misión Neil Armstrong. Abastecidos por el Módulo Lunar, estos astronautas pasaron un total de 21 horas en el ambiente satelital, realizaron caminatas que fueron televisadas para los espectadores en Tierra y recolectaron unos 22 kilos de rocas lunares.

Posteriormente, en Julio de 1.971 Aldrin abandonó la NASA y fue asignado como Comandante de la Escuela de Pilotos de Prueba en la Base de la Fuerza Aérea Edwards, California. Después de estar hospitalizado brevemente, *Aldrin* se retiró del servicio activo tras 21 años de desempeño en aeronáutica, y regresó a la Fuerza Aérea en un rol gerencial en Marzo de 1.972.

Después de retirarse de la NASA, *Aldrin* continuó vinculado a la exploración espacial, tanto desde el sector público como privado; colocando un especial énfasis en el planeta Marte: En Junio de 2.013 el *The New York Times* publicó un artículo de Aldrin en el que apoya una misión tripulada a Marte, y donde considera a la Luna "no como un destino sino como un punto de partida que colocará a la humanidad en una trayectoria hacia el planeta Marte y así convertirse en una especie de dos planetas".[14]

También fundó *Share Space Foundation*, una organización sin fines de lucro y dedicada a promover la educación espacial, la exploración y las experiencias de vuelos espaciales asequibles. En Agosto de 2.015 lanzó el *Buzz Aldrin Space Institute* en Florida para promover y desarrollar su visión de un asentamiento humano permanente en el planeta Marte, según su sitio web oficial.[15]

Michael Collins

Michael Collins es hijo de un militar del Ejército de los EE. UU.; quien estaba sirviendo en Roma al mismo tiempo que Michael nació allí el 31 de octubre de 1930.

Después de que los Estados Unidos entraron en la Segunda Guerra Mundial, la familia se mudó a *Washington DC*, donde *Collins* asistió a la Escuela *St. Albans* y se graduó en 1.948. Seguidamente ingresó en la Academia Militar de los Estados Unidos en *West Point* donde se graduó en 1.952 con un título de Licenciado en ciencias. Se unió entonces a la Fuerza Aérea ese mismo año y completó el entrenamiento de vuelo en *Columbus*, *Mississippi*; seguidamente prestó sus servicios en la *Base Nellis* de la Fuerza Aérea, y también en la *Base George* donde aprendió a manejar armas nucleares. También se desempeñó como oficial de prueba de vuelos

experimentales en la *Base Edwards* de la Fuerza Aérea en California, probando aviones de combate.

En agosto de 1960 cuando la Fuerza Aérea de los EE. UU. comenzó a investigar vuelos espaciales, *Michael Collins* ingresó en la Escuela de Pilotos de Investigación Aeroespacial. A continuación la NASA solicitó nuevamente a los astronautas aspirantes y, en 1.963, la agencia lo eligió para formar parte del tercer grupo de catorce astronautas.

A fines de junio de 1965, *Collins* recibió su primera asignación de tripulación como piloto de respaldo para la misión *Gemini 7*, que completó con éxito el 24 de enero de 1.966. Luego fue asignado a la tripulación principal de la mision *Gemini 10* de Julio 18 de 1.966, con *John Young* como compañero; allí realizaron una reunión orbital con dos naves espaciales diferentes y realizaron dos actividades extravehiculares o caminatas espaciales.

La segunda misión en la que participó *Michael Collins* fue el Apolo 11 del 20 de julio de 1969, que hizo el primer aterrizaje lunar tripulado en la historia. El astronauta permaneció en órbita lunar en el Módulo de Comando y Servicio mientras que sus compañeros *Neil Armstrong* y *Buzz Aldrin* descendieron en el Módulo Lunar y luego caminaron sobre la superficie de nuestro satélite.

Después de aquella misión lunar, *Collins* dejó la NASA en Enero de 1.970, y un año después se unió al personal administrativo de la Institución Smithsonian en Washington. En 1.980, ingresó al sector privado trabajando como consultor aeroespacial.

Elementos de la misión Apolo 11

Módulo de Comando *Columbia*

El Módulo de Comando, llamado Columbia, era un recipiente cónico a presión con un diámetro máximo de 3,9 m en su base y una altura de 3,65 m; hecho con estructuras de aluminio con forma de nido de abejas, panales, y empaquetadas entre hojas de aleación de aluminio. Externamente su base consistía en un escudo térmico de acero inoxidable en forma de panal y llenado con una resina epoxi fenólica como material ablativo. En la punta del cono había una compuerta y un conjunto de acoplamiento diseñado para ensamblarse con el Módulo Lunar.

El MC estaba dividido en tres compartimentos. El delantero en la nariz del cono sostenía un conjunto de paracaídas. El compartimento de popa estaba situado alrededor de su base y contenía motores de control a reacción, tanques para propulsores, cableado y tuberías. El compartimiento de la tripulación comprendía la mayor parte del volumen, unos 6,17 metros cúbicos de espacio; en su centro, alineados y mirando hacia adelante había tres sofás para los astronautas, con una gran escotilla de acceso ubicada encima del sofá central. En este recinto estaban ubicados el Computador Apolo de Navegación, los controles, pantallas, equipos de navegación y otros sistemas utilizados por los astronautas. Después de la separación del Módulo de Servicio, el CM proporcionó la capacidad de volver a entrar en la atmósfera de la Tierra y realizar el amarizaje al final de la misión; para lo cual cinco baterías de óxido de plata/zinc proporcionaron la energía después de que se separaron el CM y el SM.

Módulo de Servicio

El Módulo de Servicio, MS, era un cilindro de 3,9 metros de diámetro y 7,6 m de largo que estaba unido a la parte posterior del MC. El revestimiento exterior del MS estaba formado por paneles o compartimentos de aluminio en forma de panal de 2,5 cm de espesor. El interior estaba dividido en seis secciones alrededor de un cilindro central mediante vigas radiales de aluminio. Las seis secciones del MS contenían celdas o pilas electrolíticas a base de hidrógeno y oxígeno que proporcionaban energía eléctrica a 28 voltios; tanques criogénicos de oxígeno e hidrógeno y cuatro tanques para el combustible y el oxidante del motor de propulsión principal. Los radiadores del sistema de energía eléctrica estaban en la parte superior del cilindro y

los paneles del radiador del sistema de control ambiental estaban espaciados en la parte inferior. En la parte posterior del MS estaba montado un sistema de propulsión líquida. El control de posición fue proporcionado por cuatro impulsores de control a reacción, cada uno espaciado a 90 grados alrededor de la parte delantera del MS.

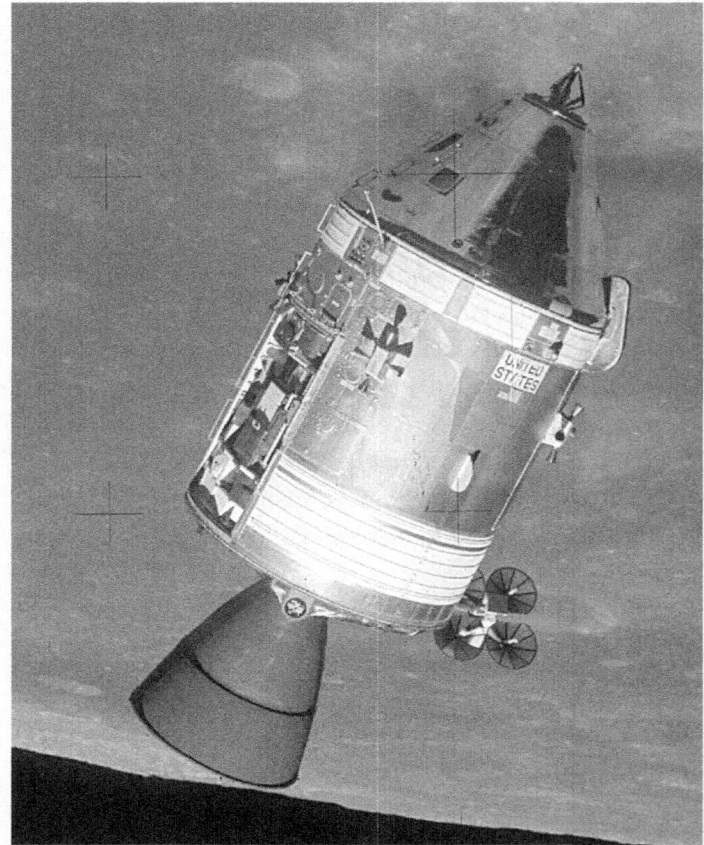

Imagen 8.4
Módulo de Comando y Servicio

El Módulo de Comando y Servicio *Endeavour* de la Misión Apolo 15 fotografiado por la etapa de ascenso del Módulo Lunar *Falcon*. Ambos módulos estaban en órbita lunar y se disponían a realizar el respectivo *Encuentro Orbital Lunar,* o *Rendezvous*, el 2 Agosto de 1.971 para seguidamente emprender el regreso a casa. El Módulo de Servicio es la parte cilíndrica central, y el Módulo de Comando es la parte cónica superior.

Módulo de Comando y Servicio

El Módulo de Comando albergaba la tripulación, los sistemas de operaciones de la nave espacial y los sistemas de reentrada a la atmósfera terrestre. El Módulo de Servicio transportaba el sistema de propulsión principal y la mayoría de los elementos consumibles: oxígeno, agua, helio, pilas de combustible y los respectivos combustibles. Las telecomunicaciones incluían subsistemas de voz, televisión, datos y seguimiento para las comunicaciones entre los astronautas, el MC, el ML y la Tierra.

Cuando se acoplaban estos dos módulos conformaban una estructura con una longitud total de 11,0 metros y con un diámetro máximo de 3,9 metros, conocida como Módulo de Comando y Servicio, MCS. La masa inicial de lanzamiento del MCS fue de 28,801 kg, incluidos los combustibles, de los cuales el MS pesaba 23.244 kg mientras que el MC tenía una masa de 5.557 kg.

Módulo Lunar *Eagle*

El Módulo Lunar *Eagle* de la misión *Apolo 11* fue el primer vehículo tripulado en alunizar en muestro satélite. Llevaba dos astronautas, el comandante de la misión *Neil Armstrong* y su piloto *Edwin "Buzz" Aldrin*, los primeros hombres en caminar sobre la superficie satelital. Estaba dotado de un Computador Apolo y también transportaba el primer Paquete de Experimentos de Superficie Apolo, que consistió en varios experimentos autónomos para ser desplegados y dejados en la superficie lunar; también llevaba otros aparatos científicos y de recolección de muestras.

El módulo lunar era un vehículo de dos etapas diseñado para operaciones espaciales en órbita o en el terreno lunar. Sus dimensiones totales eran de 6,98 m de altura y 9,45 de ancho; y tenía capacidad para transportar a dos astronautas. La masa total de la nave espacial ensamblada fue de 15.100 kg, incluidos sus respectivos propulsores, combustibles y oxidantes. Las etapas de ascenso y descenso del ML funcionaron como una unidad hasta que la etapa de ascenso se encendió, se separó y funcionó como una única nave espacial para el ascenso, encuentro y acoplamiento con el MCS que lo espera en órbita lunar.

La etapa de descenso comprendía la parte inferior de la nave espacial y era un prisma octagonal de 4,2 metros de ancho y 3,23 de altura. Contenía el cohete de aterrizaje, dos tanques de combustible, dos tanques de oxidante, tanques de oxígeno, helio y de agua; así como espacio de almacenamiento para los equipos y experimentos lunares. Cuatro patas de aterrizaje con almohadillas redondas se instalaron a los lados de la plataforma de descenso, y ellas mantuvieron el piso de esta etapa a 1,5 metros sobre el terreno; una de las patas tenía una pequeña plataforma de salida y una escalera para los astronautas. La etapa de descenso sirvió como plataforma de lanzamiento para la etapa de ascenso, y fue dejada en el satélite.

La etapa de ascenso fue una unidad de forma irregular de aproximadamente 3,76 m de altura y hasta 4,3 m de ancho, instalada en la parte superior de la plataforma de descenso. Aquí los astronautas estaban alojados en un compartimento presurizado con un volumen de 6,65 metros cúbicos que servía de base de operaciones para actividades lunares; no había asientos en el ML, pero durante los períodos de descanso, mientras estaban estacionados en la Luna, la tripulación dormía en hamacas colgadas en la cabina. Contenía su propio motor de Sistema de Propulsión de Ascenso y dos tanques de propulsores hipergólicos para regresar a la órbita lunar y encontrarse con el MCS. También contenía un Sistema de Control de Reacción para el control de traslación y de posición. Tenía una compuerta de entrada y salida en un lado, y una compuerta de acoplamiento en la parte superior para conectarse al MCS. Una Computadora de Navegación Apolo y una consola de control estaban montadas en el frente del compartimiento de la tripulación; varias antenas de comunicación también fueron montadas a lo largo de la parte superior; mientras que en la base estaba el motor de ascenso y los tanques para combustibles y oxidantes. La etapa de ascenso se encendió y se lanzó desde el satélite al final de las operaciones en la superficie lunar, y devolvió a los astronautas al MCS que los esperaba en órbita lunar.

Las maniobras de descenso y ascenso se lograron mediante sistemas de control a reacción. Las comunicaciones de telemetría, televisión y voz con la Tierra se realizaron a través de antenas de banda S; mientras que las antenas de muy alta frecuencia, VHF, se usaron para las comunicaciones entre los astronautas y el ML, y entre este y el MCS en órbita. Un sistema de control ambiental recicló el oxígeno y mantuvo la temperatura adecuada en la cabina de la tripulación y en los equipos electrónicos.

La orientación y el control de navegación fueron proporcionados por un sistema de determinación de distancias por radar, una unidad de medida inercial que constaba de giroscopios y acelerómetros, y controlados por el Computador Apolo de Navegación. La potencia fue proporcionada por seis baterías de plata y zinc.

Perfil y desarrollo de la misión[16]

Después del lanzamiento mediante un cohete Saturno V el 16 de Julio de 1.969 a las 13:32 TUC y desde el Complejo de lanzamiento 39 del Centro Espacial Kennedy, la misión Apolo 11 ingresó en la órbita terrestre doce minutos después.

Al cabo de una órbita y media la etapa S-IVB se volvió a encender a las 16:16:16 TUC para la maniobra de inyección translunar, y funcionó durante 5 minutos y 48 segundos para poner la nave espacial en rumbo hacia la Luna.

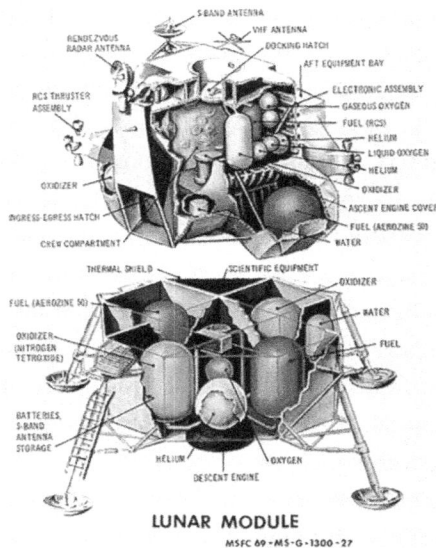

a)

b)

Imagen 8.5
El Módulo Lunar Eagle
a) Diagrama esquemático del Módulo lunar mostrando sus dos fases de descenso y de ascenso, y sus principales constituyentes. **b)** Módulo Lunar *Eagle* de la Apolo 11 en una configuración de alunizaje, fue fotografiado en órbita lunar desde el Módulo de Comando y Servicio *Columbia*.

Pasados 25 minutos el MCS se separó de la etapa de lanzamiento S-IVB que contenía al Módulo Lunar en su interior, dio la vuelta y se ensambló con el ML a las 16:56:03. Aproximadamente cincuenta y tres minutos después, la etapa S-IVB se separó definitivamente del MCS y fue descartada lanzándola a una órbita heliocéntrica.

Diez horas y media después del lanzamiento, y durante el vuelo translunar, se hizo una transmisión de televisión en color desde la *Apolo 11*; y a las 16:16:58 del 17 de Julio se realizó una prendida del motor principal de unos 3 segundos para corrección de rumbo.

A 75 horas 49 minutos y 50 segundos de la misión, la inserción en la órbita lunar se logró el 19 de Julio a las 17:21:50 TUC mediante un encendido retrógrado del motor principal durante 3 minutos y 57 segundos, mientras la nave espacial estaba detrás de la Luna y fuera de contacto con la Tierra. Casi cuatro minutos más tarde un encendido de 17 segundos llevó la nave a una órbita lunar circular.

El 20 de Julio a las 12:52:00 *Armstrong* y *Aldrin* ingresaron al ML para una verificación final de los sistemas para el procedimiento de descenso. A las 17:44:00 el ML y el MCS se desacoplaron, y después de una inspección visual por Collins, a las 18:11:53 se realizó una maniobra de alejamiento de las dos naves espaciales.

El motor de la etapa de descenso del ML se accionó a las 19:08 y durante 30 segundos, poniendo la nave en una órbita de descenso con un acercamiento máximo de 16,6 km sobre la superficie de la Luna. A las 20:05 el motor de descenso del ML se accionó nuevamente y comenzó el descenso a la superficie lunar, que duraría 12 minutos con 36 segundos.

Después de un viaje de 102 horas 45 minutos y 39 segundos, equivalentes a 4,3 días, el Módulo lunar *Eagle* alunizó a las 20:17:40 TUC del 20 de Julio de 1.969 en el *Mare Tranquilitatis*, o el Mar de la Tranquilidad. El astronauta comandante *Neil Armstrong* se reportó al Centro de control de las

misiones Apolo en *Houston* diciendo: "*Houston, Tranquility Base here - the Eagle has landed.*"; *Houston, aquí Base de la Tranquilidad - el Águila ha aterrizado.*

Después de un breve período de descanso, se iniciaron las actividades para realizar la primera Actividad Extra vehicular, AEV, de toda la historia humana en la Luna. El 21 de Julio *Armstrong* bajó a la superficie lunar a las 02:56:15 UTC y dijo: "*That's one small step for man, one giant leap for mankind.*": *Este es un pequeño paso para un hombre, un gran salto para la humanidad. Buzz Aldrin* lo siguió 19 minutos después y describió a la superficie lunar como *Magnífica desolación*.

Seguidamente los astronautas descubrieron la placa conmemorativa montada en un puntal detrás de la escalera del módulo de descenso, y leyeron la inscripción en voz alta: "*Here men from the planet Earth first set foot on the Moon July 1.969, A.D. We came in peace for all mankind.*"; *Aquí los hombres del planeta Tierra pisaron la Luna en Julio de 1.969, A. D. Vinimos en paz para toda la humanidad*; eran ya las 03:24:40 TUC en nuestro satélite. A continuación, a las 03:41:43 instalaron una bandera estadounidense en el suelo lunar; también colocaron una cámara de televisión en un trípode a unos nueve metros del Módulo lunar, y siete minutos más tarde tuvieron comunicación telefónica con el presidente *Richard Nixon*.

Trabajando en la Luna

Posteriormente, los astronautas desplegaron sus equipos e instrumentos de investigación, realizaron los respectivos experimentos, hicieron caminatas por el suelo lunar atravesando una distancia total de unos 250 metros, tomaron múltiples fotografías y recogieron aproximadamente 21,55 kg de roca y suelo de la superficie satelital. Los primeros experimentos que se realizaron en la Luna fueron:

Paquete Apolo de Experimentos en Superficie Lunar

La misión Apolo 11 llevaba un pequeño paquete de equipos denominado el Paquete Temprano de Experimentos Científicos de Apolo. Posteriormente, el Paquete Apolo de Experimentos en la Superficie Lunar comprendió un conjunto más completo de instrumentos científicos colocados por los astronautas en el lugar de alunizaje de cada una de las cinco misiones posteriores a Apolo 11.

El primer paquete de experimentos de superficie de las misiones *Apolo* consistió en un conjunto de instrumentos científicos desplegados por los astronautas en el sitio de alunizaje. El Paquete Apolo de Experimentos solo podía operar durante el día lunar, cuando se disponía de suficiente luz solar, y consistía en dos paneles solares para proporcionar energía, una antena y un sistema de comunicaciones para enviar datos a estaciones terrestres y para recibir comandos de funcionamiento. También contenía un sismómetro diseñado para medir la actividad sísmica y las propiedades físicas de la corteza lunar y de su interior; y un detector de polvo lunar, para medir la acumulación de polvo y el daño por radiación sobre las células solares.

a)   b)

Imagen 8.6
Base Tranquilidad

a) En la Base Tranquilidad el Comandante de la misión *Apolo 11*, Neil Armstrong, desempaca algunos equipos del Módulo Lunar *Eagle*. **b)** El Módulo Lunar *Eagle* en la Base Tranquilidad fue fotografiado por Neil Armstrong durante la misión *Apolo 11* desde el borde del Cráter *Little West* en la superficie satelital.

El Paquete Apolo de Experimentos se desplegó aproximadamente a 17 metros al sur del ML, y fue encendido por comando terrestre a las 04:40:39 del 21 de Julio de 1.969, mientras los astronautas aún estaban en la superficie. A pesar de que las temperaturas de operación excedieron el máximo planeado en 30° C, el Paquete funcionó normalmente. La unidad tenía una masa total de 48 kg, y recibió comandos de enlace y transmitió datos de telemetría a la Tierra.

Experimento Retro reflector de rayos láser

El experimento denominado *Laser Ranging Retro-Reflector*, o Retro reflector de rayos láser, RRL, también se consideró parte del Paquete Apolo de Experimentos aunque no estaba conectado a la unidad y no requería energía. Su objetivo era detectar y reflejar hacia la Tierra un haz de luz láser, el cual se había disparado también desde nuestro planeta y con el propósito de medir con elevada precisión la distancia a la que en un momento determinado se encuentra la Luna. El experimento fue incluido en tres de las misiones Apolo: la 11, 14 y la 15.

El experimento consiste en una serie de espejos reflectores con la propiedad de reflejar un haz de luz entrante siempre en la misma dirección en que vino. Estos reflectores pueden iluminarse con rayos láser dirigidos a través de grandes telescopios instalados en la Tierra; seguidamente los rayos reflejados también se observan con un telescopio terrestre, lo que proporciona una medida de la distancia recorrida por la luz en su viaje de ida y vuelta entre la Tierra y la Luna. Entre 1.969 y 1.985 los experimentos se hicieron a tiempo parcial utilizando el telescopio de 107 pulgadas del *McDonald Observatory*; y desde 1.985 las determinaciones se han realizado utilizando un telescopio exclusivo de 30 pulgadas.

La distancia a la Luna se calcula como la mitad del producto entre la velocidad de la luz y el tiempo que tarda el rayo láser en llegar a los espejos en el globo lunar, reflejarse en ellos y regresar a la estación en la Tierra. En realidad, el tiempo de ida y vuelta de aproximadamente 2,5 segundos se ve afectado por múltiples factores: la ubicación de la Luna en el cielo, el movimiento relativo entre la Tierra y el satélite, la rotación terrestre, la libración lunar, el clima; y también por el movimiento de la estación de observación debido al movimiento de la corteza y las mareas terrestres, la diferente velocidad de la luz en varias partes de la atmósfera y los efectos relativistas. No obstante, la distancia Tierra-Luna se ha medido con muy buena precisión durante más de 35 años; y aunque cambia continuamente por una serie de razones, su valor promedio es de 385.000 km.

Los rayos láser se utilizan porque permanecen muy enfocados a grandes distancias. Sin embargo hay suficiente dispersión del rayo, el cual tiene unos 7 kilómetros de diámetro cuando alcanza la Luna, y los científicos comparan la tarea de dirigir el rayo con el uso de un rifle para acertarle a una moneda de diez centavos ubicada a 3 kilómetros de distancia. Por otra parte, cuando el rayo láser regresa a la Tierra tiene ya un diámetro de 20 kilómetros y es demasiado débil para ser visto con el ojo humano: de 1.017 fotones dirigidos al reflector, solo uno se detecta en la Tierra cada pocos segundos, incluso en buenas condiciones. Aun así, la distancia a la Luna se puede medir con una precisión de aproximadamente 3 centímetros.

El experimento con láser ha producido muchas mediciones importantes y que llevan a una mejor comprensión de la órbita lunar y de la velocidad a la que el satélite se retira de la Tierra, que actualmente es de 3,8 centímetros por año. También proporcionan una mejor comprensión de las variaciones en el movimiento de rotación del globo lunar, que están relacionadas con la distribución de la masa dentro del satélite e implican la existencia de un pequeño núcleo líquido, con un radio de aproximadamente 350 kilómetros. Estas mediciones también han mejorado nuestro conocimiento de los cambios en la velocidad de rotación de la Tierra y el movimiento de precesión de su eje de rotación; y se han utilizado para probar que la fuerza de gravedad universal es muy estable, y que la teoría general de la relatividad de Einstein predice la órbita del satélite dentro de la precisión de los resultados de los experimentos.

Ascenso y abandono de la órbita lunar

Una vez que todas esas actividades en la Luna se realizaron de acuerdo con el programa establecido, Buzz Aldrin regresó primero al ML después de haber pasado 1 hora y 45 minutos fuera de él y caminando sobre la superficie lunar; Armstrong lo siguió unos 8 minutos más tarde a las 05:09:32 TUC y después de haber caminado 2 horas y 14 minutos sobre el globo lunar. La AEV terminó a las 05:11:13 cuando se cerró la escotilla del ML y Armstrong y Aldrin pasaron las siguientes 7 horas descansando y revisando los sistemas.

Los motores de propulsión fueron activados y la etapa de ascenso del ML despegó de la Luna a las 17:54:01 TUC del 21 de Julio, después de 21 horas con 36 minutos en la superficie lunar y dejando allí la etapa de descenso. Después alcanzar al MCS en órbita lunar y pilotado por Michael Collins, la etapa de ascenso atracó con él a las 21:35:00 y una vez que *Aldrin* y *Armstrong* se transfirieron al MCS, la fase de ascenso del ML fue abandonada en la órbita lunar a las 00:02:08 TUC del 22 de Julio. Se desconoce el destino real de la etapa de ascenso, pero se supone que se estrelló en la superficie satelital en algún momento dentro de los siguientes 1 a 4 meses.

Adicionalmente a la etapa de descenso, en la superficie satelital fueron dejados medallones conmemorativos con los nombres de los tres astronautas del Apolo 1 que perdieron la vida durante un incendio en la plataforma de lanzamiento, y de dos cosmonautas rusos que también murieron en accidentes. También fue dejado allí un disco de silicio de una pulgada y media que contenía mensajes amistosos micro miniaturizados y

provenientes de 73 países; junto con los nombres de los líderes del Congreso y de la NASA.

Inyección transtierra y regreso a casa

La inyección transtierra comenzó a las 04:55:42 del 22 de Julio con un encendido de 2,5 minutos del motor principal de MCS; la primera corrección del curso se realizó el mismo día a las 20:01:57. El siguiente día 23 de Julio a las 01:00 TUC se realizó una transmisión de televisión que duró 18 minutos, esta fue la primera de una serie de tres transmisiones.

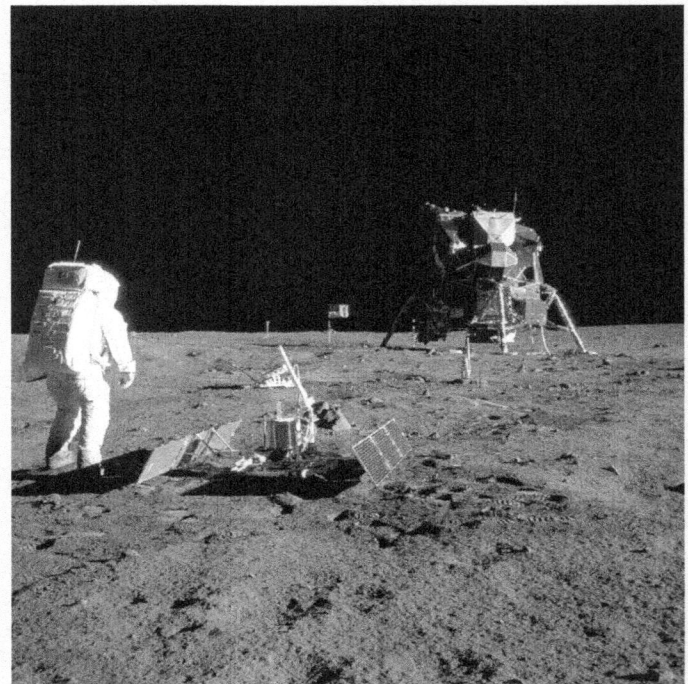

Imagen 8.7

Trabajando en la Luna

El astronauta *Buzz Aldrin*, acaba de desplegar el *Paquete de Experimentos Científicos de Apolo*. El *Paquete de Experimento Sísmico Pasivo* está junto a él; los paneles solares se han desplegado al Este y al Oeste, y la antena apunta hacia la Tierra. El Retro reflector láser está más allá de la antena, y al fondo se encuentra la cámara de televisión contra el fondo negro del cielo.

Después de cincuenta y nueve horas y media de haber realizado la inyección transtierra, el MS se separó definitivamente del MC a las 16:21:13 del 24 de Julio y este tomó un curso que lo alejó del MS y se preparó con miras al reingreso al planeta. Después de la separación, el Módulo de servicio entrará en la atmósfera terrestre y finalmente se quemará.

Reingreso y amarizaje

Los procedimientos de reingreso a la atmósfera terrestre se iniciaron el 24 de Julio a las 16:23:00 TUC, unas sesenta horas después de abandonar la órbita lunar; el MC ingresó a la atmósfera terrestre doce minutos después, se reorientó a una posición de escudo térmico hacia adelante y unos nueve minutos más tarde se inició el despliegue de los paracaídas. Después de un vuelo de 8 días 3 horas y 18 minutos, aproximadamente 36 minutos más de lo planeado, el Módulo de Comando *Columbia* de la misión *Apolo 11*, con su tripulación completa y a salvo, amarizó en el Océano Pacífico el 24 de Julio a las 16:50:35. El punto de caída fue a unos 24 km del barco de recuperación USS Hornet. De los 2.950.000 kgs lanzados al espacio, solamente regresaron a la Tierra algo menos de 5.000 Kgs representados en el MC y sus astronautas, esto es solamente el 0,17 % de aquel peso inicial.

La misión *Apolo 11* en Julio de 1.969 estuvo totalmente integrada por un equipo de veteranos del programa *Gémini: Neil Armstrong, Michael Collins* y *Buzz Aldrin*. Los astronautas Armstrong y Aldrin serían los felices encargados de realizar el primer alunizaje humano en el *Mar de la Tranquilidad* de la Luna el 20 de Julio de 1.969. Ellos pasaron un total de 21 horas y 36 minutos en la superficie satelital, y 2 horas con 31 minutos fuera de la cápsula espacial: caminando por el terreno lunar, tomando fotografías, recogiendo muestras de materiales y desplegando instrumentos científicos automatizados; adicionalmente enviaban continuamente señales de televisión en blanco y negro a la Tierra. Los

astronautas regresaron seguros a casa el día 24 de Julio, ocho días después de su partida.

El rendimiento de la nave espacial fue excelente durante toda la misión. El objetivo principal de la misión de aterrizar astronautas en la Luna y devolverlos vivos a la Tierra se logró. El módulo de comando Apolo 11 está en exhibición en el Museo Nacional del Aire y el Espacio en Washington, D.C.

Collins, *Armstrong* y *Aldrin* fueron galardonados por Richard Nixon con la Medalla Presidencial de la Libertad. Sin embargo, *Aldrin* y *Armstrong* terminaron recibiendo la mayoría del crédito público por el histórico evento, aunque *Collins* también estaba en el vuelo. *Neil Armstrong* y *Michael Collins* también recibieron la Medalla de Oro del Congreso en 2.011, y fueron honrados con cuatro estrellas en el Paseo de la Fama de Hollywood en California.

Misiones Apolo subsecuentes

Apolo 12

Los objetivos principales de la segunda misión de alunizaje tripulado fueron desplegar una versión completa del Paquete Apolo de Experimentos en Superficie, el cual debía instalarse y dejarse en la superficie satelital para recopilar datos científicos, sísmicos y de ingeniería durante un período indefinido de tiempo. Adicionalmente los astronautas deberían realizar una extensa serie de tareas de investigación y de exploración lunar.

Durante la misión *Apolo 12* de Noviembre de 1.969, el veterano de *Gemini Charles Conrad* como comandante y el novato Alan L. Bean como piloto de módulo lunar hicieron un alunizaje de precisión en el *Oceanus Procellarum*, u Océano de las Tormentas, a poca distancia de la sonda lunar no tripulada *Surveyor 3* que había alunizado en Abril de 1.967. Ellos portaron la primera cámara de televisión en color en la superficie satelital, pero se dañó cuando fue dirigida accidentalmente al Sol. También realizaron dos AEV durante un total de 7 horas y 45 minutos, durante las cuales recogieron 34,3 kg de muestras lunares. En una de las actividades caminaron hacia el *Surveyor*, lo fotografiaron y tomaron algunas de sus partes para regresarlas a la Tierra. El Piloto del Módulo de Comando fue el veterano de *Gemini Richard F. Gordon*.

Apolo 13 un fracaso exitoso

El éxito de los dos primeros alunizajes posibilitó que las misiones futuras llevaran como tripulación un solo veterano como Comandante y dos astronautas novatos. La misión *Apolo 13* lanzada el 11 de Abril de 1.970 llevaba a los astronautas *James A. Lovell Jr.* como Comandante, *John L. Swigert Jr.* como piloto de MC y *Fred W. Haise Jr.* como piloto de ML; y tenía como destino la formación lunar *Fra Mauro*. Pero a medio camino, dos días después del lanzamiento, algunos imperfectos en componentes de un tanque de almacenamiento de oxígeno líquido lo hicieron explotar, inhabilitando al MS que debió ser abandonado. Lo que obligó a la tripulación a abortar la misión de alunizaje aun estando ya en órbita lunar, y a regresar a casa en el Módulo de Comando, pero utilizando el Módulo Lunar como un improvisado *bote salvavidas* y fuente de potencia ates de ser también abandonado. Finalmente, el MC con los astronautas a salvo reingresó a la Tierra y logró acuatizar 5 días 22 horas y 54 minutos después de su lanzamiento. Aun así, la misión fue clasificada como un *fracaso exitoso* debido a la experiencia adquirida en el salvamento y rescate de la tripulación.

Apolo 14

Después de realizar las respectivas investigaciones sobre el accidente de la misión Apolo 13, la NASA publicó una lista preliminar de ocho sitios adicionales de alunizajes proyectados; junto con planes para aumentar la capacidad de carga tanto del cohete Saturno V como del MCS y del ML para las próximas cinco misiones; lo cual permitiría a los astronautas permanecer en la Luna durante más de tres días. Con el propósito de aumentar el área de exploración y transmitir por televisión el despegue

del ML desde la superficie satelital, estas misiones también llevarían un Vehículo de Exploración Lunar, más conocido como *Rover*. También se reevaluaría el traje espacial *Block II* para las misiones extendidas con el objetivo de posibilitar una mayor flexibilidad y visibilidad al conducir el Rover.

Debido al fracaso de la *Apolo 13*, la misión a Fra Mauro fue reasignada a *Apolo 14* que fue lanzada en Febrero 31 de 1.971, y fue comandada por el veterano astronauta de *Mercury Alan B. Shepard, Jr.*, con *Stuart A. Roosa* piloto del MC y *Edgar D. Mitchell* piloto del ML. *Shepard* y *Mitchell* pasaron 33 horas y 31 minutos en la superficie lunar, y realizaron dos AEV durante un lapso de 9 horas y 24 minutos, estableciendo un récord para ese momento. Durante su estancia en el satélite recolectaron un total de 42,80 kg de muestras de suelo y roca lunar.

Apolo 15

Apolo 15 fue la primera misión con mayor capacidad de tiempo de permanencia en la Luna, y la primera en llevar un Vehículo de Exploración Lunar para una mayor capacidad de desplazamiento en la superficie satelital. Los objetivos de la misión fueron explorar la región *Hadley-Apennine*, configurar y activar experimentos científicos en la superficie lunar, realizar evaluaciones de ingeniería de nuevos equipos *Apolo*, llevar a cabo experimentos orbitales lunares y tomar fotografías del terreno.

La *Apolo 15* se lanzó el 26 de Julio de 1.971 y sus tripulantes fueron los astronautas *David R. Scott, Alfred M. Worden* y *James B. Irwin*. El 30 de Julio *Scott* e *Irwin* alunizaron en el ML en *Palus Putredinis* en *Mare Imbrium*, o Mar de lluvias, cerca de la región Hadley Rille-Apennine Mountains. Ellos pasaron un poco menos de dos días y 20 horas en la superficie lunar: en dos AEVs que duraron unas 18 horas, recolectaron aproximadamente 77 kilogramos de material lunar.

El Módulo lunar *Falcon* de *Apolo 15* fue la cuarta nave tripulada en alunizar exitosamente. Llevaba dos astronautas, el comandante *David R. Scott* y su piloto *James B. Irwi*n, el séptimo y octavo hombre en caminar sobre la Luna respectivamente. Adicionalmente a los equipos tradicionales, este ML también llevaba el primer *Vehículo de Exploración Lunar*.

Las exploraciones del terreno y las investigaciones geológicas en el sitio de alunizaje *Hadley-Apennine* se mejoraron ampliamente con la incorporación del *Vehículo de Exploración Lunar*. La configuración del paquete de experimentos Apolo en la superficie fue la tercera de un trío de paquetes completos y operativos incorporadas en las misiones 12, 14 y 15. Los experimentos sobre teorías orbitales se concentraron en un conjunto de instrumentos y cámaras en el Módulo de instrumentos científicos.

Otro objetivo importante de la misión consistió en el lanzamiento desde el MCS de un *Subsatélite de partículas y campo*s a la órbita lunar, poco antes de comenzar la fase de regreso a la Tierra. El subsatélite fue diseñado para investigar la masa de la Luna y las respectivas variaciones gravitacionales, la composición de las partículas del espacio cerca del globo lunar y la interacción del campo magnético lunar con el de la Tierra.

Conduciendo y explorando la Luna

El *Vehículo de Exploración Lunar*[17], más conocido como *Rover*, fue un vehículo eléctrico diseñado para operar en el vacío de la baja gravedad lunar y para poder rodar sobre el difícil suelo lunar, lo que permitió a los astronautas de *Apolo* extender el alcance de sus Actividades Extravehiculares en la superficie satelital. Tres Rover fueron conducidos en la Luna, uno en Apolo 15 por los astronautas *David Scott* y *Jim Irwin*, uno en Apolo 16 por *John Young* y *Charles Duke*, y finalmente el del Apolo 17 conducido por *Gene Cernan* y *Harrison Schmitt*. Cada Rover se usó en tres travesías, una por día durante los tres días del curso de cada misión.

a)

b)

Imagen 8.8
Conduciendo y explorando la Luna

a) El astronauta comandante *Eugene A. Cernan* prueba el Vehículo de Exploración Lunar durante la primera Actividad Extra Vehicular de Apolo 17 en el lugar de alunizaje de *Taurus-Littrow*. **b)** Vista en primer plano de la huella de bota del astronauta *Buzz Aldrin* en el suelo lunar, fotografiada con la cámara de superficie lunar de 70 mm durante la estadía en la Luna de la misión Apolo 11.

Durante la Apolo 15, el Vehículo de Exploración Lunar fue conducido un total de 27,8 km en 3 horas 2 minutos de tiempo, la travesía simple más larga fue de 12,5 km y el alcance máximo desde el ML fue de 5,0 km. En la misión Apolo 16 el vehículo atravesó 26,7 km en 3 horas y 26 minutos de conducción; la travesía más larga fue de 11,6 km y el Rover alcanzó una distancia de 4,5 km desde la ML. Durante la Apolo 17 el vehículo recorrió 35,9 km en 4 horas y 26 minutos en tiempo de conducción total; la travesía más larga fue de 20,1 km y la mayor distancia desde el ML fue de 7,6 km.

Los rover tenían una masa de 210 kg y fueron diseñados para contener una carga adicional de 490 kg en la superficie lunar. El chasís tenía 3,1 metros de largo con una distancia entre ejes de 2,3 metros, mientras que la altura máxima fue de 1,14 metros. La estructura estaba hecha de ensambles de aleación de aluminio y consistía en un chasís de 3 partes que se podía plegar y guardarlo en un compartimiento del Módulo Lunar. Tenía dos asientos plegables hechos de aluminio tubular uno al lado del otro, y con paneles de aluminio como piso. Una gran antena de plato de malla se montó en un mástil en el centro delantero del Rover. Totalmente cargado, el rover tenía una distancia al suelo de 36 cm.

Apolo 16

La misión *Apolo 16* se lanzó el 16 de Abril de 1.972 y alunizó en las Tierras Altas Descartes de la Luna el 20 de Abril de 1.972. La tripulación fue comandada por *John Young*, mientras que *Ken Mattingly* era el piloto del Módulo de Comando y *Charles Duke* el piloto del Módulo Lunar. Los astronautas Young y Duke pasaron poco menos de tres días en la superficie del satélite, realizando actividades extravehiculares durante aproximadamente 20 horas, y durante los cuales recolectaron 94,30 kg de muestras de satélite. La misión regresó a la Tierra el 27 de Abril y tuvo una duración total de once días, una hora y cincuenta y un minutos.

Apolo 17

Apolo 17 fue la última misión tripulada del programa espacial *Apolo* y alunizó en la región de *Taurus-Littrow* el 11 de Diciembre de 1972. El astronauta *Eugene A. Cernan* comandó la misión; sus compañeros fueron el piloto del Módulo de Comando *Ronald E. Evans* y el primer científico astronauta de la NASA, el geólogo Dr. *Harrison H. Schmitt* como piloto de ML, quien originalmente estaba programado para la misión *Apolo 18*, pero debido a la cancelación de dicha misión, la comunidad geológica lunar presionó para incluirlo en el último alunizaje. Cernan y Schmitt permanecieron en la superficie satelital por poco más de tres días y pasaron un total de 22 horas 3 minutos y 57 segundos en AEVs, durante las cuales recolectaron 110,52 kg de muestras de suelo lunar.

Logros y legados de las misiones Apolo

El programa Apolo estableció varios hitos importantes de vuelos humanos espaciales. Hasta ahora es el único en el envío de misiones tripuladas más allá de la órbita baja de la Tierra. La Apolo 8 fue la primera nave espacial tripulada en orbitar otro cuerpo celeste, mientras que la misión final del Apolo 17 fue la novena misión tripulada más allá de la órbita baja de la Tierra y el sexto alunizaje tripulado exitoso. En su conjunto, el programa trajo 381 kg de suelo y rocas lunares a la Tierra, que sirvieron en gran medida para el estudio y la comprensión de la composición química de la Luna y de su historia y estructura geológicas. El programa sentó las bases para el desarrollo subsiguiente de la capacidad de vuelo espacial tripulado, y promovió la construcción del Centro Espacial Johnson y el Centro Espacial Kennedy.

El programa *Apolo* y sus alunizajes generalmente se consideran el mayor logro científico y tecnológico en la historia de la humanidad, incluso sobre la tecnología nuclear y sus bombas. El programa *Apolo* también favoreció el desarrollo en muchas otras áreas de la tecnología relacionada con cohetes, aeronáutica y vuelos espaciales tripulados, como computadoras, telecomunicaciones y aviónica. El diseño de la computadora de vuelo utilizada en este programa fue la principal fuerza impulsora para la investigación y el desarrollo de circuitos integrados, grandes protagonistas de la era electrónica y digital moderna: en 1.963 el programa Apolo estaba utilizando aproximadamente el 60 por ciento de la producción total de circuitos integrados de los Estados Unidos.

El programa Apolo incluyó una gran cantidad de misiones no tripuladas de prueba y 12 misiones tripuladas: tres en órbita alrededor de la Tierra, las Apolo 7, 9 y la misión Apolo-Soyuz; dos viajes en órbita lunar, las Apolo 8 y 10; una misión lunar abortada, Apolo 13; y finalmente seis misiones de alunizaje exitosas: Apolo 11, 12, 14, 15, 16 y 17. Dos astronautas de cada uno de estos seis viajes caminaron sobre el satélite: *Neil Armstrong, Edwin Aldrin, Charles Conrad, Alan Bean, Alan Shepard, Edgar Mitchell, David Scott, James Irwin, John Young, Charles Duke, Gene Cernan y Harrison Schmitt*, convirtiéndose en los únicos humanos que han puesto el pie en otro cuerpo del Sistema Solar.

Muestras lunares recolectadas

El programa *Apolo* recolectó y trajo a nuestro planeta unos 381 kg de suelo y rocas lunares, las cuales ahora se almacenan en un ambiente de nitrógeno para mantenerlas libres de humedad y se manejan solo de manera indirecta, utilizando herramientas especiales. La gran mayoría son conservadas en la Instalación de Laboratorio de Muestras Lunares en el Centro Espacial *Lyndon B. Johnson* en Houston, Texas. También hay una colección más pequeña almacenada en *White Sands Test Facility* en Las Cruces, Nuevo México.

Una muestra muy importante recolectada durante la misión del Apolo 15 por los astronautas *David Scott* y *James Irwin* se llama *Genesis Rock*, o Roca del Génesis; es una roca de anortosita está compuesta principalmente de un tipo de plagioclasa de feldespato conocida como anortita, un mineral de feldespato rico en calcio; y se cree que es representativa de la corteza de las tierras altas. Inicialmente, se pensó que era una muestra de la corteza primitiva de la Luna, pero un análisis posterior mostró que se formó una vez que la corteza del satélite se había solidificado. La roca es una muestra extremadamente antigua que se formó en las primeras etapas del Sistema Solar, hace al menos 4 mil millones de años y corresponde al período pre-Nectárico de la historia geológica de la Luna.

Impacto cultural

La tripulación de la misión Apolo 8 envió de vuelta a la Tierra las primeras imágenes televisadas en vivo de nuestro planeta y su cercano y fiel satélite; y el día anterior a la Navidad de 1968 ellos leyeron la Historia de la Creación Universal contenida en el bíblico Libro de Génesis: Hasta un cuarto de la población mundial pudo haber visto, en vivo o en diferido, la transmisión de la Nochebuena durante la novena órbita lunar. Por otro lado, alrededor de una quinta parte de la población mundial vio la transmisión en vivo de los paseos lunares de la tripulación del Apolo 11.

Durante la siguiente década de 1970, el programa Apolo también intensificó el nivel de conciencia ambiental e influyó positivamente en el activismo ambiental, todo esto debido a las múltiples fotos de nuestro planeta tomadas por los astronautas. La más famosa de todas probablemente es la realizada por la tripulación del Apolo 17: *The Blue Marble*, o La Canica Azul, como se le conoce desde ese momento, se considera una representación del aislamiento, la fragilidad y la vulnerabilidad de nuestro planeta en medio de la inmensidad astronómica, la oscuridad y soledad del espacio; y se convirtió en un auténtico ícono del Movimiento Ambiental de esas fechas.

Según algunos periódicos de la época, el programa *Apolo* logró cumplir el objetivo establecido por el presidente Kennedy de enfrentarse a la Unión Soviética en la carrera espacial y vencerla conquistando un logro monumental y universalmente significativo, demostrando la gran superioridad del sistema capitalista de libre mercado representado por el país norteamericano. Aun así, y muy a pesar de la múltiple y variada evidencia de lo contrario, hubo y continua habiendo sectores de la población que niegan la veracidad de dichos alunizajes, y más bien se inclinan por acogerse a supuestas *teorías de conspiración* con las que se engaña a la gente.

En la Tabla 8.1 se incluyen algunos datos numéricos muy importantes sobre el conjunto de las seis misiones de alunizaje exitosas del programa Apolo. La Fecha de Alunizaje se refiere al día en que el respectivo Módulo Lunar aterrizó en la superficie del satélite. La Duración Total de la misión se cuenta en días, horas y minutos desde el día de lanzamiento hasta que el Módulo de Comando regresa y acuatiza. El Tiempo de Estancia de los astronautas en la superficie lunar se cuenta en días y minutos desde el momento en que el Módulo Lunar alunizó hasta que finalmente despegó de la superficie lunar. El Tiempo de AEVs es la suma de los tiempos en horas, minutos y segundos utilizados por los astronautas en las respectivas actividades fuera del Módulo Lunar. Las Muestras Recolectadas son la suma del peso en kg de todas las muestras recolectadas de la superficie del satélite, empaquetadas y transportadas a la Tierra en cada una de las misiones.[18]

Tabla 8.1 Las Misiones Apolo en números					
Misión	Fecha de Alunizaje d/m/a	Duración Total d:h:m	Tiempo Estancia d:h:m	Tiempo AEVs h:m:s	Muestras Recolectadas Kg
Apolo 11	20/Jul/1.969	8:3:18	0:21:30	2:31:40	21,55
Apolo 12	19/Nov/1.969	10:4:30	1:7:30	7:24:00	34,35
Apolo 14	5/Feb/1.971	9:00:01	1:9:30	9:28:10	42,80
Apolo 15	30/Jul/1.971	12:7:12	2:18:57	18:22:48	76,70
Apolo 16	21/Abr/1.972	11:1:55	2:23:03	20:13:12	95,21
Apolo 17	11/Dic/1.972	12:13:55	3:3:07	21:39:00	110,42
Totales		63:6:51	12:11:37	79:38:50	381,03

Imagen 8.9
La Luna y la Tierra vistas por los astronautas

a) Excepcional fotografía de la Luna Llena tomada desde la nave espacial Apolo 11 durante
su viaje de regreso a la Tierra y a una distancia de aproximadamente 18.500 km.
b) La Canica Azul, una de las fotografías más famosas de la Tierra, fue tomada por la
tripulación de la misión Apolo 17 mientras viajaban a la Luna.

Citas Bibliográficas

[1] Internet Archive: De la Tierra a la Luna.
https://archive.org/details/de_la_tierra_a_la_luna

[2] Royal Astronomical Society. "Celebrating the 20th century's most important experiment".
http://www.ras.org.uk/news-and-press/68-news2009/1627-ras-pn-0942-celebrating-the-20th-centurys-most-important-experiment

[3] ZARYA. Soviet, Russian and International Space Flight.
http://www.zarya.info/Diaries/Luna/Luna.php

[4] NASA Solar System Exploration Page:
http://solarsystem.nasa.gov/
Philip's Astronomy Encyclopedia, (Londres: Philip's, 2002). www.philips-maps.co.uk.

[5] NASA. Project Mercury.
https://www.nasa.gov/mission_pages/mercury/index.html

[6] NASA. Apollo Lunar Surface Experiments Package.
https://www.lpi.usra.edu/lunar/documents/NASA-CR-115109.pdf

[7] NASA. Apollo Operations Handbook, Block II Spacecraft, Volume 1, Spacecraft Description, SM2A-03-Block II-(1). https://history.nasa.gov/alsj/alsj-CSMdocs.html

[8] NASA. Apollo 8.
https://www.nasa.gov/mission_pages/apollo/missions/apollo8.html

[9] NASA. Apollo 9.
https://www.nasa.gov/mission_pages/apollo/missions/apollo9.html

[10] NASA. Apollo 10.
https://www.nasa.gov/mission_pages/apollo/missions/apollo10.html

[11] NASA. July 20, 1969: One Giant Leap For Mankind.
https://www.nasa.gov/mission_pages/apollo/apollo11.html

[12] NASA. Biography of Neil Armstrong.
https://www.nasa.gov/centers/glenn/about/bios/neilabio.html
NASA. Armstrong Fact Sheet.
https://www.nasa.gov/centers/armstrong/news/FactSheets/FS-111-AFRC.html

[13] NASA. News & Features. Family statement regarding the death of Neil Armstrong
https://www.nasa.gov/home/hqnews/2012/aug/HQ_12_600_armstrong_family.html#.W4VTNyRKiUk

[14] The New York Times. The Call of Mars.
https://www.nytimes.com/2013/06/14/opinion/global/buzz-aldrin-the-call-of-mars.html

[15] Buzz Aldrin Space Institute.
https://aldrin.fit.edu/#!page_id=24875a285079e65e2

[16] NASA. Apollo 11 Timeline.
https://history.nasa.gov/SP-4029/Apollo_11i_Timeline.htm

[17] NASA. The Apollo Lunar Roving Vehicle.
https://nssdc.gsfc.nasa.gov/planetary/lunar/apollo_lrv.html

[18] Fricke. Robert W. Jr. Apollo by the numbers: A Statistical Reference. https://history.nasa.gov/SP-4029/Apollo_00g_Table_of_Contents.htm

Catálogo de Imágenes y sus Licencias de uso

Deseo manifestar un profundo agradecimiento a todas aquellas personas e instituciones que han puesto las siguientes imágenes en el campo del Dominio público; las cuales han sido de un gran valor para ilustrar los respectivos contenidos en este texto.

Agradecimientos especiales a la Administración Nacional de la Aeronáutica y del Espacio de los Estados Unidos, NASA, por tener sus imágenes dentro del Dominio público; y en particular aquellas contenidas en su sitio web NASA's Scientific Visualization Studio: https://svs.gsfc.nasa.gov/4604

Cubierta y Contracubierta

#	Título Imagen	Autor	Tipo Licencia	Enlace a la Imagen
1	Semilunio del 24 de Enero de 2.018	NASA's Scientific Visualization Studio	Public Domain	https://svs.gsfc.nasa.gov/4604
2	Huella de bota del astronauta Buzz Aldrin en el suelo lunar	NASA	Public Domain	https://www.nasa.gov/mission_pages/apollo/40th/images/apollo_image_11a.html
3	Cohete Saturno V en el Lanzamiento de Apollo 11	NASA	Public Domain	https://history.nasa.gov/ap11ann/kippsphotos/saturn5.html
4	Módulo Lunar Eagle de Apolo 11	NASA	Public Domain	https://www.nasa.gov/multimedia/imagegallery/image_feature_1161.html
5	Buzz Aldrin despliega el Paquete de Experimentos Científicos de Apolo 11	NASA	Public Domain	https://www.hq.nasa.gov/alsj/HamishALSEP.html
6	Eugene A. Cernan prueba el Vehículo de Exploración Lunar de Apollo 17	NASA	Public Domain	https://en.wikipedia.org/wiki/File:NASA_Apollo_17_Lunar_Roving_Vehicle.jpg
7	Luna llena fotografiada desde la nave espacial Apolo 11	NASA	Public Domain	https://www.nasa.gov/mission_pages/apollo/40th/images/apollo_image_25.html

Capítulo 1

#	Título Imagen	Autor	Tipo Licencia	Enlace a la Imagen
1	Puesta del Sol en Stonehenge	Bkamprath	Public Domain	https://commons.wikimedia.org/wiki/File:Stonehenge_sunset.jpg
2	Tableta cuneiforme		Public Domain Creative Commons	https://www.metmuseum.org/art/collection/search/321987
3	Papiro egipcio	Anagoria	GNU_Free_Documentation_License	https://commons.wikimedia.org/wiki/File:0042_Planetentafel_anagoria.JPG#
4	Selene y Endimión	Sebastiano Ricci	Public Domain	https://commons.wikimedia.org/wiki/File:Sebastiano_Ricci_015.jpg
5	Dragones y eclipses	El autor		
6	Ixchel, la diosa lunar maya	Artista maya desconocido	Public Domain	https://commons.wikimedia.org/wiki/File:Goddess_O_Ixchel.jpg
7	Arqueoastronomía. El Disco Celeste de Nebra	Dbachmann, Theway	Creativecommons.org/license 4.0	https://commons.wikimedia.org/wiki/File:Nebra_sky_disk.png
8	Arqueoastronomía. El Mecanismo de Anticitera		GNU_Free_Documentation_License	https://commons.wikimedia.org/wiki/File:NAMA_Machine_d%27Anticyth%C3%A8re_1.jpg
9	Los diferentes Ciclos de la Luna	El autor		
10	El mes sinódico y las fases lunares	El autor		

Capítulo 2

#	Título Imagen	Autor	Tipo Licencia	Enlace a la Imagen
1	Cosmología de Anaximandro	El autor.		
2	Cosmología pitagórica	El autor.		
3	Geometría del sistema Sol-Tierra-Luna según Aristarco	Aristarco	Public Domain	https://commons.wikimedia.org/wiki/File:Aristarchus_working.jpg
4	Geometría general de un Eclipse de Sol.	El autor.		
5	Semilunio: La Luna justamente medio iluminada	El autor.		
6	Geometría general para un Eclipse de Luna.	El autor.		
7	Movimiento Celeste Circular Uniforme	El autor.		
8	El experimento de Eratóstenes.	El autor.		

Capítulo 3

#	Título Imagen	Autor	Tipo Licencia	Enlace a la Imagen
1	Algunas zonas geográficas del antiguo mundo greco romano	Modificada	Creativecommons. org/licenses3.0	https://commons.wikimedia.org/wiki/File:Extent_of_the_Roman_Republic_and_the_Roman_Empire_between_218_BC_and_117_AD.png
2	La Paralaje	El autor.		
3	Movimiento del Sol: La Eclíptica, los Equinoccios y Solsticios	El autor.		
4	El Deferente excéntrico y los Ábsides	El autor.		
5	El Modelo lunar de Hiparco.	El autor.		
6	El Modelo lunar de Tolomeo	El autor.		
7	El Universo Geocéntrico tolomeico.	El autor.		

Capítulo 4

#	Título Imagen	Autor	Tipo Licencia	Enlace a la Imagen
1	Mapa celeste astrológico medieval	Pintores del Sultán Murad III	Public Domain	https://commons.wikimedia.org/wiki/File:Celestial_map,_signs_of_the_Zodiac_and_lunar_mansions..JPG?uselang=fr
2a	Kitāb al-Majisṭī: el Almagesto árabe medieval	Qatar Digital Library's digital archive	Public Domain/mark/1.0/	https://www.qdl.qa/en/archive/81055/vdc_100023514339.0x00000e
2b	Kitāb al-Majisṭī: el Almagesto árabe medieval	Qatar Digital Library's digital archive	Public Domain/mark/1.0/	https://www.qdl.qa/en/archive/81055/vdc_100023514339.0x00000e
3	Las Fases lunares según la astronomía medieval	Al-Biruni	Public Domain	https://commons.wikimedia.org/wiki/File:Lunar_eclipse_al-Biruni.jpg
4	Una mirada medieval para la Luna	Istanbul University Library	Creative Commons 2.0	https://en.wikipedia.org/wiki/File:Astronomes_-_miniature_ottomane_XVIIe.jpg
5	Diagrama medieval para un eclipse lunar	British Library	Permiso concedido	http://www.bl.uk/catalogues/illuminatedmanuscripts/ILLUMIN.ASP?Size=mid&IllID=10144
6	Esquema medieval del Universo geocéntrico	Sacro Bosco	Dominio Público	https://digitalcollections.nypl.org/search/index?filters%5BnamePart_mtxt_s%5D%5B%5D=Sacro%20Bosco%2C%20Joannes%20de%20%28fl.%201230%29&keywords=&layout=false
7	Las Fases lunares según la astronomía medieval	British Library	Permiso concedido	http://www.bl.uk/catalogues/illuminatedmanuscripts/ILLUMIN.ASP?Size=mid&IllID=10159
8	Los eclipses en la astronomía medieval	metmuseum.org/art/	creativecommons. org/publicdomain	https://www.metmuseum.org/art/collection/search/356589

Capítulo 5

#	Título Imagen	Autor	Tipo Licencia	Enlace a la Imagen
1	Eclipse lunar de Cristóbal Colón de 1.504	Nicolas Camille_Flammarion	Public Domain	https://en.wikipedia.org/wiki/March_1504_lunar_eclipse
2	El Sistema heliocéntrico copernicano	Nicolaus Copernicus	Public Domain	https://www.wdl.org/es/item/3164/
3	Planisferio copernicano	Andreas Cellarius (1596–1665)	Public Domain	https://commons.wikimedia.org/wiki/File:Cellarius_Harmonia_Macrocosmica_-_Planisphaerium_Copernicanum.jpg
4	Modelo Lunar copernicano	El autor		
5	Modelo tychoniano del Universo	Fastfission.	Public Domain	https://commons.wikimedia.org/wiki/File:Tychonian_system.svg

Capítulo 6

#	Título Imagen	Autor	Tipo Licencia	Enlace a la Imagen
1	Geometría elíptica	El autor		
2	Orbita elíptica lunar	El autor		
3	A Voyage to the Moon	Gustave Dore	Public domain	https://www.wikiart.org/en/gustave-dore/a-voyage-to-the-moon
4	Lunar Day	Henry White Warren	Public Domain	https://en.wikipedia.org/wiki/File:Old_view_moon.jpg
5	Earth and moon in space	Henry White Warren	Public Domain	https://archive.org/details/recreationsinast00warria a
6	Galileo enseñando al dux de Venecia el uso del telescopio	Giuseppe_Bertini	Public Domain	https://commons.wikimedia.org/wiki/File:Bertini_fresco_of_Galileo_Galilei_and_Doge_of_Venice.jpg
7	Portada del Sidereus nuncius, edición de Venecia de 1.610	Galileo Galilei	Public Domain	https://en.wikipedia.org/wiki/File:Houghton_IC6.G1333.610s_-_Sidereus_nuncius.jpg
8	La Luna como la vio Galileo	Galileo	Public Domain	https://en.wikipedia.org/wiki/File:Galileo%27s_sketches_of_the_moon.png
9	Cálculo de la altura de las montañas lunares	El autor		
10	La Luna fotografiada por la misión Apollo 17	NASA	Public Domain	https://en.wikipedia.org/wiki/File:Mare_Imbrium-Apollo17.jpg

Capítulo 7

#	Título Imagen	Autor	Tipo Licencia	Enlace a la Imagen
1	Observatorio de París	Wolf, Charles J. E.	Public Domain	https://en.wikipedia.org/wiki/File:Paris_Observatory_XVIII_century.png
2	Carte de la Lune de Giovanni D. Cassini	Giovanni_Cassini	Public Domain	https://commons.wikimedia.org/wiki/File:Carte_de_la_Lune_de_Giovanni_Domenico_Cassini.jpg
3	Problema Tres Cuerpos	El Autor		
4	El telescopio de 40 pies		Public Domain	https://commons.wikimedia.org/wiki/File:Herschel_40_foot.jpg
5	Luna de William Parsons	Richard Adams Locke, Joseph Nicolas Nicollet	Public Domain	https://commons.wikimedia.org/wiki/File:Moon_Rosse_Telescope_1856.png
6	Sistema Tierra - Luna: Mareas y Torque	El Autor		
7a	De la Tierra a la Luna de Julio Verne	Henri de Montaut	Public Domain	https://commons.wikimedia.org/wiki/File:%27From_the_Earth_to_the_Moon%27_by_Henri_de_Montaut_31.jpg
7b	Viaje a la Luna de Georges Méliès		Public Domain	https://commons.wikimedia.org/wiki/File:Le_Voyage_dans_la_lune.jpg

Capítulo 8

#	Título Imagen	Autor	Tipo Licencia	Enlace a la Imagen
1	Diagrama general de una Nave Espacial Apolo	NASA	Public Domain	https://en.wikipedia.org/wiki/File:Apollo_Spacecraft_diagram.jpg
2	Cohete Saturno V	NASA	Public Domain	https://history.nasa.gov/ap11ann/kippsphotos/39525.jpg
3	Perfil general de una misión Apolo tripulada	El Autor		
4	Módulo de Comando y Servicio	NASA	Public Domain	https://en.wikipedia.org/wiki/File:Apollo_CSM_lunar_orbit.jpg
5a	El Módulo Lunar Eagle	NASA	Public Domain	https://en.wikipedia.org/wiki/File:LM_illustration_02.jpg
5b	El Módulo Lunar Eagle	NASA	Public Domain	https://www.nasa.gov/multimedia/imagegallery/image_feature_1161.html
6a	Neil Armstrong en la Base Tranquilidad	NASA	Public Domain	https://www.nasa.gov/mission_pages/apollo/apollo11.html
6b	El Módulo Lunar en la Base Tranquilidad	NASA	Public Domain	https://www.nasa.gov/image-feature/lunar-module-at-tranquility-base
7	Trabajando en la Luna	NASA	Public Domain	https://www.hq.nasa.gov/alsj/HamishALSEP.html
8a	Eugene A. Cernan prueba el Vehículo de Exploración Lunar	NASA	Public Domain	https://en.wikipedia.org/wiki/File:NASA_Apollo_17_Lunar_Roving_Vehicle.jpg
8b	Huella de bota del astronauta Buzz Aldrin	NASA	Public Domain	https://www.nasa.gov/mission_pages/apollo/40th/images/apollo_image_11a.html
9a	Luna llena desde la nave espacial Apolo 11	NASA	Public Domain	https://www.nasa.gov/mission_pages/apollo/40th/images/apollo_image_25.html
9b	Apolo 17 La Canica azul	NASA	Public Domain	https://www.nasa.gov/image-feature/apollo-17-blue-marble

Made in United States
Orlando, FL
27 March 2023